JN182529

基本無機化学

第３版

荻野 博・飛田博実・岡崎雅明 著

東京化学同人

序

「基本無機化学」は初版が2000年3月，第2版が2006年9月に発行された．第2版発行から約10年が経ち，2016年にこの第3版が発行されることとなった．これまでの16年間に実にたくさんの方々に本書を使っていただくことができた．この機会に厚くお礼を申し上げたい．執筆にあたって常に，①ぜい肉はつけないように，しかし新しい成果や見方・考え方は盛り込むように，②いわゆる総論と各論のバランスをできるだけとるようにという2点に心がけてきたつもりである．

この16年の間に，化学には種々の大きな変化があった．その一つは発見された元素数の増加である．化学にとって最も基本的な指針の一つは周期表であろう．初版を発行した2000年の本書には109番元素(Mt)までが掲載されていたが，2006年に発行された第2版には2元素(DsとRg)が増えて111番元素までが掲載された．今回発行した第3版では日本で発見された113番元素ニホニウムを含め7元素増えて118元素となり，遂に第7周期の最後まですべての欄が埋まった．周期表は今も姿を変え続けているのである．第8周期にはs, p, dおよびf軌道に加えてg軌道電子をもつ元素が登場するのであろうか．周期表がどのような姿になってゆくのか興味は尽きない．

この16年の間に日本人のノーベル賞受賞者数が激増したのも大きな変化であった．本書初版が発行される以前の受賞者は5名(文学賞および平和賞を除く)であったが，化学賞は1名，福井謙一先生(1981年受賞)のみであった．しかし，2000年以降2015年までに日本人のノーベル化学賞受賞者は6名を数えるに至っている．また，1949年に湯川秀樹先生が日本人として最初のノーベル賞受賞者となって以来，日本人のノーベル賞受賞者は物理学賞，化学賞，生理学・医学賞を合わせると，21名に達している．

国際純正・応用化学連合(IUPAC)はNomenclature of Inorganic Chemistry: IUPAC Recommendations 2005を発行した*．本書第3版では，このIUPAC

* 日本化学会 化合物命名法委員会 訳著，“無機化学命名法——IUPAC 2005年勧告”，東京化学同人(2010)．

2005 勧告に沿った命名法を採用した．したがって，たとえば従来使われてきた希ガスは貴ガスに書き換えた．typical element はメンデレーエフによって導入された歴史的に意義のある言葉であるが，国際的に教科書上ではほとんど死語になっている．典型元素はわが国で広く使われている言葉ではあるが，本書では典型元素に代わる言葉として主要族元素を導入した(詳細は第1章の2・2節を参照されたい)*.

本書は11章から構成されている．第1章 元素と周期表，第2章 分子とそのモデル，第3章 イオン性固体と金属，第4章 基礎無機反応，第5章 主要族金属元素の化学，第6章 非金属元素の化学，第7章 遷移金属の化学，第8章 遷移金属錯体，第9章 錯体の反応，第10章 有機金属化学，第11章 生物無機化学である．第1章から第4章までは総論であり，第5章から第7章が各論である．第8章から第11章は相互に共通し，関連する錯体化学(8章および9章)，有機金属化学(10章)および生物無機化学(11章)に当たる．これらの分野は無機化学の中でも最も新しく発展の著しい分野である．とりわけ生物無機化学の進展は驚くばかりである．第3版で最も大きく記述を書き換えざるをえなかったのは第11章であった．光合成や空中窒素固定の活性部位の構造やメカニズムなどがより詳しく明らかになったからである．

今回の改訂版の出版にあたり，お世話になった東京化学同人とりわけ幾石祐司氏には厚くお礼を申し上げたい．

2016年7月

仙台にて

荻　野　　博

* 日本化学会 命名法専門委員会 編，“化合物命名法 ── IUPAC 勧告に準拠(第2版)”，東京化学同人(2016).

目　　次

1

元素と周期表

1・1　元素の起源と原子の構成

1・1・1　核反応と超新星

宇宙には莫大な量の物質とエネルギーが満ちている．星間空間にある希薄な物質や超高温の太陽のような恒星の内部の物質のほとんどは，正負の荷電粒子に電離したプラズマとよばれる状態にあるといわれている．対照的に，私たちが住む地球は宇宙の尺度からすればきわめて低温(数百～数千 K；K(ケルビン)は絶対温度の単位)に保たれているために，地球上の物質はほとんどが中性の分子あるいはせいぜい数個の正または負の電荷をもつイオンとして存在している．これは宇宙全体からみればむしろ特殊な存在状態といえるであろう．そしてそこでは，数百万～数千万種というきわめて多様な物質の間で起こる化学反応が，自然界のダイナミックな，あるいは精妙な活動を支えている．

驚くべきことに，このようなたくさんの種類の物質は，すべてわずか 90 種あまりの**元素**(element)とよばれる化学物質の基本要素の組合わせによってつくられている．元素の単位が原子であり，原子はさらに後述するように中心である原子核とそれを取巻く電子から成っている．そして，原子どうしを結びつけているのは**化学結合**(chemical bond)とよばれる電子の手である．それでは，この 90 数種の“元素”はどのようにしてつくられたのであろうか．現在多くの科学者によって受け入れられている理論は，さまざまな**核反応**(原子核が変化する反応；核融合，核分裂などがある)によって元素が合成されたとする，つぎのようなものである．

ビッグバン(big bang)とよばれる大爆発によって宇宙が誕生した直後には，重水素，ヘリウム，リチウムなどの軽い元素だけができたと考えられる．その後，ガス状物質の凝集によって生まれた恒星の内部で起こる核反応によって，^{56}Fe(質量数 56 の鉄の**同位体**；§1・1・4 参照)より軽い元素がつくられてきた．

恒星の一生は水素の核融合をエネルギー源として始まる．核融合が起こるためには高温高圧の条件が必要である．ちなみに太陽の中心の温度は 1500 万 °C，圧力は

2400 億気圧(2.4×10^{16} Pa)である．この核融合反応によって放出されるエネルギーは膨大なので，恒星ではこの高温高圧が維持される．水素が使い尽くされた後，水素および重水素の核融合によって生成したヘリウムがさらにつぎの段階の核融合反応の燃料となり，ベリリウム，炭素，酸素，ネオンなどがつくられる．核融合反応がさらに進むともっと重い元素もできる．恒星の中での核融合反応は最も安定な核である ^{56}Fe の生成で止まる．

恒星が核燃料を使い果たし，その一生を終えるころには，中心核に蓄積された多量の鉄の重力で星はつぶれ始める．ある程度以上大きい恒星では，この重力崩壊の際に生じる超高温高圧状態の中で急速な核反応が起こり，莫大なエネルギーが発生して大爆発を起こす．これが**超新星**(supernova)である．この過程で中心には中性子が密集したきわめて高密度の星である**中性子星**(neutron star)または**ブラックホール**(black hole)が残り，同時に放出される大量の中性子を原子核が急速に捕獲し，鉄より重い核が少量生成する．鉄よりずっと重い元素はこの爆発の中でのみ生成するので，宇宙に微量しか存在しない．

宇宙における元素の存在度を原子数で比較してみると，水素が約 9 割，ヘリウムが約 1 割で圧倒的に多く，この二つだけで実に全物質量(原子数)の 99.9 % 以上を占めている．ついで酸素，炭素，ネオン，窒素，マグネシウム，ケイ素，鉄，硫黄の順に減少する．全体的傾向としては，原子番号 42 のモリブデン付近までは原子番号の増加にともなってほぼ指数関数的に減少し，それ以降はほぼ一定となる．また，原子番号偶数番の元素はその両側の奇数番の元素よりも一般に存在度が高い(**ハーキンズの法則**，Harkins' law)．これらの特徴はいずれも星の進化に伴ってさまざまな核反応で元素が合成されたことを示している．

地殻における元素の存在度も，1924 年のクラーク(Clarke)らの推定(**クラーク数**，Clarke number)以来さまざまな形で求められている．存在量が最も多いのは酸素，2 番目はケイ素であり，それぞれ重量存在度で全体の約 50 % および 25 % を占める．これに続いてアルミニウム，鉄，カルシウム，マグネシウム，ナトリウム，カリウム，チタン，水素の順に存在量が減少する．以上の 10 元素で地殻の全重量の 99 % 以上を占める．宇宙で最も多かった水素は原子数としては地殻中で 3 番目に多い元素であるのに対し，2 番目に多かったヘリウムは地球にはきわめて微量しか存在しない．これは，水素は多様な化合物の構成成分として存在しているが，ヘリウムは化合物をつくらないので，大気中および石油や天然ガスとともに気体として存在しているだけであり，ほとんどは地球上から失われてしまったためである．

1・1・2 原子の構造

a. ラザフォードの原子モデル　原子が陽子，中性子，電子などの素粒子から成っていることは，19 世紀末から 20 世紀初頭にかけての実験研究によって明らかにされた．ニュージーランドの物理学者**ラザフォード**(Rutherford)は，1909 年から 1911 年にかけて放射線源から放出される α 線を非常に薄い金属箔に当て，α 線が散乱される方向を注意深く観測した．α 線は高速の **α 粒子**(α particle)の流れであり，α 粒子は電子 2 個を失ったヘリウム原子 He^{2+} であることは，彼自身によってすでに見いだされていた．この実験により，α 線は多くの場合そのまま透過するか少ししか方向を変えないが，ごくまれに非常に大きく曲がることがあることがわかった(図 1・1)．ラザフォードはこの結果を熟慮した末，原子の質量の大部分と全正電荷が，全体からみればきわめて小さな体積の，彼が**原子核**(atomic nucleus)と名づけた中心に高密度で集中しており，α 粒子が大きく曲がるのは，たまたまこれに衝突したときであると考えればよいことに思い至った．

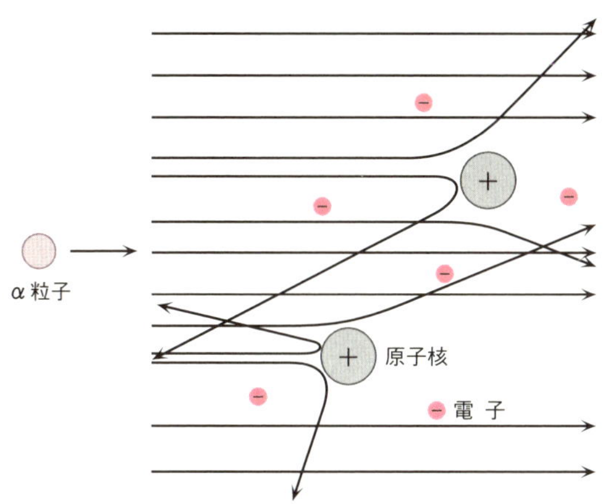

図 1・1　金属箔の原子核による α 粒子の散乱

これに基づいて**ラザフォードの原子モデル**が提案された．これは小さな太陽系のようなものであり，太陽のまわりを惑星が回るように原子核のまわりを電子が回っていると考える(図 1・2)．原子核の直径は原子の直径の約 10 万分の 1 にすぎない．

原子は総体としては電気的に中性なので，負に帯電した電子は，正に帯電した原子核との間にはたらく静電引力によって軌道上に留められるとされる.

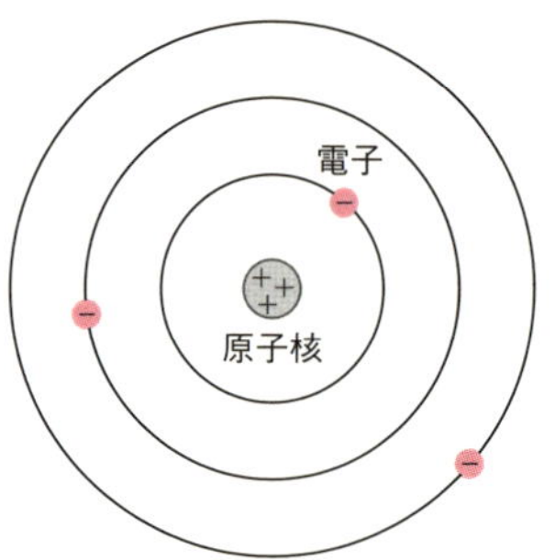

図 1·2　ラザフォードの原子モデル

しかしながら，このようなモデルは古典物理学の法則と矛盾することになる．つまり，電磁気学によれば電場の中で回転する電子は光を放射しながら短時間でエネルギーを失い，原子核の方へ落下するはずであるが，実際の原子は安定である．また，このモデルでは放電などによって励起された原子が発する光は連続スペクトルを与えるはずであるが，実際には励起された原子はとびとびの波長の線スペクトルを与えることがすでに知られていた(図 1・3).

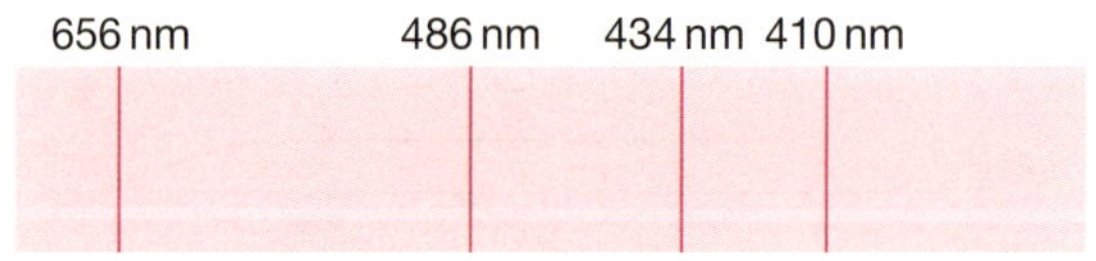

図 1·3　水素原子のバルマー系列の発光スペクトル

これに関してスイスの数学教師バルマー(Balmer)は 1885 年に，水素原子スペクトルの紫外・可視部の輝線の波長(または振動数)が簡単な公式によって表されることを示した．それを光の速度 c および後に見いだされた**リュードベリ定数**(Rydberg constant, R_∞)を用いて書き直したものが (1・1)式で，ν は振動数，n は正の整数である.

$$\nu = R_\infty c\left(\frac{1}{2^2} - \frac{1}{n^2}\right) \tag{1·1}$$

その後，他の波長領域にある輝線の系列の波長もすべて，(1・2)式に示す一般式で表されることがわかった．ここで n_n と n_m は正の整数で，$n_n < n_m$ である.

$$\nu = R_\infty c\left(\frac{1}{{n_n}^2} - \frac{1}{{n_m}^2}\right) \qquad (1\cdot2)$$

b.　ボーアの原子モデル　ラザフォードの研究室にいたデンマークの若い物理学者ボーア(Bohr)は，ラザフォードの原子モデルは古典物理学からみれば上記のような難点があるものの，重要な真理もまた含んでいるに違いないと考えた．

当時やはり古典物理学では説明できなかった黒体放射の実験結果を，1900年にプランク(Planck)は**量子仮説**(quantum hypothesis)，すなわち振動数νの振動子のエネルギーは $0, h\nu, 2h\nu, \cdots, nh\nu, \cdots$ (nは整数) という離散的な値しかとれないという仮定を導入して説明に成功した．ここでhは**プランク定数**(Planck constant)とよばれ，6.6260690×10^{-34} J s という値をもつ．

このことにヒントを得て，ボーアは1913年にラザフォードの原子モデルに量子仮説を導入した新しい原子モデル(**ボーアの原子モデル**)を提唱した．この理論でボーアは，水素原子の電子は角運動量が$h/(2\pi)$の整数倍である円軌道のみを運動すると仮定した．この仮定から，(1・3)式および(1・4)式に示す水素原子内の電子がとりうるエネルギーE_nおよび軌道半径r_nに対する**ボーアの理論式**が導かれる．ここでエネルギーの基準として$n=\infty$，すなわち電子が原子核から無限遠にある状態のエネルギーをゼロとしている．またa_0は**ボーア半径**(Bohr radius)とよばれる$n=1$のときの軌道半径である．これらの式は，原子内の電子軌道のエネルギーおよび半径がnの値によって決まる不連続な値しかとれないこと，すなわち電子のエネルギーおよび軌道半径は**量子化**(quantization)されていることを示している．

$$E_n = -\frac{1}{n^2}\frac{me^4}{8{\varepsilon_0}^2h^2} = -\frac{13.6}{n^2}\,\text{eV} = -\frac{1312}{n^2}\,\text{kJ mol}^{-1} \qquad (1\cdot3)$$

$$r_n = \frac{n^2\varepsilon_0 h^2}{\pi me^2} = n^2 a_0 = 52.9\,n^2\,\text{pm} \qquad (1\cdot4)$$

m：電子の質量，　e：電子の電荷，　ε_0：真空の誘電率，　n：正の整数

ボーアの原子モデルから導かれる水素原子のエネルギー準位図を図1・4に示す．エネルギーの放出または吸収はこれらの量子化されたエネルギー準位間での電子遷移によってのみ起こるとすれば，電子遷移によって生じるスペクトル線の振動数νは(1・5)式で表される．

$$\frac{E_m - E_n}{h} = \nu = \frac{me^4}{8{\varepsilon_0}^2h^3}\left(\frac{1}{{n_n}^2} - \frac{1}{{n_m}^2}\right) \qquad (1\cdot5)$$

(1・5)式は水素原子スペクトルの実験式(1・2)式と全く同じ形をしており，しかも

その係数を光の速度 c で割ったもの $(me^4/(8\varepsilon_0{}^2h^3c))$ はリュードベリ定数 $(1.097373\times10^7\ \mathrm{m^{-1}})$ とぴったりと一致する．

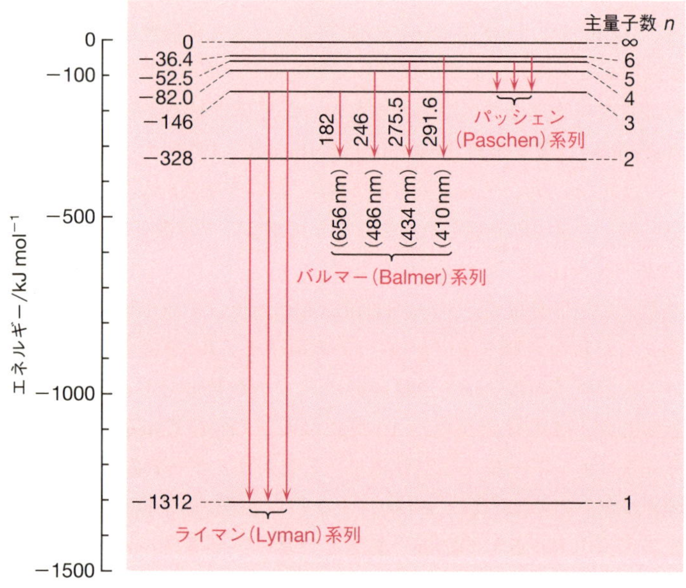

図 1・4　水素原子のエネルギー準位図

このように，ボーアの原子モデルは水素原子のスペクトルを見事に説明した．これによって，ボーアの理論が古典物理学の法則と相いれないにもかかわらず，物理学者たちはこのモデルを真剣に検討せざるを得なくなった．ボーアの提案したモデルは後に，電子は円軌道をもたない，角運動量は $h/(2\pi)$ の整数倍ではない，多電子原子の複雑なスペクトルを説明できないなど，多くの点で誤っていることが明らかになるが，量子力学への道を切り開いた点できわめて重要な役割を果たしたことは疑いない．

c. ド・ブローイの式　上述したプランクの量子論に続いて，1905 年にアインシュタイン(Einstein)は，振動数 ν の光はエネルギー $h\nu$ をもつ粒子すなわち光子の流れであると仮定することにより，**光電効果***(photoelectric effect)の現象を説

＊ 狭義には金属が光を吸収して金属表面から自由電子(光電子)を放出する現象．入射光の振動数が一定の限界振動数(金属の種類によって決まる)以上の場合にだけ光電子放出が起こる．

明することに成功した．このように，光は波動性とともに粒子性ももつことがわかってきた．1924 年にフランスの物理学者ド・ブローイ(de Broglie)は，光がこのような二重性をもつならば，反対に電子のような物質粒子も粒子性とともに波動性をもつはずであると主張した．光子のエネルギーは波動としてのエネルギーを表すプランクの式 $E=h\nu=hc/\lambda$ と，粒子としての質量とエネルギーの等価性を表すアインシュタインの式 $E=m'c^2$(m' は光子の見かけの質量)の二つの表し方が可能である．これらを等しいとおくと (1・6)式が得られる．p' は光の運動量である．

$$\lambda = \frac{h}{m'c} = \frac{h}{p'} \tag{1・6}$$

ド・ブローイはこの式が物質粒子にも適用できると考え，(1・7)式を導いた．

$$\lambda = \frac{h}{mv} = \frac{h}{p} \tag{1・7}$$

つまり，質量 m，速度 v，運動量 p で運動している粒子は，プランク定数を p で割った値の波長をもつ波の性質を伴っていることになる．このような物質に伴った波動を**物質波**(matter wave)という．

(1・7)式から，100 V の電位で加速された電子は約 1 Å(Å: オングストローム; 1 Å＝100 pm)の波長をもつことが示される．また高速で運動している粒子ほど物質波の波長が短いことがわかる．なお，電子の波動としての性質の実験的証明は，1927 年に G.P. トムソン(G.P. Thomson)およびデイビッソン(Davisson)とガーマー(Germer)によって独立になされた．トムソンは金の薄膜を透過した電子線が，またデイビッソンらは金属ニッケルに反射させた電子線が，それぞれ X 線と全く同様の回折像を与えることを示した．

ド・ブローイの (1・7)式は電場や磁場のはたらいていない空間を運動する電子に適用される．それでは原子核と他の電子がつくる強い電場にさらされている原子中の電子に波動性を取入れると，どのような原子モデルができあがるであろうか．この問題の解答はシュレーディンガー(Schrödinger)が発展させた**波動力学**(wave mechanics, 1926 年)によって与えられた．波動力学は，ハイゼンベルク(Heisenberg)が創始し，ボルン(Born)，ヨルダン(Jordan)らの協力で発展させた行列力学(matrix mechanics, 1925 年)とともに量子力学という革命の幕を開くこととなった．これら二つの力学が全く等価であることはシュレーディンガーおよびディラック(Dirac)，ヨルダンによって証明されている．

波動力学に基づく原子モデルの構築は，原子の中の電子に伴う物質波は定常波であり，古典的な定常波に似ていると認識することから始まる．図1・5に弦の振動および円運動する波の振動の様子を示した．弦の振動では両端での振幅がゼロとなる波長の波だけが存在し続けることができる(図1・5a)．それ以外の波長の波は端で反射してくる波と打ち消し合って消えてしまう(図1・5b)．同様に，円運動する波も1回転したあとで元の波と重なる(位相が合う)波だけが定常波として生き残ることができ(図1・5c)，位相の合わない波は自己干渉により消失する(図1・5d)．

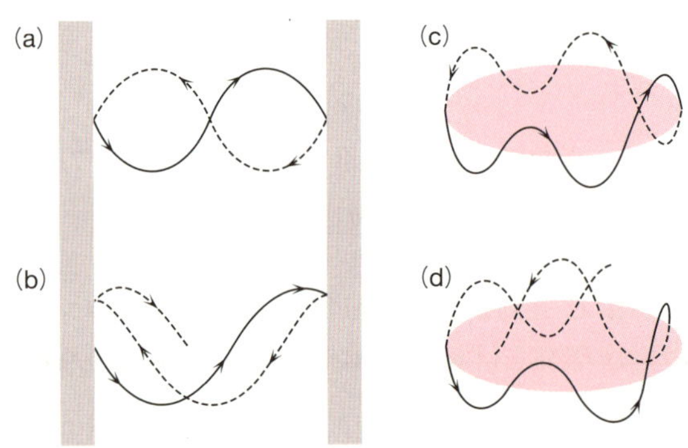

(a)，(c)は定常波，(b)，(d)は許容されない波

図 1・5 弦の振動と円運動する波の振動

d. シュレーディンガー方程式 シュレーディンガーが古典的な運動方程式に波動の性質をもち込んで導いた**波動方程式**(wave equation，**シュレーディンガー方程式**(Schrödinger equation)ともいう)を解くことによって，原子や分子の中の電子の**波動関数**(wave function) ψ とエネルギー E が求められる．三次元の波に対する波動方程式を (1・8)式に示す．

$$\frac{\partial^2\psi}{\partial x^2}+\frac{\partial^2\psi}{\partial y^2}+\frac{\partial^2\psi}{\partial z^2}+\frac{8\pi^2 m}{h^2}(E-V)\psi = 0 \qquad (1\cdot 8)$$

V はポテンシャルエネルギーである．(1・8)式を演算子型に書き直すと (1・9)式のようになる．

$$\left\{-\frac{h^2}{8\pi^2 m}\left(\frac{\partial^2}{\partial x^2}+\frac{\partial^2}{\partial y^2}+\frac{\partial^2}{\partial z^2}\right)+V\right\}\psi = E\psi \qquad (1\cdot 9)$$

これはさらに (1・10)式のように書かれる．これは固有方程式である．

$$\mathcal{H}\psi = E\psi \qquad (1\cdot 10)$$

$\mathcal{H}$ は**ハミルトニアン**(Hamiltonian)とよばれる演算子であり，(1・10)式は固有関数としての波動関数にこの演算子を作用させると固有値として電子のエネルギーが求まることを示している．

波動方程式が厳密に解けるのは，水素原子のような一電子原子の場合だけである．次節で述べるように，水素原子で得られた明快な知識は，多電子原子の電子状態を理解するうえで大きな助けとなった．また，簡単な二原子分子である H_2^+ や H_2 の波動方程式も，波動力学誕生後わずか 1, 2 年で H_2^+ はブロウ(Burrau)，H_2 はハイトラー(Heitler)とロンドン(London)によって解かれている．これは原子どうしがどのようにして結合するのか，すなわち化学結合に対するその後の理解を飛躍的に発展させることになる重要な成果であった．もっと複雑な多電子原子あるいは多原子分子の波動方程式を解くためには近似を用いなければならないが，現在ではコンピューター計算に適したハートリー-フォック-ルーターン(Hartree-Fock-Roothaan)の **SCF**(self-consistent field，**つじつまの合う場**)**方程式**を用いて高性能のコンピューターで計算することにより，小さな多原子分子については非常に精度の高い解が得られている．

波動関数 ψ は電子の位置に関連する関数であるが，それ自体は知覚できる物理的意味をもたない．しかし，$|\psi|^2$ と小体積要素 $dxdydz$ の積は電子がその体積要素中に見いだされる確率に相当することが 1926 年にボルンによって示された．$|\psi|^2$ の大きいところでは電子を見いだす確率が高く，小さいところでは電子はめったに見いだされない．図 1・6 は基底状態にある水素原子について，電子が見いだされる確率の空間分布を点の濃淡として座標上に表したものである．これはあたかも電子の雲のように見えるので**電子雲**(electron cloud)とよばれ，また確率を表す濃淡を慣例的に**電子密度**(electron density)と表現する．しかし，電子は本来 1 個の粒子であるので，これらはあくまでも存在確率を表現する雲あるいは密度であり，電子自体が雲状に広がり密度の濃淡をもって空間に分布していると考えるべきではない．言い換えれば，電子は空間のどこかの点に存在するが，その位置は確定できず

図 1・6 基底状態にある水素原子の電子雲の模式図

確率的に表現できるだけだということである.

e. 不確定性原理　この電子の位置の不確定性に関連して，量子力学の重要な原理である**不確定性原理**(uncertainty principle)がハイゼンベルクにより見いだされている．これは，**電子のような軽い粒子の位置と運動量の両方を同時に正確に定めることはできない**という原理である．この原理によれば，たとえば今 x 方向に運動している電子の x 座標および運動量の x 成分の測定値のゆらぎをそれぞれ Δx および Δp_x とすると，その積はプランク定数 h のオーダーよりも小さくなることはない (1・11 式).

$$\Delta x \Delta p_x \geq \frac{h}{4\pi} \tag{1・11}$$

また，時間 Δt の間に電子のエネルギー E を測定する場合に，そのゆらぎ ΔE と Δt との間にも (1・12)式で表される不確定性関係が存在する.

$$\Delta E \Delta t \geq \frac{h}{4\pi} \tag{1・12}$$

h の値はきわめて小さいので，われわれの目に見えるような巨視的な物体については，その不確定性は問題にならない．しかし電子のような軽い粒子の世界では大きな問題となる.

ハイゼンベルクとボーアはこのことをさまざまな思考実験により確かめた．たとえば，電子の位置を決めようとするとき，観測のためには電子に光を当てて反射した光を検出する必要がある．このとき，波長の短い光を用いるほど，電子の位置は正確に決まる．しかし，電子に衝突した光は同時に**コンプトン効果***(Compton effect)によって電子を跳ね飛ばし，その運動量を無視できないほど変化させる．しかも，光のエネルギーはプランクの式 $E=hc/\lambda$ に従って波長が短いほど大きいので，電子の位置を正確に決めるために当てる光の波長を短くするほど，電子の運動量の変化は大きくなり，結果的にその不確定性も大きくなってしまうのである．アインシュタインは，知覚できる物理的現象で示せないこの原理を最後まで認めようとしなかったが，現在では量子力学の基本原理として広く受け入れられている.

---

* 分子中の電子によるX線の散乱に関して，アメリカの物理学者コンプトンが1923年に発見した効果．X線の光子と電子の衝突は，ちょうど2個のビリヤードの玉が衝突するときのように起こり，その際運動量は保存される．したがって，X線は電子を跳ね飛ばすとき，その運動量の一部を電子に渡し，散乱されたX線は失った運動量の分だけ波長が長くなる.

1·1·3 電子の軌道と量子数

さまざまな原子について電子のふるまいを考えるとき，波動方程式を厳密に解くことができる水素原子がその基本となる．水素原子の波動方程式の解は，(1・8)式または(1・9)式のVに静電ポテンシャルエネルギー$V=-e^2/(4\pi\varepsilon_0 r)$を入れ，極座標に変換して解くことにより得られる．その数学的解法はこの本の範囲を越えるので省略する．詳しくは，物理化学あるいは量子化学の教科書を参照されたい．

水素原子やHe^+，Li^{2+}のような一電子原子(イオン)の波動方程式の解である波動関数ψは**原子軌道***(atomic orbital)とよばれ，原点からの距離rだけの関数である動径関数$R_{n,l}(r)$と角変数θ, ϕだけの関数である角関数$Y_{l,m_l}(\theta, \phi)$との積で与えられる．

$$\psi = R_{n,l}(r) Y_{l,m_l}(\theta, \phi) \qquad (1\cdot 13)$$

動径関数$R_{n,l}(r)$は，1, 2, 3, … のような整数値をとる**主量子数**(principal quantum number，n)と**方位量子数**(azimuthal quantum number，**角運動量量子数**(angular momentum quantum number)ともいう，l)によって決まる．主量子数nは軌道の空間的広がりとエネルギーを決定し，その値が大きいほど広がりが大きく，エネルギーは高い．一方，方位量子数lは軌道の形状を決定する(p. 12～14 参照)．任意のnに対してlは0, 1, 2, …, $(n-1)$の範囲の値をとる．

同じnの値をもつ軌道をまとめて**殻**(shell)とよび，その中でlが異なる殻を**副殻**(subshell)とよぶ．殻にはnの値によってそれぞれつぎの記号が付けられており，K殻，L殻などとよぶ．

n	1	2	3	4	5	6	…
殻の記号	K	L	M	N	O	P	…

また，lの値に従ってそれぞれの軌道を下記のような記号で表す．

l	0	1	2	3	4	5	…
軌道の記号	s	p	d	f	g	h	…

副殻はnの数値とlの記号を組合わせて，1s軌道($n=1$，$l=0$)，2p軌道($n=2$，$l=1$)，3d軌道($n=3$，$l=2$)のように表す．なお，$l=3$(f軌道)より大きいlをもつ軌道はg, h, … とアルファベット順に命名するが，g軌道以降が問題となることはほとんどない．

---

* 惑星モデルやボーアの原子モデルの**軌道**(orbit)と区別して，電子分布の形を表す波動関数を**軌道関数**(orbital)とよぶ．日本語では後者も単に軌道とよぶことが多い．

角関数 $Y_{l,m_l}(\theta,\phi)$ は方位量子数 l と**磁気量子数**(magnetic quantum number, m_l)により決まる．電子の軌道運動によって生じる軌道角運動量 L は量子化されており，

$$L = \sqrt{l(l+1)}\,\frac{h}{2\pi} \tag{1・14}$$

という値をとる．原子を磁場の中に置き，磁場の方向に z 軸をとると，角運動量の z 軸成分 L_z は次式の値をとる．

$$L_z = m_l\,\frac{h}{2\pi} \tag{1・15}$$

m_l は，任意の l に対して $-l, -(l-1), \cdots, -1, 0, 1, \cdots, (l-1), l$ の $2l+1$ 個の値をとる．これらの $2l+1$ 個の軌道は磁場の中ではわずかにエネルギーが異なっており，原子スペクトルの分裂が生じる(**ゼーマン効果**, Zeeman effect)．m_l が磁気量子数

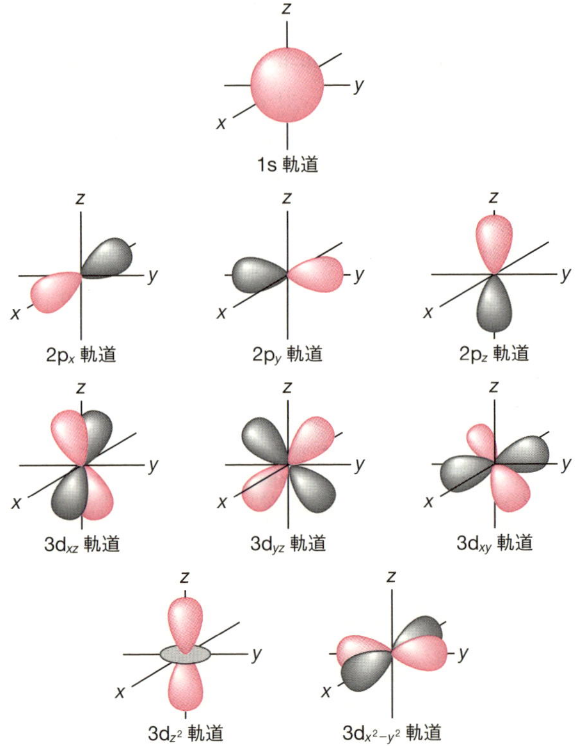

図 1・7　原子軌道の形（軌道の赤い部分と黒い部分は反対の符号をもつ）

とよばれるのはこのためである．これに対し，磁場のない状態ではこれらの $2l+1$ 個の軌道のエネルギーは互いに等しい．これをエネルギー準位が**縮重**または**縮退**(degenerate)しているという．一般に軌道の電子雲は $|m_l|$ が小さいほど z 軸方向に集中し，$|m_l|$ が大きいほど xy 平面内に集中する．

表1・1に n が1から3までのすべての軌道と三つの量子数との関係を示す．また，図1・7に 1s, 2p および 3d 軌道の概形を，さらに図1・8に 2s および $3p_z$ 軌道の電子分布を表す断面図を示す．図1・7の軌道は電子の存在確率がその中に 95％ 含まれる領域の境界面で描かれている．表1・1および図1・7より，$l=0$ の s 軌道は一つ，$l=1$ の p 軌道は三つ，$l=2$ の d 軌道は五つ($l=3$ の f 軌道は七つ)存在することがわかる．s 軌道は球形をしており，また p 軌道は二つの符号の異なる**ローブ**(lobe, 丸い突出部を意味する)を座標軸方向に伸ばした 8 の字のような形をしている．また d_{z^2}

表 1・1 三つの量子数と軌道

殻	主量子数 n	方位量子数 l	軌道の数	磁気量子数 m_l	軌道の記号
K	1	0	1	0	1s
L	2	0	1	0	2s
		1	3	0	$2p_z$
				+1, −1	$2p_x$, $2p_y$
M	3	0	1	0	3s
		1	3	0	$3p_z$
				+1, −1	$3p_x$, $3p_y$
		2	5	0	$3d_{z^2}$
				+1, −1	$3d_{xz}$, $3d_{yz}$
				+2, −2	$3d_{xy}$, $3d_{x^2-y^2}$

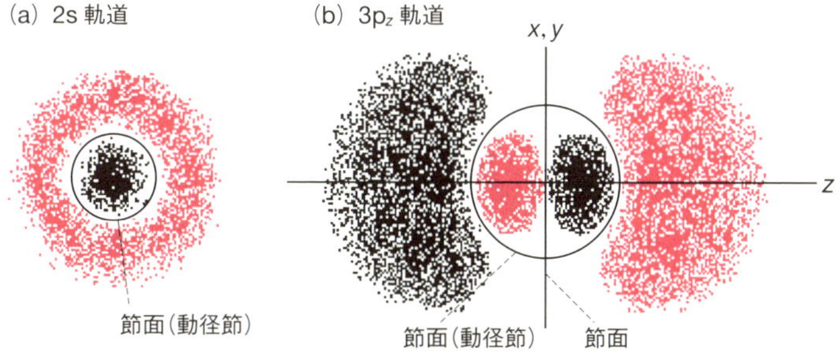

図 1・8 原子軌道の電子分布

はドーナツに8の字をはめ込んだような形をしており，残りの四つのd軌道は，四つの同形のローブをちょうど四つ葉のクローバーのように突き出した形をしている．

波動関数の振幅がゼロになる面を**節面**(nodal plane)という．節面を通過すると関数の符号は変わる．節面の数は $n-1$ に等しい．また，角度依存性の節面の数は方位量子数 l に等しい．したがって，角度に依存しない球形の節面(**動径節**)の数は $n-l-1$ となる．

たとえば $n=1$, $l=0$ の1s軌道は節面をもたないが(図1・7)，$n=2$, $l=0$ の2s軌道は動径節を一つもつ(図1・8a)．また，$n=2$, $l=1$ の2p軌道は角度依存性の節面を一つもち，ローブを z 軸方向に突き出した p_z 軌道では xy 平面がこれにあたる．$n=3$, $l=1$ の3p軌道は角度依存性の節面と動径節を一つずつもつので，図1・8(b)に示したような形となる．最後に $n=3$, $l=2$ の3d軌道は角度依存性の節面を二つもち，動径節はもたないことが図1・7から見てとれるであろう．

以上のように，電子が収容される軌道は三つの量子数によって決まるが，このほかに電子がもつスピンという性質を考慮することにより，四つ目の量子数が定義される．電子スピンの角運動量 S の z 成分 S_z は量子化されており，次式で与えられる．

$$S_z = m_s \frac{h}{2\pi} \tag{1・16}$$

ここで m_S は，$\frac{1}{2}$ または $-\frac{1}{2}$ である．すなわち，電子スピンの角運動量の z 成分は $+z$ 方向か $-z$ 方向のいずれかに配向している．この m_s を**スピン量子数**(spin quantum number)という．

さて，このようにして定常状態として形成された形やエネルギーの異なる軌道に，電子はどのように入るのであろうか．このような軌道に対する電子の詰まり方を**電子配置**(electron configuration)という．つぎの三つの原理または規則が，さまざまな原子や分子の電子配置を理解するうえで大きな助けになる．

a. パウリの排他原理(Pauli exclusion principle)　　この原理を最も簡単に表現すると，**同じ原子内にある任意の二つの電子について，四つの量子数がすべて同じになることはない**となる．つまり，各軌道は三つの量子数 n, l および m_l によって決まるので，一つの軌道にはスピン量子数 $m_s=\frac{1}{2}$ および $-\frac{1}{2}$ をもつ電子2個までしか入れないことがわかる．この同じ軌道に入った互いに逆向きのスピンをもつ二つの電子を**電子対**(electron pair)という．

b. 構成原理(Aufbau principle)　　この原理においては，すべての原子が水素類似の軌道をもち，それらのエネルギーの順序は核電荷が増加しても変わらないことを仮定する．こうすれば，原子番号の増加，すなわち原子核中の陽子の増加に伴って，パウリの排他原理に従って最もエネルギーの低い軌道から2個ずつ電子を詰めていくことにより，水素より後の元素を組立てる(Aufbau はドイツ語で組立ての意)ことができる．その例として水素からホウ素までの元素の電子配置をつぎに示す．

H	$1s^1$	He	$1s^2$		
Li	$1s^22s^1$	Be	$1s^22s^2$	B	$1s^22s^22p^1$

ここで 2p 軌道は 2s 軌道よりエネルギーが高いことに注意してほしい．水素以外の元素では，電子間反発のために n が同じでも l が異なる軌道のエネルギーは同じにはならない．軌道のエネルギーの順番を知るための簡単な図式を図1・9に示す．

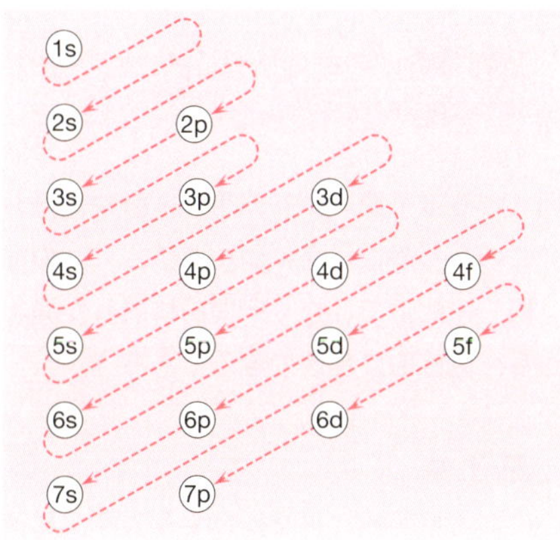

殻ごとに副殻の記号を横に並べて書き，ついで右上から左下へ斜めに矢印を引く．この矢印の順にエネルギー準位が高くなる

図 1・9 軌道のエネルギーの順序を知るための簡単な図式
(マーデルングの規則)

c. フントの規則(Hund's rule)　縮重した軌道に2個以上の電子が入り始める炭素以降の元素では，電子の入り方に二通り以上の可能性が出てくる．この場合，電子の入り方はフントの規則に従うことが知られている．**部分的に占有された縮重した軌道をもつ原子の基底状態は，パウリの原理が許す範囲で最大の全スピン角運動量 S をもち，その中で最大の全軌道角運動量 L をもつものである*** というのが

* 全スピン角運動量および全軌道角運動量は，縮重した軌道に入るすべての電子について，それぞれスピン角運動量および軌道角運動量のベクトル和をとって得られるベクトル量．

その一つの表現である．最大の全スピン角運動量はスピンを平行に(同じ向きに)並べることによって達成される．したがってこの規則から，縮重した軌道に電子が入る場合には，まず各軌道に1個ずつの電子がスピンが平行になるように入っていき，全部の軌道が1個ずつの電子で占有されたあとで初めて各軌道に二つ目の電子が入ることになる．2p 軌道が全部占有されるまでの残りの元素の電子配置を，2p 軌道に入る電子のスピンの向きとともにつぎに示す．

		$2p_x$	$2p_y$	$2p_z$
C	$1s^22s^22p_x^{\ 1}2p_y^{\ 1}$	↑	↑	
N	$1s^22s^22p_x^{\ 1}2p_y^{\ 1}2p_z^{\ 1}$	↑	↑	↑
O	$1s^22s^22p_x^{\ 2}2p_y^{\ 1}2p_z^{\ 1}$	↑↓	↑	↑
F	$1s^22s^22p_x^{\ 2}2p_y^{\ 2}2p_z^{\ 1}$	↑↓	↑↓	↑
Ne	$1s^22s^22p_x^{\ 2}2p_y^{\ 2}2p_z^{\ 2}$	↑↓	↑↓	↑↓

フントの規則の原因となる電子間の相互作用は，静電反発および量子力学起源の交換相互作用である．このうち静電反発については，二つの電子は互いの静電反発を最小にするために，同一の軌道ではなく空間的に離れた異なる軌道に入る方が安定であるということから，直感的に理解できるであろう．

1・1・4 同位体と原子量

つぎに，原子の中心にある原子核に目を向けてみよう．原子核は正に帯電した**陽子**(proton)と電気的に中性な**中性子**(neutron)から成る．陽子と中性子は**核子**(nucleon)とよばれる．陽子と中性子の質量はほぼ等しく，電子の質量の約 1840 倍である．

原子番号(atomic number, Z)は原子核の中にある陽子の数に等しい．また，陽子の電荷 e(＝1.60218×10^{-19} C，**電気素量**とよばれる)と電子の電荷 $-e$ の絶対値は等しいので，原子番号は中性原子がもつ電子の数にも等しい．後述するように，原子の化学的性質はもっぱら原子核のまわりの電子の数によって決まる(§1・3 参照)．したがって，原子番号は元素の種類を決める数値ということになる．また，原子核を構成する核子の数を**質量数**(mass number, A)という．

ほとんどの元素には，質量数の異なる核種が存在する．これらを互いに**同位体**(isotope)であるという．言い換えれば，同位体とは陽子数が同じで中性子数の異なる核種のことである．同位体の中には不安定な原子核をもつものがあり，これらは**放射性壊変**(radioactive decay)を起こし，放射線を放出して別の核種に変わる．このような同位体を**放射性同位体**(radioactive isotope)とよぶ．同位体を区別するために，元素記号の左下に原子番号を，左上に質量数を付けて $^{12}_{6}C$，$^{13}_{6}C$ のように記号で表し，それぞれ炭素 12，炭素 13 とよぶ．左下の原子番号は省略してもよい．天然に存在するすべての元素の同位体比が決定されており，たとえば炭素は炭素 12(98.93 %)，炭素 13(1.07 %)および放射性同位体である微量の炭素 14 の混じったものである．

炭素 12 の原子 1 個の質量の $\frac{1}{12}$ を**原子質量単位**(atomic mass unit，1.66053878×10^{-27} kg, u)と定義し，原子や分子の質量を表す単位として用いる．これによれば炭素 12 および炭素 13 の質量はそれぞれ 12.00000 u および 13.00335 u となる．また，天然の同位体比をもつ元素の平均原子質量を原子質量単位で割った“無次元量(数 1 の次元をもつ量)”を**原子量**(atomic weight，**相対原子質量**(relative atomic mass)ともいう)という．炭素の原子量は 12.01 である．

同様に，原子質量単位 u に対する分子の相対的質量を**分子量**(molecular weight，**相対分子質量**(relative molecular mass)ともいう)という．分子量はそれを構成する原子の原子量の和に等しい．

さまざまな原子核が安定に存在しうるのは，核子の間に強い**核力**(nuclear force)がはたらいているためである．核力は核子どうしが結合するときに，その質量の一部をエネルギーとして放出して安定化することによって生じる．実際にある核種の原子質量の測定値を，それを構成する核子および電子の質量の和と比較すると，明らかに前者の方が小さい．たとえば重水素 ^{2}H の原子質量は 2.014102 u であるが，これを構成する陽子，中性子および電子の質量の和は 2.016490 u となる．この質量の差を**質量欠損**(mass defect)という．アインシュタインの式 $E=mc^2$ を用いると，重水素の質量欠損をエネルギーに換算した値(**結合エネルギー**)は約 2.2 MeV(=2.1×10^{11} J mol^{-1})という非常に大きな値になる．核子当たりの結合エネルギーはおおむね原子番号の増加とともに増加し，^{56}Fe で最大値の 8.8 MeV をとり，その後ウランに至る重い核で約 7.5 MeV までしだいに減少していく．

原子核を分裂させたり融合させたりすることにより核力を解放することができれば，少量の核燃料から大きなエネルギーを得ることができる．実際に原子力発電所では，ウラン 235 に遅い中性子を当て，核分裂によって発生する大きなエネルギーを利用して発電が行われている．またウランより安価で大量に手に入る水素の同位体の核融合をエネルギー源として使うための研究も行われている．

1・2 周 期 表

1・2・1 周期律の発見

元素を原子量の順番に並べたときに，似た性質を示す元素が周期的に現れることは，19 世紀の半ばに 6 人の科学者(シャンクルトワ(Chancourtois)，ニューランズ(Newlands)，オドリング(Odling)，ヒンリックス(Hinrichs)，マイアー(Meyer)，メンデレーエフ(Mendeleev))によって独立に発見されている．このような似た性質をもつ元素の周期的現れ方に関する法則を**周期律**(periodic law)，またその法則が明示されるように元素を表の形に並べたものを**周期表**(periodic table)という．

6 人の発見の中でもメンデレーエフの周期律発見(1869 年)が特に重要な意義をもつことになるのは，彼の化学的概念が優れており，単に元素の分類表としての周期表の組立てに終わらず，発見された元素間の性質の比較検討，さらには未発見の元素の存在とその諸性質の予言にまでも進むことができた点によるところが大きい．彼は 1870 年の論文の中で，エカホウ素，エカアルミニウム，エカケイ素* の存在と詳細な性質の予言を行っており，これらが後にそれぞれスカンジウム(1879 年)，ガリウム(1875 年)，ゲルマニウム(1886 年)として発見されたことはよく知られている．

これ以降，周期表は多くの化学者に受け入れられてその研究に大きな影響を与えた．さらに上述したように 20 世紀初頭，周期律の理論的基礎が量子力学によって与えられ，周期律が原子量の順序ではなく原子番号に対するものであることが確立されたことにより，化学の基本法則としての周期律の地位は不動のものとなった．

周期表には元素を 9 個の族に分ける短周期型と 18 個の族に分ける長周期型があるが, 現在ではおもに長周期型が使われている. その最新のものを裏見返しに示す.

1・2・2 元素の電子配置と周期性の起源

元素の性質に周期性が現れるのは，§1・1・3 で述べた規則に従って電子を軌道に詰めていくことにより，元素の電子配置が原子番号とともに周期的に変化するためである．主として気相原子スペクトルから決定されている元素の基底状態の電子配置を表 1・2 に示す．ここでは，表現を簡略化するために，閉じた内殻を対応す

---

* エカ(eka-)は，メンデレーエフが当時，既知の元素と同族で下位にある未発見の元素に用いた接頭語．サンスクリット語で数詞“1”を意味する．なお，ここでいう同族元素とは彼が考察した短周期型周期表に基づく同族元素である．たとえば，現在使われている周期表の 3 族と 13 族および 4 族と 14 族は短周期型周期表ではそれぞれ 3 族および 4 族である．

る**貴ガス***(noble gas)の元素記号で表してある.

副殻に電子が詰まっていく順序は必ずしも規則的ではなく，電子間相互作用によって$(n+2)$s軌道，$(n+1)$d軌道およびnf軌道に電子が入る順序が微妙に変わる場合がある．たとえば，第一遷移系列(後述)の中ではCrおよびCuだけは4s軌道に電子を1個しかもたず，それぞれ$[Ar]3d^5 4s^1$および$[Ar]3d^{10} 4s^1$という電子配置をとる．これらの元素では，3d軌道がちょうど半分満たされた(各3d軌道に1電子ずつ)または完全に満たされた(各3d軌道に2電子ずつ)状態にあることに注意してほしい．このように副殻が半分または全部満たされた状態が特に安定なことが，これらの電子配置が選ばれた原因と考えられている．第二遷移系列以降ではこのような異常はさらに多数みられる.

表1・2の電子配置と周期表を比較すれば，周期表が原子の中の電子の殻構造を反映したものであることがよくわかる．表の周期(行)の番号は，最も外側の占有されている電子殻(副殻)の主量子数nに対応している.一方,族(列)の番号は,貴ガス型の閉じた内殻よりも外側にある外殻電子の総数に関係する数である．元素のさまざまな性質，とりわけ化学的性質は，一番外側にあり，エネルギーも高いために外界との相互作用において最も重要な役目を果たす最外殻電子の数に強く依存する.このため，同じ族に属する元素は，周期が異なっても似た性質を示すのである.

18個の族はさらに電子がs, p, dおよびf軌道を満たしていくときにつくられる元素によってそれぞれs-ブロック(1, 2族)，p-ブロック(13〜18族)，d-ブロック(f-ブロックを除く3〜12族)およびf-ブロック(3族の第6および第7周期)に分けられる．水素を除くs-およびp-ブロック元素は**主要族元素**(main group element)，d-およびf-ブロック元素は一般に**遷移元素**(transition element)に分類される．ただし，12族元素は遷移元素ではなく主要族元素に分類されることが多く．本書でもそうしている．また，主要族元素には水素が含まれていないことに注意する必要がある.

d-ブロック元素のうち第4周期のSc(3族)からCu(11族)までの元素を**第一遷移系列**(first transition series)，第5周期のY(3族)からAg(11族)までの元素を**第二遷移系列**(second transition series)，第6周期のHf(4族)からAu(11族)までの元素を**第三遷移系列**(third transition series)の元素とよぶ.

高等学校の教科書では遷移金属に属さないすべての元素を典型元素とよんでい

---

* 希ガス(rare gas)ともいう．周期表の18族元素(He, Ne, Ar, Kr, Xe, Rn)がこれに当たり，閉殻の電子配置をもつ.

表 1・2　元素の電子配置

原子番号 Z	元 素	電子配置	原子番号 Z	元 素	電子配置
1	H	$1s^1$	47	Ag	$[Kr]4d^{10}5s^1$
2	He	$1s^2$	48	Cd	$[Kr]4d^{10}5s^2$
3	Li	$[He]2s^1$	49	In	$[Kr]4d^{10}5s^2 5p^1$
4	Be	$[He]2s^2$	50	Sn	$[Kr]4d^{10}5s^2 5p^2$
5	B	$[He]2s^2 2p^1$	51	Sb	$[Kr]4d^{10}5s^2 5p^3$
6	C	$[He]2s^2 2p^2$	52	Te	$[Kr]4d^{10}5s^2 5p^4$
7	N	$[He]2s^2 2p^3$	53	I	$[Kr]4d^{10}5s^2 5p^5$
8	O	$[He]2s^2 2p^4$	54	Xe	$[Kr]4d^{10}5s^2 5p^6$
9	F	$[He]2s^2 2p^5$	55	Cs	$[Xe]6s^1$
10	Ne	$[He]2s^2 2p^6$	56	Ba	$[Xe]6s^2$
11	Na	$[Ne]3s^1$	57	La	$[Xe]5d^1 6s^2$
12	Mg	$[Ne]3s^2$	58	Ce	$[Xe]4f^1 5d^1 6s^2$
13	Al	$[Ne]3s^2 3p^1$	59	Pr	$[Xe]4f^3 6s^2$
14	Si	$[Ne]3s^2 3p^2$	60	Nd	$[Xe]4f^4 6s^2$
15	P	$[Ne]3s^2 3p^3$	61	Pm	$[Xe]4f^5 6s^2$
16	S	$[Ne]3s^2 3p^4$	62	Sm	$[Xe]4f^6 6s^2$
17	Cl	$[Ne]3s^2 3p^5$	63	Eu	$[Xe]4f^7 6s^2$
18	Ar	$[Ne]3s^2 3p^6$	64	Gd	$[Xe]4f^7 5d^1 6s^2$
19	K	$[Ar]4s^1$	65	Tb	$[Xe]4f^9 6s^2$
20	Ca	$[Ar]4s^2$	66	Dy	$[Xe]4f^{10}6s^2$
21	Sc	$[Ar]3d^1 4s^2$	67	Ho	$[Xe]4f^{11}6s^2$
22	Ti	$[Ar]3d^2 4s^2$	68	Er	$[Xe]4f^{12}6s^2$
23	V	$[Ar]3d^3 4s^2$	69	Tm	$[Xe]4f^{13}6s^2$
24	Cr	$[Ar]3d^5 4s^1$	70	Yb	$[Xe]4f^{14}6s^2$
25	Mn	$[Ar]3d^5 4s^2$	71	Lu	$[Xe]4f^{14}5d^1 6s^2$
26	Fe	$[Ar]3d^6 4s^2$	72	Hf	$[Xe]4f^{14}5d^2 6s^2$
27	Co	$[Ar]3d^7 4s^2$	73	Ta	$[Xe]4f^{14}5d^3 6s^2$
28	Ni	$[Ar]3d^8 4s^2$	74	W	$[Xe]4f^{14}5d^4 6s^2$
29	Cu	$[Ar]3d^{10}4s^1$	75	Re	$[Xe]4f^{14}5d^5 6s^2$
30	Zn	$[Ar]3d^{10}4s^2$	76	Os	$[Xe]4f^{14}5d^6 6s^2$
31	Ga	$[Ar]3d^{10}4s^2 4p^1$	77	Ir	$[Xe]4f^{14}5d^7 6s^2$
32	Ge	$[Ar]3d^{10}4s^2 4p^2$	78	Pt	$[Xe]4f^{14}5d^9 6s^1$
33	As	$[Ar]3d^{10}4s^2 4p^3$	79	Au	$[Xe]4f^{14}5d^{10}6s^1$
34	Se	$[Ar]3d^{10}4s^2 4p^4$	80	Hg	$[Xe]4f^{14}5d^{10}6s^2$
35	Br	$[Ar]3d^{10}4s^2 4p^5$	81	Tl	$[Xe]4f^{14}5d^{10}6s^2 6p^1$
36	Kr	$[Ar]3d^{10}4s^2 4p^6$	82	Pb	$[Xe]4f^{14}5d^{10}6s^2 6p^2$
37	Rb	$[Kr]5s^1$	83	Bi	$[Xe]4f^{14}5d^{10}6s^2 6p^3$
38	Sr	$[Kr]5s^2$	84	Po	$[Xe]4f^{14}5d^{10}6s^2 6p^4$
39	Y	$[Kr]4d^1 5s^2$	85	At	$[Xe]4f^{14}5d^{10}6s^2 6p^5$
40	Zr	$[Kr]4d^2 5s^2$	86	Rn	$[Xe]4f^{14}5d^{10}6s^2 6p^6$
41	Nb	$[Kr]4d^4 5s^1$	87	Fr	$[Rn]7s^1$
42	Mo	$[Kr]4d^5 5s^1$	88	Ra	$[Rn]7s^2$
43	Tc	$[Kr]4d^5 5s^2$	89	Ac	$[Rn]6d^1 7s^2$
44	Ru	$[Kr]4d^7 5s^1$	90	Th	$[Rn]6d^2 7s^2$
45	Rh	$[Kr]4d^8 5s^1$	91	Pa	$[Rn]5f^2 6d^1 7s^2$
46	Pd	$[Kr]4d^{10}$	92	U	$[Rn]5f^3 6d^1 7s^2$

表 1・2 （つづき）

原子番号 Z	元素	電子配置	原子番号 Z	元素	電子配置
93	Np	[Rn]$5f^4 6d^1 7s^2$	100	Fm	[Rn]$5f^{12} 7s^2$
94	Pu	[Rn]$5f^6 7s^2$	101	Md	[Rn]$5f^{13} 7s^2$
95	Am	[Rn]$5f^7 7s^2$	102	No	[Rn]$5f^{14} 7s^2$
96	Cm	[Rn]$5f^7 6d^1 7s^2$	103	Lr	[Rn]$5f^{14} 6d^1 7s^2$
97	Bk	[Rn]$5f^9 7s^2$	104	Rf	[Rn]$5f^{14} 6d^2 7s^2$
98	Cf	[Rn]$5f^{10} 7s^2$	105	Db	[Rn]$5f^{14} 6d^3 7s^2$
99	Es	[Rn]$5f^{11} 7s^2$	106	Sg	[Rn]$5f^{14} 6d^4 7s^2$

る．しかし，この言葉を英語に訳して(訳したつもりで)typical element というと，これは国際的に全く通用しない，異なる意味をもつことになる．すなわち，typical element は本来メンデレーエフが同族元素(congener：周期表で同一の族に分類される元素のこと)を代表する元素という意味で導入した言葉で，H, Li, Be, B, C, N, O, F の 8 元素を指していた．彼は後に定義を拡張して Na から Cl までの 7 元素も typical element に含めた．したがって，国際的には typical element はメンデレーエフの定義した元素群として理解されており，第 4 周期以降の元素は typical element ではない．なお，メンデレーエフが typical element という言葉を提案した当時，貴ガス元素は発見されていなかったので，He，Ne は typical element には含まれない．わが国でよく使われている典型元素を英訳する場合には，non-transition element(非遷移元素)，または main group element(主要族元素．ただし，この場合 H は含まれない)を使わなければならない．

また f-ブロック元素は**内遷移元素**(inner transition element)ともよばれ，このうち第 6 周期 3 族の La から Lu までの 15 元素を**ランタノイド元素**(lanthanoid element)，第 7 周期 3 族の Ac から Lr までの 15 元素を**アクチノイド元素**(actinoid element)とよび，周期表の下にまとめて記載する．原子番号 93 のネプツニウム以降の元素はいずれも人工的に合成された放射性元素であり，**超ウラン元素**(transuranium element)とよばれる．また，原子番号 104 のラザホージウム以降の元素は超アクチノイド元素あるいは超重元素ともよばれている．

いくつかの族には慣習で別称がつけられている．おもなものをあげると，水素以外の 1 族：アルカリ金属(alkali metal)，2 族：アルカリ土類金属*(alkaline earth metal)，16 族：カルコゲン*(chalcogen)，17 族：ハロゲン(halogen)，18 族：貴ガス

* ベリリウムおよびマグネシウムはアルカリ土類金属には含めないこともある．また，カルコゲンは狭義には硫黄，セレンおよびテルルに対する呼称である．

(希ガス)，Sc, Y およびランタノイド：希土類元素(rare earth element)などがある．

1・3　元素の一般的性質と周期性

1・3・1　原子の大きさ

原子やイオンの中の電子は無限遠まで有限の存在確率をもち，はっきりとした境界がないので，あらゆる場合に適用できる原子半径を定義することは困難である．しかしながら，原子の大きさはその化学的挙動と密接に関係しているので，原子の大きさに関する知識をもつことは化学的挙動を理解するうえで重要である．

原子の大きさを表す数値として使用可能なものの一つに，最も外側にある電子の**動径分布関数**[*1](radial distribution function)が最大となる半径(すなわち動径方向の電子の存在確率が最大となる半径)があり，これは(1・17)式で表される．ここで Z^* は考えている電子が感じる**有効核電荷**(effective nuclear charge)Z^*e の Z^* 値であり，後述する**スレーターの規則**(Slater's rule)などにより計算できる．n は主量子数，a_0 はボーア半径である．

$$r_{\text{max}} = \frac{n^2}{Z^*}a_0 = 52.9\frac{n^2}{Z^*} \quad (\text{単位：pm}) \qquad (1\cdot17)$$

この半径 r_{max} を**原子半径**(atomic radius)と定義し，第4周期2族までの元素についてその変化を示したのが図1・10である．この図から，原子半径はまず主量子数 n で決まり，ある周期からつぎの周期へいくとかなり大きくなることがわかる．つぎに同じ周期内で見ると，原子番号の増加に伴って原子半径はかなり劇的に減少している．同様の傾向は実験的に決定された**共有結合半径**(covalent radius，表1・3)や**イオン半径**(ionic radius，付録1参照)にも見られる．

共有結合半径は基本的には対称な同じ元素間の単結合距離を二等分した長さである．一方イオン半径は，イオン結晶において最も近接した陽イオンと陰イオンの間の距離が両イオンの半径の和に等しいと仮定し，各イオンに半径を割り当てたものである．どちらの場合も原子またはイオンは球であると仮定している．このような原子の大きさや，後述する他の性質の周期性を考えるとき，電子軌道の**遮へい**(shielding)と**貫入**(penetration)について理解しておく必要がある．

多電子原子では，外殻にある電子は，それと同じ殻または内側にある殻の電子が

---

*1　ある電子が原子核から距離 r と $r+\mathrm{d}r$ との間にある確率は，(1・13)式の中の動径関数 $R_{n,l}(r)$ の2乗を，半径 r と $r+\mathrm{d}r$ との間の球殻の体積 $4\pi r^2\mathrm{d}r$ にかけて得られる $4\pi r^2\{R_{n,l}(r)\}^2\mathrm{d}r$ に等しい．このとき，$4\pi r^2\{R_{n,l}(r)\}^2$ を動径分布関数という．

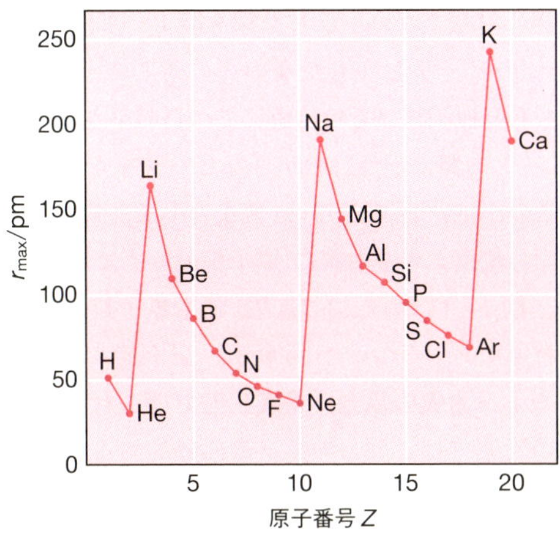

Z^* の計算にはクレメンティ-ライモンディ遮へい則を用いた

図 1・10　有効核電荷の Z^* 値から計算した原子半径 r_{max}

表 1・3　共有結合半径〔pm〕

H																	He
31																	28
Li	Be											B	C	N	O	F	Ne
128	96											84	76	71	66	57	58
Na	Mg											Al	Si	P	S	Cl	Ar
166	141											121	111	107	105	102	106
K	Ca	Sc	Ti	V	Cr	Mn	Fe	Co	Ni	Cu	Zn	Ga	Ge	As	Se	Br	Kr
203	176	170	160	153	139	139	132	126	124	132	122	122	120	119	120	120	116
Rb	Sr	Y	Zr	Nb	Mo	Tc	Ru	Rh	Pd	Ag	Cd	In	Sn	Sb	Te	I	Xe
220	195	190	175	164	154	147	146	142	139	145	144	142	139	139	138	139	140
Cs	Ba	La	Hf	Ta	W	Re	Os	Ir	Pt	Au	Hg	Tl	Pb	Bi			
244	215	207	175	170	162	151	144	141	136	136	132	145	146	148			

出典：WebElements Covalent radius (2008 values), http://www.webelements.com/periodicity/covalent_radius_2008/

核電荷を遮へいするので，全核電荷の一部しか感じない．もし原子中の電子が玉ねぎの層のように1電子ずつ積み重なっているならば，最外殻の電子は核電荷と内側の電子の電荷との和に等しい正電荷を感じるはずであり，中性原子の場合その和はつねに e となる．しかし実際には原子の軌道は，§1・1・3で見たように玉ねぎモデルよりもずっと複雑な形をしており，このモデルは適用できない．遮へいの程度は，問題とする電子と他の電子との空間分布の関係によって異なる．

たとえば，水素原子について同じ主量子数 $n=3$ をもつ3s, 3pおよび3d軌道の動径分布関数を半径に対してプロットした図を図1・11に示す．3d軌道($l = 2$)の動径分布関数は一つのピークしかもたないのに対して，3p軌道($l = 1$)は大きなピークの内側，すなわち原子核に近い位置に二つ目の小さなピークをもち，さらに3s軌道($l = 0$)はもっと内側に三つ目の小さなピークをもつ．これらの内部ピークの半径は，主量子数の小さい2s軌道や2p軌道の半径よりも小さい．このように原子軌道の一部が内側の軌道よりも内側に(原子核の近くに)入り込んで分布していることを貫入という．図1・11から，3s軌道が最も原子核に近い位置に高い分布をもつ貫入の大きな軌道であり，ついで3p軌道，3d軌道の順に貫入が小さくなることが見てとれる．なお，水素の場合，基底状態ではこれらの軌道は空軌道であるが，第3周期以降の元素ではこれらの軌道は部分的あるいは完全に占有されており，電子雲を形成している．これらの元素では，3s, 3pおよび3d軌道の半径は水素のものよりかなり小さいものの，それぞれの軌道の形は基本的に水素のものと同じである．

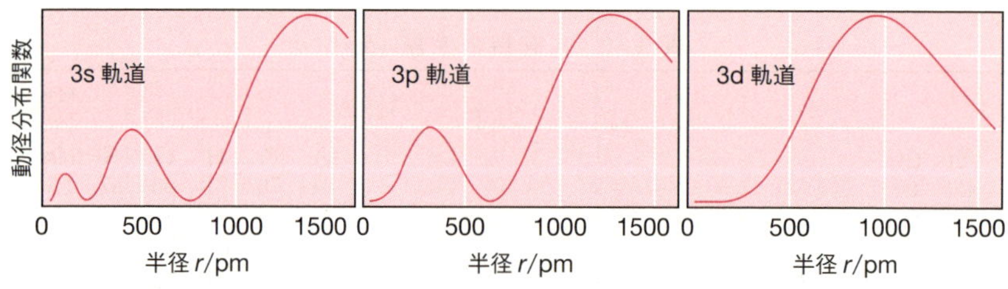

図 1・11　水素原子の 3s, 3p および 3d 軌道の動径分布関数

一般的には，主量子数が小さい軌道の電子は主量子数の大きい軌道の電子に対して核電荷をよく遮へいし，また，主量子数が同じ場合には方位量子数が小さい軌道の電子ほど貫入が大きいので，遮へいする力が強いが他の電子からの遮へいは受けにくいということができる．これは，図1・11の例からもわかるように，方位量子数が大きい軌道ほど貫入が小さくなり，核電荷を感じにくくなるためである．つまり，相対的な貫入力はns>np>nd>nfの順なので，それらの軌道が及ぼす遮へいの大きさの順はns>np>nd>nf，逆にそれらの軌道が受ける遮へいの大きさの順はns<np<nd<nfとなる．

遮へい効果は一般に有効核電荷Z^*eのZ^*値によって表される．これはある軌道上にある電子が他の電子の遮へい効果を考慮したうえで感じる核電荷である．スレーターはZ^*を簡単に計算できる近似的な経験則を編み出した．

スレーターの規則で求めた Z^* から計算される物理量と分光学的研究から得られた値との一致はあまり良くないが，規則が単純であり，また大まかな傾向はこのモデルで十分再現できるため，現在でもよく使われている．**クレメンティ-ライモンディ遮へい則**(Clementi-Raimondi shielding rules)などもっと精度の高い値が得られる洗練されたモデルも開発されているが，より複雑な計算が必要になる．

上記の規則により，同じ周期の中では最外殻の電子が感じる有効核電荷は周期表を右へいくほど大きくなるので，それに伴って原子半径が小さくなることが容易に理解できるであろう．これに関連する重要な現象として**ランタノイド収縮**(lan-

スレーターの規則

有効核電荷 Z^*e の Z^* 値は，原子番号 Z から下記の規則によって見積もられる遮へい定数の総和 S を差し引いた値となる．すなわち

$$Z^* = Z - S \qquad (1\cdot18)$$

この規則を適用するために，軌道をつぎのようなグループに分ける．

［1s］［2s 2p］［3s 3p］［3d］［4s 4p］［4d］［4f］［5s 5p］［5d］［5f］…

❶ すべてのグループについて，それより右側のグループの電子は遮へいに寄与しない．

❷ ［ns np］の電子に対する遮へい定数(n は主量子数)

　同じグループの電子：0.35(ただし 1s は 0.30)

　$n-1$ のグループの電子：0.85

　$n-2$ 以下のグループの電子：1.0

❸ ［nd］，［nf］の電子に対する遮へい定数

　同じグループの電子：0.35

　左側のすべてのグループの電子：1.0

例としてナトリウムの 2p および 3s 軌道の電子が感じる Z^* を計算してみよう．ナトリウムについては $Z=11$ であり，基底状態の電子配置は $1s^2 2s^2 2p^6 3s^1$ である．まず 2p 電子に対する遮へい定数については，3s 電子は遮へいに寄与せず，同じグループの残りの 7 個の電子について($7\times0.35=2.45$)，$n=1$ のグループについて($2\times0.85=1.7$)で，$S=4.15$ となるので $Z^*=11-4.15=6.85$ となる．また 3s 電子に対する遮へい定数は，$n=2$ のグループについて($8\times0.85=6.8$)，$n=1$ のグループについて($2\times1.0=2.0$)で，$S=8.8$ となるので $Z^*=11-8.8=2.2$ となる．

thanoid contraction)について述べておかなければならない．ランタノイドのすべての元素について3価の陽イオン(M^{3+})が存在し，しかも原子番号とともに満たされていく4f軌道は外側の5sや5p軌道にうずもれているので，イオンは事実上球形であり，比較的良い精度でのイオン半径の比較が可能となる．図1・12は3価のランタノイドイオンの半径が原子番号の増加に伴って単調に減少する様子を6配位および8配位の場合について示したものである．この収縮は，1ずつ増加する核電荷を同じく1個ずつ増える4f軌道の電子が完全には遮へいできないため，それより外側の5pや5s軌道の電子が原子番号の増加に伴ってより強く核に引きつけられるために起こる．ランタノイドの15元素全体に渡っての収縮は，主量子数が$n=5$から$n=6$に移行するときに生じる半径の増加を相殺するほど大きい．このため，第6周期のランタノイドより右側の元素の半径は第5周期の同族元素の半径とほぼ同じになってしまう(表1・3参照)．第二遷移系列と第三遷移系列の元素の化学がよく似ているのはこのためである．同様の収縮はアクチノイドでも見られ，**アクチノイド収縮**(actinoid contraction)とよばれている．また，f殻の代わりにd殻を満たしていくときにも同様の収縮が起こる．3d電子の不完全な遮へいによるScからZnまでの半径の収縮によって，第3周期と第4周期のp-ブロック元素の半径は近い値となり，これがこれら二つの系列の元素の化学を似たものにしている．

1・3・2 イオン化エネルギー

基底状態にある気相原子から電子を一つ取除いて基底状態の陽イオン種とするの

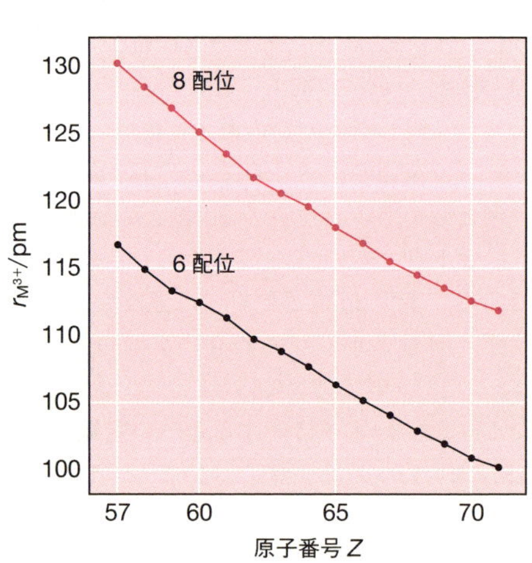

図1・12 3価のランタノイドイオン(M^{3+})の半径

に必要なエネルギーを**第一イオン化エネルギー**(first ionization energy, E_I)という．

$$E(g) \longrightarrow E^+(g) + e^- \qquad (1 \cdot 19)$$

これは言い換えれば，最もエネルギーの高い満たされた軌道から電子を無限遠まで運ぶ仕事に相当する．さらにこのようにして生じた1価の陽イオン種からさらに1個の電子を引き抜いて2価の陽イオン種とするのに必要なエネルギーを**第二イオン化エネルギー**(second ionization energy)という．

$$E^+(g) \longrightarrow E^{2+}(g) + e^- \qquad (1 \cdot 20)$$

同様にして第三イオン化エネルギー以降も定義できる．イオン化エネルギーは第一から第二，第三と進むに従って，イオンの電荷が大きくなるために増大する．

原子番号20までの元素の第一イオン化エネルギーを原子番号に対してプロットしたものを図1・13に示す．二つの大きな傾向がみられる．第一に，同一の族の中では主量子数が増加するに従ってイオン化エネルギーは下がっていく．これは主量子数の増加に伴って軌道が大きくなる分，原子核との静電引力が低下するためである．第二に，同一の周期の中ではイオン化エネルギーは周期表を右へいくに従って高くなる．これは，原子番号の増加に伴って核電荷および軌道上の電子が1個ずつ増加するときに，上述したように同じ殻の電子による核の遮へいが完全ではないた

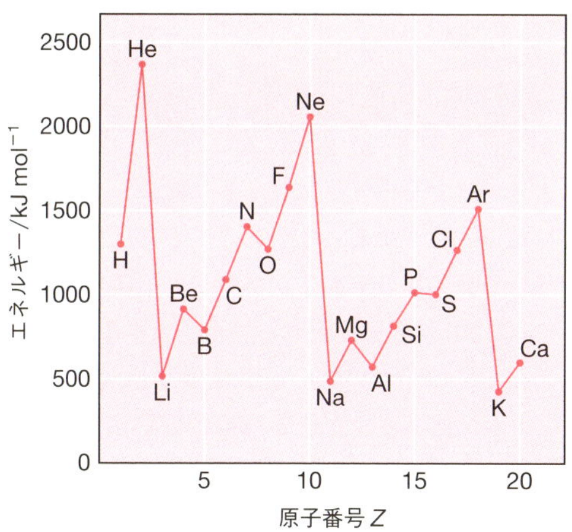

図 1・13　第一イオン化エネルギー

めに最外殻電子が感じる有効核電荷が周期表の右へいくほど大きくなることによる．このとき最も低いイオン化エネルギーを示すのは，1電子を失うことによって閉殻構造となるアルカリ金属であり，最も高いイオン化エネルギーを示すのは，閉殻構造が壊される貴ガスである．

同一周期内でのイオン化エネルギーの変化をもう少し細かくみると，単調に増加しているのではなく，s軌道がいっぱいになりp軌道に電子が入り始めるとき(Be→B，Mg→Al)，および電子が一つずつ入ったp軌道に二つ目の電子が入り始めるとき(N→O，P→S)に減少していることがわかる．前者については，満たされて閉殻となったns副殻がnp軌道の電子に対して核電荷を効果的に遮へいするために起こり，これはスレーターの規則では考慮されていない効果である．また後者は，半分満たされたnp副殻の軌道に二つ目の電子が入り始め，電子間反発によって軌道が不安定化されるために起こる．

遷移元素のイオン化エネルギーは原子番号によってほとんど変化せず，d-ブロック元素の大部分で500～1000 kJ mol^{-1}，またf-ブロック元素の大部分で500～650 kJ mol^{-1}の範囲内に入っている．

1・3・3 電子親和力

イオン化エネルギーと反対に，基底状態にある気相原子が電子を獲得して基底状態の陰イオンとなるときに放出するエネルギーを**電子親和力**(electron affinity, E_A)という．これは，(1・21)式で定義される電子捕獲エンタルピーΔH°の符号を変えたものにあたる．

$$\mathrm{E(g)} + \mathrm{e^-} \longrightarrow \mathrm{E^-(g)} \qquad \Delta H^\circ = -E_A \qquad (1\cdot21)$$

電子親和力が正に大きいほどその元素は陰イオンになりやすく，その陰イオンは安定である．またこの値は，生成する陰イオンのイオン化エネルギーに等しい．第一電子親和力は正の場合も負の場合もあるが，第二電子親和力以降は例外なく負である．これは，陰イオンにさらに電子を入れる場合，大きな反発を受けるからである．

図1・14に第3周期までの元素の第一電子親和力E_Aを原子番号に対してプロットしたものを示す．イオン化エネルギーと同様に周期表を右へいくに従ってE_Aは増大しており，その理由もまた同じように説明できる．つまり，入ってくる電子にはたらく有効核電荷が周期表を右へいくほど大きくなり，生成する陰イオンが安定化するのである．

また，1族から2族へ進むとき，および14族から15族へ進むときに E_A が低下するのも，イオン化エネルギーの場合と同様につぎのように説明できる．すなわち，1族→2族（Li→Be，Na→Mg）については，1族元素の E_A はs副殻が満たされて安定化する段階に，一方2族元素の E_A は満たされたs副殻で効果的に遮へいされ不安定化されているp副殻に電子が入る段階にそれぞれ相当することがその原因である．なお2族元素の E_A はすべて負の値をとっている．また14族→15族（C→N，Si→P）については，14族元素の E_A はp副殻がちょうど半分満たされて安定化する段階に，一方15族元素の E_A はp副殻の軌道に二つ目の電子が入り始める段階に相当するのが E_A の低下の原因である．

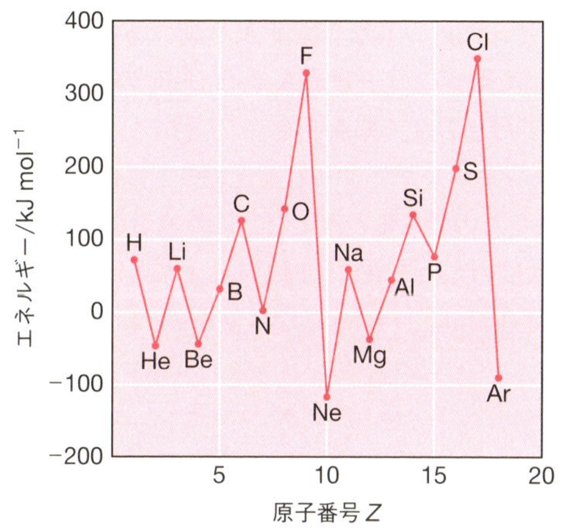

図 1・14　第一電子親和力

E_A にみられるもう一つの重要な傾向は，第2周期元素の E_A は第3周期元素の E_A より一般に小さいことである．この傾向は特に15,16および17族元素で顕著である．これはおもに第2周期元素の原子半径が小さいことに起因している（表1・3参照）．つまり，これらの元素では小さな原子にさらに電子が加わると電荷密度が極端に高くなってしまうため，電子間反発によって陰イオンが不安定化されるのである．

電子親和力はイオン結晶の生成熱の測定値と**ボルン-ハーバーサイクル**（Born-Haber cycle，§3・2参照）から算出できるが，最近はレーザー分光学の進歩によって，陰イオンの電子脱離から直接測定できるようになった．

1・3・4 電気陰性度

原子の**電気陰性度**(electronegativity, χ)は，分子内の原子が電子を自分自身の方へ引き寄せる能力を示す尺度である．したがって，その原子が電子を放出しにくく(イオン化エネルギー E_I が大きく)また電子を受け取りやすい(電子親和力 E_A が大きい)場合には χ が大きくなることは明白である．マリケン(Mulliken)はこれに注目して χ を E_I と E_A(eV 単位)の算術平均として(1・22)式のように定義した(E_I および E_A を kJ mol^{-1} 単位で表すと，分母の数値は 192.97 となる)．

$$\chi = \frac{E_\mathrm{I}+E_\mathrm{A}}{2} \qquad (1\cdot 22)$$

一方，ポーリング(Pauling)は異なる原子 A, B 間の結合について，実測された結合解離エネルギー D_AB が等核二原子分子 $\mathrm{A_2}$ および $\mathrm{B_2}$ の結合解離エネルギー D_AA および D_BB の幾何平均 $\sqrt{D_\mathrm{AA}D_\mathrm{BB}}$〔算術平均 $\frac{1}{2}(D_\mathrm{AA}+D_\mathrm{BB})$ よりも良いとされている〕として予測された結合エネルギーよりも大きいことに注目し，これは，結合 A−B にイオン結合性があるためであると考えた．この差すなわちイオン結合性の寄与が原子 A, B の電気陰性度の差の 2 乗に比例するとして(1・23)式を導いた．なお，この式の中の数値 96.49 kJ mol^{-1}(＝1 eV)は単位を eV から kJ mol^{-1} に換算するための係数である．

$$96.49(\chi_\mathrm{A}-\chi_\mathrm{B})^2 = D_\mathrm{AB}-\sqrt{D_\mathrm{AA}D_\mathrm{BB}} \qquad (1\cdot 23)$$

ポーリングの定義では電気陰性度の差が求まるだけなので基準値が必要である．現在では最も電気陰性な性質をもつフッ素に 3.98 という値を割り当てて他の元素の電気陰性度が求められている．なお，マリケンの電気陰性度の傾向はポーリングのものとよく似ており，その値はポーリングの値の約 2.8 倍である．

マリケンおよびポーリングの電気陰性度の欠点は，その基礎となる正確な熱化学的データが不足していることにあった．そこで，より一般的な電気陰性度がオールレッド(Allred)とロコウ(Rochow)によって提案された．この尺度の基礎は，元素の電気陰性度は，その原子の核から共有結合半径 r_cov(pm 単位)に等しい距離だけ離れた位置にある電子が感じる引力と関係があるというものである．この電子が感じる有効核電荷を Z^*e とすると，その引力はクーロンの法則より $Z^*e^2/r_\mathrm{cov}{}^2$ となる．ポーリングの尺度と合わせるために，オールレッド-ロコウの電気陰性度は次式によって定義されている．

$$\chi_{AR} = 3590 \frac{Z^*}{{r_{cov}}^2} + 0.744 \qquad (1 \cdot 24)$$

ポーリングおよびオールレッド-ロコウの電気陰性度の値を表1·4に示す．その定義から予測されるように，電気陰性度は周期を左から右へいくほど大きくなり，また族を上から下へいくほど小さくなる．貴ガスを除いて最大の値($\chi_{AR}=4.10$)を周期表の右上のフッ素が，また最小の値($\chi_{AR}=0.86$)を周期表の左下のフランシウムおよびセシウムが示す．異なる元素どうしが結合をつくったとき，その結合の性質は電気陰性度から予測することができる．電気陰性度の大きい方の原子は小さい方の原子から電子を自分の方へ引き寄せ，結合は前者が負電荷，後者が正電荷を帯びるように分極する．もし電気陰性度の差が1.7より小さければ，その結合は分極した共有結合であり，1.7より大きければイオン結合性が主となる．

同じ元素間の結合の性質もまた電気陰性度によってうまく説明できる．$\chi_{AR} \leqq 1.8$の元素の単体は金属であり，$\chi_{AR} \geqq 2.1$の元素単体は非金属である．χ_{AR}が1.8〜2.1の元素の単体は半導体となるものが多く，これらの元素は**類金属**(metaloid)に分類される．これはつぎのような理由による．電気陰性度が小さい元素では最外殻の軌

表 1·4 電気陰性度（上段はポーリングの値，下段はオールレッド-ロコウの値）

H																	He
2.20																	
2.20																	5.50
Li	Be											B	C	N	O	F	Ne
0.98	1.57											2.04	2.55	3.04	3.44	3.98	
0.97	1.47											2.01	2.50	3.07	3.50	4.10	4.84
Na	Mg											Al	Si	P	S	Cl	Ar
0.93	1.31											1.61	1.90	2.19	2.58	3.16	
1.01	1.23											1.47	1.74	2.06	2.44	2.83	3.20
K	Ca	Sc	Ti	V	Cr	Mn	Fe	Co	Ni	Cu	Zn	Ga	Ge	As	Se	Br	Kr
0.82	1.00	1.36	1.54	1.63	1.66	1.55	1.83	1.88	1.91	1.90	1.65	1.81	2.01	2.18	2.55	2.96	3.00
0.91	1.04	1.20	1.32	1.45	1.56	1.60	1.64	1.70	1.75	1.75	1.66	1.82	2.02	2.20	2.48	2.74	2.94
Rb	Sr	Y	Zr	Nb	Mo	Tc	Ru	Rh	Pd	Ag	Cd	In	Sn	Sb	Te	I	Xe
0.82	0.95	1.22	1.33	1.6	2.16	1.9	2.2	2.28	2.20	1.93	1.69	1.78	1.96	2.05	2.1	2.66	2.6
0.89	0.99	1.11	1.22	1.23	1.30	1.36	1.42	1.45	1.35	1.42	1.46	1.49	1.72	1.82	2.01	2.21	2.40
Cs	Ba	La〜Lu	Hf	Ta	W	Re	Os	Ir	Pt	Au	Hg	Tl	Pb	Bi	Po	At	Rn
0.79	0.89	1.1 〜1.3	1.3	1.5	2.36	1.9	2.2	2.20	2.28	2.54	2.00	2.04	2.33	2.02	2.0	2.2	2.0
0.86	0.97	1.01〜1.14	1.23	1.33	1.40	1.46	1.52	1.55	1.44	1.42	1.44	1.44	1.55	1.67	1.76	1.96	2.06
Fr	Ra	Ac〜Pu															
0.7	0.89	1.1 〜1.5															
0.86	0.97	1.00〜1.22															

出典：WebElements Periodic Table, http://www.webelements.com/; J. Emsley, "The Elements", 3rd Ed., Oxford University Press(1998).

道にはたらく有効核電荷が小さいために，その軌道のエネルギーは高く，軌道のローブは大きく広がっている．このような元素では非局在化した結合軌道が形成され，それに占有される原子価電子の数が軌道の数と比べて少ないことと相まって部分的に占有されたバンドをつくる(§3・3参照)．一方，電気陰性度の大きい元素では最外殻の軌道にはたらく有効核電荷が大きいために，その軌道のエネルギーは低く，軌道のローブは原子核に引きつけられて小さく集中している．このような元素は局在化した共有結合を形成し絶縁体となる．中間的な電気陰性度をもつ元素では，非局在化した結合を形成する一方，満たされたバンド(価電子帯)とその上の空のバンド(伝導帯)との間にバンドギャップが存在するため，半導体となる(§3・3参照)．

1・3・5 磁気的性質

原子や分子の軌道を電子がどのように占めているかに依存して，物質はいくつかの異なる磁気的性質(磁性)を示す．代表的なものは反磁性および常磁性である．

ある物質に外部から磁場を加えたとき，この外部磁場とは逆向きの磁気双極子が誘起されるような磁性を**反磁性**(diamagnetism)という．物質中のすべての電子が電子対を形成し不対電子をもたない物質は，外部磁場がかかると原子核のまわりの電子がこれを打ち消す方向に軌道運動するため反磁性を示す．有機化合物，有機金属化合物，主要族元素の化合物の多くはこれに属する．

一方，不対電子をもつ分子やイオンは永久磁気双極子としてふるまう．もし，この磁気双極子間にはたらく磁気的相互作用が十分に小さいか，もしくは温度が十分に高く熱エネルギーが磁気的相互作用よりもずっと大きい場合には，外部磁場がなければ磁気双極子は熱振動によって無秩序な方向を向いている．この物質に外部磁場を加えると，永久磁気双極子は外部磁場と同じ方向を向いて並ぼうとするため，外部磁場を強めるような磁化が起こる．外部磁場を切ると，すぐにまた無秩序な状態に戻る．このような磁性を**常磁性**(paramagnetism)という．NO_2 のような奇数個の電子をもつ分子，O_2 のような縮重した最高被占軌道をもつ分子(§2・2・2a参照)，水中の遷移金属イオンやランタノイドイオン，多くの遷移金属単体などは常磁性物質である．ちなみに，不対電子に起因する永久磁気双極子は，電子対に外部磁場がはたらいて生じる誘起磁気双極子よりモーメントがおよそ一桁大きいので，常磁性による磁化はふつう反磁性による逆方向への磁化よりも大きい．

磁性はグイ(Gouy)の天秤やスクイッド(SQUID)とよばれる装置で磁化率を測定することによって知ることができる．常磁性物質でも反磁性の寄与がある．この寄与を補正した常磁性物質の磁化率の値 $\chi_{\rm m}$ から，次式により**磁気双極子モーメント**(magnetic dipole moment, μ)を求めることができる(単位はボーア磁子).

$$\mu = 2.84\sqrt{\chi_{\rm m}T} \tag{1・25}$$

ここで，T は絶対温度である．磁気双極子モーメントはその物質中の不対電子の数(n)とつぎの関係がある.

$$\mu = \sqrt{n(n+2)} \tag{1・26}$$

第 8 章で述べるように，たとえば Ti^{3+} や Cr^{3+} はそれぞれ不対電子を 1 個および 3 個もっている．これらのイオンの磁気双極子モーメントを測定すると，それぞれ約 1.7 および 3.8 ボーア磁子という値が得られ，計算値(それぞれ 1.73 および 3.87 ボーア磁子)とよく一致する．ただし，(1・26)式はスピン-軌道相互作用が強い物質の場合には成立しなくなるため，スピンのみ(spin-only)の式とよばれている.

もし固体中の永久磁気双極子間にはたらく磁気的相互作用が強く，この相互作用のためにすべての磁気双極子が同じ方向を向いて整列している場合，外部磁場がなくても非常に強い磁化が現れる．このような磁性を**強磁性**(ferromagnetism)という．永久磁石は強磁性体である．第一遷移系列の鉄，コバルト，ニッケルおよびいくつかのランタノイド元素(ガドリニウムなど)は，単体で強磁性体となる．また $SmCo_5$ などの合金は非常に強い永久磁石として広く使われている．強磁性とは逆に，固体中で隣り合った永久磁気双極子どうしが互いに反対向きに並んだ場合，磁化はゼロになる．このような磁性を**反強磁性**(antiferromagnetism)という．図 1・15 に強磁性体と反強磁性体の磁気双極子の配列を模式的に示す．強磁性体も反強磁性体も，温度を上げていくとやがて熱エネルギーが磁気的相互作用に打ち勝つ温

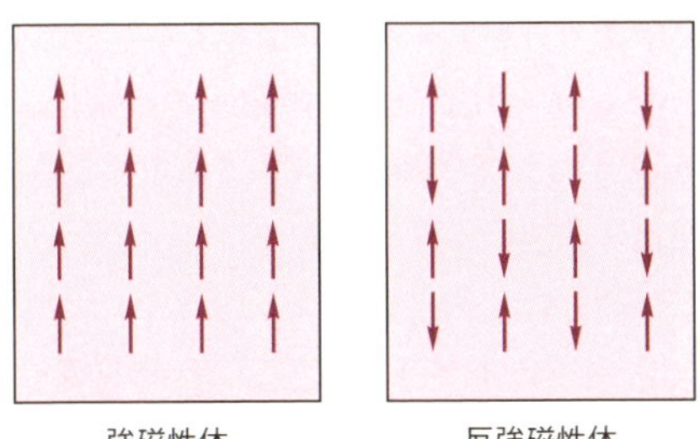

図 1・15　強磁性体および反強磁性体における磁気双極子の配列の模式図

度に到達し，それより高温では常磁性体に変わる．このため，強磁性体および反強磁性体は常磁性体の特別な場合とみることができる．なお，強磁性体や反強磁性体が常磁性体に変化する温度(転移温度)を，強磁性体の場合**キュリー温度**(Curie temperature)，反強磁性体の場合**ネール温度**(Néel temperature)とよぶ．

問題

1・1 元素の宇宙での存在量は，鉄を境にしてそれより原子番号の大きい元素では極端に少なくなる．その理由を説明せよ．

1・2 ライマン系列(水素原子の $n \geqq 2$ の軌道から $n=1$ の軌道への電子遷移に基づくスペクトル系列)のスペクトル線の中で，1番目および2番目にエネルギーの低い(波長の長い)ものの波長(nm 単位，有効数字3桁)を計算せよ．ただし，$hc=1.99\times10^{-25}$ J m および $me^4/(8\varepsilon_0{}^2h^2)=2.18\times10^{-18}$ J を用いよ．

1・3 N 殻(主量子数 $n=4$ の原子軌道群)には最高いくつの電子が入りうるか．

1・4 つぎの軌道の節面の総数，角度依存性の節面の数，および動径節の数はそれぞれいくつか．

1) 3p 軌道　2) 4f 軌道　3) 5d 軌道

1・5 つぎの原子またはイオンの基底状態の電子配置を予測せよ．

1) O^{2-}　2) Si　3) Cr^{3+}　4) Br　5) Sm　6) Ir

1・6 スレーター則を用いて，つぎの元素の中性原子中の指定した電子が感じる有効核電荷の Z^* 値を求めよ．

1) 硫黄の 3s, 3p 電子　2) ニッケルの 4s, 3d 電子

3) キセノンの 5s, 5p, 4d 電子　4) ウランの 7s, 6d, 5f 電子

1・7 第一イオン化エネルギーも第一電子親和力も，リチウムと比べてフッ素の方が大きい．その理由を有効核電荷に基づいて説明せよ．

1・8 窒素と比べて酸素の方が第一イオン化エネルギーが小さいのはなぜか．

1・9 カルシウム，マンガンおよび亜鉛の第一イオン化エネルギーはそれぞれ 590 kJ mol^{-1}，717 kJ mol^{-1} および 906 kJ mol^{-1} である．この違いを，d 電子の増加に伴う有効核電荷の変化に基づいて説明せよ．

1・10 つぎの言葉を説明せよ．

1) クラーク数　2) リュードベリ定数　3) 物質波　4) 不確定性原理

5) フントの規則　6) 質量欠損　7) ランタノイド収縮

2

分子とそのモデル

ほとんどすべての元素は，同じ元素どうしまたは他の元素と結合を形成し，安定な多原子分子として存在している．本章とつぎの第3章では，この結合形成の原因を探り，また結合形成によって生まれた分子の構造や性質について考える．原子どうしの結合は，基本的には原子核の正電荷と軌道電子の負電荷との間の静電引力によって生じる．その形式はつぎの三つに大別される．すなわち，① 原子軌道どうしが重なり合い電子を共有して形成される**共有結合**(covalent bond)，② イオン間の静電引力による**イオン結合**(ionic bond)，および ③ 金属陽イオンの格子とその間を自由に動き回る価電子との相互作用による**金属結合**(metallic bond)である．本章では，このうち共有結合とそれによって形成される分子を取上げ，続く第3章でイオン結合と金属結合について述べる．

2・1　共有結合

2・1・1　オクテット説と分子の表示法

共有結合が生じる原因に関する最初の理論として，ルイス(Lewis，1916年)とラングミュア(Langmuir，1920年)は**オクテット説**(octet theory，**八隅説**ともいう)を発表した．その基本にある考え方は，貴ガスの電子配置が特に安定であり，それ以外の元素の原子は他の原子と電子をやりとりしたり共有することによってそれぞれが貴ガスの電子配置をとろうとするために化学結合が形成されるというものである．水素やリチウムは最外殻に2電子をもつヘリウムの電子配置をとって安定化し，その他の主要族元素は最外殻に8電子をもつネオン以降の貴ガスの電子配置をとって安定化する．このように水素やリチウムを除く多くの元素が八つの価電子をもって安定化するように結合をつくるので，この理論はオクテット(octet：8個のもののグループの意)説と名づけられている．またこの理論は規則として**オクテット則**(octet rule)とよばれることも多い．オクテット説は，主要族元素の超原子価化合物(§2・1・2参照)や遷移金属錯体(第8章参照)など例外も多く，また結合の強さや化合物の相対的安定度など定量的なことは説明できない．しかし，このきわめて単純な規則によって多くの主要族元素の原子のつながり方(原子価)を定性的にうまく説明し，また推測することができるため，現在でもよく使われている．

ルイスはオクテット説をさまざまな化合物に適用するのに便利な表記法として，原子のまわりにある価電子を点で表す**ルイス構造**(Lewis structure)とよばれる構造式を考案した．この表記法では，二つの原子に共有される電子は，それらの原子の間に書かれる．たとえば，等核二原子分子である水素 H_2，フッ素 F_2，酸素 O_2 および窒素 N_2 は，ルイス構造ではそれぞれ図 2・1 (a) のように書かれる．フッ素原子([He]$2s^22p^5$)は 7 個の最外殻電子をもつので，二つのフッ素原子が結合して F_2 となることで，2 個の電子すなわち 1 個の電子対を共有してオクテットを形成し安定化する．同様に，酸素原子および窒素原子はそれぞれ 6 個および 5 個の最外殻電子をもつので，二原子分子となるときそれぞれ 2 個および 3 個の電子対を共有してオクテットを形成する．

共有され結合を形成している電子対は**結合電子対**(bonding pair)または**共有電子対**(shared electron pair)とよばれ，一方共有されず結合にかかわらない電子対は**非共有電子対**(unshared electron pair)または**孤立電子対**(lone pair)とよばれる．F_2, O_2 および N_2 では，分子中の各原子がそれぞれ 3 個，2 個および 1 個の非共有電子対をもつ．また一つの結合電子対を 1 本の結合と数えれば，F_2, O_2 および N_2 はそれぞれ原子間に一重，二重および三重の結合をもつことになる．このような二つの原子を結ぶ結合の本数(すなわち結合電子対の数)を**結合次数**(bond order)という．F_2, O_2 および N_2 の結合次数はそれぞれ 1, 2 および 3 となり，またそれぞれの結合次数をもつ結合を**単結合**(single bond)，**二重結合**(double bond)および**三重結合**(triple bond)とよぶ．炭素原子間の結合については，結合次数が大きくなるほど結合が短くなり，また結合エネルギーが大きくなって結合が強くなることが実験的に示されている．なお，実際の酸素分子 O_2 は常磁性であり，対をつくっていない電子(**不対電子**)をもつ．これを合理的に説明するためには，後述する分子軌道法を用いなければならない．

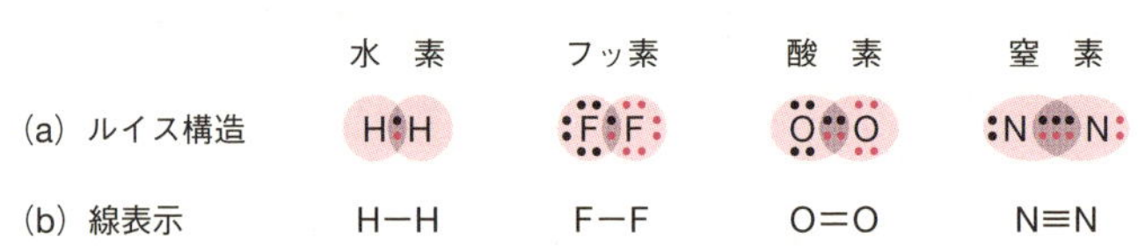

	水 素	フッ素	酸 素	窒 素
(a) ルイス構造	H:H	:F:F:	O::O	:N:::N:
(b) 線表示	H−H	F−F	O=O	N≡N

図 2・1 いくつかの等核二原子分子のルイス構造と線表示

現在では，1個の結合電子対を1本の実線で表し，非共有電子対は書かない**線表示**の方がより一般的に用いられており，これによれば F_2, O_2 および N_2 はそれぞれ図2・1(b)のように書かれる．

異なる原子間の結合をもつ化合物の構造も同様にルイス構造および線表示で表すことができる．図2・2にその例を示す．フッ素，酸素，窒素および炭素は，いずれも最外殻に8電子をもつネオン型の閉殻構造となるのに必要なだけの数の水素原子と結合する．また，N^+ は炭素原子と同じ4電子を最外殻にもつので，メタンと同様に4個の水素と結合してアンモニウムイオンとなる．メタノール，ホルムアルデヒドおよび一酸化炭素は，それぞれ炭素-酸素間に単結合，二重結合および三重結合をもつルイス構造がオクテット則を満足する．

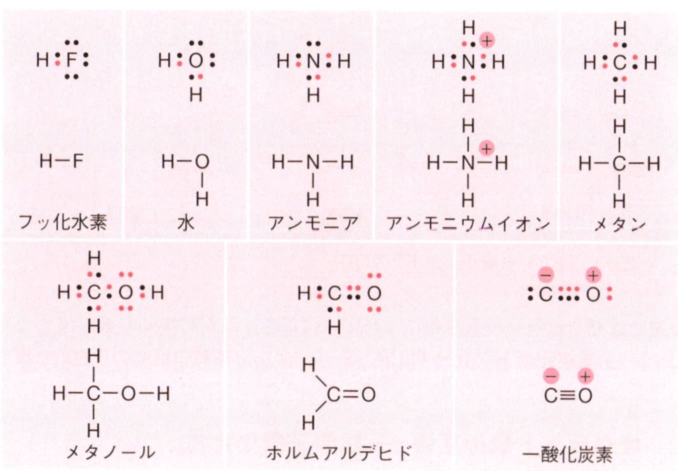

図 2・2　いくつかの主要族元素化合物のルイス構造と線表示

オクテット説が成り立つ理論的根拠は，§2・2で解説する原子軌道の相互作用の考察から得られる．すなわち，多くの主要族元素の結合には d 軌道は関与しないので，最外殻にある互いにエネルギー準位の近い1個の ns 軌道と3個の np 軌道の合計4個の軌道のみが結合に用いられる．このような化学結合に使用しうる軌道を**原子価軌道**(valence orbital)といい，原子価軌道を占めている電子を**原子価電子**または**価電子**(valence electron)という．これらの各軌道は，結合形成の際に他の原子の軌道との相互作用によって1個ずつの**結合性軌道**(bonding orbital)と**反結合性軌道**(antibonding orbital)を形成する(§2・2・1参照)．また相互作用できる適当な軌道がないときは**非結合性軌道**(nonbonding orbital)として残る．したがって，エネルギーの低い結合性軌道と非結合性軌道はつねに合計 4 個存在することになる(図 2・3)．この 4 個の軌道が 8 個の電子で満たされた状態が最も安定である．これを満たさない電子状態をもつ化学種は活性であり，結合の形成や開裂，電子移動などの反応を起こして 8 個の最外殻電子をもつ状態(すなわちオクテットを形成した状態)へ変換しようとする傾向が強い．

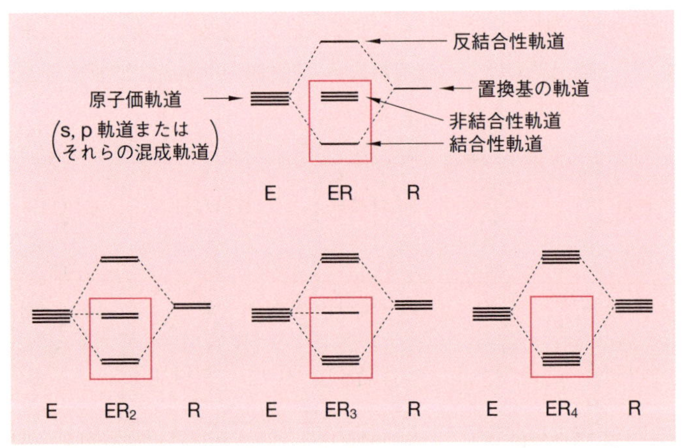

結合性軌道と非結合性軌道の数の和はつねに 4 になる．ただし例外もある(§2・2・2 参照)

図 2・3　主要族元素 E の化合物 ER_n (n=1〜4) の分子軌道形成の定性的な模式図

2・1・2　オクテット説の拡張 ── 超原子価化合物

第 3 周期以降の主要族元素では，中心原子が 8 よりも多い価電子をもつ安定な化合物が多数知られている．その代表的な例を表 2・1 に示す．これらはオクテット説が要請する電子数よりも多くの価電子をもつため，**超原子価化合物**(hypervalent compound)とよばれている．このような化合物の多くは，第 3 周期以降の 14 族〜

表 2・1　代表的な超原子価化合物

中心原子の族番号	14 族	15 族	16 族	17 族	18 族
超原子価化合物†	SiF_6^{2-} (12)	PCl_5 (10) SbF_6^- (12)	SF_4 (10) SF_6 (12) $Te(OH)_6$ (12)	BrF_5 (12) IF_7 (14)	KrF_2 (10) XeF_4 (12) XeO_3 (14)

†　括弧内はルイス構造から形式的に求められる中心原子の価電子数．

18 族の元素に電気陰性な原子が結合したものである．その数がオクテット説の例外としてはあまりにも多いため，これらの化合物の結合を説明するさまざまな試みがなされた．

後述する原子価結合法が登場してからは，s および p 軌道だけでなくその上の空の d 軌道も結合に関与していると仮定することによって，見かけ上 5 個以上の軌道が必要な結合の様式を説明してきた．すなわち，第 3 周期以降の元素では d 軌道を含めた混成軌道（§2・2・5 参照）として sp^3d や sp^3d^2 が可能であり，それらが 5 個あるいは 6 個の原子と共有結合すると考えるのである．しかし，精密な分子軌道計算などから，s 軌道や p 軌道と比べて同じ主量子数をもつ d 軌道はエネルギーが高すぎるため，ほとんどの場合混成に参加できず結合に関与しないことがわかってきた．現在では超原子価化合物の結合は，s および p 軌道のみが関与する**多中心多電子結合**（multicenter-multielectron bond）によって説明されている．

たとえば，五塩化リン PCl_5 は三方両錐型構造をとっているが，これは sp^2 混成した P の三つの sp^2 混成軌道（エクアトリアル位）に三つの Cl 原子が通常の共有結合（**二中心二電子結合**，2-center-2-electron bond）で結合し，残った混成していない p 軌道（アピカル位）に上下から二つの Cl 原子が**三中心四電子結合**（3-center-4-electron bond）したものとみなすことができる（図 2・4 a）．

三中心四電子結合は図 2・5 に示すように，3 個の原子の軌道が相互作用して結合性軌道，非結合性軌道および反結合性軌道の三つの分子軌道を形成し，このうち下の二つの軌道に合計四つの電子が入って形成される結合である．両端の原子の電気陰性度が高いほど非結合性軌道のエネルギーが低下するので，三中心四電子結合は安定化する．またこれに伴って中心原子が正に，両端の原子が負に強く分極する．このため，安定な超原子価化合物は中心原子のまわりに電気陰性な原子が結合した

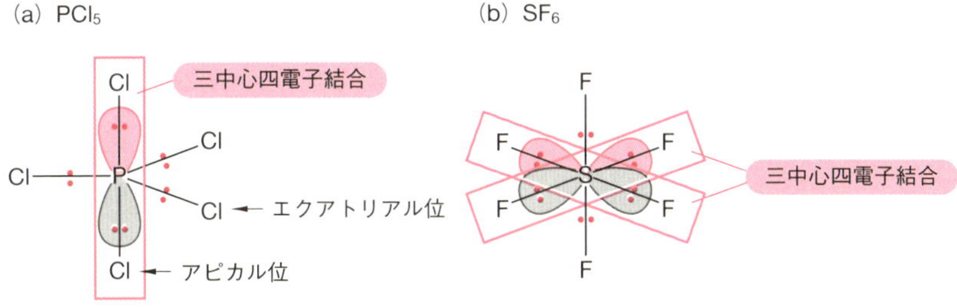

図 2・4 超原子価化合物 PCl_5（a）および SF_6（b）の結合（・は電子を示す）

構造をもつ．また，その分子軌道から明らかなように，三中心四電子結合を構成する二つのE−X結合の結合次数はそれぞれ $\frac{1}{2}$ となり，単結合よりも弱い結合である．したがって，PCl_5 のアピカル位の二つのP−Cl結合(157.7 pm)はエクアトリアル位の三つの結合(153.4 pm)よりも伸びている．

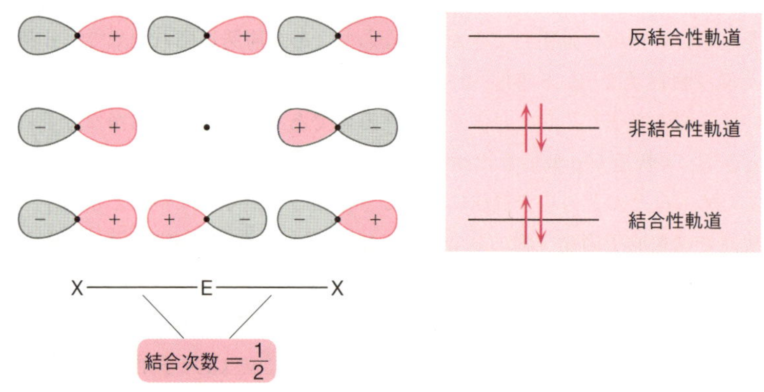

左図中の•は原子核を示す．＋− は原子軌道の符号であり，同符号は原子軌道どうしの位相が合った状態，異符号は位相が反対の状態を表す（§2・2・2参照）

図 2・5 p軌道を使った三中心四電子結合の軌道相互作用とエネルギー準位への電子の占有

また，六フッ化硫黄は正八面体型をとっている．これは結合が局在化した単純なモデルでは，Sの二つのsp混成軌道のそれぞれにF原子が通常の共有結合(二中心二電子結合)で結合し，残った混成していない二つのp軌道に二つずつのF原子が三中心四電子結合したものとみなすことができる(図2・4b)．このモデルでは，結合次数1のS−F結合が2本と結合次数 $\frac{1}{2}$ のS−F結合が4本存在することになるが，実際には SF_6 は正八面体であり，すべての結合の長さは等しい．したがって，この化合物は結合次数 $\frac{2}{3}$ の6本のS−F結合をもっている．

ところで，超原子価化合物の生成にd軌道が関与していないとすれば，最外殻にd軌道をもたない第2周期元素でも超原子価化合物をつくってもよさそうであるが，それがほとんどないのはなぜであろうか*．これは中心原子が第2周期元素の場合には原子半径が非常に小さいので，5個以上の電気陰性な原子をそのまわりに配位させることができないためと現在では説明されている．

---

* 中心原子が第1および第2周期元素である超原子価化合物(イオン)としては $F\text{-}H\text{-}F^-$，$F\text{-}F\text{-}F^-$ などが知られている．

2・2 共有結合と軌道

原子間の結合を原子軌道の相互作用で記述する方法には，**分子軌道法**(molecular orbital method：MO 法)と**原子価結合法**(valence bond method：VB 法)の二つがある．これらはいずれも量子力学に基礎を置いているが，そのアプローチは全く異なっており，どちらも長所と短所をもっている．本節ではそれらの理論，特徴および簡単な分子への応用について解説する．

2・2・1 分子軌道法

このアプローチはおもにフント(Hund)とマリケン(Mulliken)が発展させた．その基本的な考え方は，分子を構成するすべての原子核と相互作用する量子化された分子軌道を考え，それらに原子軌道の場合と同様にパウリの排他原理，構成原理およびフントの規則に従って電子を詰めて分子モデルを構築するというものである(§1・1・3参照)．二原子以上の分子となるとシュレーディンガー方程式はもはや厳密に解くことはできないが，近似的に解くことはできる．その解として求められる分子軌道は，分子を構成している**原子の軌道関数の線形結合**(linear combination of atomic orbitals，LCAO)として表される．分子軌道法の特徴は，第一に分子全体に非局在化した軌道を考えているので，ルイス構造や後述する原子価結合法(§2・2・4)で中心的な役割を果たす個々の結合に対応した電子対という見方をしていない点であり，第二に電子エネルギーと軌道の対称性に原子価結合法より注意を払う点である．

水素分子イオン H_2^+ および水素分子 H_2 を例にとって，この理論を適用してみる．H_2^+ の二つの核(核を区別するために 1 と 2 の記号をつける)の 1s 波動関数を ψ_1, ψ_2 とすると，それらの 2 種類の線形結合として二つの分子軌道 Ψ_b および Ψ_a が得られる (2・1 式，2・2 式)．

$$\Psi_b = c(\psi_1 + \psi_2) \qquad (2\cdot 1)$$

$$\Psi_a = c(\psi_1 - \psi_2) \qquad (2\cdot 2)$$

ここで c は，全空間での電子の存在確率が 1 となるように規格化した係数である．分子軌道 Ψ_b は水素原子の原子軌道の位相が合った形での線形結合であり，二つの原子の間の位置では波動関数は強め合うため，この位置の電子密度は特に高くなる．一方分子軌道 Ψ_a は位相の合わない形での線形結合であり，二つの原子間では波動関数が互いに打ち消し合って節面すなわち電子密度ゼロの面が生じる．詳細は省略するが，水素分子イオンの波動方程式を近似的に解くと，Ψ_b 軌道のエネルギーは水素原子の1s軌道のエネルギーよりも低く，一方 Ψ_a 軌道のエネルギーは1s軌道のエネルギーよりも高いという結果が得られる(図2・6)．したがって，水素-水素結合は Ψ_b 軌道に電子が入ると安定化されるが，Ψ_a 軌道に電子が入ると不安定化されるため，Ψ_b および Ψ_a をそれぞれ**結合性軌道**(bonding orbital)および**反結合性軌道**(antibonding orbital)とよぶ．H_2^+ は安定な化学種として取出すことはできないが，気相中で発生するイオンを分光学的に容易に観測することができ，このようにして実験的に求めた平衡核間距離は105.3 pm，結合解離エネルギー(図2・6の E に対応)は270 kJ mol^{-1} である．この値は，最近の高い精度での分子軌道計算の結果ともよく一致する．

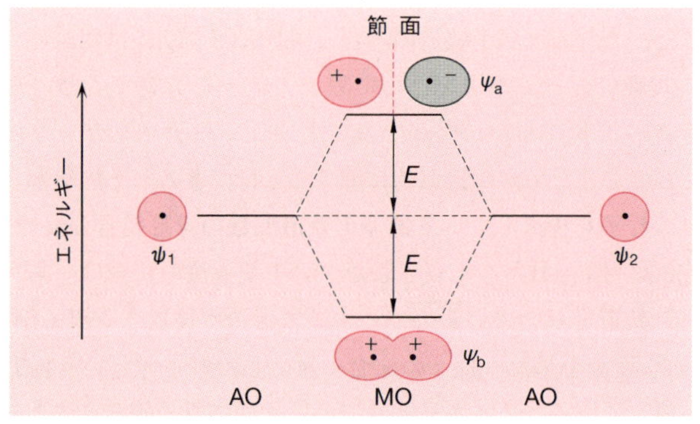

結合性軌道 Ψ_b に H_2^+ では電子が1個，H_2 では2個入る．図中の・は原子核を示す．＋－は原子軌道の符号(図2・5参照)

図 2・6　水素分子イオン H_2^+ および水素分子 H_2 の分子軌道

水素分子イオン H_2^+ の結合性軌道 Ψ_b にもう1個の電子を加えると，安定な水素分子 H_2 となる．水素分子の平衡核間距離および結合解離エネルギーはそれぞれ74 pmおよび432 kJ mol^{-1} である．H_2 の結合解離エネルギーが H_2^+ のものの2倍よりも100 kJ mol^{-1} 以上も小さいのは，同じ軌道に二つの電子が入ると電子間反発による不安定化が起こるためである．水素分子にさらに電子を2個加えて H_2^{2-} をつくろうとすると，それらは反結合性軌道に入り，結合性軌道による安定化を打ち消してしまう．H_2^{2-} と同じ電子配置をもつ He_2 が安定に存在しないのはこのためである．このような結合の安定性を考える際の目安として，結合次数は有用である．§2・1で述べたルイス構造の観点では結合の多重度として結合次数を定義したが，分子軌道の観点からは**結合次数**(bond order, B.O.)は(2・3)式のように定義できる．

$$\mathrm{B.O.} = \frac{1}{2}(n_\mathrm{b} - n_\mathrm{a}) \qquad (2 \cdot 3)$$

n_b と n_a はそれぞれ結合性軌道および反結合性軌道に入っている電子の数である．したがって，水素分子イオン H_2^+，水素分子 H_2 およびヘリウム分子 He_2 の結合次数はそれぞれ $\frac{1}{2}$，1 および 0 となり，結合次数が大きいほど結合が安定であることがわかる．

2・2・2 二原子分子

第2周期元素の二原子分子についても，基本的に水素分子の場合と同様の考察が可能である．ただし，これらの分子の結合には 2s および 2p 軌道が使われる．s 軌道と p 軌道のいくつかの基本的な相互作用を図式的に表現したのが図 2・7 である．

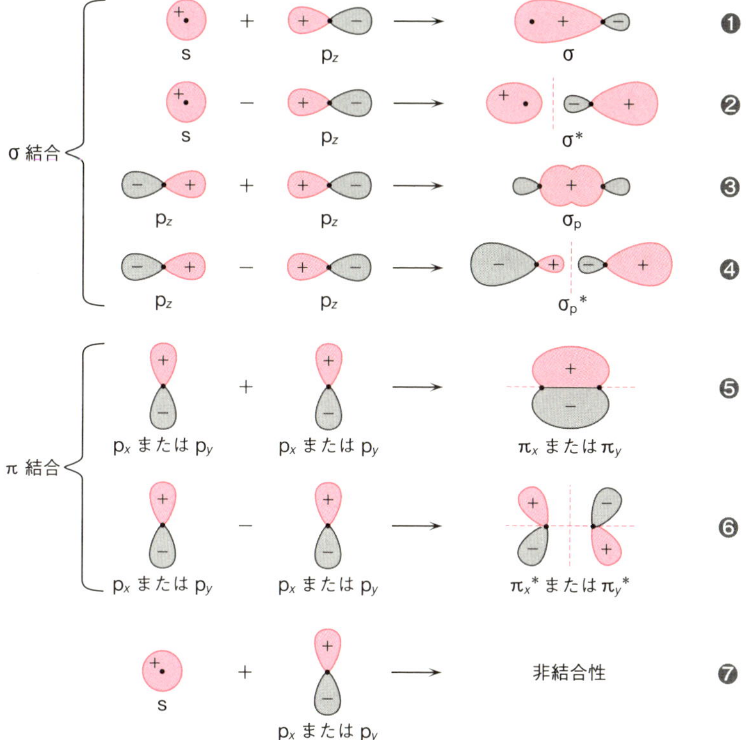

図 2・7 s 軌道と p 軌道の線形結合の図式的表現（結合方向を z 軸とする．----- は節面）

ここではs軌道どうしの相互作用は図2・6に示したので省いてある．原子軌道の符号は，それらが相互作用する際の位相の相対的な関係を意味している．❶，❸および❺の相互作用は符号(すなわち位相)が合っているので結合性軌道を形成し，一方❷，❹および❻の相互作用は符号(すなわち位相)が反対なので反結合性軌道を形成する．❼や p_x と p_y，p_x と p_z との相互作用などは＋と＋，＋と－の相互作用が互いに相殺し合うので非結合性である．反結合性軌道には，原子間の結合に垂直な節面が存在する．

原子間の結合あるいはその結合の形成にかかわる分子軌道は，その結合軸を含む節面の数によって分類される．この節面の数が0個，1個および2個の結合(軌道)をそれぞれ**σ，πおよびδ結合**(**軌道**)とよぶ．これらの記号は，同じ節面の数をもつ原子軌道の記号s，pおよびdを対応するギリシャ文字に変えたものである．❶～❹では，結合軸にそって電子雲が円筒形に分布しており，結合軸を含む節面はない．したがってこれらの相互作用によって形成される結合はσ結合であり，それらの分子軌道にはσという記号を付ける．❺および❻は，結合軸を含む節面を一つもつのでπ結合であり，それらの分子軌道にはπという記号を付ける．右上の＊印は反結合性軌道を意味する．π結合はσ結合よりも，軌道が真っすぐ向き合っていない分だけ重なりが小さいので，結合形成によって生じる結合性軌道と反結合性軌道のエネルギー差はσ結合よりも小さい．

a. 等核二原子分子　第2周期元素の等核二原子分子の分子軌道エネルギー準位図を図2・8に示す．O_2, F_2 および Ne_2(仮想的な分子)では $σ_2$ 軌道がπ軌道より

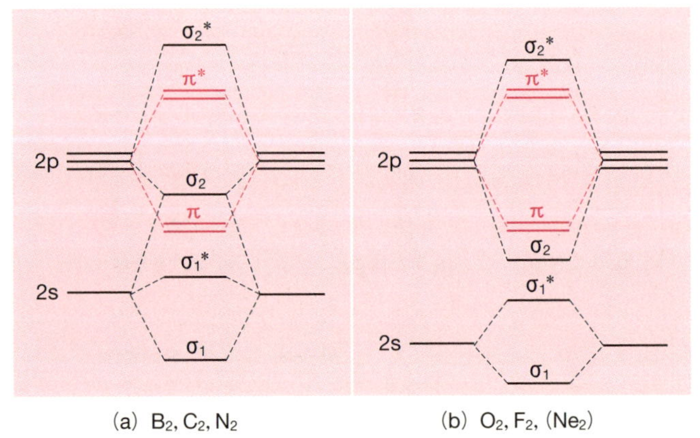

(a) B_2, C_2, N_2　　(b) O_2, F_2, (Ne_2)

図 2・8　第2周期元素の等核二原子分子の分子軌道

も下にあるのに対し，B_2, C_2 および N_2 では σ_2 軌道は π 軌道よりも上にきている．これは，O_2, F_2 および Ne_2 では 2s 軌道と 2p 軌道とのエネルギー差が大きく，これらの軌道間の相互作用は無視できる程度であるが，B_2, C_2 および N_2 ではこのエネルギー差が小さく，その相互作用が分子軌道のエネルギー準位に大きな影響を与えるためである[*1]．これらの分子では 2s 軌道と $2p_z$ 軌道とは図 2・7 の ❶, ❷ に示した σ 結合型の相互作用をし，エネルギーの低い 2s 軌道由来の σ_1 および σ_1^* 軌道は押し下げられ，一方エネルギーの高い $2p_z$ 軌道由来の σ_2 および σ_2^* 軌道は押し上げられる．その結果として σ_2 軌道は π 軌道よりも上にくることになる．

これらの分子軌道に対して構成原理とフントの規則に従って電子を詰めていく

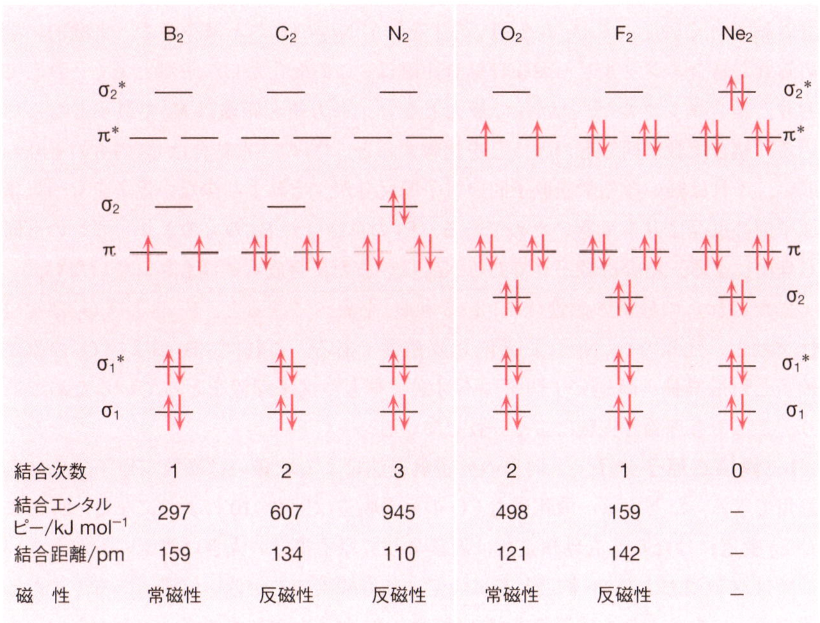

1s 軌道由来の 2 準位（4 電子分）は省略してある

図 2・9　第 2 周期元素の等核二原子分子の軌道占有状態と結合の性質および磁性

---

*1　中性原子の軌道においては，原子番号が増加していくと，有効核電荷の増加に伴って 2s 軌道のエネルギー準位は単調に低下するが，2p 軌道のエネルギー準位は各 p 軌道に二つ目の電子が入り始めるとき（N→O）にいったん上昇し，その後低下する（§ 1・3・2 参照）．このため酸素，フッ素およびネオンの 2s 軌道と 2p 軌道とのエネルギー差は，それより左にある元素より大きくなる．

と，第2周期元素の等核二原子分子の軌道占有状態は図2・9のようになる．電子が詰まっている最も高いエネルギーの軌道を**最高被占軌道**(highest occupied molecular orbital, HOMO)，電子が詰まっていない最もエネルギーの低い軌道を**最低空軌道**(lowest unoccupied molecular orbital, LUMO)，またこれらをまとめて**フロンティア軌道**(frontier orbital)という．これらの軌道は分子の性質や反応性の決定に最も重要な役割を果たす．この簡単な分子軌道の有用性を試すために，この電子配置から予想される分子の性質と，図2・9に示した2, 3の実験結果とを比較してみよう．

まず結合次数は，結合性軌道(π および σ_2)に電子対が入っていくにしたがって B_2 の1から C_2 の2, N_2 の3へと増加し，その後反結合性軌道(π^* および $\sigma_2{}^*$)が占有されていくに従って O_2 の2, F_2 の1そして Ne_2 の0へと減少する．実験的に求められた結合エンタルピーおよび結合距離は，この変化からの予測とよく一致しており，結合エンタルピーは N_2 で最大となり，一方結合距離は N_2 で最小となっている．結合次数が同じものどうしを比較すると，O_2 の二重結合は C_2 のものよりも弱い．これは疑いなく酸素原子間の電子間反発が，それより少ない電子をもつ炭素原子間の反発よりも大きいためである．F_2 の単結合が B_2 のものよりも弱いのも同じ理由による．結合次数が0である Ne_2 はいまだに合成も観測もされていない．

またこれらの分子の磁性(§1・3・5参照)を調べてみると，B_2 および O_2 は常磁性を示し，残りの C_2, N_2 および F_2 は反磁性である．これは，B_2 および O_2 のみが縮重した最高被占軌道に1個ずつ不対電子をもつ電子配置をとっているためであり，ここでも理論と実験はよく一致している．

b. 異核二原子分子　同様の分子軌道法による取扱いは異核二原子分子にも適用できる．たとえば一酸化炭素 CO の分子軌道は図2・10のようになる．2s および 2p 軌道にはたらく有効核電荷は炭素よりも原子番号の大きい酸素の方が大きいので，2s 軌道および 2p 軌道ともに炭素よりも酸素の方が低い位置にある．また上述のように炭素よりも酸素の方が 2s 軌道と 2p 軌道とのエネルギー差が大きい．これらの原子間で，軌道のエネルギーの相対的な高さを考慮しながら対称性の合う軌道どうしの相互作用を考える．酸素の 2s 軌道は炭素の 2s 軌道と対称性は合うが，エネルギー差が非常に大きいのでほとんど相互作用せず，酸素上に局在化した 2s 軌道の形をほぼ保ったままで非結合性軌道 σ_n(O)となる．酸素の 2p 軌道のうち $2p_z$ 軌道は，これと対称性が合い，しかもエネルギーが近い炭素の 2s 軌道および $2p_z$ 軌道と相互作用して σ, σ_n(C)および σ^* 軌道を形成する．最後に炭素と酸素の $2p_x$ お

よび $2p_y$ 軌道は π 型で相互作用し，それぞれ二重縮重した π および π* 軌道を形成する.

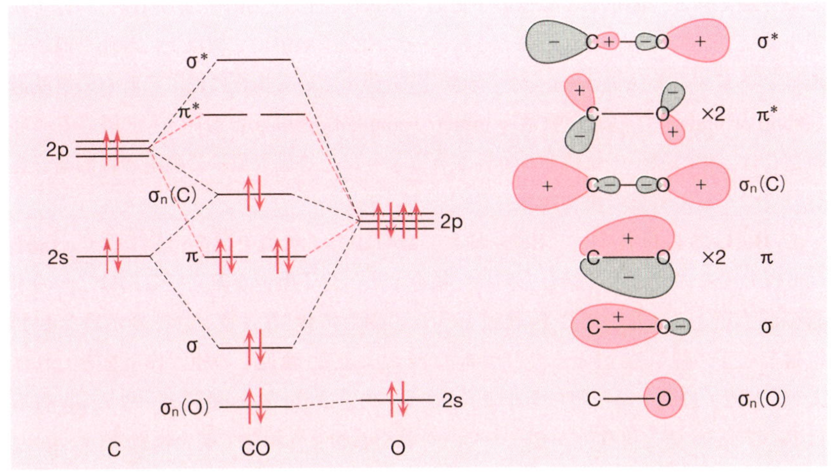

図 2・10 一酸化炭素(CO)の分子軌道エネルギー準位と軌道の形

一酸化炭素を，C と O がオクテット則を満たすようにしてルイス構造で表すと $^{-}$:C:::O:$^{+}$ のようになり，炭素が −1，酸素が +1 の形式電荷をもつことになる．これは電気陰性度から予測される分極と逆のようであるが，実験的には非常に小さい双極子モーメント(0.1 D)ながらも炭素側が負，酸素側が正に分極している．また，C≡O 結合が三重結合に近い強い結合であることは，その結合エンタルピー(1077 kJ mol^{-1})がやはり三重結合をもつ N_2 よりも大きいことにより裏づけられる.

CO と N_2 とは等電子であるが，その分子軌道は大きく異なっている．たとえば，最高被占軌道は CO では σ_n(C)軌道であり，これは炭素の 2s 軌道と酸素の $2p_z$ 軌道との非常に強い相互作用のためにわずかに反結合性を帯びる．これに対し，N_2 の最高被占軌道は σ_2 軌道(図 2・9 参照)であり，これは結合性軌道である．このため，CO から 1 電子を除いて CO^+ にすると C−O 結合はわずかに強められるが，N_2 から 1 電子を除いて N_2^+ とすると N−N 結合は弱くなる．なお，CO や N_2 あるいはそれらと等電子の化学種である CN^- や NO^+ が遷移金属に配位する際には，それらの最高被占軌道(CO では σ_n(C)軌道)は σ 供与する軌道として，また最低空軌道(CO では π* 軌道)は π 逆供与を受ける軌道として重要な役割を果たす(第 8，10 章参照).

2・2・3 多原子分子

3 個以上の原子から成る分子の分子軌道も，基本的には同様の考察により構築することができる．簡単な多原子分子として BeH_2，H_2O，BF_3 および B_2H_6 の分子軌道を組立ててみよう．これらのように，一つの分子の中に 2 個以上の等価な原子またはフラグメント（fragment，分子の断片）を含んでいる場合には，それらの**群軌道**（group orbitals，対称適合軌道 symmetry-adapted orbitals ともいう）を用いる．群軌道とは，中心原子の軌道と対称性が合うように，等価な原子の軌道の線形結合を行ってつくった軌道の組である．

a. BeH_2 および H_2O　BeH_2 および H_2O の分子軌道を図 2・11 に示す．BeH_2 は直線分子なので，その結合方向に z 軸をとる．分子軌道を組立てるには二つの水素の群軌道 a_{1g}（符号が同じ 1s 軌道どうしの線形結合）および a_{1u}（符号が異なる 1s 軌道どうしの線形結合）とベリリウムの 2s および 2p 軌道との相互作用を考えればよい．図 2・11 (a) から明らかなように，a_{1g} 軌道は Be の 2s 軌道と，また a_{1u} 軌道は Be の $2p_z$ 軌道と対称性が合うので，それぞれ相互作用して結合性軌道（σ_g, σ_u）と反結合性軌道（$\sigma_g{}^*, \sigma_u{}^*$）を形成する．Be 上の p_x および p_y 軌道は対称性の合う軌道

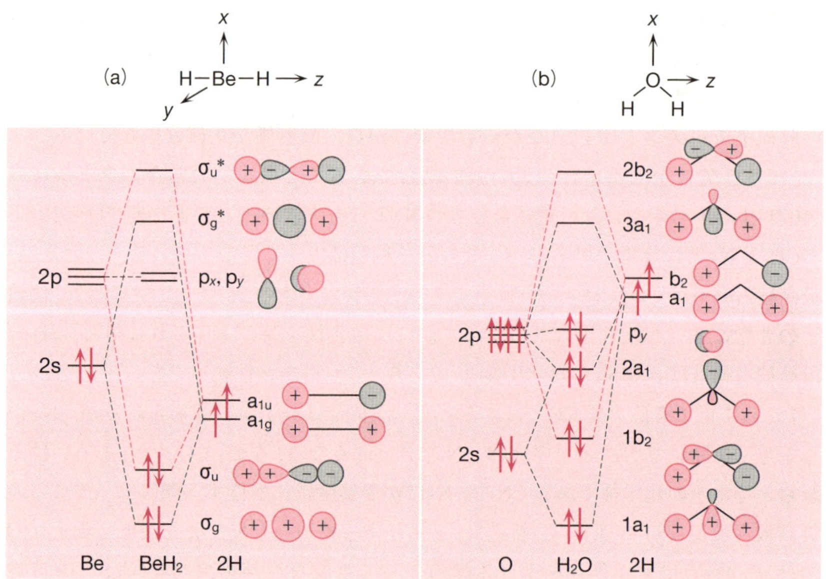

図 2・11 BeH_2 (a) および H_2O (b) の分子軌道エネルギー準位と軌道の形

がないので，そのまま非結合性軌道として残る．この分子軌道に価電子，すなわちベリリウムからの 2s 電子 2 個と二つの水素からの 1s 電子 2 個の合計 4 個を詰めると，二つの σ 結合性軌道(σ_g, σ_u)のみが占有される．したがって (2・3)式より二つの Be−H 結合に対する結合次数は 2 となり，二つの Be−H 結合は等価であるから，それぞれの結合は単結合ということになる．ただし注意すべきなのは，電子対が入っている結合性軌道あるいはそれと対応する反結合性軌道は一つの単結合に局在しているのではなく，分子全体に非局在化していることである．

同じ AH_2 型分子でも，水 H_2O は折れ曲がった形をしており，H−O−H 角は 104.5° である．二つの水素の群軌道は a_1 および b_2 である．これらと酸素の 2s および 2p 軌道との相互作用により，図 2・11 (b) に示す H_2O の分子軌道が形成される．酸素はベリリウムよりもかなり電気陰性度が高いので，水素の群軌道に対する 2s および 2p 軌道の相対的なエネルギー準位はずっと低い．

直線型の BeH_2 と折れ曲がり型の H_2O の分子軌道のおもな違いは，❶ 直線型の場合は非結合性であった中心原子の p_x 軌道が折れ曲がると a_1 軌道と相互作用して結合性を帯びて安定化されること($2a_1$ 軌道)，❷ 中心原子の p_z 軌道と水素の群軌道とから形成される結合性軌道は，分子が折れ曲がると重なりが悪くなって不安定化されること($1b_2$ 軌道)，および ❸ H_2O では BeH_2 より価電子が 4 個多い分 p_y 軌道まで占有されていることである．

もし BeH_2 を折り曲げたとすると，p_x 軌道は占有されていないのでこの軌道の低下は分子の安定性に影響を与えない．一方，占有されている σ_u 軌道は不安定化されるので，全体では不安定化される．したがって BeH_2 では直線型が安定である．これに対して，H_2O 分子では p_y 軌道まで占有されているので，上記の折れ曲がりにより被占軌道の安定化と不安定化の両方が起こる．このような場合には**ウォルシュの規則**(Walsh's rule)が適用できる．この規則は分子の変形による分子軌道の変化に基づいて定性的に分子の安定な形を予測するための経験則であり，簡単にはつぎのように表現できる*1．"分子は最高被占軌道(HOMO)を最も安定化する構造をとる．もし HOMO が分子の変形の影響を受けない場合には，HOMO に最も近い被占軌道を最も安定化する構造をとる．" したがって，H_2O では HOMO のすぐ下の $2a_1$ 軌道を安定化する折れ曲がり構造をとる．

---

*1 分子の幾何学構造の変化を横軸にとり，これに対する分子軌道のエネルギー準位の変化をプロットしたものを**ウォルシュダイヤグラム**(Walsh diagram)という．

H_2O よりも 2 個少ない価電子をもつカルベン（$:CH_2$）では，$2a_1$ 軌道に電子が 2 個入り，p_y 軌道が空の電子配置をとる**一重項カルベン**（singlet carbene）が最も安定であるように思われるが，実際には $2a_1$ 軌道と p_y 軌道に電子が 1 個ずつスピンを平行にして入った**三重項カルベン**（triplet carbene）の方が，電子間反発が少ない分わずかに安定であることが知られている．おもしろいことに，カルベンのより重い元素の類縁体であるシリレン（$:SiH_2$），ゲルミレン（$:GeH_2$），スタニレン（$:SnH_2$）およびプルンビレン（$:PbH_2$）ではいずれも一重項状態が安定であると計算されている．

b. BF_3　BF_3 は平面正三角形型分子である．これを構成する B および F 原子はともに 2s および 2p 軌道をもっているので，σ 結合とともに π 結合も形成する．そこで，わかりやすくするために σ 結合と π 結合を切り離して考察することにする．なお同じ結合の記述はこれと等電子の CO_3^{2-} イオンや NO_3^- イオンにも適用できる．

分子の座標軸は，図 2・12 の左上に示すように，B については z 軸を分子平面と垂直な方向に，また x 軸を一つの F の方向にとる．また F については z 軸は B の z 軸と平行に，また x 軸はそれぞれについて B の方向にとる．電気陰性度の高いフッ素の 2s 軌道は非常に低いので，ホウ素の軌道とほとんど相互作用せずに非結合性軌道として残る．したがって，フッ素の軌道でホウ素との結合におもに使われるのは 2p 軌道である．

3 個の F 原子上の三つずつの $2p_x$, $2p_y$ および $2p_z$ 軌道のそれぞれについて群軌道を求めると，図 2・12 の下のようになる．これらの軌道のうち $2p_y$ 群軌道は B 原子のどの軌道とも対称性が合わないので非結合性軌道となる．$2p_x$ 群軌道は分子平面に沿った方向を向いており，このうち a_1' 軌道は B の 2s 軌道と相互作用して σ_s, σ_s^* 軌道を，また二重縮重した e′ 軌道はそれぞれ対称性の合う B の $2p_x$ および $2p_y$ 軌道と相互作用して σ_x，σ_x^* および σ_y，σ_y^* 軌道を形成する．一方 $2p_z$ 群軌道は分子平面に垂直な方向を向いた p 軌道から成っており，このうち a_2'' 軌道は B の $2p_z$ 軌道と相互作用して π_z，π_z^* 軌道を形成するが，e″ 軌道は B の $2p_z$ 軌道との正味の重なりが 0 となるので，非結合性軌道 π_n として残る．以上の考察から，BF_3 は 3 対の σ 結合/反結合性軌道，1 対の π 結合/反結合性軌道およびフッ素に局在する 8 個の非結合性軌道をもつことがわかった．

つぎにこの分子軌道に価電子を満たしてみよう．B の価電子は 3 個，また F の価電子はそれぞれ 7 個なので，BF_3 は合計 $3+7\times3=24$ 個の価電子をもつ．これを下から詰めていくと図 2・12 のようになる．この図から，σ 結合の結合次数は 3，π 結合の結合次数は1，したがって全体の結合次数は4であることがわかる．これらの結合は分子全体に非局在化しているが，便宜的に一つのB−F結合を取出せば，この結合は $\frac{4}{3}$ 重結合ということになる．

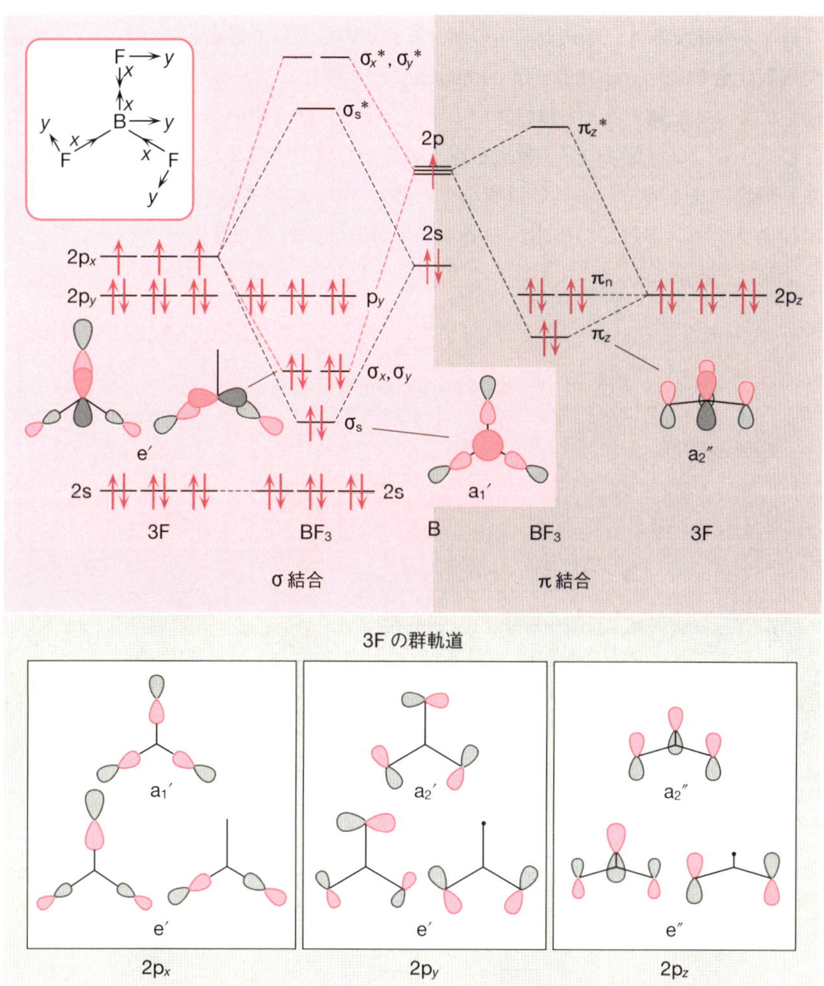

エネルギー準位図の中央から左側は分子面に沿った方向を向いたp軌道どうしおよびp軌道とs軌道の相互作用，右側は分子面に垂直な方向を向いたp軌道どうしの相互作用を表し，それぞれσ結合およびπ結合を形成する

図 2・12　BF_3 の分子軌道エネルギー準位と軌道の形

c. B_2H_6　ジボラン B_2H_6 の構造を図2・13の右上に示す．二つのホウ素と四つの末端水素はエチレンと類似の配置をとって同一平面内にあり，残りの二つの水素はこれと垂直な面内で二つのホウ素を対称に架橋している．架橋 B−H 結合は末端 B−H 結合よりもずっと長い．これは同じ形の化学式をもつエタン C_2H_6 とは全く異なる構造であり，形式上8本の結合を6個の電子対で形成しているので，**電子欠損型化合物**(electron-deficient compound)とよばれる．この分子の結合はルイス構造によって記述することはできないが，分子軌道法を用いて無理なく記述することができる．ジボランの分子軌道を原子軌道から構築することも可能であるが，かなり煩雑になるので，ここでは簡単のために二つの sp^3 混成(§2・2・5参照)した BH_2 フラグメントと二つの水素の各々の群軌道間の軌道相互作用からジボランの分子軌道を組立てる．

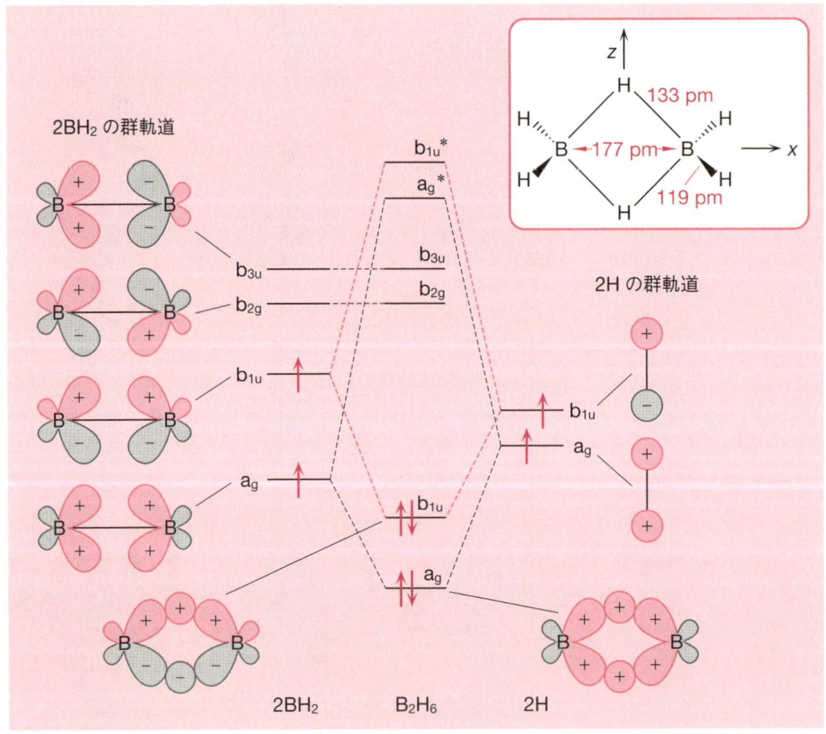

図 2・13　ジボラン B_2H_6 の構造および BH_2 フラグメントと水素原子から組立てられた分子軌道のエネルギー準位

二つの BH_2 フラグメントの向かい合った二つずつの sp^3 混成軌道から成る群軌道および二つの水素から成る群軌道を図2・13に示す．相互作用する軌道の符号を考慮すると，エネルギー準位はおよそこのような順序になると考えられる．これらの間の相互作用を考えると，$2BH_2$ の群軌道と 2H の群軌道で対称性が合うのは a_g 軌道どうしおよび b_{1u} 軌道どうしであり，これらはそれぞれ結合性軌道と反結合性軌道を形成する．$2BH_2$ の残りの b_{3u} および b_{2g} 軌道は対称性が合う軌道がないので非結合性軌道となる．つぎに価電子数であるが，B は3個の価電子のうち2個を末端水素との結合に使用しているので，残る1個の価電子が架橋水素との結合に使われる．したがって，二つの BH_2 フラグメントと二つの水素から1個ずつ合計4個の価電子が二つの結合性軌道 a_g および b_{1u} を占有する．このことから，中央の B_2H_2 四員環結合の全結合次数は2であることがわかる．すなわち，個々の B−H 結合の結合次数は形式的に $\frac{1}{2}$ となる．架橋 B−H 結合が末端 B−H 結合よりも長いのはこのためである．

ここで一つの B−H−B 結合だけを取出せば，この結合は3個の原子を2個の電子でつないでいることになるので，**三中心二電子結合**(3-center-2-electron bond)とよばれる．三中心二電子結合を含む化合物としては，多数のポリボランやカルボラン(§6・2参照)のほかに，現在では H−H，C−H，Si−H 結合などがその σ 結合で遷移金属に配位した "σ 錯体"(§10・2・6参照)が多数合成されている．この結合が基本的な結合として重要であることはもはや疑う余地がない．

2・2・4 原子価結合法

分子軌道法では軌道が分子全体に非局在化していると考えるため，比較的単純な分子でも考慮すべき軌道相互作用はかなりの数にのぼる．したがって原子の数が極端に少ない分子を除いては，コンピューターを用いない限りその解析は困難である．ところが実際にわれわれの身の回りに存在する物質の大部分は複雑な構造をもっている．したがって，それらの結合を原子軌道の相互作用を基本にして頭の中あるいは紙の上で理解するためには，分子軌道法とは異なる理論が必要である．ハイトラー(Heitler)とロンドン(London)が H_2 分子の結合の解釈に初めて用いた理論を基礎として，スレーター(Slater)とポーリング(Pauling)が発展させた原子価結合法はまさにこれに適した結合の記述法である．

原子価結合法は，ルイスの化学結合理論を量子力学的に表現したものと見なせる．分子を構成する原子またはフラグメントは，その電子配置に応じて結合形成に使用できる原子価軌道および価電子をもっている．原子価結合法では，これらの原子またはフラグメントが互いに接近し，原子価軌道どうしが互いに重なり合い，電子対を共有することによって二中心二電子結合が形成されると考える．この方法の優れた点は，s軌道を除く原子軌道あるいは後述する混成軌道(§2・2・5)は方向性をもっているので，結合に使われる軌道がわかれば分子の形が推定できることである．しかしながら，二中心二電子結合以外の結合や基底状態が三重項の分子の結合を原子価結合法的に解釈するのは容易ではない．また，原子価結合法による結合形成では新しい分子軌道が形成されるわけではなく，共有されている電子はあくまでも重なり合った原子価軌道を占有している点も注意を要する．

一般にある分子の構造を二中心二電子結合と非共有電子対とを用いて描こうとすると，可能な構造式は複数描けることが多い．特に非局在化した結合をもつ分子では，可能な構造は膨大な数になることもある．これらの可能な構造(これを**極限構造**(canonical form)という)をすべて重ね合わせたものが，原子価結合法での分子の波動関数となる．波動関数に対するそれぞれの極限構造の寄与は，エネルギーの低いものほど大きい．真の構造は個々の極限構造のどれでもなく，それらの**共鳴**(resonance)としてのみ描くことができる．局在化した電子対による結合を基本とする原子価結合法では，非局在化した結合はこの共鳴という概念を用いて記述される．原子価結合法の利点は，かなり複雑な分子についても，その分子の真の構造に近い1個または少数の極限構造を容易に描くことができ，その中の局所的な結合の性質について議論できる点である．

共鳴構造(resonance structure)のいくつかの例を図2・14に示す．慣例により，共鳴している極限構造どうしを ⟷ で結ぶ．

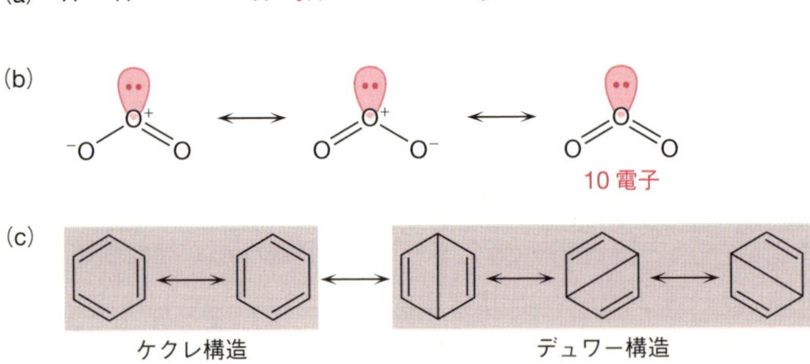

図 2・14 水素(a)，オゾン(b)およびベンゼン(c)の共鳴構造

水素分子(a)は三つの極限構造の共鳴構造として表すことができる．実際には電子対が二つの水素に共有された共有構造の寄与がほとんどであり，電子対が一方の水素に局在するイオン構造の寄与は小さい．オゾン(b)ではやはり三つの極限構造が描け，このうち中央の酸素が 10 電子となってオクテット則を満たさない 3 番目の極限構造の寄与は小さい．寄与の大きい二つの分極した極限構造の重ね合わせを想定すれば，オゾンの結合は両端の酸素が負，真ん中の酸素が正に分極し，各 O−O 結合は $\frac{3}{2}$ 重結合であると推定される．またベンゼン(c)では二重結合と単結合を交互にもつ二つの極限構造(**ケクレ構造**(Kekulé structure)とよばれる)の寄与が最も大きく，これに**デュワー構造**(Dewar structure)とよばれる極限構造の寄与を加味して真のベンゼンの構造が表現される．重要なのは，これらの極限構造が実際に存在してそれらの間を高速で振動しているのではなく，一つの構造がいくつかの架空の極限構造の共鳴として表現されるということである．したがって，極限構造の間で原子の位置が変化してはならない．この点が，原子の移動や構造変化を伴う互変異性や原子価異性と異なる点である*.

2・2・5 混成軌道

原子価結合法で分子を組立てる際に，原子軌道をそのまま使って結合を形成させようとするとうまくいかない分子にすぐにぶつかる．たとえば $BeCl_2$ は等価な二つの Be−Cl 結合をもつ直線分子である．Be の電子配置は $(1s)^2(2s)^2$ であり，このままでは Cl 原子と共有できる不対電子がない．2s 電子を 2p 軌道に昇位させて $(1s)^2(2s)^1(2p_x)^1$ とすれば二つの Cl との共有結合が可能であるが，2s 軌道を使った Be−Cl 結合と 2p 軌道を使った結合は非等価なので，実際の分子と異なる．同様にメタン CH_4 は四つの等価な C−H 結合をもつ正四面体型の分子であるが，この構造は基底状態の炭素の電子配置 $(1s)^2(2s)^2(2p_x)^1(2p_y)^1$ あるいはその 2s 電子を一つ昇位させた電子配置 $(1s)^2(2s)^1(2p_x)^1(2p_y)^1(2p_z)^1$ を用いた結合では説明できない．前者では原子価が 2 しかなく，また後者では原子価は 4 であるが三つの p 軌道を用いた水素との結合の間の角が互いに 90° のときに軌道の重なりが最大となるからである．

ポーリングは，いくつかの原子軌道を数学的に一定の割合で混合して新しい軌道をつくることによってこの問題を解決できることを見いだした．この軌道を**混成軌**

＊ ベンゼンにかさ高い置換基をつけるとデュワーベンゼン(デュワー構造と同じつながりをもつ非平面分子)が安定に単離できるようになる．これらはベンゼンの極限構造と区別する必要がある．

道(hybrid orbital)といい，原子軌道の線形結合として表される．用いた原子軌道と同数の混成軌道が形成され，それらはすべて等価である．遊離の原子でこの原子価状態が存在するわけではないが，結合を形成する際にこの軌道を仮定すると，化合物の結合の方向性や強さをうまく説明できることが多い．混成軌道は，原子価結合法だけでなく，分子軌道法でも**ヒュッケル法**(Hückel method)で有機分子の π 結合のみを取扱うときなどに，そのフラグメントの軌道として使われる．

a. sp 混成軌道　2s 軌道 ψ_{2s} と 2p 軌道の一つ(p_x 軌道とする)ψ_{2p_x} を混成させると，二つの sp 混成軌道 $\psi_{sp(i)}$ および $\psi_{sp(ii)}$ が形成される．その波動関数を (2・4)，(2・5)式に，また軌道の形を図 2・15 に示す．

$$\psi_{sp(i)} = \frac{1}{\sqrt{2}}(\psi_{2s} + \psi_{2p_x}) \qquad (2\cdot 4)$$

$$\psi_{sp(ii)} = \frac{1}{\sqrt{2}}(\psi_{2s} - \psi_{2p_x}) \qquad (2\cdot 5)$$

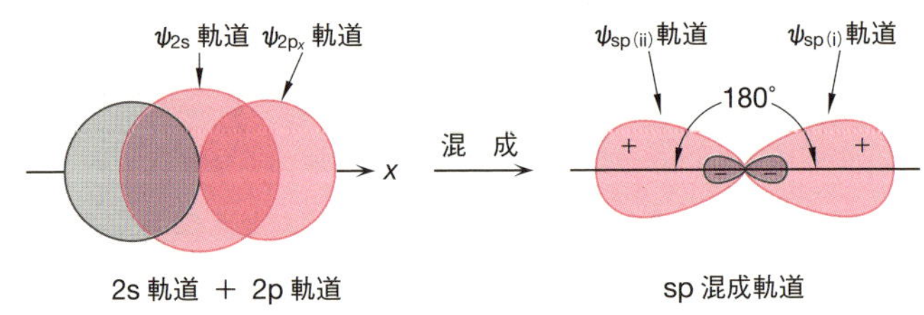

図 2・15 sp 混成軌道の形成

それぞれの混成軌道は符号の異なる大きなローブと小さなローブから成る．このうち大きい方のローブは混成する前の 2p 軌道のローブよりも大きくかつ遠くまで広がっているので，より効果的な軌道の重なりが得られる．また二つの混成軌道は互いに 180° の方向，すなわち正反対の方向に突き出している．$BeCl_2$ はこの 2 個の sp 混成軌道を Cl 原子 2 個との結合に使うので，二つの等価な Be−Cl 結合が直線上に並んだ形になるのである(図 2・16)．Be 原子はこのほかに，この結合と垂直方

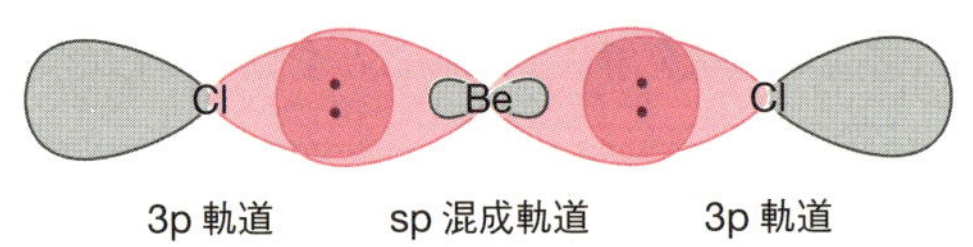

図 2・16 混成軌道を用いた $BeCl_2$ 分子の結合の記述

向を向いた二つの空の p 軌道($2p_y$ と $2p_z$)をもつ．なお，Be 原子が sp 混成するためには $(1s)^2(2s)^2$ 電子配置から $(1s)^2(2s)^1(2p_x)^1$ へ昇位する必要があるが，この昇位に必要なエネルギーは二つの共有結合の形成によって獲得されるエネルギーにより十分まかなわれている．このような sp 混成軌道は $ZnCl_2$ や $HgCl_2$(いずれも直線分子)の中心金属や，アセチレン HC≡CH の炭素などでも使われている．

b. sp^2 混成軌道　2s 軌道 ψ_{2s} と二つの 2p 軌道 ψ_{2p_x} および ψ_{2p_y} を混成させると，三つの sp^2 混成軌道が形成される．その波動関数を (2・6)～(2・8)式に，また軌道の形を図 2・17 に示す．

$$\psi_{sp^2(i)} = \sqrt{\frac{1}{3}}\psi_{2s} + \sqrt{\frac{2}{3}}\psi_{2p_x} \quad (2\cdot6)$$

$$\psi_{sp^2(ii)} = \sqrt{\frac{1}{3}}\psi_{2s} - \sqrt{\frac{1}{6}}\psi_{2p_x} + \sqrt{\frac{1}{2}}\psi_{2p_y} \quad (2\cdot7)$$

$$\psi_{sp^2(iii)} = \sqrt{\frac{1}{3}}\psi_{2s} - \sqrt{\frac{1}{6}}\psi_{2p_x} - \sqrt{\frac{1}{2}}\psi_{2p_y} \quad (2\cdot8)$$

三つの混成軌道は同一平面内にあり，互いに 120° ずつずれた方向に突き出している．BF_3 はこの三つの sp^2 混成軌道を 3 個の F 原子との結合に使用するため，平面正三角形をしている．B 原子はこのほかに，混成に加わらなかった空の p_z 軌道をもち，これが BF_3 の強いルイス酸性の原因となっている．なお，B 原子もまた sp^2 混成軌道をつくるためには，$(1s)^2(2s)^2(2p_x)^1$ 電子配置から $(1s)^2(2s)^1(2p_x)^1(2p_y)^1$ へ昇位する必要がある．sp^2 混成軌道は，アルケンや芳香族化合物の二重結合にかかわる炭素が結合に使用する軌道としてきわめて重要である．

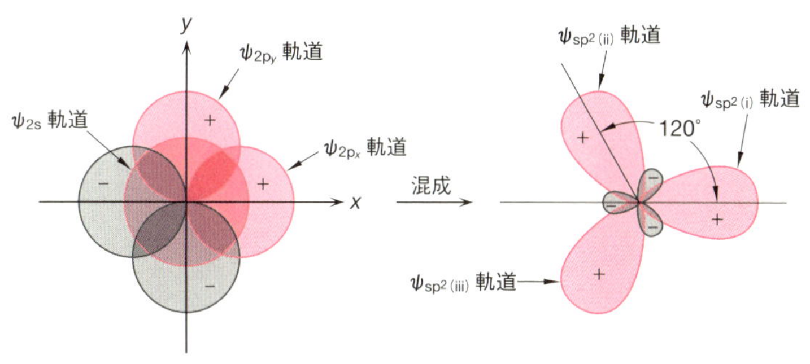

図 2・17　sp^2 混成軌道の形成

c. sp^3 混成軌道　さらに混成に 2s 軌道と三つの 2p 軌道がすべて加わると，四つの sp^3 混成軌道が形成される．その波動関数を (2・9)〜(2・12)式に，また軌道の形およびそれを用いて記述したメタンの結合を図 2・18 に示す．

$$\psi_{sp^3(i)} = \frac{1}{2}(\psi_{2s} + \psi_{2p_x} + \psi_{2p_y} + \psi_{2p_z}) \tag{2・9}$$

$$\psi_{sp^3(ii)} = \frac{1}{2}(\psi_{2s} + \psi_{2p_x} - \psi_{2p_y} - \psi_{2p_z}) \tag{2・10}$$

$$\psi_{sp^3(iii)} = \frac{1}{2}(\psi_{2s} - \psi_{2p_x} + \psi_{2p_y} - \psi_{2p_z}) \tag{2・11}$$

$$\psi_{sp^3(iv)} = \frac{1}{2}(\psi_{2s} - \psi_{2p_x} - \psi_{2p_y} + \psi_{2p_z}) \tag{2・12}$$

四つの混成軌道は正四面体の四つの頂点の方向へ突き出しており，したがって軌道と軌道との間の角度は 109.47° である．メタンはこの四つの sp^3 混成軌道を 4 個の H 原子との結合に使用するため，正四面体型をしている．炭素原子は sp^3 混成軌道をつくるために，$(1s)^2(2s)^2(2p_x)^1(2p_y)^1$ 電子配置から $(1s)^2(2s)^1(2p_x)^1(2p_y)^1(2p_z)^1$ へ昇位している．

ここで，この昇位と混成が起こって 4 本の等価な C−H 結合ができる場合と，混成せずに二つの 2p 軌道を使って 2 本の C−H 結合が形成される場合のエネルギーの得失を計算してみよう．上記の炭素の昇位に必要なエネルギーは約 400 kJ mol^{-1} である．また，炭素の sp^3 混成軌道と水素とで形成される C−H 結合のエネルギーは 1 本当たり約 430 kJ mol^{-1} である．つまり，1 本の C−H 結合が形成されるごとに約 430 kJ mol^{-1} ずつ系は安定化される．したがって，昇位および混成の後 4 本の C−H 結合が形成されると，$430 \times 4 - 400 = 1320$ kJ mol^{-1} の全結合エネルギー(系の安定化)が得られる．これに対し，炭素の 2p 軌道と水素とで形成される C−H 結合

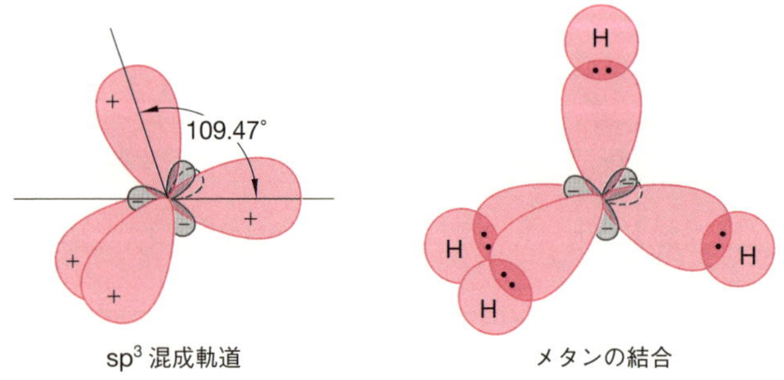

図 2・18　sp^3 混成軌道の形および混成軌道を用いたメタンの結合の記述

のエネルギーは1本当たり約335 kJ mol^{-1}なので，使用できる二つのp軌道が水素と結合しCH_2ができたとすると，その全結合エネルギーは335×2=670 kJ mol^{-1}となる．以上より，混成によるメタンの生成の方が差し引き650 kJ mol^{-1}も有利であることがわかる．

同様の電子の昇位と混成は窒素や酸素でも起こり，それぞれ下記のような電子配置となり，それらがアンモニアや水の結合に使われると考えることもできる．

N $(1s)^2(2s)^2(2p_x)^1(2p_y)^1(2p_z)^1 \rightarrow (1s)^2(2s)^1(2p_x)^2(2p_y)^1(2p_z)^1 \rightarrow (1s)^2(2sp^3)^5$

O $(1s)^2(2s)^2(2p_x)^2(2p_y)^1(2p_z)^1 \rightarrow (1s)^2(2s)^1(2p_x)^2(2p_y)^2(2p_z)^1 \rightarrow (1s)^2(2sp^3)^6$

しかしながら，窒素の昇位エネルギーは，昇位した後も電子対形成エネルギーを必要とする分大きく，約840 kJ mol^{-1}もあり，これは三つのN−H結合の形成に使われる窒素の軌道が2p軌道からsp^3結合に変わることによる結合エネルギーの利得(300〜400 kJ mol^{-1})ではまかないきれない．同様のことは水分子の中の酸素の昇位エネルギーについてもいえる．したがって，これらの分子の結合におけるsp^3混成軌道の寄与は比較的小さいと考えられる．

実際のアンモニアおよび水におけるH−N−HおよびH−O−H結合角はそれぞれ107.2°および104.45°であり，これらは一見，正四面体の場合の原子価角(109.47°)に近いように見える．しかし，窒素および酸素の原子半径はきわめて小さいので，これらの分子ではN−HおよびO−H結合電子対間の静電的な反発によって結合角が90°から広げられる効果もかなり大きいと考えられる．

昇位エネルギーは第3周期以降の元素では第2周期元素よりもさらに大きい．したがってPH_3やH_2Sなどでは混成軌道はほとんど使われず，3p軌道が結合に使われる．また，P−HおよびS−H結合は長く，それらの結合電子対間の静電的な反発も小さいため，H−P−HおよびH−S−Hの角度はそれぞれ93.2°および92.1°とほぼ直角になる．

2・2・6 π 結 合

§2・2・5で述べたように，原子価軌道がsp混成すると2個のp軌道が，またsp^2混成すると1個のp軌道が残る．炭素や窒素を中心とするフラグメントのようにこれらの軌道に不対電子が入っている場合には，p軌道どうしのπ対称性の重なりによりπ結合が形成される．例として，エチレン(ethylene，エテン)およびアセチレン(acetylene, エチン)の結合を原子価結合法的に記述した模式図を図2・19に示す．

エチレンでは二つの炭素の軌道は sp^2 混成しており，各炭素の三つの sp^2 混成軌道のうち二つは水素との結合に使われ，残った一つが炭素-炭素 σ 結合に使われる．H−C−H 結合角の実測値は 117° で，sp^2 混成の場合の理論値 120° に近い．4 個目の価電子は p 軌道に入っており，二つの p 軌道が重なり合って π 結合を形成する．p 軌道は方向性をもっているので，C−C 結合のまわりで CH_2 フラグメントどうしを回転させると，p 軌道どうしの重なりの度合いが変化する．p 軌道どうしの最大重なりは，2 個の炭素と 4 個の水素がすべて同一平面上にきたときに得られるので，エチレンは基底状態では平面構造をとっている．

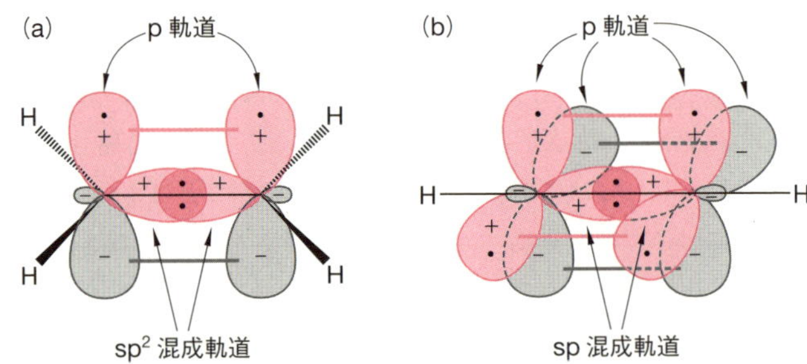

図 2・19　エチレン(a)およびアセチレン(b)の炭素-炭素 σ および π 結合

アセチレンでは炭素の軌道は sp 混成しており，各炭素の二つの sp 混成軌道のうち一つを水素との結合に使い，もう一つを炭素-炭素 σ 結合に使用している．そして，残った二つの互いに直交する p 軌道に 1 個ずつ価電子が入り，これが 2 組の π 結合の形成に使われる．この結合モデルから予想されるとおり，アセチレンは基底状態では直線分子である．

炭素-炭素結合のみに注目すると，エチレンは σ 結合および π 結合を 1 組ずつもつので合わせて二重結合，またアセチレンは σ 結合を 1 組，π 結合を 2 組もつので合わせて三重結合をもつことになる．炭素-炭素結合のいくつかの性質を表 2・2 に示す．単結合から二重結合さらに三重結合になるに従って結合エネルギーが大きく

表 2・2　炭素-炭素結合の結合エネルギーおよび結合距離

	単結合	二重結合	三重結合
結合エネルギー/kJ mol^{-1}	356	572	772
結合エネルギー/結合次数	356	286	257
結合距離/pm	154	134	120

なり，結合距離は短くなっている．しかしながら，結合次数当たりの結合エネルギーは，この順に小さくなる．これは，二重結合および三重結合で付加される π 結合が σ 結合よりも軌道の重なりが小さく弱い結合だからである．

これらの炭素の混成軌道と p 軌道に分子軌道法を適用し，エチレンとアセチレンの炭素-炭素結合のみの分子軌道のエネルギー準位図を描くと図 2・20 のようになる．π 型の相互作用は σ 型の相互作用より弱いので，π 軌道は σ 軌道よりも上にあり，一方 π^* 軌道は σ^* 軌道よりも下にある．

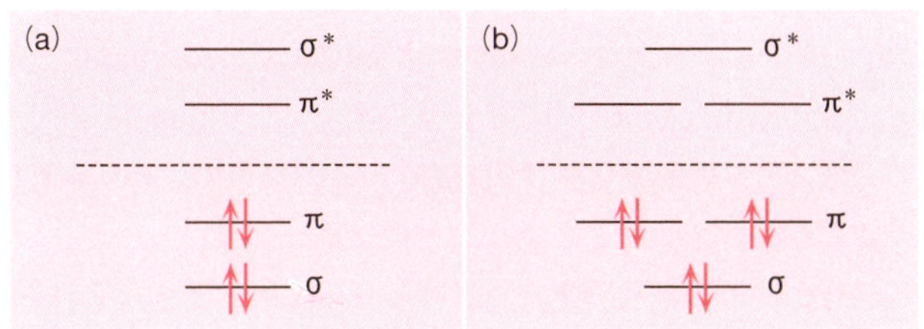

図 2・20 エチレン(a)およびアセチレン(b)の炭素-炭素結合のエネルギー準位

エチレンやアセチレンでは π 結合は二つの炭素の間に局在していた．しかし，p 軌道をもつ炭素が三つ以上互いに結合し，非局在化した π 軌道を形成している化合物が多数存在する．その代表的な化合物はベンゼンである．実験から，ベンゼンは正六角形の平面構造をとっており，すべての C−C 結合距離は等しく(139 pm)，またすべての原子価角は 120° であることがわかっている．この構造は原子価結合法ではつぎのように説明される．ベンゼンの六つの炭素の軌道は sp^2 混成しており，各炭素の分子平面内の方向を向いた三つの sp^2 混成軌道のうち二つが C−C 結合の形成に，一つが C−H 結合の形成に使われる．各炭素に残った p 軌道は互いに平行で等間隔に並んでいるので，六つの p 軌道はすべて重なり合い，環全体に非局在化した π 軌道を形成する(図 2・21 a)．

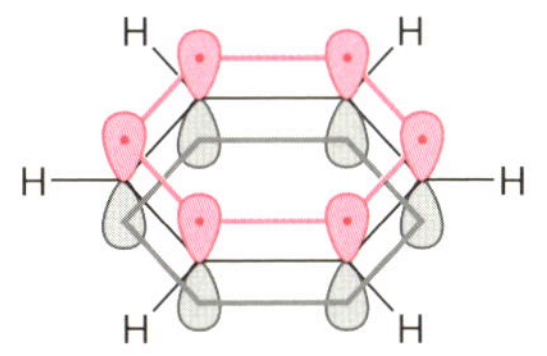

(a) ベンゼンの非局在化した π 軌道

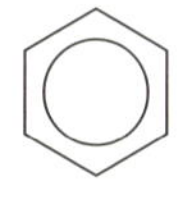

(b) π 電子の非局在化を強調したベンゼンの構造式

図 2・21 ベンゼンの非局在化した π 軌道とそれを強調した構造式

ベンゼンの構造の書き方は，その極限構造の一つであるケクレ構造で代表させるものが一般的であるが，π結合が六員環全体に非局在化した対称な構造であることを表すために，図2・21(b)の書き方もよく用いられる．このπ電子が非局在化した構造は，π電子が局在化した架空のケクレ構造と比べてかなり安定化されていることが理論的にも実験的にも示されている．このエネルギーの低下分を**非局在化エネルギー**(delocalization energy)または**共鳴エネルギー**(resonance energy)という．

ベンゼンの非局在化エネルギーは，その水素化熱を三つの局在した二重結合をもつ架空の分子であるシクロヘキサトリエンの水素化熱と比較することにより求められる．二重結合1個をもつシクロヘキセンの水素化熱は118.6 kJ mol^{-1}なので，シクロヘキサトリエンの水素化熱はその3倍，すなわち355.8 kJ mol^{-1}に近い値をとると考えられる．ベンゼンの水素化熱は205.3 kJ mol^{-1}なので，その差150.5 kJ mol^{-1}がベンゼンの非局在化エネルギーということになる．

複数の二重結合が一つの単結合を隔てて隣り合っているとき，それらの二重結合は**共役**(conjugation)しているという．共役二重結合をもつ系では多かれ少なかれπ電子の非局在化が起こる．ベンゼンは6個のπ電子が非局在化した系なので，6π電子系とよばれる．一般に，$(4n+2)\pi$電子系(nは整数)をもつ環状共役分子は大きな非局在化エネルギーをもつことがヒュッケルによる分子軌道法的考察から示されており(ヒュッケルの$4n+2$則)，このような環状共役分子は**芳香族性**(aromaticity)をもつといわれる．芳香族性をもつベンゼン以外の代表的な分子を図2・22に示す．なお，チオフェンでは，硫黄原子は，σ結合形成に使用しない4電子のうち2電子をπ結合形成に使用するので，四つの炭素原子からの四つのπ電子と合わせて，

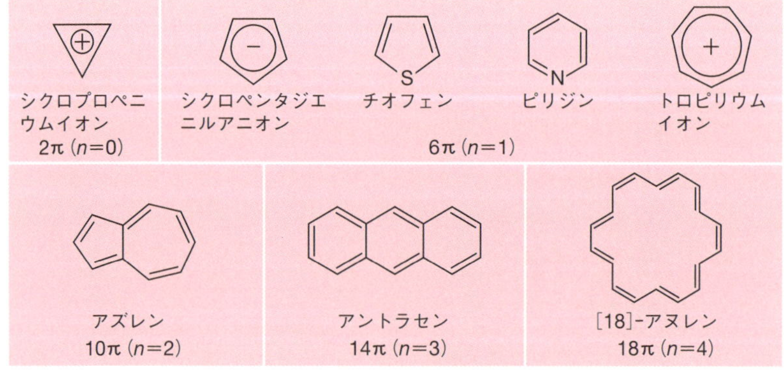

図2・22　芳香族性をもつさまざまな分子

6π 系となる．ベンゼン環をもたないが芳香族性を示す化合物を**非ベンゼン系芳香族化合物**(nonbenzenoid aromatic compound)という．

芳香族性をもつ分子は，その高い不飽和度にもかかわらずオレフィンに特徴的な反応である付加反応を受けにくく，むしろ置換反応が一般的に起こる(2・13 式)．これは芳香環の共役系を崩さず芳香族性を保つ方が，付加反応によって芳香族性を失うよりもエネルギー的に有利だからである．

(2・13)

電子対の入った p 軌道をもつ原子と空の p 軌道をもつ原子が結合している場合は，供与結合型の π 結合相互作用が可能である．たとえば $BeCl_2$ や BF_3 では，σ 結合のほかにハロゲンの p 軌道と Be や B の空の p 軌道が重なり，ハロゲンが電子対の一部を供与して π 結合を形成している(図 2・12 参照)．BF_3，BCl_3 および BBr_3 のルイス酸性は，最も電気陰性度の高い F が B を最も電子不足にすると考えられるので BF_3 が最も高く，ついで BCl_3, BBr_3 と低下するように思われるが，実際はその逆で $BF_3<BCl_3<BBr_3$ の順である．これは，供与型の π 結合が同じ 2p 軌道どうしで起こる BF_3 で最も強く，ついで BCl_3, BBr_3 の順に弱くなるためである．

図 2・23 に示す $BeCl_2$ および BF_3 の共鳴構造の中で，π 結合をもつ極限構造式は分極した二重結合を含む形で表され，それらの中心原子の価電子数は分極していない構造よりも多くなっている．また，この π 結合をもつ極限構造式の寄与を考慮すると，Be－Cl 結合および B－F 結合の結合次数は 1 よりも大きくなる．図 2・12 に示した BF_3 の分子軌道法的記述ではこの π 結合を考慮し，B－F 結合の結合次数を $\frac{4}{3}$ と見積もっている．

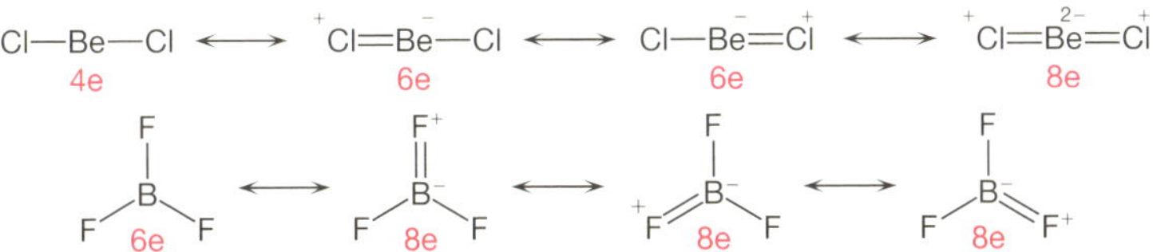

図 2・23　$BeCl_2$ および BF_3 の共鳴構造と中心原子の価電子数

混成軌道の性質の比較

電子間相互作用を考慮すると，2s 軌道は 2p 軌道よりもエネルギー準位が低いのでイオン化エネルギー，電子親和力および電気陰性度のすべてについて 2s 軌道の方が 2p 軌道よりも大きい(§1・3 参照)．したがって，s 性(混成軌道の中で s 軌道が占める割合)の高い混成軌道ほど電気陰性度が大きくなると期待される．たとえば sp^3, sp^2 および sp 混成軌道の s 性はそれぞれ $\frac{1}{4}$，$\frac{1}{3}$ および $\frac{1}{2}$ なので，電気陰性度は $sp^3 < sp^2 < sp$ の順に大きくなる．

この序列が現れた現象の例として，炭化水素のブレンステッド酸性がある．メタン(CH_4)，エチレン($CH_2{=}CH_2$)およびアセチレン($HC{\equiv}CH$)の pK_a はそれぞれ 40, 36.5 および 25 であり，sp^3 混成軌道が C−H 結合形成に使われているメタンの酸性が最も弱く，sp 混成軌道が C−H 結合形成に使われているアセチレンの酸性が最も強い．これは，メタン，エチレン，アセチレンの順に混成の変化に従って電気陰性度が増加し，それに伴って C−H 結合の分極が大きくなり解離しやすくなるためと解釈できる．

2・3 分子の立体構造と極性

化学結合が形成される原因について，分子軌道法および原子価結合法という二つの解釈の仕方をみてきた．それでは，化学結合によってつくられた分子の立体構造を決める要因は何であろうか．精密な解析には高度な分子軌道計算を必要とするが，この方法はこの本が対象とする基礎化学の範囲を超えてしまう．幸いなことに，主要族元素から成る分子の構造を定性的に非常にうまく予言できる**原子価殻電子対反発理論**(**VSEPR 理論**，valence shell electron pair repulsion theory)とよばれる半ば古典的な理論がある．最近の研究によりこの規則の理論的根拠に疑問が投げかけられているが，その簡潔さと有用性を考えれば VSEPR 理論の無機化学における重要性は現在でもいささかも減ってはいない．また，電気陰性度の異なる原子から成る分子は，その立体構造によっては分極して極性を帯びることがあり，これが分子間力などを通してその分子の集団としての性質に大きな影響を与える．本節ではこれらについて解説する．

2・3・1 原子価殻電子対反発理論 (VSEPR 理論)

VSEPR 理論では，注目する主要族元素の原子を取り巻く方向性をもった電子対どうしが互いに反発してできるだけ遠ざかろうとし，その結果その反発の総和が最小になるような形を分子がとろうとすると考える．電子対には結合を形成している結合電子対と結合にかかわらない非共有電子対の2種類がある．Aを中心原子，Xを置換基，Eを非共有電子対とすると，AX_nE_mという化学式をもつ分子はAのまわりに$n+m$個の電子対をもつ．このとき，それらの電子対間の反発を最小にするように配置した電子対がつくる多面体は，それぞれ表2・3に示した形である．なお，超原子価化合物については便宜上多中心多電子結合を考えず，5個以上の電子対をもつ化合物としてVSEPR理論を適用する．

表 2・3　化合物AX_nE_mの$n+m$個の電子対がとる最も好ましい形[†]

電子対の数 $n+m$	2	3	4	5	6	7
分子の形	直線型	平面三角形	四面体	三方両錐	八面体	五方両錐

† X: 置換基，E: 非共有電子対，n: 結合電子対の数，m: 非共有電子対の数

さらに，結合電子対と非共有電子対を区別し，電子対間の反発の強さはつぎの順序で減少すると考える．

非共有電子対-非共有電子対＞非共有電子対-結合電子対＞結合電子対-結合電子対

このような順番になるのは，非共有電子対は一つの原子Aのみに引きつけられているので，Aのまわりに比較的大きく広がる傾向があるが，結合電子対はAとXの両方に引きつけられるので，Aのまわりにはあまり広がらずしかもAから引き離される傾向があるためである．また，単結合よりも二重結合さらに三重結合の方が電子雲の広がりが大きいので，より強い反発をもたらす．この序列を表2・3の多面体に適用すれば，どの電子対が多面体のどの位置を占めるかが推定できる．

VSEPR理論から予想されるさまざまなAX_nE_mの構造およびそれに当てはまる化合物の例を表2・4に示す．電子対の数$n+m$は，中心原子Aの価電子数からπ結合のための電子数を差し引いた数を2で割ったものである．

CO_2では，C−O π結合に4電子が使われているので，Cを取囲む電子対の数は2個となり，直線型の構造をとる．一方SO_2のSのまわりの電子対の数は3個なので，1個の非共有電子対が突き出し，これとS=O結合の結合電子対との反発でこの分子は折れ曲がる．三つの置換基($n=3$)をもつ分子でも，非共有電子対をもたないBF_3は平面三角形なのに対して，非共有電子対を1個もつNH_3はその電子対とN−H結合との反発によって三角錐型を，また非共有電子対を2個もつClF_3はひず

表 2・4　さまざまな化合物 AX_nE_m に対して VSEPR 理論から予想される形

$n+m$ ＼ n	2	3	4	5	6	7
2	 $BeCl_2$, CO_2					
3	 $SnCl_2$, SO_2	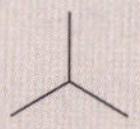 BF_3, SO_3				
4	 H_2O, ClO_2^-	 NH_3, SO_3^{2-}	 CCl_4, SO_4^{2-}			
5	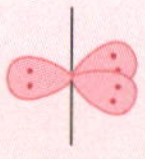 ICl_2^-	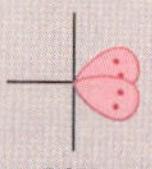 ClF_3	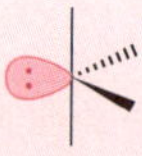 SF_4	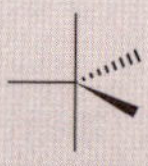 PF_5		
6			 XeF_4, ICl_4^-	 BrF_5	 SF_6	
7						 IF_7

んだT字型をとる．この ClF_3 において，もし非共有電子対の1個または2個が三方両錐のアキシアル位を占めたとすると，分子の形はそれぞれ三角錐および平面三角形となるが，実際にはこのような形はとらない．これは電子対の数($n+m$)が5で三方両錐構造をとる場合，非共有電子対は他の電子対との反発の小さいエクアトリアル位を占めるからである．ICl_2^- が直線型分子に，また SF_4 がひずんだシーソーのような形の分子になるのもこのためである．また，電子対の数が6の八面体構造では，六つの位置が等価なので，非共有電子対が1個の場合(たとえば BrF_5)には位置の選択の問題は起こらず四角錐型分子となるが，非共有電子対を2個もつ場合にはそれらの間の反発が最小となるトランス配置をとる．このため，XeF_4 は平面四角形型の分子となる．

電子対間の反発の大きさの違いは，微妙な結合角の違いとしても現れる．たとえば，いずれも電子対の数が4で正四面体から構造が導かれる水，アンモニアおよびメタンの結合角は図2・24のようになる．この結合角の違いについては，すでに

§2・2・5c で別の観点から解説したが，VSEPR 理論では正四面体から出発し，非共有電子対と結合電子対との大きな反発を避けるために，反発の小さい結合間の角度を狭めて反発の総計が最小になるように微調整したと考える．

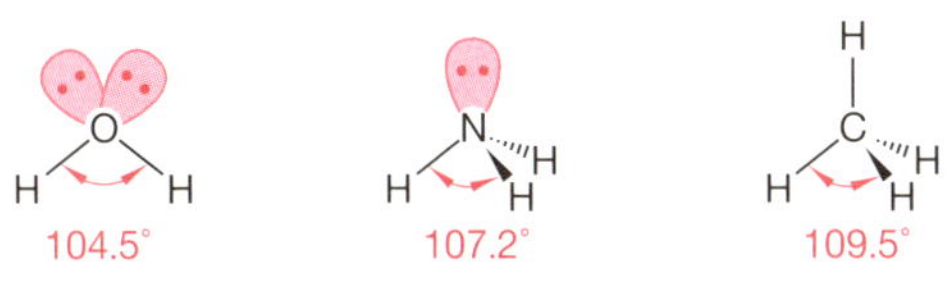

図 2・24 水，アンモニアおよびメタンの原子価角

中心原子が単結合と二重結合の両方をもつ場合には，より大きな反発をもたらす二重結合がより広い位置を占める．たとえば SOF_4 および XeO_2F_2 はいずれも電子対の数が 5 で三方両錐を基本としているが，どちらの場合にも二重結合で中心原子と結合している酸素がより広いエクアトリアル位を占めている．また，二重結合との反発を避けるために単結合どうしの結合角の減少が起こる．たとえば，CF_4，POF_3 および SO_2F_2 を比較すると，図 2・25 に示すように酸素との二重結合の数が増えるに従って F−A−F(A＝C, P, S)の結合角が減少している．

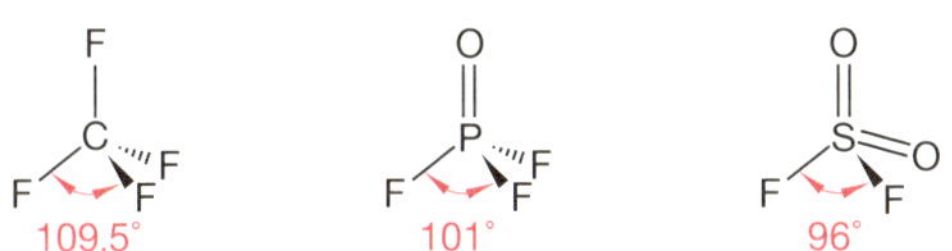

図 2・25 CF_4，POF_3 および SO_2F_2 の結合角

以上のように，VSEPR 理論は単純でありながら非常に幅広い分子の構造を正しく予言することができるが，いくつかの例外もある．それらをつぎに列挙する．

❶ 一般に電子対の数が 7 個以上になると，電子対どうしが接近してそれらの間の反発が非常に大きくなり，また可能な形の間で安定性に違いがほとんどなくなるため，VSEPR 理論は成り立ちにくくなる．たとえば IF_7 は五方両錐構造をとると予想されるが，エクアトリアル平面内にある五つの I−F 結合間の反発はきわめて大きいので，これを緩和するために平面からひずんでいる．また，$[NbF_7]^{2-}$ は面冠三角柱(capped trigonal prism)，$[NbOF_6]^{3-}$ は面冠八面体(capped octahedron)構造をとっている(図 8・6 参照)．

❷ 7 電子対をもつ化学種でも，非共有電子対を 1 個含む $[TeCl_6]^{2-}$ や $[SbBr_6]^{3-}$ などでは，この非共有電子対が**立体化学的に不活性**となるため，これらのイオンは

八面体構造をとる．また，$SnCl_2$ や $Sn(\eta^5\text{-}C_5H_5)_2$ は Sn が非共有電子対を 1 個もつために折れ曲がり型をとっているが，きわめてかさ高い配位子をもつ誘導体 $Sn(\eta^5\text{-}C_5Ph_5)_2$ ではこの非共有電子対は立体化学的に不活性となり，この分子は直線型(二つの $\eta^5\text{-}C_5Ph_5$ 環は平行)となる．これらの化学種における立体化学的に不活性な非共有電子対はおそらく球対称な s 軌道を占有していると推定される．

❸ 図 2・26 に示すように，$N(SiH_3)_3$ は平面分子，$H_3Si-O-SiH_3$ の Si−O−Si 角は 144°，また $Ph_3Si-O-SiPh_3$ は直線分子であり，いずれも VSEPR 理論による予測から大きく外れている．これは，中心原子上の非共有電子対がケイ素の π 対称性の空軌道(おそらく d 軌道)と π 結合を形成し，これが非共有電子対の非局在化をもたらし，その結果この電子対が立体化学的に不活性となったためと考えられている．

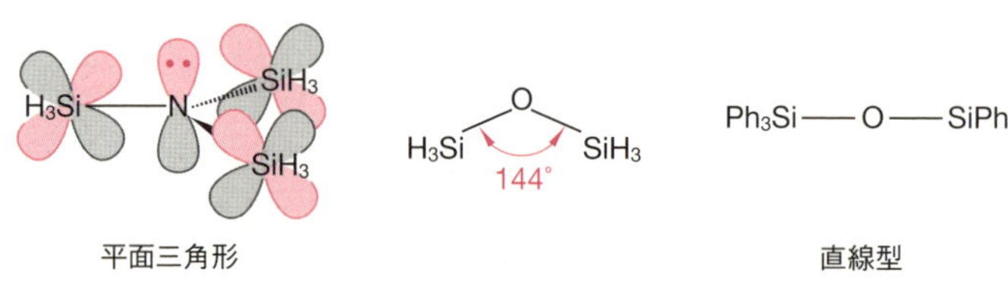

図 2・26　$N(SiH_3)_3$，$H_3SiOSiH_3$ および $Ph_3SiOSiPh_3$ の形

❹ 部分的に d 軌道が充塡された遷移金属錯体の構造は，d 軌道の分裂の仕方や d 電子の充塡のされ方の影響を大きく受ける．したがって，その予想には，VSEPR 理論ではなく結晶場理論または配位子場理論(§ 8・3)を用いる必要がある．

2・3・2　結合の分極と分子の双極子モーメント

異なる電気陰性度をもつ原子どうしが共有結合をつくった場合，両原子の電子を引きつける力が異なるので，結合に分極が生じ，一方の原子が正電荷を，もう一方が負電荷を帯びる．このような結合を**極性結合**(polar bond)という．電荷の大きさを $+q$ および $-q$ とし，その電荷の重心間の距離を r とすると，この結合は (2・14) 式に示す**双極子モーメント**(dipole moment, μ)をもつ．

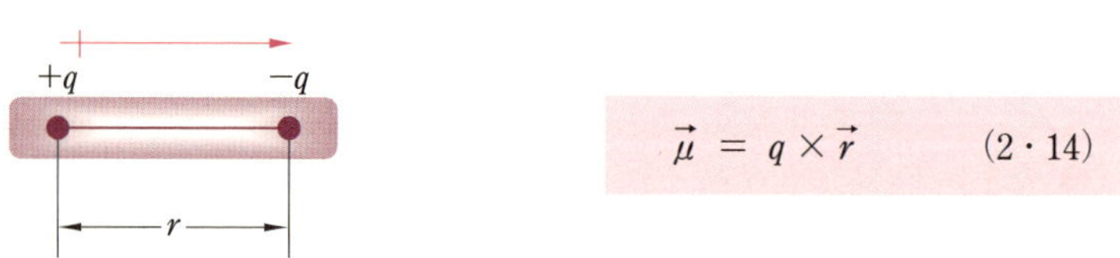

$$\vec{\mu} = q \times \vec{r} \qquad (2 \cdot 14)$$

ふつう用いられる単位はデバイ(debye, D)であり，1 D＝3.33564×10^{-30} C m である*．双極子は，図のうえでは正電荷から負電荷へ向かう矢印として表される．同様にして非共有電子対も原子核との間で双極子モーメントを生じる．分子全体の双極子モーメントは，個々の結合および非共有電子対の双極子モーメントのベクトル和である．分子全体で永久電気双極子をもつ分子は**極性分子**(polar molecule)とよばれる．個々の結合が分極していても，それらの配置によって双極子ベクトルどうしが打ち消しあって，正味の双極子モーメントが 0 となる分子もある(図 2・27 a～d)．このような分子は**無極性分子**(nonpolar molecule)である．

NH_3 の双極子モーメントはかなり大きいが，NF_3 の双極子モーメントは小さい(図 2・27 e, f)．これは，NH_3 では結合と非共有電子対の双極子モーメントが強め合うのに対し，NF_3 では打ち消しあうためである．またこの数値は，非共有電子対の双極子モーメントが結合の双極子モーメントと同等程度の大きさをもつことを示唆している．実際，水分子では非共有電子対の双極子モーメントが主要な寄与をしており，結合の双極子モーメントは分子全体の双極子モーメントの約 $\frac{1}{4}$ を占めているにすぎない．

双極子モーメントは分子の形と密接な関係があるので，しばしば構造解析の手段として用いられる．たとえば，PtL_2Cl_2(L は配位子)という平面四角形の錯体にはシ

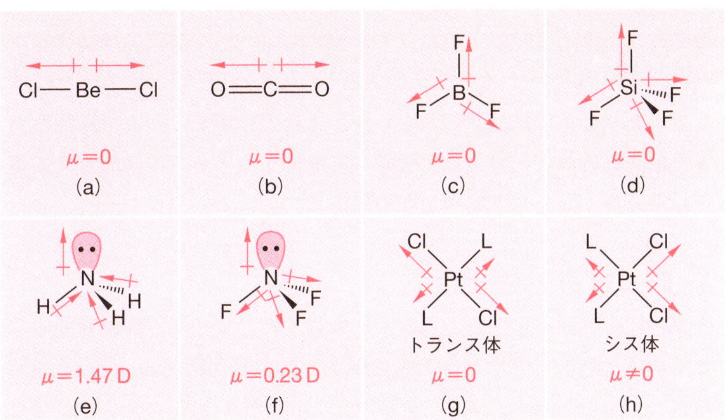

図 2・27 結合および非共有電子対の双極子モーメントと分子全体の双極子モーメント

＊ たとえば電子の 1/10 の電荷をもつ正負の電荷が互いに 210 pm(2.1 Å)離れた位置にあるとき，生じる双極子モーメントはおよそ 1 D となる．

ス体とトランス体という二つの幾何異性体があり，これらを分光学的に判別するのは簡単ではない．しかし，この錯体のシス体は明らかに極性分子として双極子モーメントをもつのに対し，トランス体はその対称な構造のために分子内で相殺されて双極子モーメントが0となることを利用して，双極子モーメントの測定により容易にその判別が可能となる(図2・27g, h).

結合の分極はさまざまな面で重要なはたらきをしている．分極した共有結合にはイオン結合性が加味されるため，分極していない共有結合よりも一般に強い(§1・3・4参照)．また，分極していくらかの電荷を帯びた原子は，分子間あるいは分子内で反対の電荷を帯びた原子やイオンと相互作用し，さまざまな強度の結合をつくる．たとえば**水素結合**(hydrogen bond)は10〜40 kJ mol^{-1} 程度の強度をもつ比較的弱い結合であり，水がかかわるさまざまな分子間相互作用においてきわめて重要な役割を果たす．ルイス酸・塩基も含めて酸・塩基の強さや配位結合の強さにも，結合の分極は大きな影響を及ぼす．さらに，極性分子の双極子モーメントの大きさは，溶媒和や溶解性とかかわりの深いイオン-双極子相互作用や，物質の融点や沸点などの性質を決める双極子-双極子相互作用などの分子間力の強さを決定する主要な要因である．また分子の反応性に目を向ければ，分子が他の分子を攻撃する駆動力となる求核性や求電子性は，結合の分極を考えることにより，かなり正確に評価することができる．

電気陰性度は本来化合物の中の結合の分極(イオン性)を簡便に評価するために各元素に割り当てられたパラメーターである(§1・3・4参照)．化学結合にはさまざまなタイプがあり単純には割り切れないが，結合の分極をこの電気陰性度およびつぎに述べる形式電荷および酸化数を考慮して評価する考え方は，簡潔であるにもかかわらず非常に多くの場面で成功を収めている．

2・3・3 形式電荷と酸化数

分子の中の電荷の分布を知ることは，その分子の性質や反応性を考えるうえで非常に重要である．その目安を与える量的概念として**酸化数**(oxidation number)および**形式電荷**(formal charge)がある．図2・2に示したアンモニウムイオンや一酸化炭素のルイス構造では，各結合の共有電子対の電子をそれぞれの原子に均等に同数ずつ分配し，しかも各原子がオクテット則を満たすとすると，形式的な電荷をもつ原子が生じる．たとえばアンモニウムイオンはN^+と四つの水素原子が共有結合した化合物と形式的にみなすことができ，また一酸化炭素はC^-とO^+が三重結合してできた化合物とみなせる．このように分子中のある原子に割り当てられた正負の整数の電荷を形式電荷といい，次式によって計算される．

$$\begin{pmatrix}\text{原子の}\\\text{形式電荷}\end{pmatrix} = \begin{pmatrix}\text{遊離原子の}\\\text{価電子数}\end{pmatrix} - 2\times\begin{pmatrix}\text{非共有電}\\\text{子対の数}\end{pmatrix} - \begin{pmatrix}\text{結合電子}\\\text{対の数}\end{pmatrix} \qquad (2\cdot15)$$

例として一酸化二窒素 N_2O の各原子の形式電荷を求めてみよう．この分子は N-N-O というつながりをもつ直線分子である．各原子がオクテットをつくるルイス構造は 3 種類書けるが，そのうちつぎの構造について考察する．

$$:\ddot{N}::N::\ddot{O}:$$

(2・15)式を用いて各原子の形式電荷を計算すると

$$\begin{aligned}\text{末端の N の形式電荷} &= 5-2\times2-2 = -1\\ \text{中央の N の形式電荷} &= 5-2\times0-4 = +1\\ \text{O の形式電荷} &= 6-2\times2-2 = 0\end{aligned}$$

となる．したがって，形式電荷を含んだルイス構造はつぎのようになる．

$$:\ddot{N}^{-1}::N^{+1}::\ddot{O}:$$

形式電荷は二つの原子間に純粋な共有結合を仮定した場合の概念であるが，これに対して結合にかかわる電子を電気陰性度の高い方の原子に属すると仮定して，そのときの擬似的なイオンの電荷を数えたのが酸化数である．酸化数はその基本に純粋なイオン結合を想定しているため，無機化合物の電子分布を定性的に評価するのに適している．なお酸化数の求め方については，§8・1・2 に詳しく記述されている．

2・3・4　電気的中性の原理

実際の結合は共有結合性とイオン結合性の両方をもっており，原子間で移動する電荷は整数にはならない．ポーリングはさまざまな遷移金属錯体の構造に関する考察から，**電気的中性の原理**(electroneutrality principle)を提案した．この原理によれば，分子はその中の原子間での電荷の移動によって，各原子が −1 から +1 までの小さな電荷をもつように保とうとする．たとえば，$[Co(NH_3)_6]^{3+}$ 中の Co の酸化数は +Ⅲ であるが，6 本の N−Co 結合について N 原子から Co 原子へ $0.5e$ 分ずつの電荷が移動し，さらに 18 本の N−H 結合について H 原子から N 原子へ $0.17e$ 分ずつの電荷が移動すれば，Co と N は中性となり，正電荷は各水素に $+\frac{1}{6}e$ ずつ分配されることになる．実際の錯体はこれに近い電荷分布をとっていることが，分光学的研究からも証明されている(図8・1参照).

電気的中性の原理は一酸化炭素 CO にも適用される. CO のルイス構造として,

$$^{-}\!:\mathrm{C}\vdots\vdots\vdots\mathrm{O}:^{+},\quad :\mathrm{C}::\ddot{\mathrm{O}}:\quad \text{および}\quad ^{+}\!:\mathrm{C}:\ddot{\underset{\cdot\cdot}{\mathrm{O}}}:^{-}$$

の三つが書けるが, 実際の CO の結合はこれらの中間であり, 電荷が偏らないようになっていると考えられる. C−O 結合距離の実測値(112.8 pm)は C−O 二重結合と三重結合の理論値の中間にあり, また実測の電気双極子モーメントは 0.37×10^{-30} C m であり, 結合のイオン性は約2%にすぎない. このことは, 炭素と酸素の電荷がほぼゼロに近いことを示している.

2・4 分子の対称性

分子, 特に無機分子には対称性が低いものから高いものまでさまざまなものが知られている. ある分子が対称性をもつとは, その分子の中に同じ形の部分が2箇所以上あり, かつその分子にある操作(対称操作とよばれる)を施すことにより, ある1箇所を別の1箇所に移すことができる場合をいう. そして“対称性が高い”分子とは, この対称操作の数が多い分子のことである. 分子の結合や分光学的性質について深く追究しようとすると, どうしてもその分子の対称性について理解する必要が出てくる. たとえば, 分子軌道法に用いる群軌道(§2・2・3参照)を組立てたり, 軌道間の相互作用の有無を判断するには, 分子や軌道の対称性を知る必要がある. また分子の電子または振動スペクトルにおける遷移の数および種類は, 基本的にその分子の対称性によって決まる.

そこで, 本節では分子の対称性の理論と表示法, その便利な決定法およびその分子軌道および分子振動への応用について, 無機化合物の取扱いを中心に簡単に解説する. 対称性の観点から分子を取扱う手法に習熟することは, 化学のさまざまな分野で分子の研究を行う際に強力な武器となる.

2・4・1 分子の対称性と群論

分子の対称性は群論とよばれる数学を用いて取扱われるが, 大部分の化学への応用においては, 群論の成果を定性的に理解しておくだけで十分である. 対称性をもつ分子は, 回転, 鏡映, 反転などの**対称操作**(symmetry operation)によって元と同じ形に変換される. その際に回転の軸となる直線, 鏡映を行う平面および反転の中心となる点を**対称要素**(symmetry element)という.

表2・5は分子に施される対称操作の記号と実際の操作を種類ごとにまとめたものである．ここで n 回回転軸とは，その軸のまわりで $360°/n$ 回すと元と同じ形に変換されるような回転軸のことである．

表 2・5 分子の対称操作

記号	対称操作の種類	実際の操作
C_n^m	回　転	n 回回転軸まわりの $2\pi m/n$ ラジアンの回転
σ	鏡　映	σ_h (horizontal，水平線の) 主軸に直交する鏡映面での鏡映 σ_v (vertical，垂直の) 主軸を含む鏡映面での鏡映 σ_d (dihedral，二面間の) 主軸を含み，副軸の間の角を二等分する鏡映面での鏡映
i	反　転	対称心に対して反対の位置への移動．S_2 に対応
S_n^m	回　映	n 回回転軸まわりの回転に続く主軸に直交する鏡映面での鏡映 つまり C_n^m と σ_h の組合わせ．$S_n^m = C_n^m\sigma_h = \sigma_h C_n^m$
E	恒等操作	何もしないという操作

具体的な例として，正八面体型分子がもつ対称操作を図2・28に示す．回転軸の中で最大の n をもつ軸を主軸にとる．正八面体ではこれは4回回転軸(C_4 軸)であり3本存在する．主軸はまた C_2 軸および S_4 軸ともなっている．このほかの回転軸として，正三角形の面の中心を垂直に貫く C_3 および S_6 軸および向かい合う二つの稜線の中点を通る2回回転軸(C_2' 軸)がある．鏡映面としては，主軸を含みかつ頂点を通る σ_v 面，主軸を含み稜線を二等分する σ_d 面および主軸に垂直な σ_h 面がある．最後に，反転の中心 i が存在する．

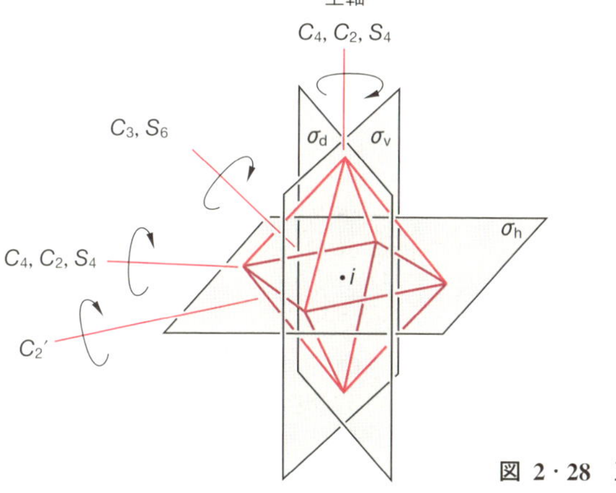

図 2・28 正八面体(O_h)の対称操作

このように，ある対称性をもつ分子は一群の対称操作によって元と同じ形に変換され，その対称操作の組合わせは対称性によって異なる．したがって分子の対称性は，それがもつ対称操作の集合で記述することができる．ある分子に加えることができるすべての対称操作の集合を**点群**(point group)とよび，その分子はその点群に属するという．分子や結晶を取扱ううえで重要な点群は 32 個あり，これらを**分子点群**という．点群の記号として**シェーンフリース記号**(Schönflies symbol)および**国際記号**(**ヘルマン-モーガン記号**，Hermann-Mauguin's symbol)の 2 種類が使われている．化学や物理では簡潔なシェーンフリース記号が一般に使われ，一方結晶学では，どんな対称性を記述しているかが一目でわかる国際記号がおもに使われる．

シェーンフリース記号は対称操作の記号と関連があるが，混同しないように気をつける必要がある．単純な回転軸をもつ点群を $\boldsymbol{C}$，回映軸をもつ点群を $\boldsymbol{S}$，主軸とそれに垂直な 2 回軸をもつ点群を $\boldsymbol{D}$ でそれぞれ表し，右下に主軸が何回軸かを表す数字および鏡映面の存在(σ_h, σ_v, σ_d をもつ場合それぞれ h, v, d)を記す．たとえば

表 2·6　五つの正多面体の形と点群

正多面体	面，頂点および稜の数	点群
正四面体	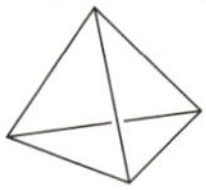 面：4 枚の正三角形 頂点：4 個 稜：6 本	$\boldsymbol{T}_d$
立方体	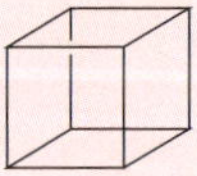 面：6 枚の正方形 頂点：8 個 稜：12 本	$\boldsymbol{O}_h$
正八面体	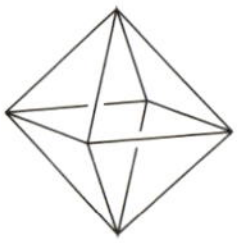 面：8 枚の正三角形 頂点：6 個 稜：12 本	$\boldsymbol{O}_h$
正十二面体	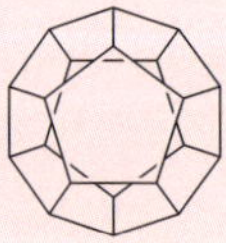 面：12 枚の正五角形 頂点：20 個 稜：30 本	$\boldsymbol{I}_h$
正二十面体	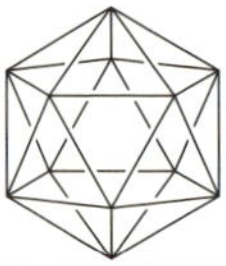 面：20 枚の正三角形 頂点：12 個 稜：30 本	$\boldsymbol{I}_h$

$\boldsymbol{C}_{3\mathrm{v}}$ は C_3 軸と σ_v 鏡映面を，また $\boldsymbol{D}_{5\mathrm{h}}$ は C_5 軸とそれに垂直な C_2 軸および σ_h 鏡映面をもつ点群を表す．このほか $\boldsymbol{C}_1$ は恒等操作 E 以外の対称操作をもたない点群，$\boldsymbol{C}_\mathrm{s}$ は恒等操作と鏡映面のみをもつ点群，また $\boldsymbol{C}_\mathrm{i}$ は恒等操作と対称心のみをもつ点群を表す．また直線分子が属する点群として，σ_h 鏡映面をもたない $\boldsymbol{C}_{\infty\mathrm{v}}$ と σ_h 鏡映面をもつ $\boldsymbol{D}_{\infty\mathrm{h}}$ がある．さらに対称性の高い点群として正四面体を表す $\boldsymbol{T}_\mathrm{d}$，正八面体を表す $\boldsymbol{O}_\mathrm{h}$ および正二十面体を表す $\boldsymbol{I}_\mathrm{h}$ がある．

五つの正多面体の形とそれらが属する点群を表2・6に示す．立方体と正八面体は同じ $\boldsymbol{O}_\mathrm{h}$ に，また正十二面体と正二十面体も同じ $\boldsymbol{I}_\mathrm{h}$ に属している．これらの同じ点群に属する正多面体は，一方の多面体の頂点を切り落として削っていくともう一方に到達するという関係にある．この関係を双対(そうつい，dual)という．削っていく途中に現れる多面体(切頂多面体(truncated polyhedron)，例：立方八面体)も同じ点群に属する．正四面体の双対は正四面体である．1985年に発見された炭素の第三の同素体であるサッカーボール型の C_{60}(バックミンスターフラーレンまたはフラーレンとよばれる)は切頂二十面体の一種であり，$\boldsymbol{I}_\mathrm{h}$ に属している．分子によくみられる点群とそのおもな対称操作，およびその点群に属する分子の例を表2・7に示す．

分子やイオンの点群をすばやく決定するには，図2・29に示す流れ図を用いると便利である．流れ図の線にそって質問にYesかNoかで答えながら下に進めば，その分子の点群に到達することができる．最初の枝分かれで直線分子が，2番目の大きな枝分かれで3回軸以上の回転軸を2本以上もつ高い対称性の分子が選び出される．さらに主軸をもつかどうか(C_n？)および主軸に垂直な2回軸をもつかどうかで大きな枝分かれが起こる．

例として，水分子の点群を流れ図で求めてみよう．水分子は直線分子ではなく，二つ以上の3回軸以上の軸ももたないが，主軸として2回軸(C_2)をもつ．主軸に垂直な2回軸はもたず，主軸に垂直な鏡映面(σ_h)ももたないが，主軸を含む鏡映面(σ_v)はもつ．したがって，

$$\mathrm{No} \rightarrow \mathrm{No} \rightarrow \mathrm{Yes}\,(n=2) \rightarrow \mathrm{No} \rightarrow \mathrm{No} \rightarrow \mathrm{Yes}$$

となり，水が $\boldsymbol{C}_{2\mathrm{v}}$ という点群に属することがわかる．ほとんどの場合にYes/Noの解答は容易であるが，$\boldsymbol{D}_{n\mathrm{d}}$ という点群の場合に，主軸に垂直な2回軸を見つけにくい場合があるので注意を要する．

点群のそれぞれについて**指標表**(character table)がつくられている．例として $\boldsymbol{C}_{2\mathrm{v}}$ および $\boldsymbol{D}_{3\mathrm{h}}$ という点群の指標表を表2・8に示す．これらも含めてよく使われる点

表 2・7　よく見られる点群およびその点群に属する分子の例

点群	対称操作	分子の例	点群	対称操作	分子の例
$\boldsymbol{C}_1$	Eのみ	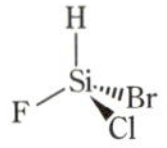	$\boldsymbol{D}_{4d}$	$E, S_8, C_4, C_2, \sigma_d$	
$\boldsymbol{C}_s$	E, σ	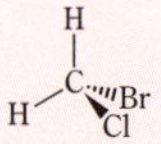	$\boldsymbol{D}_{5d}$	$E, C_5, C_2, i, S_{10}, \sigma_d$	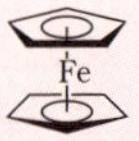 スタガード型
$\boldsymbol{C}_i$	E, i	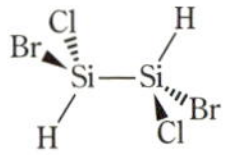	$\boldsymbol{D}_{2h}$	E, C_2, i, σ	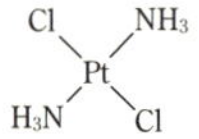 トランス体
$\boldsymbol{C}_2$	E, C_2	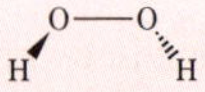 非平面	$\boldsymbol{D}_{3h}$	$E, C_3, C_2, \sigma_h, S_3, \sigma_v$	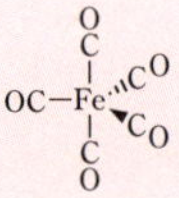
$\boldsymbol{C}_{2v}$	E, C_2, σ_v	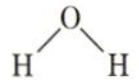	$\boldsymbol{D}_{4h}$	$E, C_4, C_2, i, S_4, \sigma_h, \sigma_v, \sigma_d$	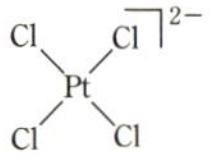
$\boldsymbol{C}_{3v}$	E, C_3, σ_v	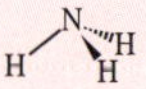	$\boldsymbol{D}_{5h}$	$E, C_5, C_2, \sigma_h, S_5, \sigma_v$	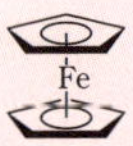 重なり型
$\boldsymbol{C}_{4v}$	$E, C_4, C_2, \sigma_v, \sigma_d$	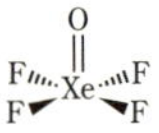	$\boldsymbol{D}_{6h}$	$E, C_6, C_3, C_2, i, S_3, S_6, \sigma_h, \sigma_d, \sigma_v$	
$\boldsymbol{C}_{2h}$	E, C_2, i, σ_h	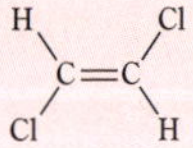	$\boldsymbol{T}_d$	$E, C_3, C_2, S_4, \sigma_d$	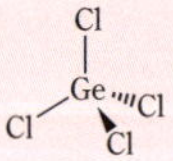 正四面体
$\boldsymbol{C}_{3h}$	E, C_3, σ_h, S_3	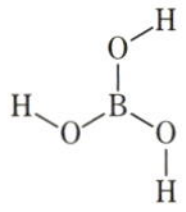 平　面	$\boldsymbol{O}_h$	$E, C_4, C_3, C_2, i, S_4, S_6, \sigma_h, \sigma_d$	 正八面体
$\boldsymbol{D}_3$	E, C_3, C_2	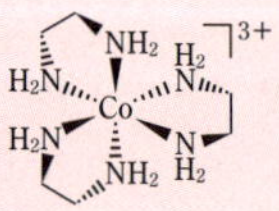	$\boldsymbol{I}_h$	$E, C_5, C_3, C_2, i, S_{10}, S_6, \sigma$	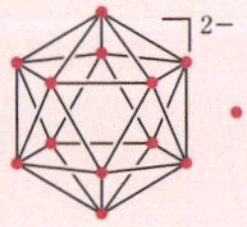 正二十面体 • =BH
$\boldsymbol{D}_{2d}$	E, S_4, C_2, σ_d	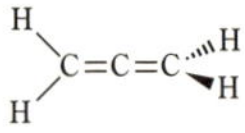	$\boldsymbol{C}_{\infty v}$	E, C_∞, σ_v	H—C≡N
$\boldsymbol{D}_{3d}$	$E, C_3, C_2, i, S_6, \sigma_d$	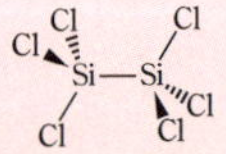	$\boldsymbol{D}_{\infty h}$	$E, C_\infty, C_2, \sigma_v, i, S_\infty$	O=C=O

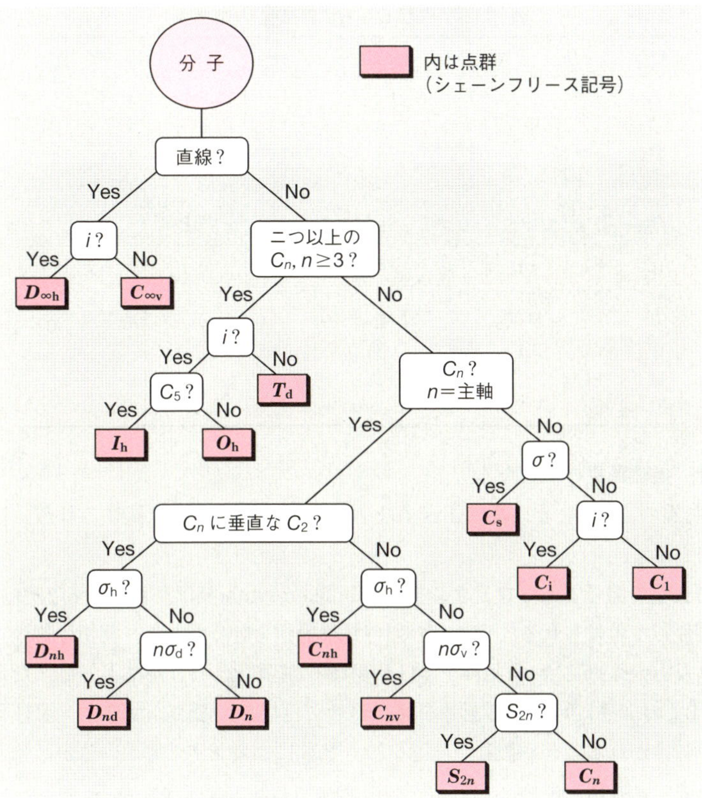

図 2・29 分子およびイオンの点群を決定するための流れ図

群の指標表を付録 2 に載せてある.

指標表は，その点群がもつ対称性に関連する性質をまとめたものであり，つぎの四つの部分から構成される.

❶ 上の行は類(よく似た対称操作のグループ)ごとに書かれた**対称操作**.

❷ 左の列は**既約表現**(irreducible representation)をマリケン記号(A_1, B_{2g}, E', …)で表したもの.

❸ 行と列の交点にある数値は**指標**(character). 指標とは，各表現について対称操作に対応する**正方行列の対角要素の和**(**トレース**)をとったもの. たとえば E という対称操作の指標は $\chi(E)$ と表される. 対称操作によって符号が変わる場

表 2・8　点群 $\boldsymbol{C}_{2v}$ および $\boldsymbol{D}_{3h}$ の指標表

$\boldsymbol{C}_{2v}$	E	$C_2(z)$	$\sigma_v(xz)$	$\sigma_v'(yz)$	(h=4)	
A_1	+1	+1	+1	+1	z	x^2, y^2, z^2
A_2	+1	+1	−1	−1	R_z	xy
B_1	+1	−1	+1	−1	x, R_y	xz
B_2	+1	−1	−1	+1	y, R_z	yz

$\boldsymbol{D}_{3h}$	E	$2C_3(z)$	$3C_2$	$\sigma_h(xy)$	$2S_3$	$3\sigma_v$	(h=12)	
A_1'	+1	+1	+1	+1	+1	+1		x^2+y^2, z^2
A_2'	+1	+1	−1	+1	+1	−1	R_z	
E'	+2	−1	0	+2	−1	0	(x, y)	(x^2-y^2, xy)
A_1''	+1	+1	+1	−1	−1	−1		
A_2''	+1	+1	−1	−1	−1	+1	z	
E''	+2	−1	0	−2	+1	0	(R_x, R_y)	(xz, yz)

合，指標は負の値となる．

❹ 右端の x, y, z などは**基底**(basis)を表し，その既約表現に属する軌道，振動などを示す．

既約表現の記号である**マリケン記号**(Mulliken symbol)は，およそ表2・9に示す約束に従って付けられる．表の左の列の対称操作を行ったとき，軌道の符号，振動の向きなどが変わらない(指標 $\chi=1$)か変わる(指標 $\chi=-1$)かによって，たとえば A_1' や B_{2u} のように対応する記号を組合わせて付ける．なお，マリケン記号は指標表の中に書かれるときや振動の問題を扱うときには大文字で書かれるが，軌道の対称性を表すときは，慣例として a_1' や b_{2u} のように小文字で書かれる．

表 2・9　マリケン記号の決め方

対称操作	指標 $\chi=1$	指標 $\chi=-1$
C_n	A	B　その他，E, T, G, H†
C_2 ($\perp C_n$) または σ_v	1	2
i	g (gerade)	u (ungerade)
σ_h	′	″

† E, T, G, H は縮重した規約表現の記号.
E: 二重縮重 [$\chi(E)=2$], T: 三重縮重 [$\chi(E)=3$],
G: 四重縮重 [$\chi(E)=4$], H: 五重縮重 [$\chi(E)=5$]

点群の独立な対称操作の総数を**点群の次数**(order of point group)といい，h で表す．たとえば $\boldsymbol{C}_{3v}$ という点群では対称操作は E が1個，$C_3(z)$ が2個および σ_v が3個の合計6個なので $h=6$ である．またいくつかの既約表現の直和に分解できる表現を**可約表現**(reducible representation)という．たとえば混成軌道の組や複数のCO配位子をもつ錯体のCO伸縮振動の組などに対して可約表現が求められる．この可約表現を既約表現の直和に分解することによって，その混成軌道の組がどのような原子軌道から成っているか，あるいはそのCO伸縮振動の組がどのような基準振動から成っており，それらのそれぞれが赤外スペクトルに対して活性かどうかなどを容易に求めることができる．

2・4・2 分子軌道への群論の応用

ある分子の点群が決まれば，その指標表からその分子の軌道に関するいろいろなことがわかる．すべての分子軌道には，対応する既約表現が存在し，その軌道の対称性や縮重度を表している．したがってたとえば，その点群の指標表に縮重した既約表現がなければ，その分子は縮重した分子軌道をもたないことが即座にわかる．また，表の右端の基底を見れば，s, p および d 軌道のうちどの軌道が，その点群ではどの既約表現に属するかがわかる．まず s 軌道は球対称なので，どの対称操作を行っても符号は変わらない．つまりどの対称操作でも指標は 1 である．したがって，s 軌道は指標表の一番上の行にある 1 のみが並んでいる既約表現に常に属している．また，基底の欄に一次の項で x, y, z などと書かれている既約表現はそれぞれ p_x, p_y, p_z 軌道に対応する．一方，二次の項で z^2(しばしば $2z^2-x^2-y^2$ と書かれる)，x^2-y^2，xy，xz，yz と書かれている既約表現は，それぞれ d_{z^2}，$d_{x^2-y^2}$，d_{xy}，d_{xz}，d_{yz} 軌道に対応する．

たとえば表 2・8 の指標表を見ると，$\boldsymbol{C}_{2v}$ では p_x, p_y および p_z 軌道はそれぞれ B_1，B_2 および A_1 という既約表現に属しているが，$\boldsymbol{D}_{3h}$ では p_x および p_y 軌道は E' に，p_z 軌道は A_2'' にそれぞれ属していることがわかる．それぞれの軌道は指標表の上の行に書かれた対称操作を行ったときに，その軌道が属する既約表現の指標に示されるように符号が変化することは簡単に確かめられる．

ある対称性をもつ分子の結合形成に各原子のどの原子軌道が使われているかも，指標表を用いて容易に求めることができる．そのためには，その結合の可約表現を見つけ，さらにそれを既約表現の直和に分解する必要がある．その手順を水および三フッ化ホウ素を例にとってつぎに示す．なおこの方法の理論的根拠に興味のある人は，群論を扱っている本* を参照してほしい．

---

* たとえば F.A. Cotton, "Chemical Applications of Group Theory", Third Ed., Wiley, New York(1990)；小野寺嘉孝, "物性物理/物性化学のための群論入門", 裳華房(1996).

水(H_2O)は$\boldsymbol{C}_{2v}$という点群に属している．この分子の二つのO−H σ結合に注目し$\boldsymbol{C}_{2v}$の各対称操作で動かない結合の数を数えると，図2・30 (a) の表のようになる．これが可約表現Γ_σの指標である．つぎにこの可約表現の中にどの既約表現がいくつ存在するかを決定する．このためには，それぞれの既約表現にある係数(0または正の整数)をかけて対称操作ごとに指標を足し合わせ，それが可約表現の指標と一致するような係数を求めればよい．この連立方程式の解答は，対称操作の少ない点群ではいくつかの組合わせを試すだけで簡単に求められる．水の場合には，A_1およびB_1にそれぞれ1をかけて足せばΓ_σの指標になる．したがって水のO−H σ結合は，A_1およびB_1という対称性をもつ酸素の原子軌道と二つの水素の群軌道との相互作用によって形成されることがわかる．このうち酸素については，指標表の右の欄から，A_1で表される相互作用にはsおよびp_z軌道が，またB_1で表される相互作用にはp_x軌道がそれぞれ使われることもわかる．これらの結果を，図2・11 (b) に示した水の分子軌道と比べてみると，座標のとり方が違うのでマリケン記号は多少異なっているが，結合に使われる軌道が正しく導かれていることがわかるであろう．

同様にして，$\boldsymbol{D}_{3h}$という点群に属する平面分子BF_3のσ軌道およびπ軌道の可約表現の指標を求めると図2・30 (b) の表のようになる．ここでπ軌道は正と負の部

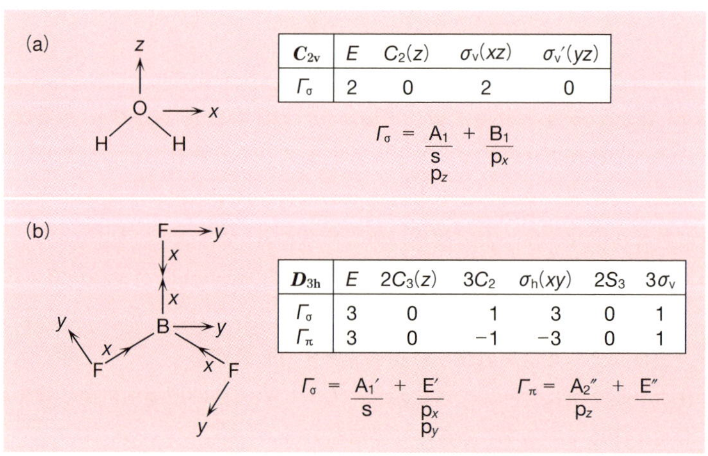

C_{2v}	E	$C_2(z)$	$\sigma_v(xz)$	$\sigma_v'(yz)$
Γ_σ	2	0	2	0

$\Gamma_\sigma = A_1\,(s,\ p_z) + B_1\,(p_x)$

D_{3h}	E	$2C_3(z)$	$3C_2$	$\sigma_h(xy)$	$2S_3$	$3\sigma_v$
Γ_σ	3	0	1	3	0	1
Γ_π	3	0	−1	−3	0	1

$\Gamma_\sigma = A_1'\,(s) + E'\,(p_x,\ p_y)$　　$\Gamma_\pi = A_2''\,(p_z) + E''$

Γ_σおよびΓ_πはそれぞれσ軌道およびπ軌道の可約表現

図 2・30　H_2OおよびBF_3のσおよびπ結合の群論による取扱い

分があるので，対称操作を行ったときに結合は動かないが正負の部分が入れ替わることがある．そのような場合には，指標に－の符号が付くことに注意してほしい．これらの可約表現の指標について連立方程式を解くと，B－F σ 結合の可約表現 Γ_σ は A_1' と E' の直和に，またB－F π 結合の可約表現 Γ_π は A_2'' と E'' の直和に分解できることがわかる．これらの既約表現に対応する軌道相互作用とそれによって形成される分子軌道は，図 2・12 に示したとおりである．

上記の連立方程式は，対称操作の数が多く分子も複雑な場合には簡単には解けない．このような場合には，(2・16)式に示す群論の公式を用いる．

$$a(\Gamma_i) = \frac{1}{h}\sum_R \chi(R)\chi_i(R) \qquad (2\cdot16)$$

ここで $a(\Gamma_i)$ は i 番目の既約表現 Γ_i が可約表現 Γ_{red} に現れる回数，h は点群の次数(対称操作の全数)，$\chi(R)$ は可約表現 Γ_{red} の R 番目の対称操作の集合の指標，$\chi_i(R)$ は i 番目の既約表現 Γ_i の R 番目の対称操作の集合の指標をそれぞれ表す．この公式を BF_3 の π 結合の可約表現に適用するとつぎのようになる．

$$a(\mathrm{A_1'}) = \tfrac{1}{12}[(3)(1)+3(-1)(1)+(-3)(1)+3(1)(1)] = 0$$
$$a(\mathrm{A_2'}) = \tfrac{1}{12}[(3)(1)+3(-1)(-1))+(-3)(1)+3(1)(-1))] = 0$$
$$a(\mathrm{E'}) = \tfrac{1}{12}[(3)(2)+(-3)(2)] = 0$$
$$a(\mathrm{A_1''}) = \tfrac{1}{12}[(3)(1)+3(-1)(1)+(-3)(-1)+3(1)(-1)] = 0$$
$$a(\mathrm{A_2''}) = \tfrac{1}{12}[(3)(1)+3(-1)(-1)+(-3)(-1)+3(1)(1)] = 1$$
$$a(\mathrm{E''}) = \tfrac{1}{12}[(3)(2)+(-3)(-2)] = 1$$

したがって，A_2'' と E'' の係数が 1 となるので，$\Gamma_\pi = A_2'' + E''$ という解が得られる．この公式は高い対称性をもつ大きな分子を取扱う際に威力を発揮する．

以上の手法は，さまざまな多面体構造をもつ無機化合物や錯体，クラスターなどの分子軌道を，定性的に紙と鉛筆だけで描こうとするときに，その指針として役に立つ．また化合物中の原子の混成軌道がどの原子軌道から成り立っているかを求めるためにも用いることができる．

2・4・3 分子振動への群論の応用

分子の結合は伸び縮み(伸縮振動)や折れ曲がり(変角振動)などの熱振動をしており，そのエネルギー準位も，電子軌道のエネルギー準位と同様に量子化されている．これらの分子振動のエネルギー準位間の遷移などを測定するのが振動分光法である．分子振動のエネルギーはおよそ赤外線のエネルギーに相当する．この振動分光法によって得られるスペクトルから分子の形を決定したり，逆に分子の形から振動スペクトルを予測したりすることができるが，そのとき群論の知識は大きな助けとなる．

振動分光法には，大きく分けて**赤外分光法**(infrared spectroscopy，IR分光法と略される)と**ラマン分光法**(Raman spectroscopy)の2種類がある．赤外分光法は，試料に赤外線を照射し，波数(単位：cm^{-1})に対する吸収スペクトルを測定する分光法である．一方，ラマン分光法は，いわゆるラマン散乱を測定する分光法である．**ラマン散乱**(Raman scattering)とは，振動数 ν_0 の電磁波(ふつう近赤外～可視領域のレーザー光)を試料に照射したとき，同じ振動数 ν_0 の電磁波が散乱される**レイリー散乱**(Rayleigh scattering)のほかに，振動準位間のエネルギー差 ν_i だけ振動数が変化した振動数 $\nu_0 \pm \nu_i$ の散乱光が弱く観測される現象である．ふつうは強度のより強い振動数 $\nu_0 - \nu_i$ の散乱光(**ストークス線**，Stokes line)を測定する．どちらの分光法も，分子がどのような結合を何種類もっているかに関する情報を与える．しかし，その遷移の選択則は異なっており，赤外分光法では双極子モーメントが変化する分子振動のみが赤外線を吸収する(**IR活性**，IR active)のに対し，ラマン分光法では分極率が変化する分子振動のみがラマン散乱を起こす(**ラマン活性**，Raman active)．

たとえば，臭化水素のH－Br結合の伸縮振動は双極子モーメント，分極率ともに変化させるので，IR，ラマンともに活性である．一方，臭素のBr－Br結合の伸縮振動は分極率は変化させるが，双極子モーメントは変化させない($\mu=0$ のまま)ので，ラマン活性であるがIR不活性である．すなわちBr－Br結合の伸縮振動は赤外スペクトルには現れない．同様の理由により，二酸化炭素のC＝O伸縮振動については，対称伸縮振動(1333 cm^{-1})はIR不活性/ラマン活性であるのに対し，逆対称伸縮振動(2349 cm^{-1})はIR活性/ラマン不活性である．なお，二酸化炭素の二つのCO結合の振動は独立に振動するのではなく，互いに強く相互作用して下記の二つの振動モードで振動する．

この振動分光法の選択則における重要な規則として**交互禁制則**(mutual exclusion rule)がある．この規則は，“対称心をもつ分子では，同じ振動モードは同時に赤外と

ラマンの両方に活性であることはない”と表現される．二酸化炭素は対称心をもっており，上述のように交互禁制則を満たしている．また一般に gerade（ゲラーデ）モード（対称心に対する反転に対して振動の向きが変わらない）はラマン活性，ungerade（ウンゲラーデ）モード（対称心に対する反転に対して振動の向きが反対になる）は IR 活性である．二酸化炭素では対称伸縮振動が gerade モード，逆対称伸縮振動が ungerade モードに対応する．

以上の簡単な基礎知識を基に，群論を分子振動に応用してみよう．無機化合物への応用の大部分は，化合物の構造決定に関するものである．簡単な例として，4 配位平面四角形錯体である［$PtCl_2(NH_3)_2$］を取上げる．この錯体にはシス体とトラン

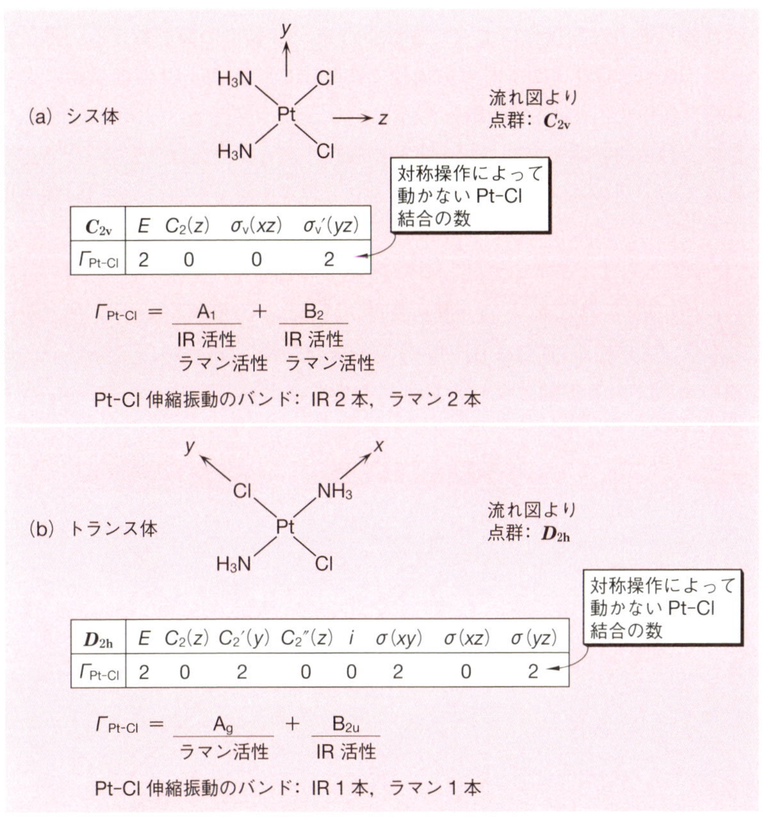

C_{2v}	E	$C_2(z)$	$\sigma_v(xz)$	$\sigma_v'(yz)$
$\Gamma_{Pt\text{-}Cl}$	2	0	0	2

D_{2h}	E	$C_2(z)$	$C_2'(y)$	$C_2''(z)$	i	$\sigma(xy)$	$\sigma(xz)$	$\sigma(yz)$
$\Gamma_{Pt\text{-}Cl}$	2	0	2	0	0	2	0	2

図 2・31　群論を用いた［$PtCl_2(NH_3)_2$］のシス体(a)およびトランス体(b)の IR およびラマン活性な基準振動の数の予測

ス体の2種類の幾何異性体が存在する．このうちシス体はがんの化学療法に広く使われており，“シスプラチン”という薬品名でよばれている．一方，トランス体には薬効はない．このことは，幾何異性体の区別の重要性をはっきりと示している．シス体とトランス体は，振動分光法に群論を応用することにより，つぎのように区別することができる．

シス体とトランス体のそれぞれについて，IRおよびラマン活性なPt−Cl結合の伸縮振動の数を予測するまでの手順をまとめたのが図2・31である．まずこれらの異性体の点群を流れ図により決定すると，シス体は$\boldsymbol{C}_{2v}$，トランス体は$\boldsymbol{D}_{2h}$(指標表は付録2参照)という点群に属していることがわかる．なお，ここでNH_3配位子は球として扱っており，Pt−Cl結合のみに注目する場合これで問題はない．つぎに，それぞれの点群の対称操作によって動かないPt−Cl結合の数を数える．得られるΓ_{Pt-Cl}が，Pt−Cl結合に関する可約表現であり，これはPt−Cl伸縮振動によって起こる結合長の変化と同じ対称性をもっている．

つぎにこの可約表現を既約表現の直和に変換する．やり方は§2・4・2で述べた分子軌道への応用の場合と同じである．連立方程式を解くために(2・16)式を用いることができる．得られた既約表現はそれぞれ一つの基準振動に対応している．図2・32に示すように，シス体では二つのPt−Cl伸縮振動の位相が合っている(両方が同時に伸びる)振動はA_1という既約表現に属し，一方位相が反対の(一方が伸びるときもう一方が縮む)振動はB_2という既約表現に属している．またトランス体では位相の合っている振動と反対の振動に対応する既約表現はそれぞれA_gおよびB_{2u}となる．

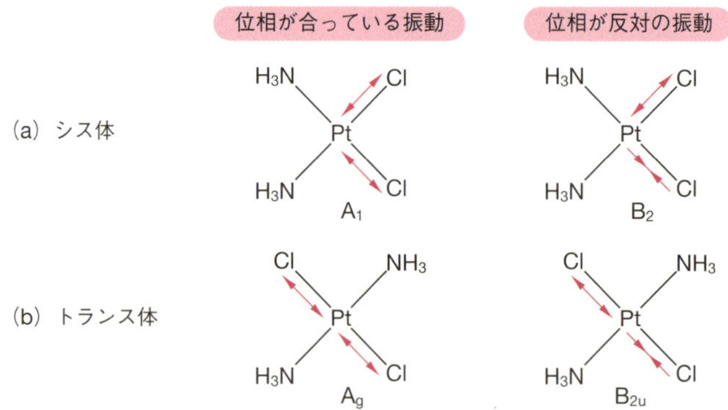

図 2・32 [$PtCl_2(NH_3)_2$] のシス体(a)およびトランス体(b)の二つの**Pt-Cl 伸縮振動**(位相が合っている振動と位相が反対の振動)

最後に，これらの既約表現に属する振動がIRおよびラマン活性かどうかを調べる．理論的背景については群論の教科書を参照してほしいが，その手順は非常に簡単である．すなわち，指標表の右端の基底の欄に一次の項で x, y, z などと書かれている既約表現はIR活性であり，一方，二次の項で z^2, x^2-y^2, xy, xz, yz などと書かれている既約表現はラマン活性である．基底の欄に書かれている R_x, R_y, R_z は回転スペクトルに関係する項なので，振動スペクトルでは無視してよい．

これを［$PtCl_2(NH_3)_2$］に適用すると，シス体が属する $\boldsymbol{C}_{2v}$ の指標表で，既約表現 A_1 の行には一次の項の欄に z，二次の項の欄に x^2, y^2, z^2 と書かれており，また B_2 の行には一次の項の欄に y，二次の項の欄に yz と書かれている．このことから，両方の既約表現に属する振動ともIR活性ならびにラマン活性であることがすぐにわかる．これに対して，トランス体が属する $\boldsymbol{D}_{2h}$ の指標表では，既約表現 A_g の行には x^2, y^2, z^2 とだけ書かれているので，A_g に属する振動はIR不活性であるがラマン活性であること，一方 B_{2u} の行には y とのみ書かれているので，B_{2u} に属する振動はIR活性であるがラマン不活性であることがわかる．トランス体は対称心をもつので，交互禁制則が成り立っている．以上から，シス体では Pt−Cl 伸縮振動のバンド(300 cm^{-1} 付近に現れる)が赤外およびラマンスペクトルに2本ずつ現れるが，トランス体では1本ずつしか現れないと予測される．実測のスペクトルはこの予測とよく一致している．

カルボニル配位子を複数もつ遷移金属錯体の振動スペクトルの解釈や構造決定にも，群論の知識が必要である．カルボニル配位子のC−O伸縮振動は，末端CO配位子の場合 1800〜2200 cm^{-1} という特徴的な位置に強く現れるので，他の振動と区別できなくなることはほとんどない．例として，五つのCO配位子と一つの別の配位子Lをもつ6配位八面体型錯体 $M(CO)_5L$ を取上げる．赤外およびラマンスペクトルで観測されるC−O伸縮振動の数を予測する手順をまとめたのが図2・33である．

この錯体は点群 $\boldsymbol{C}_{4v}$(指標表は付録2参照)に属し，そのそれぞれの対称操作で動かないC−O結合の数を数えると Γ_{CO} の右の欄のようになる．なお，σ_v は主軸(z 軸)およびそれと垂直な方向に結合した二つのCO配位子を含む鏡映面，また σ_d は主軸を含みさらにそれと垂直な方向に伸びる二つのCO配位子への結合を二等分する鏡映面である．(2・16)式を用いて各既約表現の係数を求めると，Γ_{CO} は2種類の A_1 対称性の振動，1種類の B_1 対称性の振動および二重縮重したE対称性の1種類の振動の和となる．指標表の基底の欄からこれら四つの基準振動はすべてラマン

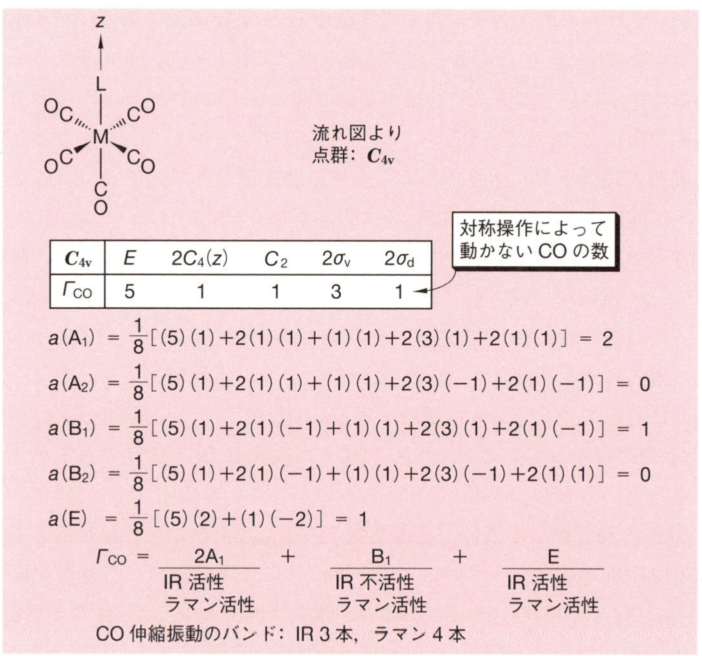

C_{4v}	E	$2C_4(z)$	C_2	$2\sigma_v$	$2\sigma_d$
Γ_{CO}	5	1	1	3	1

$$a(A_1) = \frac{1}{8}[(5)(1)+2(1)(1)+(1)(1)+2(3)(1)+2(1)(1)] = 2$$

$$a(A_2) = \frac{1}{8}[(5)(1)+2(1)(1)+(1)(1)+2(3)(-1)+2(1)(-1)] = 0$$

$$a(B_1) = \frac{1}{8}[(5)(1)+2(1)(-1)+(1)(1)+2(3)(1)+2(1)(-1)] = 1$$

$$a(B_2) = \frac{1}{8}[(5)(1)+2(1)(-1)+(1)(1)+2(3)(-1)+2(1)(1)] = 0$$

$$a(E) = \frac{1}{8}[(5)(2)+(1)(-2)] = 1$$

$$\Gamma_{CO} = \underset{\substack{\text{IR 活性}\\\text{ラマン活性}}}{\underline{2A_1}} + \underset{\substack{\text{IR 不活性}\\\text{ラマン活性}}}{\underline{B_1}} + \underset{\substack{\text{IR 活性}\\\text{ラマン活性}}}{\underline{E}}$$

CO 伸縮振動のバンド: IR 3 本, ラマン 4 本

図 2・33 群論を用いた八面体型錯体 $M(CO)_5L$ の IR および ラマン活性な基準振動の数の予測

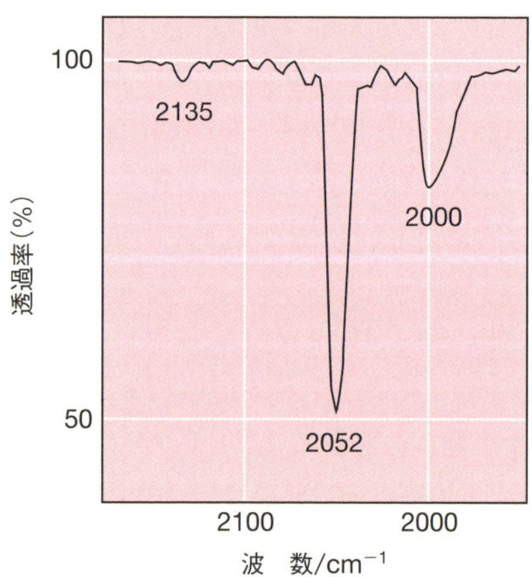

図 2・34 $Mn(CO)_5Br$ の CCl_4 中での赤外スペクトル
(CO 伸縮振動の領域)

活性であるが，IR については B_1 対称性の振動は不活性であり，残りの三つが IR 活性であることがわかる．

$M(CO)_5L$ 型八面体錯体の一つである $Mn(CO)_5Br$ の CO 伸縮振動領域の赤外スペクトルを四塩化炭素溶液中で測定したのが図 2・34 である．吸収帯の相対的強度に大きな差があるが，予想どおり 3 本の吸収帯が現れている．$M(CO)_5L$ 型八面体錯体は 6 族および 7 族の遷移金属について多数合成されており，いずれも図 2・34 と類似したスペクトルを示す．なお，固体試料の赤外スペクトルを KBr 錠剤法などで測定した場合，結晶中での分子の充塡のされ方によって，群論から予想される本数より多い吸収帯が現れる場合がある．したがって，振動分光法を分子構造の決定に用いる場合には，溶液中で測定するのが望ましい．

問　　題

2・1　つぎの分子またはイオンのルイス構造を描け．その際，すべての原子がオクテットを満たすようにし，形式電荷も記入せよ．

1）BF_3　2）$SnCl_3^-$　3）CO_2　4）NO_3^-　5）SO_2

2・2　つぎの分子またはイオンのルイス構造を描け．その際，下線を付けた中央の原子だけは必ずしもオクテットを満たさなくてもよいが，それ以外の原子はオクテットを満たすようにし，かつどの原子にも形式電荷が生じないようにせよ．

1）$\underline{B}F_3$　2）$\underline{P}Cl_5$　3）$\underline{S}O_2F_2$　4）$\underline{Br}F_5$　5）$\underline{Xe}F_4$

2・3　1）二つの酸素原子のエネルギー準位を相互作用させて，酸素分子 O_2 の基底状態の分子軌道エネルギー準位図をつくれ．その際，σ 軌道か π 軌道かを明示し，電子は矢印（↑，↓）で示せ．

2）酸素分子 O_2 の O－O 結合の結合次数は 2 である．O_2^+ および O_2^{2-} の O－O 結合の結合次数はいくらか．

3）酸素分子 O_2 および過酸化物イオン O_2^{2-} は，基底状態でそれぞれどのような磁気的性質をもつと予想されるか．

2・4　つぎの分子またはイオン（常温常圧で不安定なものもある）の分子軌道エネルギー準位を描き，エネルギーの低い準位から電子を満たして基底状態の電子配置を完成させよ．また，これらの中で，基底状態で常磁性を示すものはどれか．

1）HF　2）NO　3）H_3^+（直線型）　4）CH_2（直線型）

5）BH_3（平面三角形）

2・5　原子価殻電子対反発（VSEPR）理論を用いて，つぎの分子またはイオンの基底状態での形を予測せよ．なお，イオンまたは分子の形を考えるとき，非共有電子対の位置は含めない．

1）NH_2^-　2）SF_3^+　3）SO_3　4）$GeCl_4$　5）IF_5

2・6　つぎのイオンまたは分子の共鳴構造を描け．

1）アジ化物イオン N_3^-　2）硝酸イオン NO_3^-

3）チオシアン酸イオン NCS^-　4）ホルムアミド $HCONH_2$

2・7　エタン，エチレンおよびアセチレンに関するつぎの問いに答えよ．

1）これらの分子において，C−H 結合の形成に使われている混成軌道はそれぞれ何か．混成軌道の名称で答えよ．

2）エタン，エチレン，アセチレンの炭素-炭素結合エネルギーはこの順に増加するが，結合次数当たりの結合エネルギーはこの順に減少する．その理由を述べよ．

3）エタン，エチレンおよびアセチレンをブレンステッド酸性の強い順に並べ，その理由を述べよ．

2・8　つぎの分子を極性分子と無極性分子に分類せよ．

1）H_2S　2）O_3　3）*trans*-2-ブテン　4）CO_2　5）SO_2

6）$P(CH_3)_3$

2・9　つぎの分子の点群は何か．

1）$HC{\equiv}CH$　2）CH_4　3）$CHCl_3$　4）PF_5　5）*cis*-$PtCl_2(NH_3)_2$

6）$Cr(CO)_6$

2・10　八面体型錯体 $FeBr_2(CO)_4$ には二つの幾何異性体（シス体とトランス体）が可能である．それぞれの構造は IR スペクトルおよびラマンスペクトルで何本の CO 伸縮振動のバンドを示すか．群論を用いて予測せよ．

2・11　つぎの言葉を説明せよ．

1）結合次数　2）フロンティア軌道　3）電子欠損型化合物

4）共鳴エネルギー　5）π 結合　6）電気的中性の原理

3

イオン性固体と金属

第2章で取上げた分子性の単体や化合物と異なり，イオン性固体や金属はイオンや原子が密に詰め合わされた構造をとっている．このような物質では，共有結合よりもむしろイオン結合や金属結合がこれらの物質の構造，すなわちイオンや原子の空間的配置の決定に重要な役割を果たす．本章では，これらの固体の結晶構造を分類し，それがどんな因子によってどのように支配されているかを考察する．さらに，イオン性固体の格子エネルギーの理論値と実験値の求め方およびイオン結合と共有結合との関係について解説する．最後に金属および類金属の電子構造と電気および熱伝導性との関係について取上げる．

3・1 結晶構造

3・1・1 1種類の球の充塡

ビー玉やピンポン玉のような同じ半径の球を箱に詰める場合を考えてみよう．まず第1層目をできるだけすき間のないように詰めると，図3・1(a)のようにおのおのの球が6個の球によって六角形型に囲まれた配列ができる．つぎに第2層目をこの上に積み重ねると，(b)のようにおのおのの球は3個の球がつくる三角形のくぼみに収まる．このとき，隣り合った二つのくぼみの両方に球が収まることはできないので，四つの球で囲まれた正四面体型(T)および六つの球で囲まれた正八面体型(O)の2種類の空孔ができる．この上にさらに第3層目を積み重ねるやり方には2種類ある．一つ目は，第1層の球の真上の位置に第3層の球を置くやり方であり，このような球の詰め方を**六方最密充塡**(hexagonal closest packing)といい，略してhcpと書く．またこのようにして形成される構造(c)は**六方最密構造**(hexagonal close-packed structure，hcp構造)とよばれる．hcpは2層を周期として2種類の層がABAB…のように積み重なったものである．もう一つは，第1層と第2層で形成される正八面体型の空孔の真上の位置に第3層を置くやり方であり，このような球の詰め方を**立方最密充塡**(cubic closest packing)といい，略してccpと書く．またこのようにして形成される構造 (d) は**立方最密構造**(cubic close-packed structure, ccp 構造)とよばれる. ccp は 3 層を周期として 3 種類の層が ABCABC… のように積み重なったものである. 六方最密構造と立方最密構造をまとめて**最密構造**(close-packed structure)という.

最密構造にはつぎのような特徴がある.

❶ 球と正八面体型の空孔の数は等しい.

❷ 正四面体型の空孔の数は正八面体型の空孔の数の 2 倍である.

❸ 各球(原子もしくはイオン)の**配位数**(coordination number)は 12 である. ここで, 配位数とは一つの球の周囲に隣接する他の球の数を意味する.

❹ 球による空間の充塡率は約 74 % である.

最密構造に近い充塡率をもち, よく見られるもう一つの構造として, **体心立方構造**(body-centered cubic structure, bcc 構造)にふれておく必要がある. この構造での球の充塡のされ方を, 六方最密構造および立方最密構造とともに図 3・2 に示す.

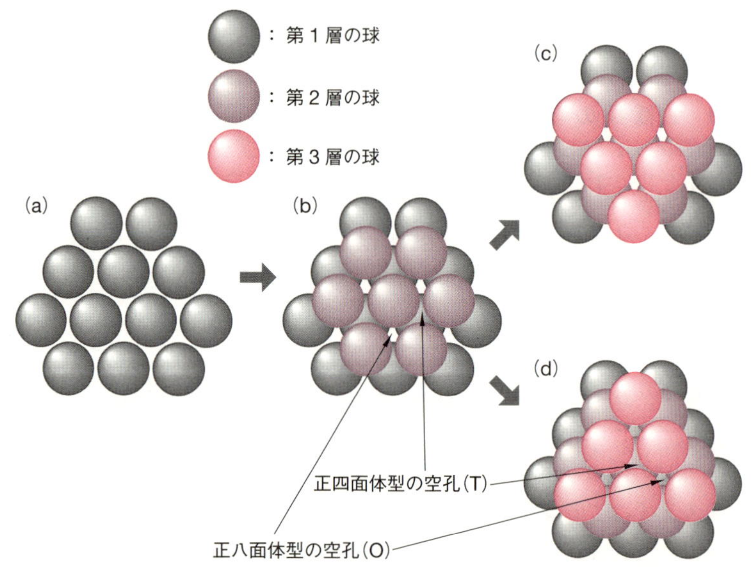

(a) 第 1 層, (b) 第 1 層＋第 2 層, (c) 六方最密充塡(hcp)の第 1～3 層, (d) 立方最密充塡(ccp)の第 1～3 層. わかりやすくするために, 球と球との間にすき間を空けて描いてある

図 3・1 最密構造の形成

単純立方格子(立方体が面を共有して三次元的に並んだもの，§3・1・2参照)の立方体の中心にもう一つの球が入った構造なので，体心立方構造とよばれる．この構造では，各球には8個の最隣接球があり(すなわち配位数は8)，さらにもう6個の球がわずかに離れて隣接している．空間の充塡率は約68%である．ちなみに単純立方格子の空間充塡率は52%である．なお，図3・2(b)に示したように，立方最密構造は単純立方格子の立方体の六つの面の中心を球が占めた構造と見ることもできるので，**面心立方構造**(face-centered cubic structure，fcc構造)とよばれることもある．

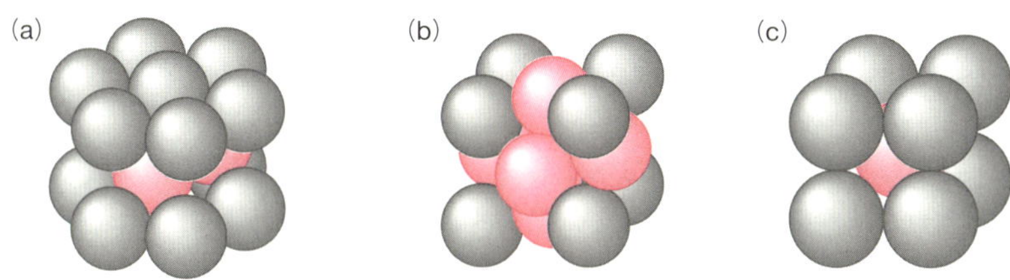

図 3・2　六方最密構造(a)，立方最密構造(b)，および体心立方構造(c)における球(原子)の充塡

1種類の球が充塡された構造をもつ物質の典型的な例は金属である．固体状態の金属の大部分は図3・2に示した三つの構造のどれかをとっている．各構造の安定度の差は比較的小さく，温度や圧力に依存して構造が変わることもまれではない．鉄では，常温付近で安定なのはbcc構造であるが，906 °Cから1400 °Cの範囲ではccp構造が安定となり，1400 °Cから1535 °C(融点)までは再びbcc構造が安定となる．ccp構造をもった金属には，Rh, Ir, Ni, Pd, Pt, Cu, Ag, Au, Al, Pbなどがあり，これらの金属はいずれも展性，延性，電気伝導性などの金属特性の点で優れている．金属結合の強度のみならずccp構造という対称性の高い構造も，これらの特性の発現に密接に関係している．

同じ族の金属は同じ構造をとる傾向がある．たとえば1族金属は常温ではすべてbcc構造, 3族と4族の金属はすべてhcp構造, 5族と6族の金属はすべてbcc構造, 10族と11族の金属はすべてccp構造といった調子である．これは，§3・3・2で述べるエネルギーバンドの状態密度曲線の形が結晶内の原子の並び方によって違っているため，ある価電子数ではbcc構造が最も安定であるが別の価電子数ではhcp構造が最も安定というように，それを満たす価電子数によって最安定構造が異なることによる．

p-ブロックの金属元素は，上記の三つ以外の構造をとる傾向が高い．ガリウムとインジウムは特有の構造をとっている．また 13.2 °C 以下のスズは類金族のケイ素およびゲルマニウムと同様のダイヤモンド型構造をとっており，これを**αスズ**（α-tin，灰色）とよぶ．これより高温ではスズは正方晶系の構造をもつ金属となり，これを**βスズ**（β-tin，白色）とよぶ．β→α 転移は 13 °C 付近では遅いが低温では速い．金属状のβスズは −30 °C 以下に冷やすと膨張して崩れやすくなる．これを**スズペスト**[*1]（tin pest）という．

3・1・2 2種類の球の充塡

二元金属塩[*2]などの単純なイオン性固体は，陽イオンと陰イオンという2種類の球が整然と詰め合わされてできている．このとき，クーロン力によって陽イオンと陰イオンはできるだけ接近しようとし，一方同じ符号をもつイオンどうしはできるだけ離れた位置を占めようとする．最終的に最大の引力と最小の斥力が得られる構造に落ちつく．結晶中のイオンの配列は，陽イオンと陰イオンの相対的大きさ，すなわちイオン半径比とイオン間のクーロン力とによって決まる．

多くのイオン性固体の構造は，イオンの一つが最密構造の球の位置を占め，もう一方が空孔の位置を占めた構造をとっている．たとえば**塩化ナトリウム**（NaCl）**型構造**〔sodium chloride structure，**岩塩型構造**（rock salt structure）ともいう；図 3・3 (a)〕は一方のイオンが ccp 格子[*3]を形成し，その正八面体型の空孔のすべてにもう一方のイオンが入った構造をもつ．イオンの配位数はどちらも 6 である．2種類のイオンの位置は並進（一方向への平行移動）によって関係づけられるので，どちらのイオンをどちらの位置に置いてもよいが，ふつうはイオン半径が大きくて互いに接触しているとみなされる陰イオンを球の位置に置き，陽イオンを空孔の位置に置いた方がわかりやすい．

---

*1 ナポレオンのロシア侵略が失敗に終わったのには，スズペストが致命的な役割を果たしたといわれている．ナポレオン軍の軍服のボタンは金属スズでつくられていた．これが厳冬期のロシアでスズペストにかかり，ボロボロに崩れて軍服をとめる役割を果たさなくなった．これによって兵隊たちは寒さに震え戦意を喪失してしまったのである．

*2 二つの元素から成る金属塩．

*3 格子は結晶格子，空間格子ともいい，周期性をもつ空間的な点配列をこうよぶ．繰返しの単位となる平行六面体（単位格子）が面を接して三次元的に積み重なったものと見なせる．したがって，各単位格子は並進（平行移動）によって関係づけられる．単純格子は平行六面体の頂点を格子点とする．これ以外の格子では，平行六面体の頂点のほかにも格子点をもつ．

ここでは陽イオンを A，陰イオンを X と表し，その比によってイオン性固体を分類し，AX 型塩，AX_2 型塩などとよぶことにする．代表的な結晶構造を表 3・1 に列挙する．またこのうち代表的な七つの結晶構造を図 3・3 に示す．

AX 型塩の一つである**ヒ化ニッケル型構造**(nickel arsenide structure)は，岩塩型と同じく 6：6 配位であるが，As 原子は hcp 格子を形成しており，その中の正八面体型の空孔のすべてに Ni 原子が入っている．このため，Ni 原子は正八面体型配位

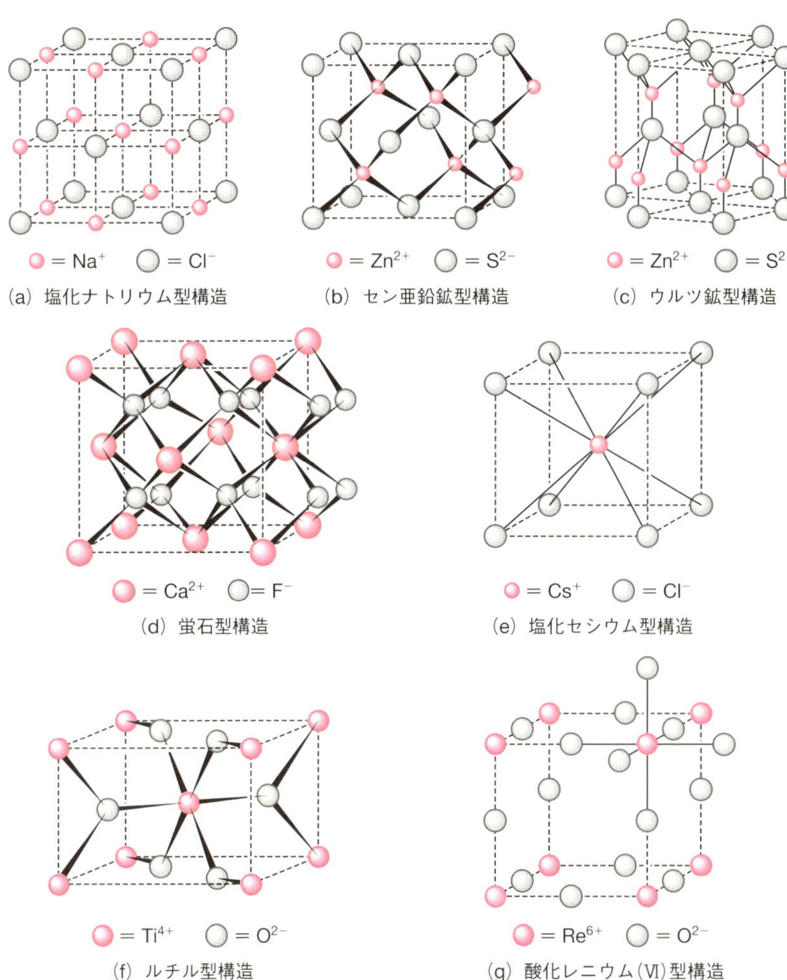

図 3・3 代表的な二元金属塩の結晶構造

構造をとっているのに対し，As 原子は三角柱型に配置した Ni 原子の配位を受けている．このように三角柱型の配置が塩化ナトリウム型構造にみられるような正八面体型配置よりも安定になるのは，純粋なイオン結合から大きく外れ，同種の原子(ここでは Ni 原子)間にも引力がはたらく場合のみである．最密構造に基づく AX 型塩には，このほかに 4：4 配位である**セン亜鉛鉱型構造**(zinc blende structure，図 3・3 (b))および**ウルツ鉱型構造**(wurtzite structure，図 3・3 (c))をとるものが知られている．両方とも陰イオンがつくる最密格子の正四面体の空孔の半分に陽イオン

表 3・1　代表的な結晶構造

塩の形式	結晶構造	基本となる結晶格子	A と X の配位数 (A：X)†	例
(a) 最密構造に基づく結晶構造				
AX 型塩	塩化ナトリウム(NaCl)型	陽・陰イオンとも ccp 格子	6：6	LiCl, KBr, AgCl, MgO, CaO, FeO
	ヒ化ニッケル(NiAs)型	陰イオンは hcp 格子	6：6	NiS, FeS, PtSn, CoS, MnAs
	セン亜鉛鉱(ZnS)型	陽・陰イオンとも ccp 格子	4：4	CuCl, CdS, HgS, GaP, InAs, AgI
	ウルツ鉱(ZnS)型	陽・陰イオンとも hcp 格子	4：4	ZnO, BeO, MnS, AgI, AlN, SiC
AX_2 型塩	塩化カドミウム ($CdCl_2$)型	陰イオンは ccp 格子	6：3	$MnCl_2$, $FeCl_2$, $CoCl_2$, $MgCl_2$
	ヨウ化カドミウム (CdI_2)型	陰イオンは hcp 格子	6：3	CaI_2, $FeBr_2$,MgI_2, CoI_2, PtS_2, ZrS_2
	蛍石(CaF_2)型	陽イオンは ccp 格子	8：4	$BaCl_2$, HgF_2, SrF_2, CeO_2, UO_2
A_2X 型塩	逆蛍石型	陰イオンは ccp 格子	4：8	Li_2O, Cu_2Se, Na_2S, K_2Se
(b) 最密構造に基づかない結晶構造				
AX 型塩	塩化セシウム(CsCl)型	陽・陰イオンとも 単純立方格子	8：8	CsBr, TlBr, TlSb, CsCN, CuZn
AX_2 型塩	ルチル(TiO_2)型	陰イオンは ひずんだ hcp 格子	6：3	MnO_2, SnO_2, MgF_2, NiF_2
A_2X_3 型塩	コランダム(Al_2O_3)型	陰イオンは ひずんだ hcp 格子	陽イオンは 6 配位	Ti_2O_3, V_2O_3, Cr_2O_3, Fe_2O_3
AX_3 型塩	酸化レニウム (Ⅵ) (ReO_3)型	陽イオンは 単純立方格子	6：2	CrO_3, WO_3

† 陽イオンの配位数：陰イオンの配位数

が入った構造をとっているが，セン亜鉛鉱型ではccp格子，ウルツ鉱型ではhcp格子を基本としている点が異なる．どちらの構造でも，陽イオンと陰イオンの位置は等価である．ZnSがこの両方の結晶構造をとることから，これらの構造の間にエネルギー差はほとんどないことがわかる．なお，セン亜鉛鉱型構造は，陽イオンと陰イオンの区別をなくせばダイヤモンド型と同じ構造になる．

最密構造に基づくAX_2型塩の構造のうち，**塩化カドミウム型構造**(cadmium chloride structure)および**ヨウ化カドミウム型構造**(cadmium iodide structure)は，いずれも陰イオンが最密格子を形成し，その正八面体型の空孔の半分を陽イオンが占めることによって得られる．違いは，塩化カドミウム型構造はccp格子を基本とするのに対し，ヨウ化カドミウム型構造はhcp格子を基本とする点だけである．どちらも2枚の陰イオンの層の間に1枚の陽イオンの層が挟まれたサンドイッチがたくさん積み重なった構造をとっており，したがって陰イオンの層どうしが接触している面が存在する．この面の部分での結晶の凝集力は非常に弱いので，これらの結晶は大変低いせん断強度を示す．このような層状構造をとっていることから，これらの化合物は**層格子化合物**(layer-lattice compound)とよばれる．

層格子化合物は，層の間の弱い結合が機械的に容易に切り裂かれ，層どうしが滑りやすいことを利用して，さまざまな機械の大きな応力がかかる可動部分で潤滑剤として利用されている*．ヨウ素を含む潤滑剤によって金属表面がヨウ素化されてできるCdI_2型構造をもつ金属ヨウ化物や，共有結合性の高い特殊な層格子構造をもつMoS_2，WS_2などは代表的な潤滑剤である．

AX_2型塩のもう一つの構造は**蛍石型構造**(fluorite structure，図3・3(d))であり，この構造をとる代表的な鉱物である蛍石(CaF_2)にちなんで命名された．この構造は陽イオンの方が陰イオンよりも大きい場合にみられ，陽イオンがccp格子を形成し，その正四面体型の空孔のすべてを陰イオンが占めている．したがって，陽イオンは8配位，陰イオンは4配位である．この構造の陽イオンと陰イオンを逆転させたのが**逆蛍石型構造**(antifluorite structure)である．この構造は，陽イオンのサイズが陰イオンに比べて極端に小さいA_2X型塩でみられる．配位数は蛍石型の逆で，陽イオンが4配位，陰イオンが8配位となる．

---

* 炭素の同素体の一つであるグラファイト(黒鉛)が鉛筆の芯(しん)として適しているのは，これが層格子構造をとっているからである．グラファイトの芯が紙の上をなめらかに滑ること，および芯から紙にグラファイトが容易に移動することは，いずれも層格子構造の特徴が現れたものである．

最密構造に基づかない結晶構造の中で，言及しておくべき重要なものは，表3・1(b) に示した四つである．**塩化セシウム型構造**(caesium chloride structure，図3・3(e))は，陰イオンと陽イオンがそれぞれ単純立方格子を形成し，一方のイオンの立方体の中心に他方のイオンがきた構造をとっている．ここで陽イオンと陰イオンの区別をなくせば体心立方格子(bcc)となる．両イオンとも配位数は8である．また**ルチル型構造**(rutile structure，図3・3(f))は，この構造をとる典型的な化合物 TiO_2 の鉱物名にちなんで命名されたものであり，MO_2 および MF_2 という実験式をもつ酸化物およびフッ化物の多くがこの構造をとっている．基本は陰イオンがつくる hcp 格子であり，その正八面体型の空孔の半分を陽イオンが占めた形がもとになっている．しかし，この場合には特に陽イオンの電荷が大きいので同符号のイオン間の静電反発のために構造が大きくひずみ，陽イオンは四角柱型に並ぶ一方で，陰イオンの六方系の層は平面から折れ曲がっている．

遷移金属および13族元素の酸化物 M_2O_3 の多くがとる**コランダム(鋼玉)型構造**(corundum structure)は，Al_2O_3 の鉱物名にちなんで命名された．この構造では，酸化物イオンは大きくひずんだ hcp 格子を形成し，正八面体型の空孔の3分の2が陽イオンによって対称に占められている．その陽イオンの抜け方のパターンは，塩化カドミウムやヨウ化カドミウムなどとは異なり層格子となることを妨げるので，コランダムは非常に硬い物質となる．

最後に，**酸化レニウム(Ⅵ)型構造**(rhenium(Ⅵ) oxide structure，図3・3(g))を取上げる．この構造では，陽イオンは単純立方格子を形成し，その稜の中央に陰イオンが存在する．このため，陰イオンは2配位であり，一方陽イオンは陰イオンがつくる正八面体の中心に位置し，6配位をとっている．この構造では，陽イオンの立方体の中心に大きな空孔が空いているが，ここに大きな陽イオンを取込むと，次節で述べる重要な三元酸化物* であるペロブスカイト型構造となる．

3・1・3 3種類以上の球の充填

三元金属塩* の多くは，1種類の陰イオンと2種類の陽イオンの組合わせから成る．その中でも特に重要なものはスピネル型構造，ペロブスカイト型構造およびイルメナイト型構造である．

---

* 三元(ternary)は“三つの元素から成る”という意味である．したがって三元酸化物，三元金属塩はそれぞれ三つの元素から成る酸化物および金属塩のことである．

スピネル型構造(spinel structure，図 3・4)は $MgAl_2O_4$ の鉱物名(spinel，セン晶石)にちなんで命名された構造であり，AB_2O_4 という一般式で表される．ここで A および B は比較的小さい陽イオンであり，AB_2 の酸化数の和が 8+ となる $A^{II}B^{III}{}_2O_4$，$A^{IV}B^{II}{}_2O_4$，$A^{VI}B^{I}{}_2O_4$ などのさまざまな組合わせの鉱物がこの構造をとる．この構造では酸化物イオンが ccp 格子を形成し，その正四面体の空孔の 8 分の 1 が A イオンで，正八面体の空孔の 2 分の 1 が B イオンでそれぞれ占められている．この構造と密接な関係をもつ構造として**逆スピネル型構造**(inverse spinel structure)がある．この構造では B イオンの半分が A イオンと位置を交換し，$B^{III}(A^{II}B^{III})O_4$ のように表される構造をとっている．たとえば $NiFe_2O_4$ では Fe^{3+} イオンの半数が四面体型の空孔を占め，残りの半数の Fe^{3+} イオンと Ni^{2+} イオンが正八面体型の空孔を占める $Fe^{III}(Ni^{II}Fe^{III})O_4$ という構造をとっている．逆スピネル型構造に対してふつうのスピネル型構造を**正スピネル型構造**(normal spinel structure)とよぶ．

正スピネル型の $Co^{II}Co^{III}{}_2O_4$ や逆スピネル型の $Fe^{III}(Fe^{II}Fe^{III})O_4$ のように，同一金属で異なる酸化数のイオンを含んだものもある．また正スピネル型と逆スピネル型が混じった鉱物も存在し，たとえば $MgFe_2O_4$ は約 90％，また $NiAl_2O_4$ は約 75％が逆スピネル型構造をとっている．一般に 2 種の陽イオンの酸化数が大きく異なる場合には正スピネル型をとりやすい傾向があるので，逆スピネル型鉱物のほとんどは 2：3 スピネル(2 価と 3 価のイオンから成るスピネル)である．以上のことから，正スピネル型構造と逆スピネル型構造との間のエネルギー差は小さいことがわかる．このどちらの構造をとるかに影響を与える因子として，イオン半径(大きいイオンは正八面体型空孔に入りやすい)とともに結晶場安定化効果(§8・3 参照)による陽イオンの正八面体型空孔の選択性が重要な役割を果たしている．スピネル型酸化物，特に鉄を含みその多くが逆スピネル型構造をとっている**フェライト**(ferrite,

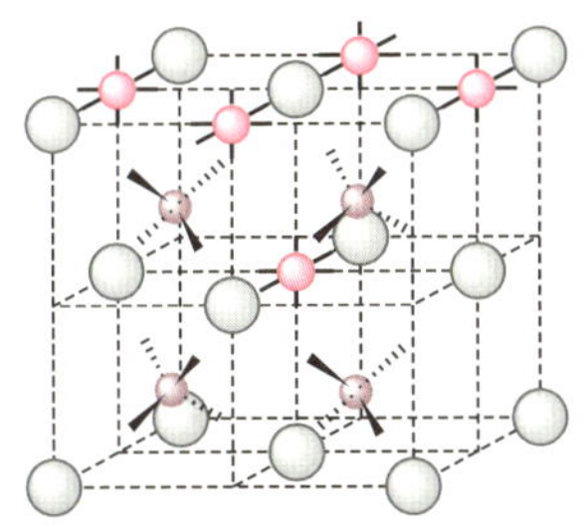

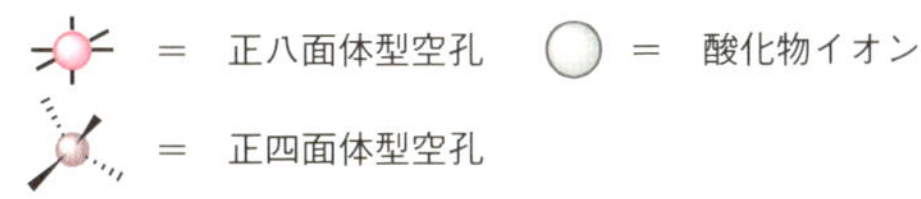

酸化物イオンは ccp 格子を形成．正八面体型空孔は各稜の中点と立方体の中心にある(上の面と中心にあるもののみ図示)．正四面体型空孔は 8 個の小立方体のおのおのの中心にある(手前側の 4 個のみ図示)．正八面体型空孔の 2 分の 1，正四面体型空孔の 8 分の 1 が規則的に占有されている

図 3・4 スピネル型構造の模式図

$Fe^{III}(M^{II}Fe^{III})O_4$, M＝Mn, Fe, Co, Ni, Cu, Zn など）とよばれる一群の化合物は，特異な磁気的性質を示すことから非常に詳しく研究されている．

ペロブスカイト（灰チタン石）型構造（perovskite structure）は $CaTiO_3$ にちなんで命名された構造であり，一般式 ABO_3 で表される．その構造は，Ti と O に関しては前述の酸化レニウム（VI）型構造と同じであるが，Re が 6 価なのに対して Ti は 4 価なので，電荷の差を解消するために立方体の中心に Ca（II）が入ったのである．一般に二つの陽イオンの大きさが著しく異なるときにこの構造をとる．図 3・5 に示すように，ペロブスカイト型構造を Ca および Ti を中心として描くと，その構造が理解しやすい．大きな Ca イオンは 12 個の O で囲まれているのに対し，小さな Ti イオンは O がつくる正八面体型空孔を占めている．

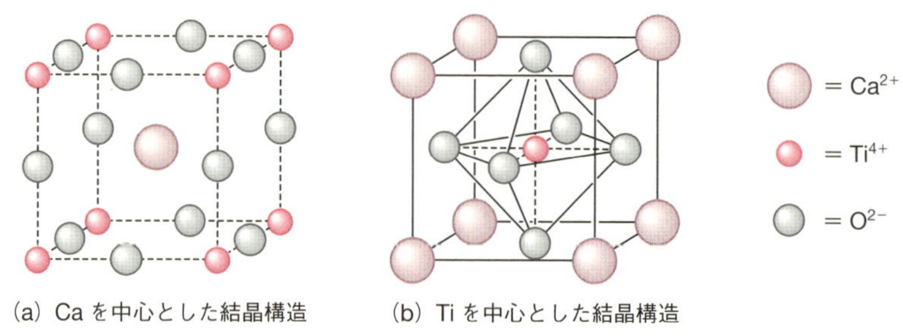

図 3・5　ペロブスカイト（$CaTiO_3$）型構造

ペロブスカイト型構造をとる重要な化合物として，強誘電性を示すチタン酸バリウム（$BaTiO_3$）がある．この化合物は，常温では Ti^{4+} イオンが酸素の正八面体型空孔の中心からずれており，この正負イオンの変位が原因となって強誘電性を示す．また，ペロブスカイト型構造は，新しい高温超伝導物質として注目を集めている $YBa_2Cu_3O_{7-x}$ や $(La_{1-x}A_x)_2CuO_4$（A＝Ca, Sr, Ba）などのセラミックスの基本構造でもある．前者は酸素欠損型三重ペロブスカイト型構造，また後者は K_2NiF_4 型構造とよばれ，いずれも層状構造をとっている．

ペロブスカイトと同じ一般式をもつ結晶でも，二つの陽イオンが同じような大きさのときは**イルメナイト（チタン鉄鉱）型構造**（ilmenite structure）が安定となる．この構造はコランダム型構造におけるアルミニウムの位置を鉄とチタンで交互に置き換えたものである．イルメナイト（$FeTiO_3$）のほかに $NiTiO_3$, $NiMnO_3$, $CoMnO_3$ などがこの構造をとる．

3·1·4 結晶構造に影響を与える因子

イオン結晶では，陽イオンと陰イオンができるだけ接近し，一方同符号のイオンどうしはできるだけ遠ざかり，静電エネルギーを最大にするような構造をとろうとする．同時に各イオンはできるだけ多くの反対符号のイオンと接触し，最大の配位数を達成しようとする．このため，球形のイオンの場合には，イオンの半径比 r^+/r^- と配位数との間につぎのような単純な関係が成り立つ(r^+，r^- はそれぞれ陽イオンおよび陰イオンのイオン半径)．ただし，イオンは実際には決まった大きさをもつ剛体球ではなく，さまざまな形と大きさをもった電子軌道によって覆われているので，分極，共有結合性，ファンデルワールス力など他の多くの要因もイオン結晶の構造の決定に影響することを強調しておく．特に，半径比がある構造から別の構造へ変化する境界値に近い場合はそうである．

イオン半径比と配位数との関係

一般に，すべての陰イオンが接触し，その空孔を陽イオンが満たせなくなるほど半径比が低下すると，結晶はより小さな空孔を供給する構造に変化する．

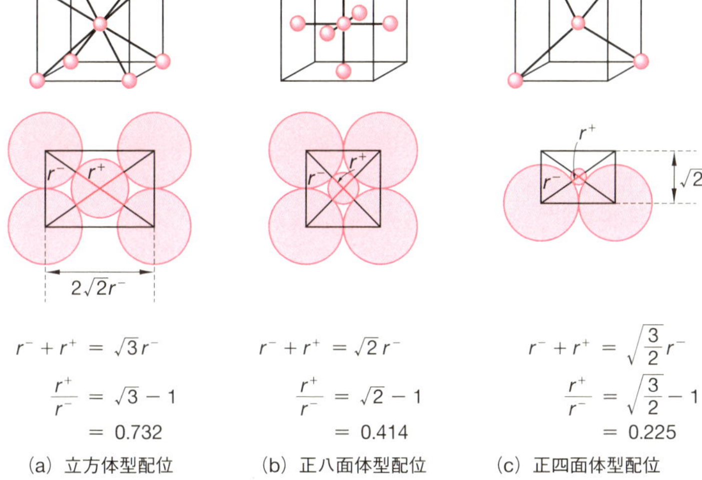

図 3·6 立方体型配位(a)，正八面体型配位(b) および正四面体型配位(c) の場合の陽イオンと陰イオンの理想的な半径比の計算

最も簡単な AX 型塩について考えてみよう．たとえば八つの陰イオンが互いに接触し，立方体型空孔の中心に陽イオンがある塩化セシウム型構造では，半径比 r^+/r^- は 0.732 以上でなければならない．半径比が 0.732 より小さくなると，より小さい正八面体型空孔を供給する塩化ナトリウム型構造に変化する．この構造をとるのは，半径比が 0.414 までである．

陽イオンの相対的大きさが 0.414 よりもさらに小さくなると，さらに小さい正四面体型空孔を供給するセン亜鉛鉱型またはウルツ鉱型構造をとるようになる．正四面体型空孔に陽イオンが入って接触している場合の理想的な半径比は 0.225 である．陰イオンがつくる各空孔にぴったり納まる陽イオンの半径比は，図 3・6 に示す簡単な幾何学的計算により求めることができる．

同様の考察が AX_2 型塩についても行える．これらをまとめると，イオンの半径比と結晶構造との関係は表 3・2 のようになる．

表 3・2　イオンの半径比と結晶構造との関係

半径比 r^+/r^-	空孔の形	結晶構造	
		AX 型塩	AX_2 型塩
0.732≦	立方体	塩化セシウム型	蛍石型
0.414～0.732	正八面体	塩化ナトリウム型	ルチル型
0.225～0.414	正四面体	セン亜鉛鉱型またはウルツ鉱型	β-クリストバル石型

これらの構造をとる典型的な化合物である CsCl，NaCl および ZnS の実際の半径比はそれぞれ 0.939，0.563 および 0.408 であり，それぞれ対応する半径比の範囲内に入っている．

一般にこの関係は非常によく成り立つが，若干の例外もある．たとえば，NaF および KF はそれぞれ半径比が 0.74 および 1.0 であるにもかかわらず塩化ナトリウム型構造をとっている．また，半径比からハロゲン化ルビジウムは塩化セシウム型構造を，ハロゲン化リチウムはセン亜鉛鉱型構造をそれぞれとると予想されるが，実際はやはりすべて塩化ナトリウム型構造をとっている．これは，これらの構造間で格子エネルギーがあまり違わないので，半径比以外の二次的効果の一つである共有結合の影響が無視できなくなったためと考えられる．上記の化合物が塩化ナトリウム型構造をとりやすいのは，塩化ナトリウム型構造中の各イオンが 6 配位八面体型の配位構造をとっており，直交する三つの p 軌道が共有結合を最も有効に形成しうるためと考えれば合理的に説明できる．

3・2 イオン性固体

3・2・1 イオン結合と格子エネルギー

金属のハロゲン化物や酸化物などのイオン性固体は，金属単体とハロゲンまたは酸素の単体との発熱的な反応によって合成できるものが多い．この反応では，イオン化エネルギーの小さい金属元素から電子親和力の大きいハロゲンや酸素への電子移動が起こっている．ところが，すべての元素の中で最もイオン化しやすい1族(アルカリ金属)元素の第一イオン化エネルギー((3・1)式に対応)が400から500 kJ mol^{-1}であるのに対して，最も電気陰性なハロゲンの第一電子親和力((3・2)式の反応で放出されるエネルギー)は300から350 kJ mol^{-1}の範囲にあり，電子のやりとりのエネルギーだけを考えると，50～200 kJ mol^{-1}程度の吸熱反応になってしまう．

$$M(g) \longrightarrow M^+(g) + e^- \quad (3\cdot1)$$

$$X(g) + e^- \longrightarrow X^-(g) \quad (3\cdot2)$$

読者はすでに気づいているであろうが，ここで見落とされているのは，陽イオンと陰イオンとが静電的な引力によって結びつくこと，すなわち**イオン結合**(ionic bond)の形成による安定化である．この安定化の大きさを，まず1個の陽イオンと1個の陰イオンがイオン対を形成する場合について評価してみよう．Cs^+とF^-がフッ化セシウムの結晶中のイオン間距離に近い300 pmまで接近したとする．静電ポテンシャルエネルギーVは(3・3)式で表される．ここでeは電気素量，ε_0は真空の誘電率，dはイオン間の距離，そしてNはアボガドロ定数である．これに$d = 300\times10^{-12}$ mを代入すると，$V = -463$ kJ mol^{-1}という値が得られる．この安定化のエネルギーは上記の吸熱反応を発熱反応に変えるのに十分な大きさである．

$$V = \frac{-e^2}{4\pi\varepsilon_0 d}N \quad (3\cdot3)$$

実際には，フッ化セシウムやその他のイオン性固体は，前節で見たように陽イオンと陰イオンが三次元的に整然と積み重なった結晶を形成している．そこでは同じイオンがそれを取囲む多数の反対符号のイオンと静電引力によって結ばれるので，イオン対形成の場合よりも大きな安定化を得ることができる．イオン結晶の**格子エネルギー**(lattice energy)，すなわち結晶格子を絶対零度で個々の陽イオンと陰イオンに分解するのに必要なエネルギーは，ほとんどイオン間の静電気力によるエネルギーから成っているので，その値で近似できる．

CsF は他のアルカリ金属ハロゲン化物と同様に塩化ナトリウム型構造をとっている．そこで，塩化ナトリウム型構造を例にとって，その格子エネルギーを計算してみよう．塩化ナトリウム型構造の一部を切り出すと図 3・7 のようになる．左側の面の中央にある陽イオンを中心として，これからの距離によってイオンを異なる記号で示してある．また，そのおのおののイオンの数は，d の距離にある陰イオンが 6 個，$\sqrt{2}\,d$ の距離にある陽イオンが 12 個，$\sqrt{3}\,d$ の距離にある陰イオンが 8 個，$2d$ の距離にある陽イオンが 6 個，$\sqrt{5}\,d$ の距離にある陰イオンが 24 個，$\sqrt{6}\,d$ の距離にある陽イオンが 24 個，…というように，距離が遠ざかるに従って振動しながらしだいに多くなっていく．これらのイオンとの静電的相互作用によって生じる静電エネルギーを格子全体に渡って足し合わせれば，1 個のイオンの位置における静電ポテンシャルエネルギーが求まる．それが (3・4)式である．

$$\begin{aligned} V &= \frac{1}{4\pi\varepsilon_0}\left(-\frac{6e^2}{d}+\frac{12e^2}{\sqrt{2}\,d}-\frac{8e^2}{\sqrt{3}\,d}+\frac{6e^2}{2d}-\frac{24e^2}{\sqrt{5}\,d}+\frac{24e^2}{\sqrt{6}\,d}\cdots\right) \\ &= \frac{-e^2}{4\pi\varepsilon_0 d}\left(6-\frac{12}{\sqrt{2}}+\frac{8}{\sqrt{3}}-\frac{6}{2}+\frac{24}{\sqrt{5}}-\frac{24}{\sqrt{6}}\cdots\right) \end{aligned} \qquad (3\cdot 4)$$

(3・4)式 2 行目の括弧内の無限級数は収束して 1.74756 という値となる．これを塩化ナトリウム型構造の**マーデルング定数**(Madelung constant)という．マーデルング定数は格子の幾何構造のみに依存する定数である．いくつかの結晶構造に対するマーデルング定数を表 3・3 に示す．1 mol の塩化ナトリウム型結晶全体の静電ポテンシャルエネルギーの総和 V_{lattice} は，(3・5)式で表され，常に負の値をとる．ここで，q^+，q^- はそれぞれ陽イオンおよび陰イオンの電荷(C 単位)，d は核間距離(m 単位)，M はマーデルング定数である．

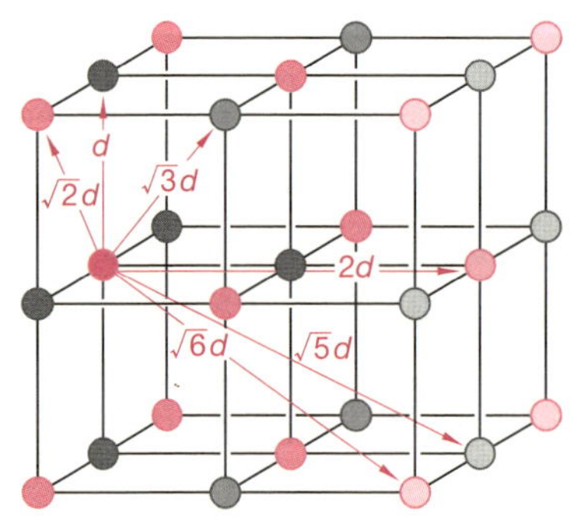

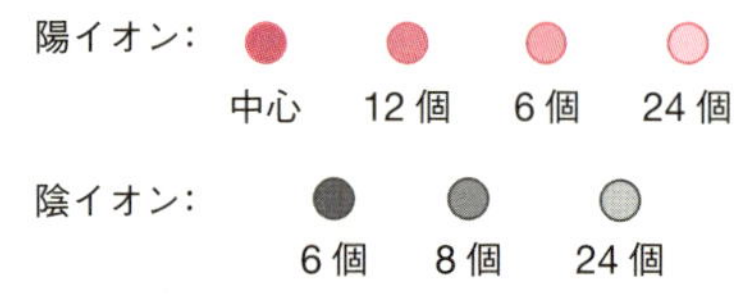

図 3・7 塩化ナトリウム型構造における隣接イオンまでの距離および隣接イオンの数（陽イオンと陰イオンとの間の最短距離を d とする）

表 3・3 代表的な結晶構造に対するマーデルング定数

構造	マーデルング定数	構造	マーデルング定数
塩化ナトリウム型	1.74756	ヨウ化カドミウム型	2.36
塩化セシウム型	1.76267	蛍石型	2.51939
セン亜鉛鉱型	1.63806	ルチル型	2.408
ウルツ鉱型	1.64132	コランダム型	4.040

$$V_{\mathrm{lattice}} = \frac{q^+q^-}{4\pi\varepsilon_0 d}MN \qquad (3\cdot5)$$

ただし (3・5)式はイオンの大きさを考慮していないので，d が減少するにつれて V_{lattice} は低下（安定化）し，ついに結晶はつぶれて一点になってしまう．これは現実的ではない．実際のイオンは外側に電子雲をもっているので，イオンどうしが近づいたとき，電子雲どうしの大きな反発が生じ，ある距離までしか接近できない．これを考慮し，(3・5)式を修正したのが (3・6)式に示した**ボルン-マイヤー式**（Born-Mayer equation）である．d_0 は平均核間距離（m 単位）であり，静電引力と電子雲どうしの斥力が釣合ってエネルギーが極小となる点に対応する．この値 U_0 は格子エネルギーとよばれ，イオン性結晶 1 mol を絶対零度で気体のイオンに変えるのに必要なエネルギーに相当し，常に正の値をとる．

$$U_0 = -\frac{q^+q^-}{4\pi\varepsilon_0 d_0}\left(1-\frac{\rho}{d_0}\right)MN \qquad (3\cdot6)$$

ここで定数 ρ は $31.0\sim38.4\times10^{-12}$ m の値をとり，特にアルカリ金属ハロゲン化物では圧縮率の測定からほぼ一定値 34.5×10^{-12} m をとることが知られている．

格子エネルギーを実験的に直接測定することはできないが，**ボルン-ハーバーサイクル**（Born-Haber cycle）を用いて間接的に求めることができる．NaCl のサイクルは図 3・8 のようになる．サイクルの左端のナトリウムと塩素の単体から NaCl がつくられる反応のエンタルピー変化が生成エンタルピー ΔH_{f}，一方これらをイオン化させて Na^+(g) および Cl^-(g) としたあとで NaCl 格子を形成させるときに放出されるエネルギーが NaCl の格子エネルギー U_{NaCl} である．このほか，ΔH_{sub} は昇華熱，$D_{\mathrm{Cl-Cl}}$ は Cl−Cl 結合の解離エネルギー，E_{I} はイオン化エネルギー，E_{A} は電子親和力をそれぞれ表す．電子親和力 E_{A} および格子エネルギー U_{NaCl} は，反応が矢印の方向に進行したときに系から放出されるエネルギーを表すので，− の符号を付けてある．また，(g)，(s) などは物質の状態を表し，気体，液体および固体に対してそれぞれ g(gas)，l(liquid) および s(solid) という記号を使う．

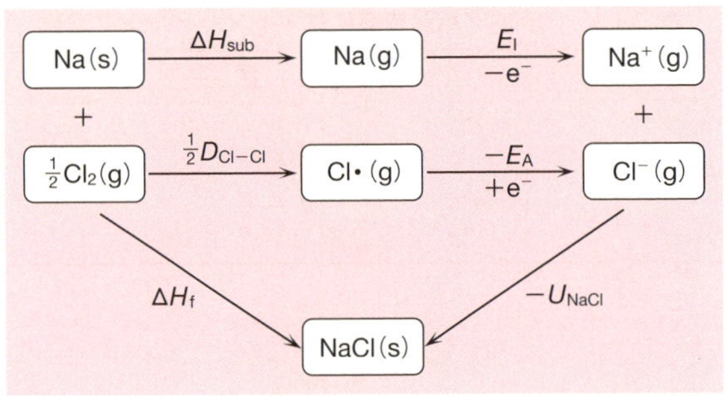

図 3・8　NaCl のボルン-ハーバーサイクル

このサイクルを一回りすれば，エネルギーの和はゼロにならなければならない．したがって次式が得られる．

$$\Delta H_\mathrm{f} = -U_\mathrm{NaCl} + E_\mathrm{I} - E_\mathrm{A} + \Delta H_\mathrm{sub} + \frac{1}{2}D_\mathrm{Cl-Cl} \qquad (3\cdot 7)$$

U_NaCl 以外のすべての物理量は実験的に求めることができる．それらはつぎのとおりである(単位はすべて kJ mol^{-1})．$\Delta H_\mathrm{f}=-411.1$，$E_\mathrm{I}=495.4$，$E_\mathrm{A}=348.8$，$\Delta H_\mathrm{sub}=107.8$，$D_\mathrm{Cl-Cl}=242.6$．これらの値を (3・7)式に代入すると

$$-411.1 = -U_\mathrm{NaCl} + 495.4 - 348.8 + 107.8 + \frac{1}{2} \times 242.6$$

となり，これから $U_\mathrm{NaCl}=786.8$ kJ mol^{-1} が得られる．この値は，Na^+ と Cl^- の核間距離 $d_0=281$ pm を用いてボルン-マイヤー式から計算した値 759 kJ mol^{-1} とかなりよく一致している．

3・2・2　イオン結合と共有結合

以上の説明で用いてきた，イオンを電荷をもった剛体球と考えるイオンモデルは，考え方が単純で格子エネルギーやそれに関連する量を容易に計算できることから，無機化合物のエネルギーを論じる際に広く用いられてきた．つぎのような事実はイオンモデルを用いてうまく説明できる．すなわち，ほとんどのイオン性固体は高い融点をもち，核間距離が短いほど，またイオンの電荷が高いほど融点が高くなる．多くのイオン性固体は極性溶媒である水に溶けてその溶液は伝導性を示し，また溶融塩も一般に電気の良導体である．半径比の規則やボルン-マイヤー式も，多くのイオン性固体で良い一致を示す．

しかしながら，イオンモデルではうまく説明できない例もまた多数存在する．先に述べたように，アルカリ金属ハロゲン化物は半径比が 0.414～0.732 の範囲外のも

のでも，ほとんどが塩化ナトリウム型構造をとっている．また，NaCl と AgCl は同じ AX 型塩で塩化ナトリウム型構造をとっているにもかかわらず，NaCl は水によく溶けるが AgCl はほとんど溶けない．ボルン-ハーバーサイクルから求めた格子エネルギーの実験値は，NaCl では前述のようにボルン-マイヤー式から計算した理論値とよく一致するが，AgCl では実験値(915 kJ mol^{-1})の方が理論値(725 kJ mol^{-1})よりもずっと大きい．これらの事実を説明するためには，分極あるいは共有結合の概念を導入し，イオンモデルを拡張する必要がある．

異なる原子間の共有結合について，電気陰性度という概念を導入し，共有結合にイオン性を取入れるポーリングの考え方を第 1 章で述べた．これと全く反対に，イオン結合に分極という概念を導入して，イオン結合と共有結合の中間の状態を表そうという考え方がある．さまざまなイオン結合に対して，共有結合性の度合いを評価するために，誘起される分極の大きさを推定する指針を規則としてまとめたものが**ファヤンス則**(Fajans' rule)であり，これはつぎのように表現できる．

ファヤンス則

❶ 小さくて高電荷の陽イオンは分極を起こす力(起分極力)が強い．

電荷が狭い領域に集中し，しかもその電荷が高い方が分極を起こさせる力が強いためである．陽イオンの電荷をイオン半径で割った値を比較すればわかりやすい．たとえば，起分極力は $Li^+ > Na^+ > K^+$ の順に減少し，$Li^+ < Be^{2+} < B^{3+}$ の順に増大する．

❷ 大きくて高電荷の陰イオンは分極しやすい．

陰イオンの分極率は，イオンが含んでいる電子の数およびそのイオン半径の増加に伴って大きくなる．一般に電子が原子核から遠い位置にあるほど，また核電荷からよく遮へいされているほど，その電子の軌道はひずみやすいので，分極しやすい．

❸ 外側の d 軌道に電子をもつ陽イオン(すなわち遷移金属イオンの一部および 12 族金属イオン)は，貴ガス電子配置をもつ類似の陽イオン(すなわち 12 族金属イオンを除く主要族金属イオン)よりも分極を起こす力が強い．

d 軌道は s, p 軌道よりも核の陽電荷を遮へいする効果が小さいので，外側の d 軌道に電子をもつ金属イオンは，s, p 軌道を一番外側にもつ金属イオンよりも高い有効核電荷をもつ．その結果，起分極力も大きい．たとえば Ag^+ は Na^+ よりも，また Hg^{2+} は Mg^{2+} よりも大きな起分極力をもち，共有結合性の高い化合物をつくる傾向がある．

貴ガス元素を中心としてその両側の元素が中心の貴ガス元素と同じ電子構造をとるイオンとなったときに，どのような分極率および起分極力を示すかを，ファヤンス則に従って図示すると図3·9のようになる．陽イオンが相手の陰イオンの電子雲を強く引き付け，陰イオンを分極させる度合が大きくなるほど，両イオンが共有する電子の割合は増加するので，共有結合性は高くなる．

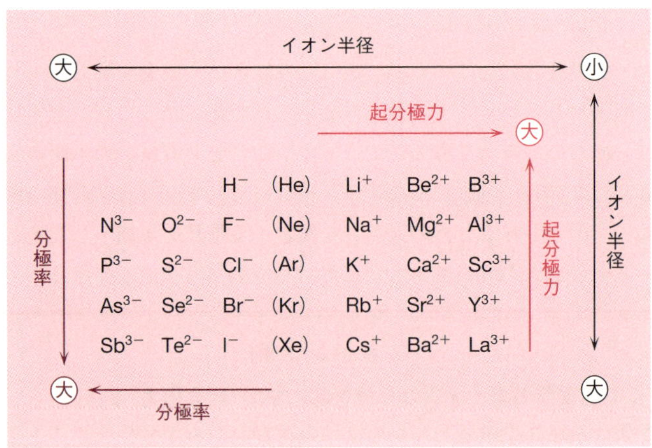

各イオンはおのおのの行の中央にある貴ガス原子と同じ電子構造をもつ．起分極力の大きい陽イオンと分極率の大きい陰イオンの組合わせほど，共有結合性の高い化合物をつくる

図 3·9 貴ガス構造をもつイオンの分極率と起分極力

融点(melting point，以下 mp と略する)は，しばしば物質の構造単位間にはたらく力の指標となる．物質のイオン結合性が高ければ，イオンどうしが静電引力によって無限に結合して高い融点を示すのに対し，共有結合性が高くなると，イオン結合のネットワークが切断され，分子性化合物となるために融点が下がる．

たとえば，電荷の低い陽イオンを含む NaCl(mp 808 °C)，KCl(mp 772 °C)，$MgCl_2$(mp 714 °C)などはイオン結合性が強く，融点の高い固体であるが，高電荷のイオンを含む $AlCl_3$(mp 192 °C)や $SiCl_4$(mp −68 °C)などは，強い分極によって陽イオンと陰イオンとの共有結合性が高くなり，低い融点を示す．また，AgCl(mp 455 °C)や $HgCl_2$(mp 276 °C)の融点がそれぞれ主要族金属塩化物である NaCl(mp 808 °C)や $MgCl_2$(mp 714 °C)より低いのは，ファヤンス則の ❸ により，Ag^+ および Hg^{2+} の起分極力が Na^+ および Mg^{2+} より高いことによる．

3·3　金属および類金属

3·3·1　金属および金属元素の定義

金属(metal)とは，つぎに示すいくつかの特徴的な物理的性質を示す物質である．

❶ 熱伝導性および電気伝導性が高い．また電気伝導率が温度の上昇とともに低下する．

❷ 優れた展性(薄い箔に広げられる性質)および延性(細い線に引き伸ばせる性質)を示す．

❸ 金属光沢をもつ．これは金属単体が可視部全域の光をよく吸収しまた反射するためである．

ある元素の原子が多数集合して単体となったときに上記のような性質を示すとき，その元素を**金属元素**(metallic element)と定義する．金属元素はまた化学的性質に基づいてつぎのように定義することもできる．すなわち，水溶液中では陽イオンとしての性質を示し，また酸に溶ける(つまり塩基性の)酸化物をつくる元素が金属元素である．

以上の判断基準に従って周期表上の元素を金属元素か非金属元素かに分類しようとするとき，一義的に分類することが困難な元素がいくつか存在する．周期表上のホウ素(B)から右下へ向かうほぼ対角線上に存在するB, Si, Ge, As, Sb, Se, Teなどがそれであり，これらは**類金属(半金属)元素**(metalloid element)とよばれる．これらは金属と絶縁体の中間の電気伝導性を示す半導体である．周期表で類金属元素より左側にある元素が金属元素であり，一方右側にある元素は**非金属元素**(nonmetallic element)とよばれる．非金属元素の単体のすべておよび化合物のほとんどは非金属であり，金属に特徴的な性質をもたない．しかしながら，最近金属水素化物やホウ化物，さらに金属元素を全く含まない電荷移動錯体などで金属としての性質を示す物質が合成されている．

3·3·2　金属結合とエネルギーバンド

ところで，§3·3·1に述べた金属の物理的性質はすべて，金属結合に由来している．そこで，つぎに金属結合の理論について述べる．金属結合も共有結合と同様に，ただ一つの理論だけで金属の構造や性質を説明しきることはできないし，それが便利なわけでもない．そこで，化学者になじみ深い分子軌道理論と，物理学者が発展させた自由電子理論およびそれをさらに発展させたバンド理論を適宜用いることにする．

金属中での原子間結合の特徴は，§3・1・1で述べたように，金属が最密構造もしくはそれに近い構造をとっているために，各金属原子が多数の近接する金属原子(8〜12配位)によって囲まれていることである．ところが，金属元素がもっている価電子数は一般に少ないので，隣接する金属原子どうしが二中心二電子結合を形成するためには，電子の数が不足している．この電子不足は，高度に非局在化した軌道を形成することにより克服される．電子はこの金属塊全体に非局在化した軌道を占めることによって，金属中の全原子によって共有されていると見なせる．したがって，金属結合は共有結合の極端な場合と考えることができる．

a. 分子軌道理論からバンド理論へ　多数の原子から成る金属などの結晶性固体中の電子が占めるエネルギー準位はどのようなものであろうか．分子軌道理論を出発点として考えてみよう．分子中の隣接する原子の軌道どうしが互いに相互作用して分子軌道をつくるとき，分子を構成する原子の数の増加に比例して分子軌道の数も増加する．1 mol の金属の単結晶を考えると，これは結晶全体に非局在化したアボガドロ数程度の膨大な数の分子軌道をもつことになり，したがって各軌道のエネルギー準位間のエネルギー差はきわめて小さくなる．このため，分子軌道群は実質的に連続した**バンド**(band，帯)として表されるようになる．

図3・10に，原子のエネルギー準位から二原子分子，多原子分子の分子軌道準位を経由して，固体のエネルギーバンドが形成される様子を示す．図3・10の下のバンドは結合性軌道から成り，一方，上のバンドは反結合性軌道から成る．これらは，おのおの§3・3・3で述べる半導体理論における**価電子帯**(valence band)および**伝導帯**(conduction band)に相当する．また金属以外では価電子帯と伝導帯の間には

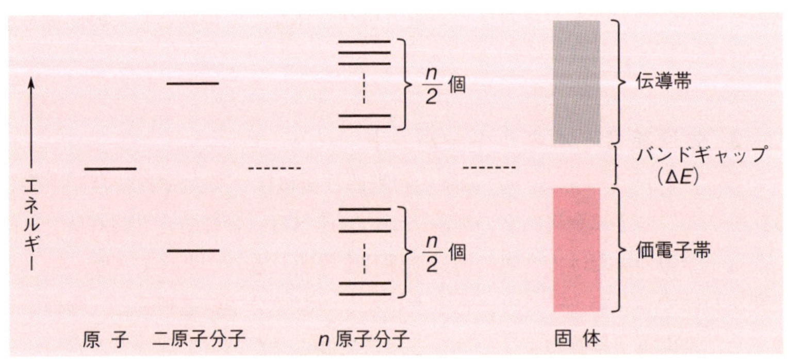

図 3・10　原子軌道から分子軌道さらにエネルギーバンドの形成

エネルギー準位の存在しない領域があり，この幅ΔEを**バンドギャップ**(band gap)という．

バンドの構造をもう少し詳しくみてみよう．上述のようにバンドは多数の分子軌道の集合体である．価電子帯の下の方にある軌道は原子間にほとんど節をもたないので，強い結合性である．バンドを上がるにしたがって節の数はしだいに増えていき，価電子帯の一番上では結合性は非常に小さくなる．伝導帯でも同様であり，伝導体の下の方では反結合性は小さいが，一番上の軌道ではほとんど各原子間に節があるので反結合性が非常に強くなる．各バンド内での軌道の分裂の大きさは，原子間での軌道相互作用が大きいほど大きいので，バンド幅も軌道相互作用が大きくなるにしたがって広がる．イオン間に軌道相互作用がほとんどない純粋なイオン結晶や，分子間での軌道相互作用がほとんどない分子性結晶では，バンド幅は非常に狭く，バンドギャップは広い．しかし，分子性の化合物である水素も，低温で高圧をかけ分子間距離を狭めてやると，分子間での軌道相互作用の強まりとともにしだいに価電子帯と伝導帯の幅が広がり，バンドギャップがなくなって金属状水素に変化するといわれている．一般に，ダイヤモンドのような共有結合性結晶では，価電子帯と伝導帯ははっきりと分かれているが，金属ではバンドギャップはなくなり，価電子帯と伝導帯は部分的に重なって全体で一つのバンドを形成している．

b. 金属のエネルギーバンド　金属のバンドにはs, p, dおよびf軌道どうしの重なりによって生じるバンドがあり，これらをそれぞれsバンド，pバンド，dバンド，fバンドとよぶ．このうちsおよびpバンドの幅は広い．これは，sおよびp軌道は比較的広がっており，互いによく重なるからである．一方，これらとエネルギー的に近いd軌道は，主量子数が1だけ小さい(たとえば4sおよび4p軌道に近いエネルギーをもつのは3d軌道である)ために軌道がかなり収縮しており，その結果d軌道どうしの重なりは比較的小さいので，dバンドは相対的に狭くなる．しかしながら，dバンドに入る電子はs，pバンドと比較して数が多いので，つぎの図3・12に示した**蒸発エンタルピー**＊(enthalpy of vaporization, ΔH_{vap})にみられるように，金属結合に対する寄与はかなり大きい．f軌道はそれと近いエネルギーをもつd軌道よりもさらに主量子数が小さいので，さらに軌道が収縮し，個々の金属原子にほぼ完全に局在しているため，隣の原子の軌道との重なりはほとんどない．したがって，金属結合にはほとんど寄与しない．

＊ 固体の金属をばらばらな気体原子に分けるのに要するエネルギー．固体金属の結合エネルギーを直接反映している．

図 3・11 に 3d，4s および 4p 軌道から形成されるバンドの状態密度曲線の模式図を示す．**状態密度**(density of states)とは単位幅のエネルギー増加当たりについて存在するエネルギー準位の数であり，そのエネルギーに対する変化が状態密度曲線である．実際の状態密度曲線はもっと複雑な形をしているが，図 3・11 からは各バンドのエネルギー，バンド幅および重なりの様子がわかるであろう．

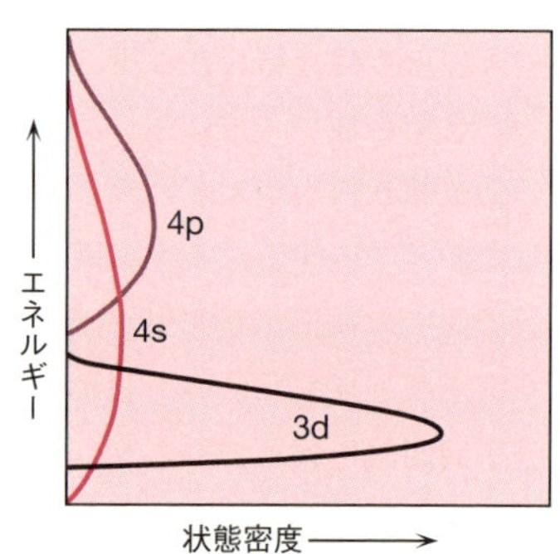

図 3・11　金属の s, p および d バンドの状態密度曲線

c. 遷移金属の結合エネルギー　このように金属のバンドは価電子帯と伝導帯の区別がなく一体化しており，下ほど結合性が強く，上にいくにしたがって反結合性が強くなる．したがって，これにエネルギーの低い方から電子を満たしていくと，バンドがちょうど半分まで満たされたときに最大の結合エネルギーが得られるはずである．このモデルは，遷移金属元素の結合エネルギー変化をうまく説明できる．図 3・12 は，第 4，第 5 および第 6 周期元素のうち 1 から 12 族までの元素の蒸発エ

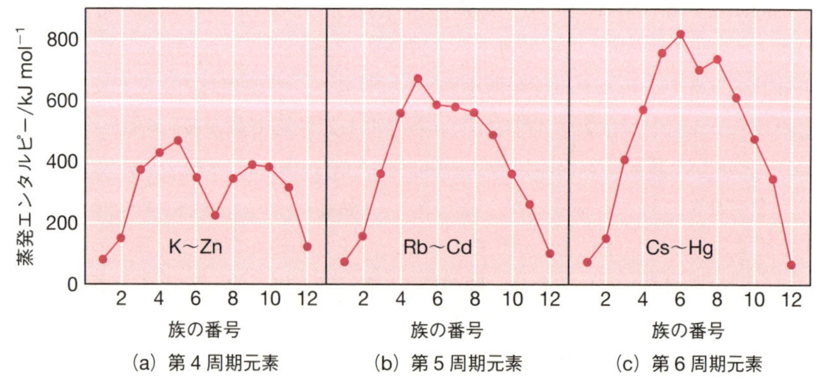

図 3・12　族の番号に対する第 4〜6 周期金属元素の蒸発エンタルピー

ンタルピーを族の番号に対してプロットしたものである．

大きな蒸発エンタルピーは大きな金属結合エネルギーの現れである．特に第二(第 5 周期)および第三遷移系列(第 6 周期)の金属では，族の番号の増加に伴い価電子数が増えるにしたがって結合エネルギーが増加し，d バンドがほぼ半分満たされる 6〜8 族付近で最大となり，その後反結合性の高いバンドの上部が満たされていくにしたがって結合エネルギーが減少している．第一遷移系列(第 4 周期)の金属では結合エネルギーに二つの山ができるが，これは電子スピンが対をつくらず別々の軌道に平行に入っているときに最大となる交換相互作用(量子力学的効果の一つ)が第一遷移系列の金属では支配的だからである．このため，交換相互作用が最大となるマンガン(7 族)およびその近隣の元素では，電子が対をつくらずに不対電子としてバンドの上の方まで占有するので，結合エネルギーは小さくなる．また，同じ族では周期表の下の方の元素ほど結合エネルギーが大きい．これは，3d 軌道よりも 4d さらに 5d 軌道の方が軌道の広がりが大きいので，軌道の重なりも増加するためである．このように，金属結合の強さはバンドへの電子の占有の仕方によって非常に広範囲に変化する．金属の融点が，水銀の −39 °C からタングステンの 3380 °C まで非常に広い範囲にわたっているのは，そのもう一つの現れである．

3·3·3　電気伝導性と熱伝導性

固体はその電気伝導性によって，金属，**半導体**(semiconductor)および**絶縁体**(insulator)の 3 種類に分類される．金属は電気の良導体であり，一方ガラスやポリプロピレンのような絶縁体は電気をほとんど全く通さない．ケイ素やゲルマニウムのような半導体は，その名前のとおり金属ほど電気を通さないが，絶縁体よりは通す物質である．これらの固体物質は，今やエレクトロニクス材料としてわれわれの生活に欠かせないものとなっている．テレビ，ステレオ，コンピューターそして携帯電話の隆盛は，これら固体材料，特に半導体デバイスの技術の急速な進歩がもたらしたものである．そしてこの進歩の基礎には，固体物質の電気伝導性に関する量子力学的理論の発展がある．本節では，固体の種類によって電気伝導性およびそれに関連する熱伝導性に大きな違いが現れる理由をバンド理論を用いて考察する．

a. 金属の電気伝導性　金属のエネルギーバンドの特徴は，電子を含むエネルギーバンドのうちでエネルギーが最も高いものが部分的にしか占有されていないことである．エネルギーバンドに電子をパウリの原理に従って下のエネルギー準位から 2 個ずつ詰めていって，すべての電子が入り切ったところの準位を**フェルミ準位**

(Fermi level)といい，E_F で表す．これは絶対零度での最高被占準位に当たる．金属ではフェルミ準位のすぐ上にも連続して空の準位があり，端的にいえばこの部分に飛び上がった電子が自由に走り回ることによって，高い電気伝導性が生まれるのである．

金属においては電流は電子によって運ばれている．電流が流れるのは，加えた電場によって電子が一方向に加速され，正味の電子の流れが生じるからである．そして，この電流に寄与できるのは，対をつくっていない不対電子だけである．このような不対電子は，電場のごく小さいエネルギーによってフェルミ準位付近の電子がすぐ上の空の準位に励起されて生じる．つまり，金属のような電気の良導体となるためには，バンドの一部が満たされ，一部が空いている必要がある．これに対し，半導体や絶縁体では，価電子帯は上まで(ほぼ)完全に満たされているために，電流のキャリヤーである不対電子は容易には生じない．

たとえば，1族金属であるナトリウムのように1原子当たり1個の価電子をもつ金属の場合には，図3・13 (a) のようにフェルミ準位が3sバンドの中央にある．この場合には，電場がかかるとフェルミ準位に近い準位にある電子はすぐ上の空の準位に容易に励起されるので，高い電気伝導性を示すことは理解しやすい．ところが，2族金属であるマグネシウムのように，1原子当たり2個の価電子をもつ金属では，価電子を全部3sバンドに入れるとすると上まで完全に満たされてしまうので，一見絶縁体になるように思われる．しかし，金属では図3・11に示したようにsバンドとpバンドは非常に幅広く，エネルギー的に互いに重なる部分があることを思い出してほしい．このため，sバンドの最上部の電子の一部がpバンドに移り，図3・13 (b) のような電子配置をとる．フェルミ準位はこのsバンドとpバンドが

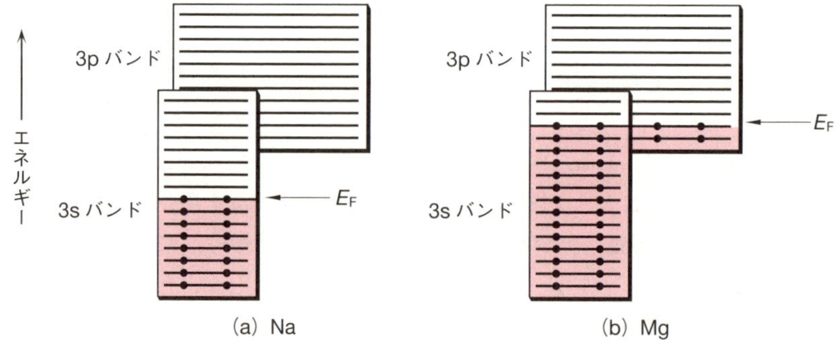

図 3・13　Na および Mg のエネルギーバンドの模式図

重なった部分の中ほどにあり，どちらのバンドでもそのすぐ上にある空いた準位を使うことができる．このため，マグネシウムはナトリウムと同程度の良導体である．これは12族金属である亜鉛やカドミウムでも同様である．さらに，1原子当たり3個の価電子をもつアルミニウムなどの3族金属では，フェルミ準位はpバンドの下の方にあるはずである．

電流のキャリヤーである不対電子の数は，温度を上げてもそれほど増えない．しかし，温度の上昇に伴って格子振動は激しくなる．この格子振動とキャリヤーである電子との相互作用によって電子が散乱されるため，高温になるほど電子が格子に邪魔されずに流れることが困難になる．これが，金属では温度の上昇に伴って電気伝導率が低下する原因である．

b. 半導体の電気伝導性 ケイ素，ゲルマニウムなどの単体やヒ化ガリウム(GaAs)，硫化カドミウム(CdS)などの化合物は半導体としての性質を示す．これらの電気伝導率は金属よりもかなり小さく，しかも金属とは逆に温度の上昇とともに電気伝導率は増加する．この挙動は，図3・14(a)に示す半導体のバンドモデルから容易に理解できる．これらの物質では，有効核電荷が大きく原子価軌道が集中して重なりの大きい共有結合をつくっているので，価電子帯(結合性軌道)と伝導帯(反結合性軌道)が分離しバンドギャップを生じている．絶対零度では，価電子帯は完全に満たされ，一方伝導帯は完全に空である．しかし室温付近まで温度を上げると，半導体のバンドギャップは比較的小さいので，価電子帯の電子の一部がボルツマン分布に従って伝導帯に励起される．絶縁体であるダイヤモンドおよび代表的な半導体のバンドギャップの値を表3・4に示す．

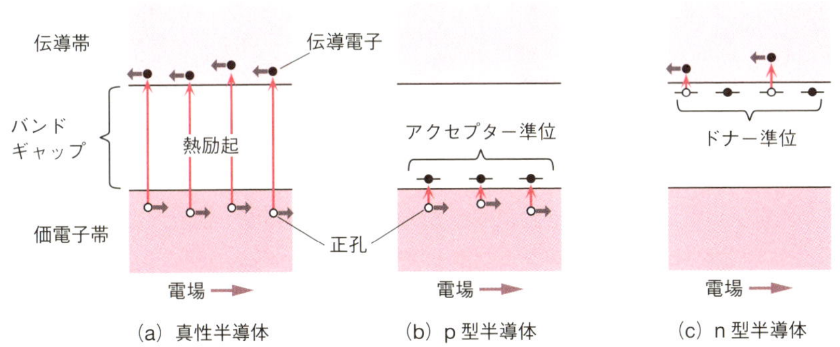

図3・14 真性半導体およびp, n型半導体のエネルギーバンドの模式図

表 3・4 ダイヤモンドおよび代表的な半導体のバンドギャップ

物 質	バンドギャップ/kJ mol^{-1}	物 質	バンドギャップ/kJ mol^{-1}
ダイヤモンド	519	GaSb	76
Si	111	PbS	35
Ge	65	PbSe	26
Te	32	PbTe	29
InP	122	CdS	236
InAs	32	CdSe	170
InSb	22	CdTe	141
GaP	219	TiO_2	290
GaAs	136		

半導体では，この伝導帯に励起された電子およびこの励起によって価電子帯に生じた**正孔**(positive hole)の両方が電荷のキャリヤーとなる．正孔とは，価電子帯に空いた空席(孔)を正電荷をもった粒子と見なしてよんだ言葉である．この状態で半導体に電場がかかると，電子と正孔は互いに逆方向に流れ，電流が生じる．そろばんの玉をつぎつぎと一方向に動かしていくと，玉と玉の間のすき間は逆方向へ移動するように，そろばんの玉に対応する価電子帯の電子は，すき間に対応する正孔をつぎつぎと埋めるように移動し，それに伴って正孔は電子と逆方向に移動するのである．このように純物質がそのまま半導体となるものを**真性半導体**(intrinsic semiconductor)という．

これに対して，故意に不純物を混入することによってバンド構造を変えてつくられる半導体もあり，これを**不純物半導体**(impurity semiconductor)という．不純物を添加することを**ドープする**(doping)といい，添加される不純物を**ドーパント**(dopant)とよぶ．不純物半導体には**p 型半導体**(p-type semiconductor)と **n 型半導体**(n-type semiconductor)の 2 種類がある．それらのバンド構造を図 3・14 (b) および (c) に示す．

たとえばケイ素に 13 族元素であるホウ素，インジウムなどをドープすると，これらはケイ素の格子点を部分的に置換するが，ケイ素よりも価電子が一つ少なく，また価電子の軌道が感じる有効核電荷も小さいので，価電子帯の上端のすぐ上(数 kJ mol^{-1} 程度)に空の準位(**アクセプター準位**，acceptor level)ができ，小さなエネルギーで価電子帯から励起される電子を受け入れられるようになる．このため，正孔の数が増えて伝導性が高まる．この種の半導体は正電荷を帯びたキャリヤーがおもに電荷を運ぶので，positive(正)の頭文字 p をとって p 型半導体とよばれる．一方，ケイ素に 15 族元素であるリンやヒ素をドープすると，これらはケイ素よりも価電子数が一つ多く，価電子の軌道が感じる有効核電荷も大きいので，伝導帯の下端のすぐ下に電子を含んだ準位（**ドナー準位**，donor level）ができる．ここから小さなエネルギーで伝導帯へ電子が励起されてキャリヤーとなる電子が増え，伝導性が高まる．この場合，負電荷を帯びた電子がおもに電荷を運ぶので，negative（負）の頭文字 n をとって n 型半導体とよばれる．

単位体積当たりの電荷のキャリヤー数を**キャリヤー濃度**（carrier concentration）という．半導体におけるキャリヤー濃度は，温度が上昇してバンドギャップを飛び越えて励起される電子の数が増えるほど高くなる．このため，半導体では温度が高くなるほど電気伝導率が高まるのである．

c. 絶 縁 体　ダイヤモンドでは原子軌道どうしの相互作用がゲルマニウムやケイ素よりさらに強くなるので，バンドギャップが大きく $\Delta E = 519\ \mathrm{kJ\ mol^{-1}}$ もある．したがって，電子励起は室温では事実上起こらず，キャリヤーが生じないので，ダイヤモンドは絶縁体である．

一方，炭素のもう一つの同素体であるグラファイトは金属的な電気伝導性を示す．これは，グラファイトは図 3・15 に示す sp^2 混成の炭素の平面六角形が無限に連なったシートが積み重なった層状構造をもつためである．このシートの面に垂直

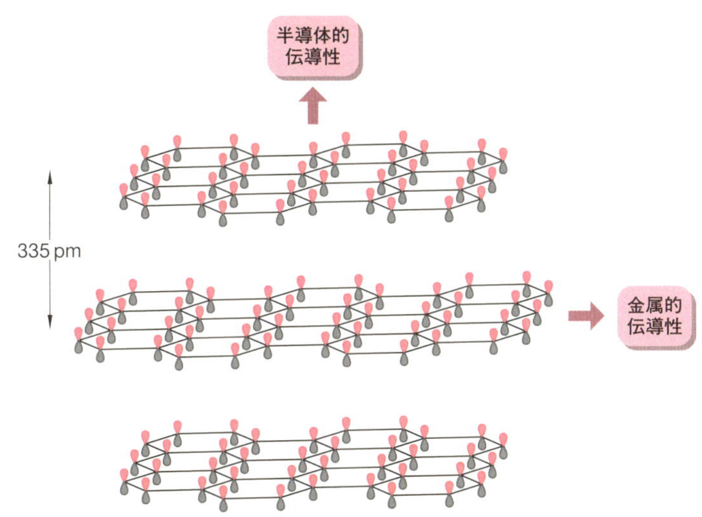

図 3・15 六方晶系のグラファイトの結晶構造と電気伝導性

な方向を向いたp軌道どうしが，面に平行な方向で互いに重なり合ってπ結合を形成し，それが面全体に渡って非局在化し，幅広いエネルギーバンドを形成する．このうちの半分(結合性軌道に当たる部分)が電子で占有されているので，金属的な電気伝導性を示すのである．ただし，この電気伝導性には異方性があり，シートの面に平行な方向では金属的な伝導性を示すが，垂直方向での伝導性は半導体的である．

半導体であるケイ素，ゲルマニウムや絶縁体であるダイヤモンドなどの共有結合性結晶では，価電子帯は結合性軌道から成り，一方伝導体は反結合性軌道から成っていた．これに対し，別のタイプの絶縁体であるイオン結晶では，価電子帯は陰イオンの軌道どうしの相互作用によって形成され，一方伝導帯は陽イオンの軌道どうしの相互作用によってつくられる．たとえば1 molの NaClの結晶では，Cl^- の3sおよび3p軌道がイオン間で相互作用し，アボガドロ定数を N とすると $4N$ 個の軌道から成る価電子帯が形成される．Na^+ の軌道どうしも相互作用して伝導帯を形成する．これらの軌道相互作用は弱いので，バンド幅は狭い．また，塩素とナトリウムとで電気陰性度に大きな差があるため，塩素の軌道から形成される価電子帯はナトリウムの軌道から形成される伝導帯よりも約700 kJも下にある．室温の熱エネルギー($RT \fallingdotseq 2.5\,\mathrm{kJ\,mol^{-1}}$)ではこのバンドギャップを超えることはできないので，塩化ナトリウムは絶縁体となる．

電子や正孔をキャリヤーとする金属的あるいは半導体的電気伝導が起こるためには，固体を形成する原子または分子の軌道どうしが無限に相互作用し，ある程度の幅をもったエネルギーバンドをつくる必要がある．ほとんどの有機化合物が絶縁体なのは，これらが分子性結晶を形成し，分子間での軌道相互作用がほとんど起こらないために幅広いバンドが形成されないことによる．しかし，π電子を多数もつ多環式芳香族化合物，フタロシアニン，電荷移動錯体などは，グラファイトと似た積層構造をとることによるπ電子系間の相互作用によって，有機半導体となることが知られている．また最近では，巧みな分子設計によって強い分子間軌道相互作用を起こさせることにより，金属的な電気伝導性を示す有機伝導体も合成されている．

d. 超 伝 導　低温で物質の電気抵抗がゼロになる現象が**超伝導**(superconductivity)である．この現象は1911年オランダのライデンにあった低温研究所でカマリング・オンネス(Kamerlingh Onnes)によって発見された．彼が最初にこの現象を観測したのは，水銀を液体ヘリウム温度(4.2 K)まで冷却したときであった．現在までに28の金属が冷却することにより超伝導状態になりうることが見いだされている．超伝導となる金属も他の金属と同様，電気抵抗は温度の低下とともに滑らかに減少する．しかしながら，図 3・16 (a) に示すように，ある特定の**臨界温度**(critical temperature, T_c)で相転移を起こし，電気抵抗は急にゼロに落ちる．

その後，1933 年にマイスナー(Meissner)とオクセンフェルト(Ochsenfeld)は，超伝導体を磁場の中に入れたとき，超伝導体内部に外部磁場を完全に打ち消すような渦電流が流れ，図 3・16 (b) に示すように超伝導体内部に入ろうとする磁場を完全に排除して内部の磁場をゼロに保つ性質(**マイスナー効果**: Meissner effect)を発見した．これは超伝導体が**完全反磁性**であることを示している．この効果により，驚くべき現象が起こる．超伝導体の円盤の上に磁石を置くと，磁石の磁場によって円盤内に渦電流が発生し，磁石は宙に浮く．

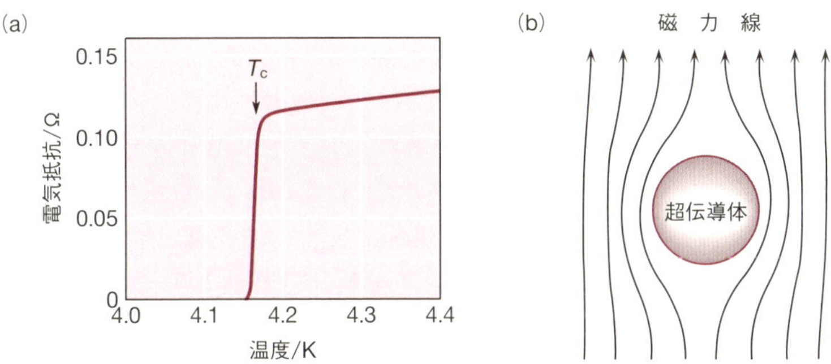

図 3・16 超伝導体における電気抵抗の温度変化(a)**およびマイスナー効果**(b)

超伝導の理論がバーディーン(Bardeen)，クーパー(Cooper)およびシュリーファー(Schrieffer)によって確立されたのは，その発見から 45 年以上が経過した 1957 年であった．この理論は彼らの頭文字をとって **BCS 理論**(BCS theory)とよばれている．その詳細を述べることはこの本の範囲を超えるが，この理論の本質である**クーパー対**(Cooper pair)とよばれる伝導電子の対について簡単に言及する．一つの電子が金属陽イオンの格子の間を通過すると，格子は電子に引かれて少し近づきながら振動する．するとこの空間はわずかに正に帯電し，第 2 の電子を引きつける．第 2 の電子は最初の電子と逆向きの速度をもち，また第 1 の電子と加え合わせるとゼロになるような運動量をもつ．このようにして，二つの電子が格子振動(**フォノン**: phonon)を通して引き合ってクーパー対がつくられる．この電子対の相互作用は，常温では熱運動によって打ち負かされてしまうが，低温では重要になりうる．

電子は**フェルミ粒子***(Fermi particle，**フェルミオン**(fermion)ともいう)であり，一つの量子準位を二つ以上の電子が占めることはできない．しかし2個の電子がクーパー対をつくると，これは**ボース粒子***(Bose particle，**ボソン**(boson)ともいう)として振舞うようになり，すべての電子対が同じ運動エネルギーと運動量をもつようになる．その結果，電子間に摩擦はなくなり，電気抵抗は完全にゼロになる．

常温で良導体である金属は電子と格子を構成するイオンとの相互作用が小さいので，フォノンを通したクーパー対の形成が起こらないために，絶対零度付近まで冷やしても超伝導体とならない．超伝導体となるのはむしろ常温での電気伝導率があまり高くない金属である．ニオブをベースにしたNb-Tiなどの合金やNb_3Snなどの金属間化合物は高い臨界温度と臨界磁場をもつので，超伝導コイルの線材として適している．これらの材料を用いてつくられた超伝導コイルは常伝導コイルの10分の1以下の電力で数倍も強い磁場を発生させることができるため，現在では核磁気共鳴装置をはじめとして非常に幅広い分野で使われている．

1986年にチューリッヒのIBM研究所のベドノルツ(Bednorz)とミューラー(Müller)は，ランタン・バリウム・銅系の酸化物(La-Ba-Cu-O系)が，前例のない35Kという高温で超伝導を示すことを観測した．これを契機として高温超伝導物質に関する研究が急速に盛んになり，数カ月後にはY-Ba-Cu-O系超伝導体の臨界温度T_cは液体窒素温度(77K)を超えることが発見された．現在確認されている常圧での最高のT_cは138Kであり，Hg-Ba-Ca-Cu-O系超伝導体について1993年に達成されたものである．不思議なことは，ふつうは絶縁体と見なされているセラミックス酸化物が，超伝導を示したことである．このような高温超伝導体での超伝導はBCS理論では説明できないため，現在，BCS理論の修正や全く新しい理論の構築が盛んに試みられている．なお，高圧下ではさらに高いT_cが実現されている．中でも硫化水素は155GPa(約153万atm)の下で，203Kという高温で超伝導を示すことが2015年に報告された．

e. 熱伝導性　金属製のカップに熱湯を注ぐとすぐに全体が熱くなって持てなくなるが，瀬戸物やガラスのカップなら外側はあまり熱くならないので持つことができる．このように金属は熱をよく伝えるが，絶縁体は熱を伝えにくいことは，多くの人が経験的に知っている．金属の熱伝導性が高いのは，自由電子が熱エネル

---

* フェルミ粒子およびボース粒子は，それぞれフェルミ統計およびボース統計に従う粒子のことである．フェルミ統計では，1量子状態を占有する粒子の数は0か1かに限られるが，ボース統計では0から∞までの任意の数をとりうる．

ギーのキャリヤーとなるからである．金属を局所的に加熱すると，その部分の電子のエネルギーが高くなる．高いエネルギーをもった電子は，格子を形成する原子の振動と相互作用して散乱されながら，金属の中を容易に移動する．この散乱の際に，電子はそのエネルギーの一部を格子に渡す．エネルギーを受け取った格子の振動は激しくなり，温度の上昇として観測される．熱伝導率は熱エネルギーのキャリヤーがいかに容易に移動できるかにかかっているので，部分的に占有されたバンド構造をもち電子が自由に動き回れる金属は高い熱伝導率を示すのである．

熱と電気が電子という共通のキャリヤーによって運ばれることを裏付けるように，金属の電気伝導率と熱伝導率との間には比例関係がある．代表的な金属の 273 K で測定された熱伝導率と電気伝導率との関係を図 3・17 に示す．この経験則は**ウィーデマン-フランツの法則**(Wiedemann–Franz law)とよばれ，次式で表される．

$$\frac{\kappa}{\sigma} = LT \qquad (3\cdot8)$$

ここで κ は熱伝導率，σ は電気伝導率，T は絶対温度である．L はローレンツ数とよばれ，多くの金属でほぼ一定の値を示し，その平均値は $2.31\times10^{-8}\ \mathrm{J\ s^{-1}\ \Omega\ K^{-2}}$ である．

絶縁体では，熱エネルギーのおもなキャリヤーはフォノンであり，その運搬効率は電子よりも低いので，絶縁体の熱伝導率は金属よりも一般に低い．しかし，ダイヤモンドは絶縁体であるにもかかわらず，その室温での熱伝導率($\kappa=2310\ \mathrm{J\ m^{-1}\ s^{-1}\ K^{-1}}$)は熱の良導体である銀($\kappa=427\ \mathrm{J\ m^{-1}\ s^{-1}\ K^{-1}}$)よりもはるかに高い．これは，共有結合性結晶であるダイヤモンドでは，原子密度が高くかつ格子振動子

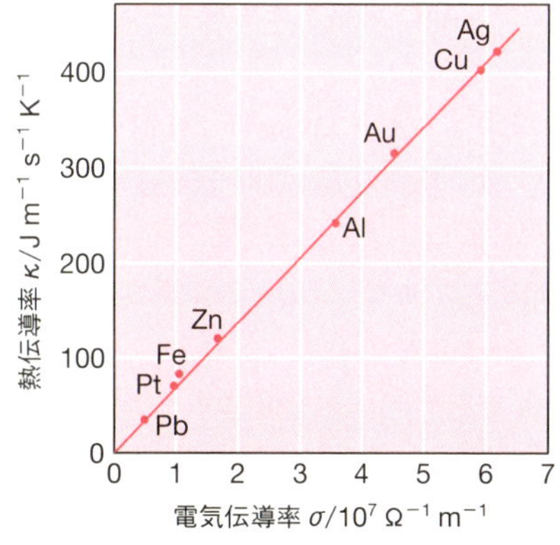

図 3・17 いくつかの金属の熱伝導率と電気伝導率との関係(273 K)

の固有振動数が大きいので，エネルギー値の高いフォノンが高密度に存在するためである．

f. 金属光沢 金属に特有の光沢は，金属が可視部の全領域にわたって光を強く吸収しまた反射するために生じる．金属のバンド幅は可視スペクトルの遷移エネルギーの範囲よりも一般に広いので，バンドの電子で占有された準位から空の準位への連続スペクトルは可視部全域をカバーする．ほとんどの金属はすべての可視光を吸収・反射するので銀白色に見えるが，金と銅は青色領域の光を吸収しあまり反射しないので，独特の金色および銅色を示す．

問 題

3・1 球をすき間なく詰めた層を積み上げて最密構造をつくるとき，六方最密構造および立方最密構造はどのような球の配置になるか．それぞれ第3層目まで図示せよ．

3・2 立方最密構造および体心立方構造の単位格子には，それぞれ正味何個の球が含まれているか．

3・3 六方最密構造および体心立方構造の空間充塡率を計算せよ．

3・4 ニッケル(原子量 58.69)の結晶は常温で立方最密構造をとっており，密度は 8.902 g cm^{-3} である．ニッケルの単位格子の一辺の長さを計算せよ．

3・5 塩化ナトリウム(NaCl)，塩化セシウム(CsCl)および硫化亜鉛(ZnS)はいずれも AX 型塩であるが，異なる構造をとる．おのおのの構造での各イオンの配位数はいくつか．また，イオン半径比に基づいて，そのような配位数をとる理由を説明せよ．

3・6 1) ボルン-ハーバーサイクルを用いて，AgCl の格子エネルギー U_{AgCl} を計算せよ．その際，下記のデータを用いよ．

昇華熱 $\Delta H_{sub}(Ag) = 285$ kJ mol^{-1}，イオン化エネルギー $E_I(Ag) = 731$ kJ mol^{-1}，
結合解離エネルギー $D_{Cl-Cl} = 244$ kJ mol^{-1}，電子親和力 $E_A(Cl) = 350$ kJ mol^{-1}，
生成熱 $\Delta H_f(AgCl) = -127$ kJ mol^{-1}

2) ボルン-マイヤー式を用いて AgCl の格子エネルギー U_{AgCl} を計算せよ．このとき，Ag^+ と Cl^- の間の平均核間距離 d_0 を 296 pm とせよ．

3) 2) で得られた値は 1) で得られた格子エネルギー U_{AgCl} の値とよく一致しているか，それとも大きく違っているか．もし大きく違っているなら，その原因について説明せよ．

3・7　つぎの塩の各組で，共有結合性が高い(イオン結合性が低い)ものはどちらか.

1）$MgCl_2$ と $BaCl_2$　2）NaCl と CuCl　3）$CaCl_2$ と $CdCl_2$

4）AgCl と AgI　5）BCl_3 と $AlCl_3$

3・8　ケイ素に不純物をドープすると，p 型半導体または n 型半導体となる．これらについて，つぎの問いに答えよ.

1）ケイ素にインジウムをドープすると，p 型半導体となる．このときのエネルギーバンドの模式図を描き，それを用いてなぜケイ素よりも低いエネルギーで高い電気伝導性が得られるかを説明せよ.

2）ケイ素にヒ素をドープすると，n 型半導体となる．これについても，1）と同様にエネルギーバンドの模式図を描き，電気伝導の機構を説明せよ.

3・9　電気伝導と熱伝導に関するつぎの問いに答えよ.

1）金属において，一般に電気伝導率と熱伝導率との間に良い比例関係が成り立つのはなぜか.

2）一般に絶縁体の熱伝導率は金属よりも低いが，ダイヤモンドは例外的に高く，室温で銀の 5 倍以上もある．その理由を説明せよ.

3・10　つぎの言葉を説明せよ.

1）セン亜鉛鉱型構造　2）格子エネルギー　3）マーデルング定数

4）類金属　5）バンドギャップ　6）真性半導体

4

基礎無機反応

4・1 酸と塩基

4・1・1 定　義

a. アレニウスの定義　酸と塩基の古典的な概念は19世紀の後半に確立された．いわゆる**アレニウス**(Arrhenius)の酸・塩基の定義である．酸は水溶液中において，解離により水素イオン(H^+)を出す物質であり，塩基は水溶液中において，解離により水酸化物イオン(OH^-)を出す物質である．今，酸をHA，塩基をMOHとし，これらを水に溶かしたとすれば，

$$HA \rightleftharpoons H^+ + A^-, \quad MOH \rightleftharpoons M^+ + OH^-$$

となり，それぞれH^+とOH^-が生じる．また，酸と塩基を混合すれば，塩MAと水を生成することになる．ここで水素イオン(H^+)という言葉を用いたが，これはプロトン(水素の原子核)ではなくて，実際には水和された**オキソニウムイオン**(oxonium ion，H_3O^+)として存在する．

アンモニアも塩基である．この場合，水溶液中で

$$NH_3 + H_2O \rightleftharpoons NH_4{}^+ + OH^-$$

という平衡が存在し，水酸化物イオンを生じるからである．

$HClO_4$，HClあるいはHNO_3のような強酸は，水溶液とした場合，いずれも完全解離する．すなわち，これらの酸はもっているプロトンをすべて放出してしまい，これらはすべてH_3O^+になってしまうため，H_3O^+としての酸の強さ以上になることがない．言い換えると，これらの酸は酸としての強さは異なっているはずであるが，水溶液とした場合，すべて同じ強さの酸としてはたらく．これを**水平化効果**(leveling effect)という．塩基についても同様で，$NaOC_2H_5$や$NaNH_2$などの強塩基は水溶液にするとそれぞれ下記の平衡が完全に右に片寄るので，NaOHの水溶液と違いを生じない．

$$C_2H_5O^- + H_2O \rightleftharpoons C_2H_5OH + OH^-, \quad NH_2{}^- + H_2O \rightleftharpoons NH_3 + OH^-$$

アレニウスの酸・塩基の定義は水溶液系でのみ意味をもち，溶媒が水以外だったり，溶媒に溶けていない場合には，意味を失ってしまう．この問題は1923年に提案された二つの異なる定義，**ブレンステッド**(Brønsted)**の定義**と**ルイス**(Lewis)**の定義**によって克服された．

b. ブレンステッドの定義 ブレンステッドと独立にローリー(Lowry)も同じ定義を提案したので，**ブレンステッド-ローリーの定義**ともよばれる．この定義では，酸とはプロトンを放出しうる分子またはイオンであり，酸はプロトン供与体と表現することもできる．逆にプロトンの受容体が塩基である．したがって，この定義ではアレニウスの定義と異なり，酸や塩基を含む溶液の溶媒は水に限定されない．上で強酸の水溶液は水平化効果のためにすべて同じ強さの酸になってしまうと述べたが，たとえば，溶媒に氷酢酸を選び，強酸の溶液をつくると，状況が違ってくる．酢酸は水よりも強いプロトン供与体なので，強酸の解離が抑制される．氷酢酸中の酸の電気伝導率の測定より，強酸の強さはつぎの順序であることがわかっている．

$$HClO_4 > HBr > H_2SO_4 > HCl > HNO_3$$

酸がプロトンを放出すれば塩基であり，塩基がプロトンを取入れたものが酸である．このように酸(HA)とこれからプロトンを放出して生じた塩基(A^-)とは，互いに**共役**(conjugate)しているという．

$$\underset{\text{酸}}{HA} \rightleftharpoons \underset{\text{塩基}}{A^-} + H^+ \quad (\text{HA と } A^- \text{ が共役}) \tag{4・1}$$

また，HA は塩基 A^- の共役酸，A^- は酸 HA の共役塩基という表現もよく使われる．

酸 HA を水に溶かすと，

$$\underset{\text{酸}}{HA} + \underset{\text{塩基}}{H_2O} \rightleftharpoons \underset{\text{酸}}{H_3O^+} + \underset{\text{塩基}}{A^-} \quad (\text{上：HA と } A^- \text{ が共役，下：} H_2O \text{ と } H_3O^+ \text{ が共役}) \tag{4・2}$$

という共役関係が成立する．一方，塩基 B を水に溶かした場合，

$$\underset{\text{塩基}}{B} + \underset{\text{酸}}{H_2O} \rightleftharpoons \underset{\text{塩基}}{OH^-} + \underset{\text{酸}}{BH^+} \quad (\text{上：B と } BH^+ \text{ が共役，下：} H_2O \text{ と } OH^- \text{ が共役}) \tag{4・3}$$

という共役関係が成立する．(4・2)式と(4・3)式を見比べると，水(H_2O)は反応す

る相手によって酸としても，塩基としてもはたらく両性分子であることがわかる．同様に，たとえば，HCO_3^- や $H_2PO_4^-$ は酸性溶液中では塩基としてはたらき，アルカリ性溶液中では酸としてはたらく，両性イオンである．

c. ルイスの定義　ブレンステッドの定義ではプロトンが酸・塩基反応を決定する化学種であった．ルイスの酸・塩基はプロトンという特定の化学種に限定されない定義である．

アンモニウムイオン(NH_4^+)はブレンステッドの酸であり，その共役塩基はアンモニアである．この関係はつぎのように表される．

$$[H:NH_3]^+ \rightleftharpoons H^+ + NH_3 \qquad (4\cdot4)$$

(4・4)式を(4・1)式と比較すればよくわかる．アンモニアは非共有電子対をプロトンと共有してアンモニウムイオンを生じる．そこでこの考えをより一般化して，非共有電子対を受け入れることができるもの(電子対受容体)を酸，非共有電子対を与えることができるもの(電子対供与体)を塩基と定義すると，これがルイスの酸・塩基の定義である．よって，ブレンステッドの酸と塩基である H^+ と NH_3 はルイスの定義でもそれぞれ酸と塩基である．しかし，ブレンステッドの定義では酸・塩基とよべない BF_3 と F^- の反応(4・5式)も，ルイスの定義では酸と塩基の反応である．

$$BF_3 + F^- \rightleftharpoons BF_4^- \qquad (4\cdot5)$$

ここで，BF_3 は酸ではあるが，プロトンを放出しえないから，ブレンステッドの酸と区別して**ルイス酸**(Lewis acid)とよぶ．同様に(4・5)式における F^- はルイスの定義による塩基，すなわち**ルイス塩基**(Lewis base)としてはたらいている．

4・1・2 HSAB の概念

ルイスの酸・塩基の概念に基づくと，Ag^+ と NH_3 から $[Ag(NH_3)_2]^+$ が生成する反応(錯形成反応)も，ルイス酸(Ag^+)とルイス塩基(NH_3)の反応とみなすことができる．

$$Ag^+ + 2NH_3 \longrightarrow [Ag(NH_3)_2]^+$$

金属イオンがハロゲン化物イオンと錯体を形成するとき，錯形成のしやすさ* に関して a 群と b 群および中間的なものに分類できる．a 群に属する Al^{3+} などの金属イオンはハロゲン化物イオンと $F^- > Cl^- > Br^- > I^-$ の順で錯形成しやすく，F^- との錯体が最も安定である．たとえば，Al^{3+} は F^- と $[AlF_n]^{(3-n)+}$ ($n=1\sim6$) のような錯体を容易につくる．ところが，Pt^{2+}, Cu^+, Ag^+, Hg^{2+} などの金属イオンは逆に

* 厳密には後述する錯体の安定度定数を比較する．

$F^- < Cl^- < Br^- < I^-$ の順に錯形成しやすく，I^- との錯体が最も安定で b 群に属する．ルイス塩基をハロゲン化物イオンに限定せず，もっと広げると，a 群および b 群に属する金属イオンとの間の錯形成のしやすさに関してつぎのような序列が成立する．

a 群の金属イオンに対して　$O \gg S > Se > Te$　$N \gg P > As > Sb$
b 群の金属イオンに対して　$O \ll S \sim Se \sim Te$　$N \ll P > As > Sb$

ピアソン(Pearson)は a 群および b 群に属する金属イオンをそれぞれ**硬い酸**および**軟らかい酸**と名づけた．また，a 群に属する硬い酸と親和性の強い F^- や O, N のような塩基を**硬い塩基**，逆に b 群に属する軟らかい酸と親和性の強い I^- や S, P のような塩基を**軟らかい塩基**と名づけた．硬い酸は硬い塩基と親和性があり，軟らかい酸は軟らかい塩基と親和性があると表現することもできる．表 4・1 におもな硬い酸・塩基，軟らかい酸・塩基の分類を示した．

硬いと形容されるのは比較的サイズが小さく，分極しにくい酸・塩基であり，軟らかいのは大きくて，分極しやすい酸・塩基である．また，金属イオンについては，正電荷の大きいものほど，より硬い酸になる．このような**硬い酸・塩基および軟らかい酸・塩基**(hard and soft acids and bases, **HSAB**)の概念は化学者が経験を通してもっていた感覚とも一致したため，広く受入れられた．

表 4・1　硬い酸・塩基および軟らかい酸・塩基(HSAB)

	硬　い	中　間	軟らかい
酸	H^+, Li^+, Na^+, K^+, Be^{2+}, Mg^{2+}, Ca^{2+}, Al^{3+}, Cr^{3+}, Co^{3+}, Fe^{3+}, La^{3+}, Ti^{4+}, BF_3, SO_3	Fe^{2+}, Co^{2+}, Ni^{2+}, Cu^{2+}, Zn^{2+}, Pb^{2+}, Sn^{2+}, SO_2, BBr_3	Cu^+, Ag^+, Au^+, Tl^+, Pd^{2+}, Cd^{2+}, Pt^{2+}, Hg^{2+}, $Hg_2{}^{2+}$, BH_3
塩基	NH_3, H_2O, R_2O, OH^-, F^-, Cl^-, $ClO_4{}^-$, $NO_3{}^-$, RO^-, CH_3COO^-, $SO_4{}^{2-}$, $PO_4{}^{3-}$	N_2, $NO_2{}^-$, $N_3{}^-$, Br^-, ピリジン, $SO_3{}^{2-}$	H^-, CN^-, R^-, I^-, R_2S, RSH, RS^-, R_3P, R_3As, RNC, CO, C_2H_4

4・1・3　ブレンステッドの酸・塩基の強弱

先に述べたように水は両性分子であり，つぎのように自己イオン化する．

$$H_2O \rightleftharpoons H^+ + OH^-$$

この反応の平衡定数

$$K_w = [H^+][OH^-] = 1.0 \times 10^{-14}\ \mathrm{mol^2\ L^{-2}} \qquad (25\,^\circ\mathrm{C})$$

は自己解離定数あるいは水のイオン積とよぶ．陽イオンと陰イオンは電気的に釣合って中性なはずであるから，純水中では $[H^+]=[OH^-]=1.0\times10^{-7}$ mol L^{-1}(25 ℃)である．水素イオン濃度 $[H^+]$ は一般に非常に小さい値をとるので，酸性度を表すために

$$pH = -\log[H^+]$$

がよく用いられる．たとえば，純水の pH は 7.0 である．

ブレンステッド酸 HA を水に溶かすと，つぎの平衡が成立する．

$$HA + H_2O \rightleftharpoons H_3O^+ + A^-$$

この反応の平衡定数

$$K_a = \frac{[H_3O^+][A^-]}{[HA]}$$

は**酸解離定数**(acid dissociation constant)とよばれる．

強酸でない限り，K_a は非常に小さい値をとるので，

$$pK_a = -\log K_a$$

の値がよく使われる．表 4・2 にいくつかの酸の pK_a 値を示す．pK_a 値が大きいほど弱酸を意味する．

酸解離は多段階で起こることもある．たとえば，リン酸(H_3PO_4)のような 3 価の酸では第 1 段から第 3 段までの逐次酸解離平衡反応を考えることができる．

$$H_3PO_4 \rightleftharpoons H^+ + H_2PO_4^- \qquad K_{a1}$$
$$H_2PO_4^- \rightleftharpoons H^+ + HPO_4^{2-} \qquad K_{a2}$$
$$HPO_4^{2-} \rightleftharpoons H^+ + PO_4^{3-} \qquad K_{a3}$$

表 4・2 にはこのような酸解離定数が pK_{a1}，pK_{a2}，pK_{a3} として与えてある．

表 4・2　種々の酸の pK_a 値(水溶液，25 ℃)

酸	pK_a	酸	pK_a	酸	pK_{a1}	pK_{a2}	pK_{a3}
$HClO_4$	<0	$C_5H_5NH^+$	4.23	H_2SeO_4	<0	1.70	
HNO_3	<0	HClO	7.53	H_2SO_4	<0	1.99	
H_3PO_2	1.3	HBrO	8.63	H_3PO_3	1.5	6.78	
$HClO_2$	1.95	HCN	9.21	H_2SO_3	1.86	7.19	
HNO_2	3.15	H_3BO_3†	9.24	H_2SeO_3	2.65	7.9	
HF	3.17	NH_4^+	9.24	H_2CO_3	6.35	10.33	
HCO_2H	3.74	C_6H_5OH	9.98	H_2S	7.02	13.9	
HN_3	4.65	HIO	10.64	H_3PO_4	2.15	7.20	12.38
CH_3CO_2H	4.76	H_2O_2	11.65	H_3AsO_4	2.24	6.96	11.50

†　この場合の溶液内平衡　$B(OH)_3 + H_2O \rightleftharpoons H^+ + B(OH)_4^-$

表4・2のデータを見比べると，H_3PO_4 のような無機酸素酸の逐次酸解離定数 K_{a1}, K_{a2}, … は酸の種類に関係なくおおよそ 10^{-5} ずつ小さくなっていることがわかる．プロトンが解離すると酸素酸は負電荷が増加するため，陽イオンであるプロトンの解離が順次抑えられるのである．

また，酸素酸を $EO_m(OH)_n$ と表したとき，プロトンが結合していない酸素の数 m と酸解離定数の間につぎのような規則が成り立つ．

m	酸素酸	K_{a1}	pK_{a1}
0	$E(OH)_n$	10^{-7}～$10^{-9.5}$	7～9.5
1	$EO(OH)_n$	10^{-2}～10^{-3}	2～3
2	$EO_2(OH)_n$	約 10^3	約 −3
3	$EO_3(OH)_n$	きわめて大きい	大きな負の値

たとえば，H_3PO_4 は $PO(OH)_3$ と表せるから $m=1$ であり，pK_{a1} は2～3と推測できる．また，pK_{a2}，pK_{a3} は pK_{a1} より約5ずつ大きくなるはずであるから，$pK_{a2}=7$，$pK_{a3}=12$ 程度と推測できる．

ここで，H_3PO_3（ホスホン酸）および H_3PO_2（ホスフィン酸）の pK_1 はそれぞれ1.5および1.3で，H_3PO_4 の pK_{a1} とほぼ等しく，上で述べた規則に合っていないように見える．たとえばホスホン酸を $P(OH)_3$ と表すと $m=0$ であり，$pK_{a1}=\sim 8$ と推測される．しかし，これらの酸はそれぞれつぎのような構造をとっており，いずれも $m=1$ とみなすべき酸なのである．

炭酸（H_2CO_3）も例外である．二酸化炭素（CO_2）を水に溶解すると，つぎの反応によって炭酸が生成する．

$$CO_2 + H_2O \rightleftharpoons H_2CO_3$$

炭酸は $CO(OH)_2$ と書き表せるから $m=1$ で $pK_{a1}=2$～3と推測されるが，実際は6.35である．この場合は水に溶解している CO_2 の大部分は溶媒の水と弱い相互作用しかしていない CO_2 として存在し，ごく一部分の CO_2 のみが $CO(OH)_2$ の構造をとっているためである．

最後に塩基解離定数について述べておく．塩基Bを水に溶かしたときの反応

$$B + H_2O \rightleftharpoons BH^+ + OH^-$$

の平衡定数

$$K_b = \frac{[BH^+][OH^-]}{[B]}$$

は**塩基解離定数**(base dissociation constant)とよばれる．この反応に含まれる酸 BH^+ の酸解離定数 K_a は

$$K_a = \frac{[H^+][B]}{[BH^+]}$$

であり，K_a と K_b は水のイオン積 K_w を介して

$$K_aK_b = [H^+][OH^-] = K_w$$

のように関係づけられる．すなわち，塩基解離定数は K_w を使って K_a 値に変換できる．

4・1・4 超　　酸

純粋な硫酸よりも強い酸性の溶液は**超酸**(super acid)とよばれる．このような非水溶媒の酸性度を表すのには，水溶液系で用いられている pH に代わる尺度を工夫する必要がある．pH はおおよそ 0〜14 の範囲で意味をもつが，超酸は非水溶媒であるうえに，いわば pH が大きな負の領域の酸性度に相当するからである．

超酸の酸性度は，**ハメットの酸性度関数**(Hammett acidity function)H_0 を測定することによって見積もられる．すなわち，H_0 を決定したい超酸にきわめて弱い塩基性の指示薬(プロトンが付加しにくい指示薬)B を加える．

H_0 はつぎのように定義される．

$$H_0 = pK_{BH^+} - \log\frac{[BH^+]}{[B]}$$

ここで，K_{BH^+} は酸 BH^+ の熱力学的解離定数 $K_{BH^+} = a_{H^+}a_B/a_{BH^+}$ (a： **活量**，activity)である．活量については§9・1・2を参照されたい．$[BH^+]/[B]$ の値は吸収スペクトル測定によって決定できるので，負の pK_{BH^+} 値をもつ適当な指示薬を使うことにより，H_0 値を大きな負の領域に拡張することができる．このような目的に使われる指示薬としては，*p*-ニトロトルエン($pK_{BH^+} = -11.4$)，2,4-ジニトロトルエン($pK_{BH^+} = -13.8$)，1,3,5-トリニトロベンゼン($pK_{BH^+} = -16.0$)などがある．

H_0 が負の絶対値の大きい値であるほど強い酸である．たとえば純硫酸の H_0 は -11.9，純 HF の H_0 は -11.0，フルオロ硫酸(HSO_3F)の H_0 は -15.6 である．HF に対して酸としてはたらく物質はほとんどないが，SbF_5 はその数少ない例である．

$$SbF_5 + 2HF \rightleftharpoons H_2F^+ + SbF_6^-$$

すなわち，SbF_5 はフッ化物イオン受容体(ルイス酸)としてはたらき，H_2F^+ を増す．

したがって，HF に SbF_5 を加えると H_0 が -20 以下という，きわめて強い酸性の溶媒になる．HSO_3F に AsF_5 や SbF_5 を加えると，AsF_5 や SbF_5 が SO_3F^- イオンの受容体としてはたらくため，一層強力な酸になる．

$$2HSO_3F + SbF_5 \rightleftharpoons H_2SO_3F^+ + SbF_5(SO_3F)^-$$

超酸を利用することにより，安定な炭素陽イオン種を生成させるなどの応用が可能である．

$$\text{F}-\text{C}_6\text{H}_5 \xrightarrow{HF/SbF_5} \text{F}-\text{C}_6\text{H}_5\text{H}^+$$

$$(CH_3)_3COH \xrightarrow[-H_2O]{HSO_3F/SbF_5} (CH_3)_3C^+$$

前者の反応は，芳香環すらプロトンの付加が起こり，カルボカチオンが生じている例である．後者の反応は，アルコールから OH^- が引き抜かれてカルベニウムイオンが生じている．

4・2 酸化と還元

4・2・1 標準酸化還元電位

高等学校で学んだように，一般に単体の金属は水溶液中で電子を放出して陽イオンになろうとする傾向があり，これを金属の**イオン化傾向**(ionization tendency)という．イオン化傾向の大きな金属から順に並べるとつぎのような序列ができ，これを金属の**イオン化列**あるいは**電気化学列**という．

K＞Ca＞Na＞Mg＞Al＞Zn＞Fe＞Ni＞Sn＞Pb＞H_2＞Cu＞Hg＞Ag＞Pt＞Au

ここで H_2 は金属ではないが，これも含めて示してある．

イオン化傾向の定量的な表現が**標準酸化還元電位**(standard oxidation-reduction potential)である．いま，M^{m+} と単体の金属 M の間の酸化還元反応，(4・6)式を考える．

$$M^{m+} + me^- \rightleftharpoons M \qquad (4\cdot6)$$

(4・6)式には M^{m+} と M という 1 組の酸化体と還元体の対が含まれている．これを**酸化還元対**(oxidation-reduction couple)といい M^{m+}/M のように表現する．この M^{m+}/M の標準酸化還元電位を決定するためには，図 4・1 のような電池を組立てればよい．図 4・1 の左側の容器に示した電極は**標準水素電極**(standard hydrogen electrode)とよばれ，SHE と略記される．塩橋というのは適当な塩を含む溶液でつくった寒天を詰めたり，左右の溶液の間に細孔をもつ溶融ガラスをはさんだりしたチューブである．要するに，左右の溶液間を電流は通すが，溶液は混合しないような工夫がしてある．このような電池の表現には国際的な約束(IUPAC 規約)があり，図 4・1 の電池は (4・7)式のように表される．ここで，a_{H^+} および $a_{M^{m+}}$ はそれぞれ H^+ および M^{m+} の活量である．

$$\mathrm{Pt, H_2(1\,atm)\,|\,H^+(}a_{\mathrm{H^+}}\mathrm{=1)\,||\,M^{m+}(}a_{\mathrm{M^{m+}}}\mathrm{=1)\,|\,M} \qquad (4\cdot7)$$

たとえば，図 4・1 の右側の電極系を硫酸銅(II)溶液($a_{Cu^{2+}}=1$)と銅板にした場合，25 °C では水素電極と銅板の間に +0.34 V の起電力が生じる．

$$\mathrm{Pt, H_2(1\,atm)\,|\,H^+(}a_{\mathrm{H^+}}\mathrm{=1)\,||\,Cu^{2+}(}a_{\mathrm{Cu^{2+}}}\mathrm{=1)\,|\,Cu}$$

$$E^\circ = +0.34\,\mathrm{V} \quad (25\,^\circ\mathrm{C}) \qquad (4\cdot8)$$

この起電力 +0.34 V が酸化還元対 Cu^{2+}/Cu の標準酸化還元電位(E°)である．この電池(4・8 式)で塩橋の左側では

$$\mathrm{H_2(1\,atm)} \longrightarrow \mathrm{2H^+(}a_{\mathrm{H^+}}\mathrm{=1)} + \mathrm{2e^-} \qquad (4\cdot9)$$

塩橋の右側では

$$\mathrm{Cu^{2+}(}a_{\mathrm{Cu^{2+}}}\mathrm{=1)} + \mathrm{2e^-} \longrightarrow \mathrm{Cu} \qquad (4\cdot10)$$

の反応が起こり，電池の全反応は (4・11)式のように表すことができる．なお，(4・9)式および (4・10)式を全反応に対応させて，半反応とよぶ．

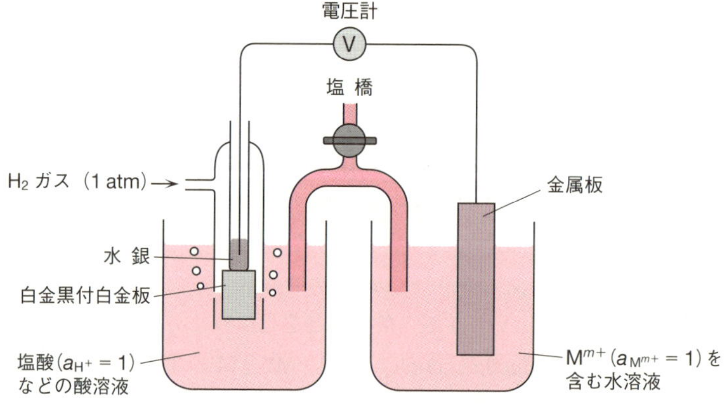

白金黒付白金板：ヘキサクロロ白金(IV)酸などの水溶液から電解還元によって白金板上に微粒子状の白金を付着させてつくった電極

図 4・1 酸化還元対 M^{m+}/M の標準酸化還元電位を決定するための電池の構成

$$H_2(1\,\mathrm{atm}) + Cu^{2+}(a_{Cu^{2+}}=1) \longrightarrow 2H^+(a_{H^+}=1) + Cu \qquad (4\cdot11)$$

(4・11)式には Cu^{2+}/Cu と $H^+/\frac{1}{2}H_2$ という二つの酸化還元対が組合わされている．銅板を銅イオンを含む溶液に浸すと，金属銅と溶液の界面に電位差を生じる．しかし，このような電位差を単独で測定することはできない．そこで，標準水素電極電位を基準に選び，これと組合わせてその起電力を測定するのである．標準水素電極の電位は任意の温度で 0 V と約束されている．H_2 の方が銅よりイオン化傾向が大きいので，反応(4・11) は自発的に起こる．E° を使って表現すれば，E° が正の値をとるので，反応(4・11) は自発的に起こるということになる．

つぎのような電池を組立てた場合，Zn^{2+}/Zn の標準酸化還元電位が決まる．

$$\mathrm{Pt}, H_2(1\,\mathrm{atm})\,|\,H^+(a_{H^+}=1)\,||\,Zn^{2+}(a_{Zn^{2+}}=1)\,|\,Zn$$

$$E^\circ = -0.76\,\mathrm{V} \quad (25\,^\circ\mathrm{C}) \qquad (4\cdot12)$$

今度は E° が負なので，反応(4・13) は自発的に起こらない．

$$H_2(1\,\mathrm{atm}) + Zn^{2+}(a_{Zn^{2+}}=1) \longrightarrow 2H^+(a_{H^+}=1) + Zn \qquad (4\cdot13)$$

もし，この反応を起こさせようとすれば，図 4・1 の電圧計の代わりに，乾電池や直流発電機をつなぎ，0.76 V 以上の電圧を逆向きにかける必要がある．

いくつかの酸化還元対の標準酸化還元電位(E°)を表 4・3 に示す．ある酸化還元対の E° が大きな負の値をもつとき，還元体は強い還元剤であることを意味する．たとえば，Na^+/Na の $E^\circ = -2.71$ V なので，金属ナトリウムは強い還元剤である．

水素電極は組立てるのがやっかいな使いにくい電極である．標準酸化還元電位の定義では水素電極と組合わせた電池を組立てることにはなっているが，実際に起電力を測定するときに，必ずしも水素電極を使う必要はない．水素電極の代わりによく使われるのは，**甘コウ電極**(**カロメル電極**，calomel electrode)である．

$$\mathrm{Hg}\,|\,Hg_2Cl_2,\ \mathrm{KCl}\ 溶液(一定濃度)\,||\,起電力を測定したい電極系 \qquad (4\cdot14)$$

甘コウというのは Hg_2Cl_2(水に難溶性の固体)の古い名称で，たとえば飽和 KCl 溶液で製作した電極(飽和甘コウ電極(saturated calomel electrode)とよばれ，SCE と略記される)は標準水素電極に対して +0.242 V である．同様に Ag/AgCl 電極(飽和 KCl 溶液で +0.197 V vs SHE)もよく使われる．

酸化還元対は M^{m+}/M に限らず，Fe^{3+}/Fe^{2+}，MnO_4^-/MnO_2 のような酸化還元対であってもその E° を決定することができる．たとえば，Fe^{3+}/Fe^{2+} の E° は Fe^{3+} と Fe^{2+} の両方を含む溶液について，(4・15)式の電池を組立てればよい．

$$\mathrm{Pt, H_2(1\,atm)\,|\,H^+}(a=1)\,||\,\mathrm{Fe^{3+}}(a=1),\ \mathrm{Fe^{2+}}(a=1)\,|\,\mathrm{Pt}$$

$$E^\circ = +0.76\,\mathrm{V} \quad (25\,^\circ\mathrm{C}) \qquad (4\cdot15)$$

温度が25 °Cでなかったり，Fe^{3+} と Fe^{2+} の活量が等しくないときは(標準状態にないときに相当する)，この電池の起電力 E は次式(**ネルンスト**(Nernst)**の式**)で表す．

$$E = E^\circ - \frac{RT}{nF}\ln\frac{a_{\mathrm{Red}}}{a_{\mathrm{Ox}}} \qquad (4\cdot16)$$

(4・16)式では Fe^{3+}/Fe^{2+} を一般化して，Ox/Red(酸化体/還元体)として示してある．また，R=気体定数，T=絶対温度，n=酸化還元に必要な電子数，F=ファラデー定数である．Fe^{3+}/Fe^{2+} 系にあてはめると，25 °Cでは

$$E = E^\circ - 0.0591\log\frac{a_{\mathrm{Red}}}{a_{\mathrm{Ox}}} \quad 〔単位：V〕 \qquad (4\cdot17)$$

表 4・3　標準酸化還元電位（E°）(25°C)

酸化還元反応	E°/V	酸化還元反応	E°/V
$Li^+ + e^- \rightleftharpoons Li$	−3.04	$Cu^{2+} + 2e^- \rightleftharpoons Cu$	0.34
$Cs^+ + e^- \rightleftharpoons Cs$	−3.02	$Fe(CN)_6{}^{3-} + e^- \rightleftharpoons Fe(CN)_6{}^{4-}$	0.36
$Rb^+ + e^- \rightleftharpoons Rb$	−2.99	$Cu^+ + e^- \rightleftharpoons Cu$	0.52
$K^+ + e^- \rightleftharpoons K$	−2.92	$\frac{1}{2}I_2 + e^- \rightleftharpoons I^-$	0.53
$Ba^{2+} + 2e^- \rightleftharpoons Ba$	−2.90	$H_3AsO_4 + 2H^+ + 2e^- \rightleftharpoons H_3AsO_3 + H_2O$	0.56
$Sr^{2+} + 2e^- \rightleftharpoons Sr$	−2.89	$O_2 + 2H^+ + 2e^- \rightleftharpoons H_2O_2$	0.70
$Ca^{2+} + 2e^- \rightleftharpoons Ca$	−2.87	$Fe^{3+} + e^- \rightleftharpoons Fe^{2+}$	0.77
$Na^+ + e^- \rightleftharpoons Na$	−2.71	$Hg_2{}^{2+} + 2e^- \rightleftharpoons 2Hg$	0.79
$Mg^{2+} + 2e^- \rightleftharpoons Mg$	−2.34	$Ag^+ + e^- \rightleftharpoons Ag$	0.80
$\frac{1}{2}H_2 + e^- \rightleftharpoons H^-$	−2.23	$2Hg^{2+} + 2e^- \rightleftharpoons Hg_2{}^{2+}$	0.91
$Al^{3+} + 3e^- \rightleftharpoons Al$	−1.67	$\frac{1}{2}Br_2 + e^- \rightleftharpoons Br^-$	1.09
$Mn^{2+} + 2e^- \rightleftharpoons Mn$	−1.18	$IO_3{}^- + 6H^+ + 6e^- \rightleftharpoons I^- + 3H_2O$	1.09
$Zn^{2+} + 2e^- \rightleftharpoons Zn$	−0.76	$IO_3{}^- + 6H^+ + 5e^- \rightleftharpoons \frac{1}{2}I_2 + 3H_2O$	1.20
$Fe^{2+} + 2e^- \rightleftharpoons Fe$	−0.44	$O_2 + 4H^+ + 4e^- \rightleftharpoons 2H_2O$	1.23
$Cr^{3+} + e^- \rightleftharpoons Cr^{2+}$	−0.41	$\frac{1}{2}Cl_2 + e^- \rightleftharpoons Cl^-$	1.36
$Ti^{3+} + e^- \rightleftharpoons Ti^{2+}$	−0.37	$\frac{1}{2}Cr_2O_7{}^{2-} + 7H^+ + 3e^- \rightleftharpoons Cr^{3+} + \frac{7}{2}H_2O$	1.36
$Ni^{2+} + 2e^- \rightleftharpoons Ni$	−0.26	$MnO_4{}^- + 8H^+ + 5e^- \rightleftharpoons Mn^{2+} + 4H_2O$	1.52
$H_3PO_4 + 2H^+ + 2e^- \rightleftharpoons H_3PO_3 + H_2O$	−0.20	$Ce^{4+} + e^- \rightleftharpoons Ce^{3+}$	1.61
$Sn^{2+} + 2e^- \rightleftharpoons Sn$	−0.14	$HClO_2 + 2H^+ + 2e^- \rightleftharpoons HClO + H_2O$	1.67
$Pb^{2+} + 2e^- \rightleftharpoons Pb$	−0.13	$H_2O_2 + 2H^+ + 2e^- \rightleftharpoons 2H_2O$	1.76
$H^+ + e^- \rightleftharpoons \frac{1}{2}H_2$	0†	$\frac{1}{2}S_2O_8{}^{2-} + e^- \rightleftharpoons SO_4{}^{2-}$	2.05
$Sn^{4+} + 2e^- \rightleftharpoons Sn^{2+}$	0.15	$O_3 + 2H^+ + 2e^- \rightleftharpoons O_2 + H_2O$	2.07
$Cu^{2+} + e^- \rightleftharpoons Cu^+$	0.15	$\frac{1}{2}F_2 + e^- \rightleftharpoons F^-$	2.85
$S_4O_6{}^{2-} + 2e^- \rightleftharpoons 2S_2O_3{}^{2-}$	0.17	$\frac{1}{2}F_2 + H^+ + e^- \rightleftharpoons HF$	3.03

† 電位の基準．定義により 0 V.

となる．したがって，$a_{Fe^{3+}}/a_{Fe^{2+}}$ が大きくなるほど起電力は大きくなり，たとえば，10：1 で $E°$(0.76 V) より 59.1 mV，100：1 で 2×59.1 mV だけ大きくなる．

4・2・2 標準酸化還元電位と自由エネルギー変化との関係

標準酸化還元電位($E°$)の決定は単にイオン化傾向を定量化したことにとどまらない．$E°$ の決定は自由エネルギー変化($\Delta G°$)を測定したことを意味し，両者の間にはつぎの関係がある．

$$\Delta G° = -nFE°$$

たとえば，Fe^{3+}/Fe^{2+} の $E°$(＝+0.77 V)が測定できると，反応(4・18) の $\Delta G°$ を決定したことになる*.

$$Fe^{3+}(a=1) + e^- \rightleftharpoons Fe^{2+}(a=1) \qquad E° = +0.77\,V \qquad (4\cdot18)$$

すなわち，反応(4・18) の $\Delta G° = -nFE° = -1\times F\times 0.77\,J\,mol^{-1}$ である．表 4・3 には Fe^{2+}/Fe の $E°$ が与えてある．この値(−0.44 V)と組合わせると，つぎのように Fe^{3+}/Fe の $E°$ を求めることができる．反応(4・19) の $\Delta G°$ は $-nFE° = -2\times F\times(-0.44)\,J\,mol^{-1}$ である．

$$Fe^{2+} + 2e^- \rightleftharpoons Fe \qquad (4\cdot19)$$

したがって，(4・18) と (4・19)式の $\Delta G°$ を代数的に足し合わせると，Fe^{3+}/Fe の $E°$ を求めることができる．

$$\begin{array}{ll} & \Delta G°/J\,mol^{-1} \\ Fe^{3+} + e^- \rightleftharpoons Fe^{2+} & -F\times(+0.77) \\ Fe^{2+} + 2e^- \rightleftharpoons Fe & -2\times F\times(-0.44) \\ \hline Fe^{3+} + 3e^- \rightleftharpoons Fe & \Delta G° = -F\times(0.77-2\times0.44) \\ & \quad = -3\times F\times(0.77-2\times0.44)/3 \\ & \quad = -3\times F\times E°(Fe^{3+}/Fe) \end{array}$$

結果は $E° = -0.04$ V となるはずである．実は Fe^{3+} 溶液に Fe の電極を浸すと，Fe^{3+} は Fe^{2+} に還元されるため，Fe^{3+}/Fe の $E°$ は直接測定できない量である．しかしながら，上に示したように $\Delta G°$ の加成性を使って，Fe^{3+}/Fe を計算することができる．

いくつもの酸化状態をとる元素は珍しくない．たとえば，MnO_4^- は酸性溶液中で還元すると，MnO_4^{2-}，MnO_2，Mn^{3+}，Mn^{2+}，Mn のように多彩な酸化状態をと

* $E°$ の基準は水素電極(つねに 0 V)であるから，実際の反応は $Fe^{3+} + \frac{1}{2}H_2 = Fe^{2+} + H^+$ であるが，以下の計算は半反応で考えてよい．

る．そこで，これら各酸化状態と標準電位を組合わせて表示したのが，**ラティマーの電位図**（または電位ダイアグラム）（Latimer's potential diagram）である．マンガンの酸性溶液（$a_{H^+}=1$）におけるラティマーの電位図を図 4・2 に示す．

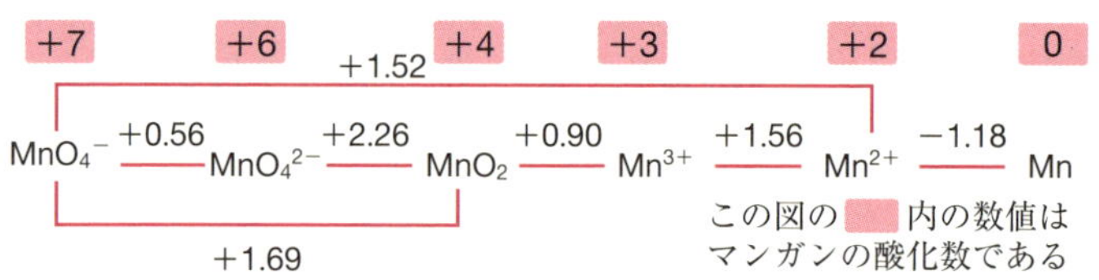

図 4・2 酸性溶液（$a_{H^+}=1$）におけるマンガンのラティマーの電位図

4・2・3 サイクリックボルタンメトリー

ボルタンメトリー（voltammetry）とは試料溶液に作用電極（酸化還元挙動を観測する側の電極）と参照電極（SCE などの電位の基準となる電極）を挿入して，両電極間に電圧を加え，対応して流れる電流と電圧の関係を調べる方法の総称である*．電圧のかけ方や電流の測定の仕方に種々の方式が開発されている．現在最もよく使われている方法に**サイクリックボルタンメトリー**（cyclic voltammetry, CV 法）がある．この方法では酸化還元を受ける物質（電極活性物質）の溶液に加える電圧（加電圧）を時間とともに三角形状に掃引（sweep）する（図 4・3）．作用電極には微小な白金電極やグラッシーカーボン電極などが使われる．

最初仮に溶液には酸化体（Ox）は存在せず，還元体（Red）のみが含まれているとしよう．電位を掃引開始電位 E_A から正側に掃引すると，作用電極表面ではしだいにつぎの酸化反応（右から左へ）が始まり，酸化電流が流れる．

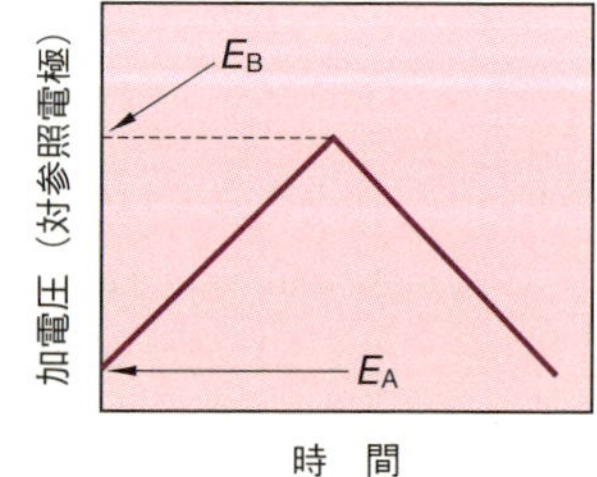

図 4・3 サイクリックボルタンメトリーにおける加電圧と時間の関係

* ボルタンメトリーは volt（電圧の単位），ampere（電流の単位），metry（記録，解析する方法を意味する語尾）からの造語である．電流を制御し，それに対応する電位を測定する方法もボルタンメトリーである．

$$\mathrm{Ox} + n\mathrm{e}^- \rightleftharpoons \mathrm{Red} \qquad (4 \cdot 20)$$

しかし，酸化が進むにつれて電極近傍における還元体の濃度はほとんどゼロになり，還元体は拡散によって溶液内部から電極表面に供給される分だけとなるため，酸化電流はある電位でピークに達した後減少していく．ところが，ある適当な電位(図4・3の E_B)で加電圧の掃引の向きが逆転するため，作用電極の電位は負側に掃引され，還元反応が起こるようになる．電極-溶液界面での電子移動速度(電極反応速度)が十分速ければ[*1]，図4・4に示すようなサイクリックボルタモグラムが得られる．

この例では電極活性物質はフェロセン(Cp_2Fe，§10・1参照)である．フェロセンは水に不溶なので，ここでは非プロトン性極性溶媒(後述)であるアセトニトリルが使われている[*2]．溶液には0.10 mol L^{-1} [*3]の$(Bu_4N)(BF_4)$が添加されている．この塩は支持電解質とよばれる．泳動電流を抑制するために，通常，支持電解質は電極活性物質に対して100倍程度の物質量を加えて測定する．支持電解質には電極反応に影響を与えない塩を選択する．フェロセンは電極で1電子酸化を受け，フェロセン1価陽イオン($[Cp_2Fe]^+$)を与える．

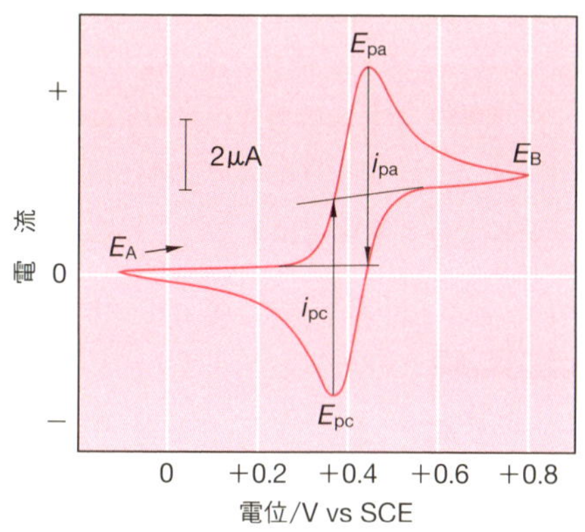

$[Cp_2Fe] = 1.0 \times 10^{-3}$ M，作用電極＝棒状白金電極，参照電極＝SCE，補助電極＝白金ワイヤー．$E_A = -0.10$ V vs SCE，$E_B = +0.80$ V vs SCE，掃引速度＝50 mV s^{-1}

図 4・4　0.1 M$(Bu_4N)(BF_4)$を含むアセトニトリル中のフェロセン(Cp_2Fe)のサイクリックボルタモグラム(室温)

---

*1　そのような系を可逆系といい，逆に電極反応速度が遅い系を非可逆系という．

*2　作用電極と参照電極の間に電流 i が流れると，測定溶液および回路の抵抗(R)による電圧の低下(低下分は iR なので，iR ドロップとよぶ)が起こる．このため，参照電極に対する作用電極の電位は加電圧より小さくなる．強電解質が完全解離する水溶液などではあまり問題とはならないが，非水溶媒と電解質の組合わせによっては液抵抗が大きくなり，iR ドロップが無視できなくなる．iR ドロップの影響を減らす工夫をしたのが3電極式のボルタンメトリーで，作用電極，参照電極のほかにもう1本の補助電極を付け加えて測定する．図4・4の測定も3電極式で行われている．

*3　以下 mol L^{-1} を M と表す．

$$Cp_2Fe \rightleftharpoons [Cp_2Fe]^+ + e^- \quad (4\cdot21)$$

電極反応が可逆な系では(Cp_2Fe/Cp_2Fe^+ も可逆系である)，酸化ピーク電流 i_{pa} と還元ピーク電流 i_{pc} の間には (4・22)式の関係が成立する．

$$|i_{pa}| = |i_{pc}| \quad (4\cdot22)$$

電極に平面電極を用いた場合，$|i_{pa}|$ あるいは $|i_{pc}|$，すなわち $|i_p|$ は (4・23)式で与えられる．

$$|i_p| = 269\,An^{3/2}cD^{1/2}v^{1/2} \quad 〔単位：A〕 \quad (4\cdot23)$$

ここで，A＝電極表面積〔cm^2〕，c＝電極活性物質の濃度〔M〕，D＝電極活性物質の拡散係数〔$cm^2\ s^{-1}$〕，v＝掃引速度〔$V\ s^{-1}$〕である．

酸化ピーク電位(E_{pa})と還元ピーク電位(E_{pc})の差 ΔE_p は 25 °C において (4・24)式の値を与える．

$$\Delta E_p = E_{pa} - E_{pc} = \sim\frac{60}{n} \quad 〔単位：mV〕 \quad (4\cdot24)$$

$(E_{pa}+E_{pc})/2$ を $E_{1/2}$ と表す．酸化体と還元体の拡散係数が等しい場合(通常このことは良い近似で成り立つ)には，$E_{1/2}$ は反応(4・20) の標準酸化還元電位 E° に等しい．サイクリックボルタンメトリーを用いると，きわめて簡便に E° が，したがって自由エネルギー変化が測定できる．また，問題とする物質の酸化還元挙動とともに，付随する化学的挙動がわかることもある．なお，電極反応の可逆性が減少すると，E_{pa} と E_{pc} の差が増大し，完全に非可逆になると酸化電流または還元電流のどちらか一方しか観測されなくなる．

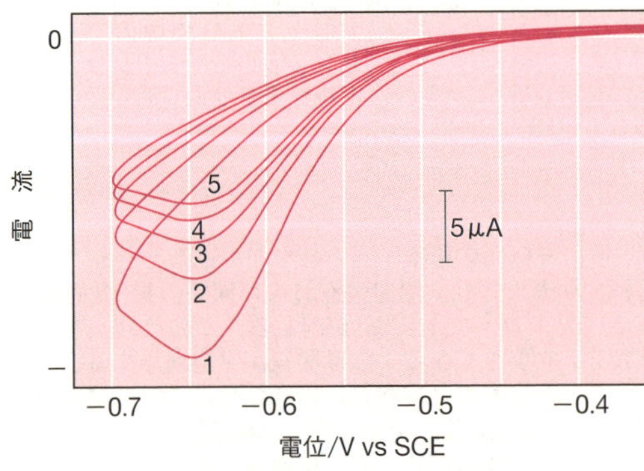

$[[Co(NH_3)_6]Cl_3]=1.0\times10^{-3}$ M，ディスク状グラッシーカーボン電極を使用．$E_A=-0.35$ V vs SCE，$E_B=-0.70$ V vs SCE，掃引速度＝100 mV s^{-1}．ピーク電流近傍の数字は掃引回数を示す

図 4・5　0.20 M 酢酸-0.40 M 酢酸ナトリウム緩衝溶液を含む水溶液中の $[Co(NH_3)_6]Cl_3$ の多掃引サイクリックボルタモグラム(室温)

図4・5は酢酸-酢酸ナトリウム緩衝溶液中における $[Co(NH_3)_6]Cl_3$ のサイクリックボルタモグラムである．図4・4の場合には加電圧を1回だけ三角形状に加えた(単掃引)が，ここでは三角形状の加電圧変化を連続して繰返しかけている(多掃引)．最初に目につくことは還元電流は現れているが，酸化電流が認められないことであろう．すなわち，これは非可逆波である．また，掃引を繰返すたびに還元電流値が減少している．酸化電流が現れないことは，2価および3価のコバルト錯体の置換活性および置換不活性(§9・2・1参照)と関係がある．電位を負に掃引すると(4・25)式に示すように錯体は1電子還元を受ける．

$$[Co(NH_3)_6]^{3+} + e^- \rightleftharpoons [Co(NH_3)_6]^{2+} \qquad (4\cdot25)$$

ところが，こうして生成したコバルト(Ⅱ)イオンは置換活性なので，アンミン配位子をすばやく放出してしまい(4・26式)，水和コバルト(Ⅱ)イオンを与える．

$$[Co(NH_3)_6]^{2+} + 6H_3O^+ \rightleftharpoons [Co(H_2O)_6]^{2+} + 6NH_4^+ \qquad (4\cdot26)$$

このイオンは測定電位領域では全く酸化を受けないので，酸化電流が観測されないことになる．しかも1回掃引すると，電極近傍の $[Co(NH_3)_6]^{3+}$ 濃度が減少するので，第2回目の掃引では1回目の掃引よりも電極近傍の $[Co(NH_3)_6]^{3+}$ 濃度が低い分さらに減少し，電極表面には遠い領域から $[Co(NH_3)_6]^{3+}$ が拡散してこなければならない．掃引を繰返すたびに拡散層は拡大を続け，そのたびに還元電流が減少することになる．

図4・4の Cp_2Fe/Cp_2Fe^+ 系のような可逆系では掃引を繰返してもほとんど同一の波形が得られる．図4・5に示した $[Co(NH_3)_6]^{3+}$ の酸化還元は見かけ上完全に非可逆系の波形を与えているが，実際は電極反応に後続して起こる速い化学反応(4・26)が存在したためである．酢酸-酢酸ナトリウム緩衝溶液の代わりに NH_3-NH_4Cl 緩衝溶液を用いると，酸化波が現れ，ほぼ可逆系の波形を与える．このような溶液組成では，還元によって生成した $[Co(NH_3)_6]^{2+}$ が安定に保たれ，電位が酸化方向に掃引されるときに再酸化を受けるためである．

なお，サイクリックボルタンメトリーはきわめて微小な電極の近傍でのみ酸化還元が行われるため，溶液中の電極活性物質の大部分は変化を受けない．すなわち，実質上非破壊の測定法である．溶液に含まれる電極活性物質のすべてを酸化または還元するためには，適当な酸化剤あるいは還元剤を加えるか(化学的酸化還元)，表面積の大きな電極を使って電解酸化(または還元)を行う(電解合成)．酸化還元による合成を実行するためには，サイクリックボルタンメトリーで得られる $E_{1/2}$ の値が最も重要で役に立つデータであることはいうまでもない．

最後にキュバン型四鉄クラスター(*1*)のサイクリックボルタモグラムを図4・6に示す．

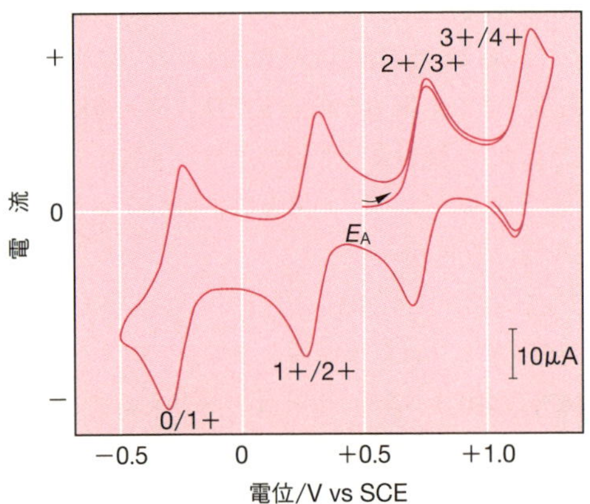

$[[Cp_4Fe_4Se_4](PF_6)_2] = 1.0 \times 10^{-3}$ M，棒状白金電極を使用．掃引速度 50 mV s^{-1}

図 4・6 0.1 M(Bu_4N)(BF_4)を含むアセトニトリル中の $[Cp_4Fe_4Se_4](PF_6)_2$ のサイクリックボルタモグラム(室温)

酸化還元挙動から $[Cp_4Fe_4Se_4]^{n+}$ には $n=0, 1, 2, 3, 4$ のクラスターが存在することがわかる．このボルタモグラムを参考にして，化学的ならびに電気化学的にクラスターの酸化還元が行われた．その結果，$n=0, 1, 2$ および3のクラスターが単離され，単結晶X線構造解析が行われている．ただし，$[Cp_4Fe_4Se_4]^{4+}(X^-)_4$ の単離は成功していない．

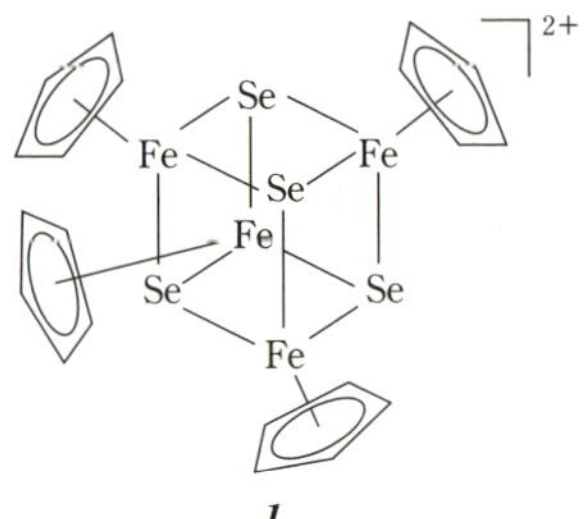

1

4・3 溶 媒

水は最もありふれており，非常に多くの物質を溶かす優れた溶媒である．特に電解質をよく溶かす．この理由の一つは水がもつ大きな比誘電率(79)である．ある溶媒中に距離 r だけ離れて電荷 q^+ と q^- が存在するとき，両方の電荷の間にはたらく引力 F は(4・27)式で与えられる．

$$F = \frac{q^+q^-}{4\pi\varepsilon_0\varepsilon_r r^2} \qquad (4 \cdot 27)$$

ここで $\varepsilon_0\varepsilon_r$ はその溶媒の誘電率(ε_0 は真空の誘電率，ε_r は問題とする溶媒の比誘電率)である．(4・27)式からその溶媒の比誘電率が大きいほど二つの電荷間の静電引力が弱められることがわかる．したがって，比誘電率は電解質の溶解やイオンへの解離に大きく影響する．

溶媒がもつもう一つの重要な性質に**溶媒和**(solvation)がある．溶液中の溶質は多かれ少なかれ溶媒和する．溶質が塩である場合，一般に陽イオンの方が陰イオンよりもサイズが小さいので，陽イオンの溶媒和の方が重要である．溶媒が水の場合，陽イオンに対しては負に分極した酸素が相互作用し，水分子は供与体(ルイス塩基)としてはたらく．

上に述べたように，陰イオンに対する溶媒和は一般に陽イオンに対するほど顕著ではないが，この場合は溶媒の受容体(ルイス酸)としての性格がより重要である．

表4・4によく用いられる溶媒の性質をまとめて示した．溶媒が液体として存在

表 4・4　種々の溶媒とその性質

溶　媒	略記号	化学式	凝固点/°C	沸点/°C	比誘電率† ε_r
アセトニトリル		CH_3CN	−46	82	36
アンモニア		NH_3	−78	−33	23(−34°C)
エタノール	EtOH	C_2H_5OH	−115	59	24
酢　酸	HOAc	CH_3CO_2H	17	118	6.2
シアン化水素		HCN	−14	26	114
1,4-ジオキサン		$O<(CH_2CH_2)_2>O$	12	102	2.2
ジメチルスルホキシド	DMSO	$(CH_3)_2SO$	18	189	49
ジメチルホルムアミド	DMF	$HC(O)N(CH_3)_2$	−61	152	37
ジクロロメタン		CH_2Cl_2	−95	40	8.9
スルホラン		(環状) SO_2	29	283	44(30°C)
テトラヒドロフラン	THF	(環状) O	−65	66	7.3
トルエン		$CH_3C_6H_5$	−95	111	2.4
ニトロメタン		CH_3NO_2	−29	101	39
二硫化炭素		CS_2	−112	46	2.6
フッ化水素		HF	−84	20	84(0°C)
ヘキサメチルリン酸トリアミド	HMPA	$[(CH_3)_2N]_3PO$	7	233	30
ヘキサン		$CH_3(CH_2)_4CH_3$	−95	69	1.9
ベンゼン		C_6H_6	5.5	80	2.3
水		H_2O	0	100	79
メタノール	MeOH	CH_3OH	−98	65	33
硫　酸		H_2SO_4	10	290～317	107

†　特に断らない限り25°Cの値である．

しうる温度範囲がどこにあるかは，合成をしたり，各種の測定を行う際に知っていなければならない重要事項である．表4・4には凝固点ならびに沸点も与えてある．

4・3・1 プロトン性溶媒

溶媒は**プロトン性溶媒**(protic solvent)と**非プロトン性溶媒**(aprotic solvent)に分類することができる．プロトン性溶媒とはプロトンを放出しうる溶媒のことで，非プロトン性溶媒は放出しうるプロトンをもたない溶媒のことである．HF, H_2SO_4, H_2O などはいずれもプロトン性溶媒である．NH_3 やエチレンジアミン($NH_2CH_2CH_2NH_2$)のような溶媒も，より強い塩基に対してはプロトンを与えうるので(NH_3 からは NH_2^- や NH^{2-} を生じる)，プロトン性溶媒である．プロトン性溶媒はプロトンを分子間で移動させて自己イオン化(自己解離)する．

$$2H_2O \rightleftharpoons H_3O^+ + OH^- \quad [H_3O^+][OH^-] = 1.0\times10^{-14}\ (25\,°C) \qquad (4\cdot28)$$

$$2H_2SO_4 \rightleftharpoons H_3SO_4^+ + HSO_4^-$$
$$[H_3SO_4^+][HSO_4] = 2.4\times10^{-4}\ (25\,°C) \qquad (4\cdot29)$$

$$2NH_3 \rightleftharpoons NH_4^+ + NH_2^- \quad [NH_4^+][NH_2^-] = 1\times10^{-32}\ (-33\,°C) \qquad (4\cdot30)$$

$$2CH_3OH \rightleftharpoons CH_3OH_2^+ + CH_3O^-$$
$$[CH_3OH_2^+][CH_3O^-] = 1.9\times10^{-17}\ (25\,°C) \qquad (4\cdot31)$$

ただし，自己イオン化は決してプロトン性溶媒に限られているわけではない．極性の高い非プロトン性溶媒でも，つぎの例に見られるように，分子間で陰イオンを移動させてイオン化する．

$$2IF_5 \rightleftharpoons IF_4^+ + IF_6^- \qquad (4\cdot32)$$

$$2Cl_3PO \rightleftharpoons Cl_2PO^+ + Cl_4PO^- \qquad (4\cdot33)$$

4・3・2 非プロトン性溶媒

非プロトン性溶媒では(4・32)，(4・33)式で示したような極性が高く，自己イオン化する溶媒は例が少ない．ほとんどは非イオン性の溶媒であり，① 無極性で溶媒和しにくい溶媒と，② 極性が高く(あるいは比較的高く)，配位性の溶媒に分けて考えることができる．① に属する溶媒としては CCl_4，CF_3CF_3 のようなペルハロアルカンや炭化水素がある．このような溶媒には無極性溶質はよく溶解するが，極性溶質はあまり溶解しない．極性が低く，供与性も低いため溶質に大きな影響を与えない媒体といえる．

液化貴ガスを溶媒とした研究がある．貴ガスは単原子分子であり，極性をもたず，溶媒和しにくい溶媒としてきわめて優れているように思われる．$Cp^*M(CO)_2$ ($Cp^* = C_5Me_5$, M=Ir, Rh)などを光照射すると，単純なアルカン(たとえばシクロヘキサン)のC−H結合も活性化され，(4・34)式の反応を起こす．

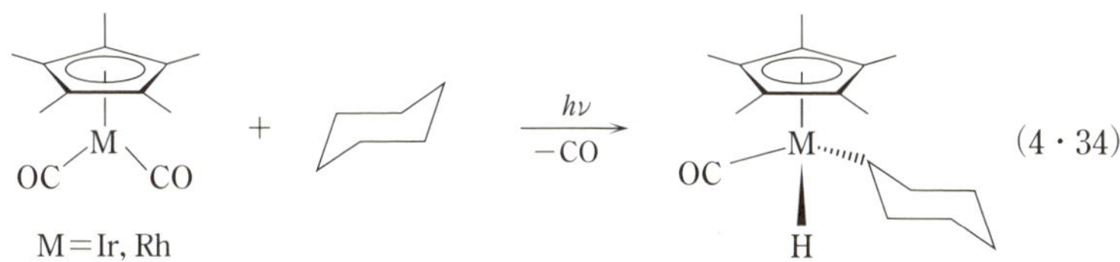

この反応は非常に速く進行するので，光反応機構の研究が困難であった．また，シクロヘキサンですら反応するので，溶媒に何を使うかも難しい問題であった．バーグマン(Bergman)らは溶媒に貴ガスのクリプトンやキセノンを用い，加圧下低温(163～193 K)でロジウム錯体とアルカン(RH)の光反応を研究し，その機構を明らかにすることに成功している．この光反応は(4・35)式のように進行する．ここでは貴ガスとしてキセノンを用いた反応式で示す．

$$Cp^*Rh(CO)_2 \xrightarrow[-CO]{h\nu} Cp^*Rh(CO) \xrightarrow{Xe} Cp^*Rh(CO)(Xe)$$

$$\xrightleftharpoons{RH,\,-Xe} Cp^*Rh(CO)\cdots(R\text{-}H) + Cp^*Rh(CO)(R)(H) \qquad (4\cdot35)$$

光照射により金属からCOが一つ離れ，代わりに貴ガス原子(分子)が配位した後，アルカンと反応する．すなわち，貴ガス原子はルイス塩基としてはたらいており，錯体は貴ガス原子によって溶媒和されたことになる．

② で述べた極性が高く，配位性の溶媒は化学の研究室や実験室で頻繁に使用されるものが多い．すなわち，CH_3CN，DMF(*N,N*-ジメチルホルムアミド)，DMSO(ジメチルスルホキシド)，THF(テトラヒドロフラン)などで，はじめの三つは電解

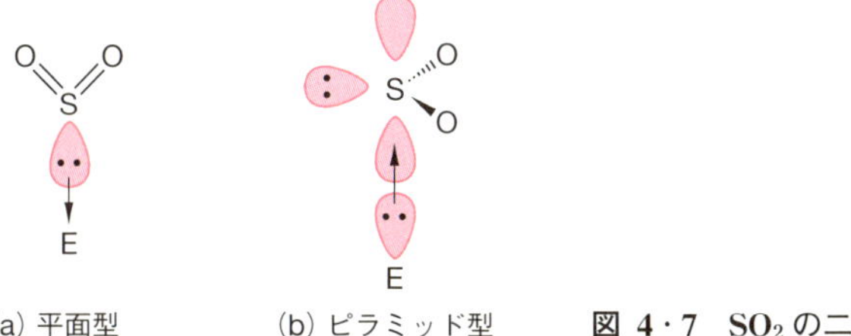

図 4・7　SO_2 の二つの付加様式

質をよく溶かすので，電気化学測定の溶媒としてもよく使用される．いずれも高い供与性をもっている．このタイプに属する溶媒として SO_2 もあげることができる．ただし，SO_2 は供与体としてはたらくだけでなく，受容体としてもはたらくことができる．SO_2 が硫黄原子で他の原子(E)に付加する際，図4・7に示す二つの様式が知られている．(a)は金属イオンに配位した SO_2 にみられる様式で，S上の非共有電子対がEに供与され，Eを含め四つの原子はほぼ同一平面上にある．(b)は SO_2 の空のp軌道にEから電子が供与されている場合で，SO_2 は受容体(ルイス酸)としてはたらいている．E-SO_2 部分はピラミッド型の配置となっている．この型の単純な付加物の例としては $Me_3N{\cdot}SO_2$ などがある．

問　　題

4・1 つぎの酸の共役塩基を示せ．

1) H_3BO_3　　2) H_2SO_4　　3) H_3PO_2　　4) H_3PO_4

4・2 CH_3CO_2H の pK_a は 4.76(25 °C)である．

1) 1.00×10^{-2} M CH_3CO_2H 水溶液の pH はいくらか．

2) 1.00×10^{-2} M CH_3CO_2Na 水溶液の pH はいくらか．

3) 1.00×10^{-2} M CH_3CO_2H と 1.00×10^{-2} M CH_3CO_2Na を含む水溶液の pH はいくらか．

4・3 HSO_3F に AsF_5 を加えると，HSO_3F 自体よりも強い酸になる．なぜか．

4・4 1) 右の図は酸性溶液($a_{H^+}=1$)におけるマンガンのラティマー図である．空欄に数値を記入して図を完成せよ．

+4 +3 +2

MnO_2 $\xrightarrow{+0.90}$ Mn^{3+} $\xrightarrow{+1.56}$ Mn^{2+}

MnO_2 ―[　　]― Mn^{2+}

2) 酸化還元対 Cu^{2+}/Cu の標準電位は 0.34 V(25 °C)である．この値を用いて，つぎの反応の自由エネルギー変化(ΔG°)を求めよ．

$$H_2(1\,\mathrm{atm}) + Cu^{2+}(a=1) \rightleftharpoons 2H^+(a=1) + Cu$$

4・5 水溶液中における陰イオンに対して溶媒の水分子はルイス酸としてはたらくか，ルイス塩基としてはたらくか考察せよ．

4・6 メチルアミンは SO_2 と $Me_3N{\cdot}SO_2$ という付加物を形成する．N-SO_2 部分はどのような配置をとっているか考察せよ．

4・7 つぎの言葉を説明せよ．

1) 超酸　　2) 標準酸化還元電位　　3) サイクリックボルタンメトリー

4) 非プロトン性溶媒

5

主要族金属元素の化学

A. s-ブロック元素

貴ガス殻の外側のs軌道のみに価電子を1個あるいは2個もつ元素を**s-ブロック元素**(s-block elements)とよぶ.

5・1 アルカリ金属

5・1・1 電子配置と一般的性質

1族に属する**リチウム**(lithium), **ナトリウム**(sodium), **カリウム**(potassium), **ルビジウム**(rubidium), **セシウム**(caesium)および**フランシウム**(francium)は総称として**アルカリ金属**(alkali metals)とよばれ, 最外殻のs軌道に1個の価電子をもっている(表5・1).

表5・1 アルカリ金属の電子配置

元素	元素記号	電子配置
リチウム	Li	[He]$2s^1$
ナトリウム	Na	[Ne]$3s^1$
カリウム	K	[Ar]$4s^1$
ルビジウム	Rb	[Kr]$5s^1$
セシウム	Cs	[Xe]$6s^1$
フランシウム	Fr	[Rn]$7s^1$

表5・2にアルカリ金属の性質をまとめた. おもに化学反応に影響を及ぼす最外殻の電子配置の類似性(s軌道に1個の価電子をもつ)から, アルカリ金属はそれぞれ非常に似かよった化学的性質をもつ. 各原子の原子半径は周期表中でそれぞれの属する周期の中で最も大きい. したがって, 最外殻軌道のs電子は原子核から比較的容易に除去されるので, アルカリ金属の第一イオン化エネルギーはどれも低い. リチウムからフランシウムへと原子の大きさが増すにつれて, 最外殻軌道の電子は原子核からさらに離れ, より弱く結びつけられることから, 周期表では下にいくほ

表 5・2　アルカリ金属の性質(イオン半径は配位数6の値)

元素	共有結合半径/pm	イオン半径/pm	イオン化エネルギー/kJ mol^{-1}		電気陰性度	融点/°C	沸点/°C	地殻における存在度/ppm	炎色反応
			第一	第二					
Li	134	90	520.1	7296	0.98	180.5	1326	20	真紅
Na	154	116	495.7	4563	0.93	97.8	883	23600	黄
K	196	152	418.7	3069	0.82	63.7	756	20900	紫
Rb	211	166	402.9	2640	0.82	39.0	688	90	赤紫
Cs	225	181	375.6	2260	0.79	28.6	690	3	青紫

どイオン化エネルギーは減少する．また表5・2に示したとおり，第二イオン化エネルギーは非常に大きく，通常，+Ⅱ以上の陽イオン種は知られていない．アルカリ金属は，可視光領域に特徴的な**炎色反応**(flame reaction)を示す．

ナトリウムとカリウムの地殻中における存在度は2.36％(w/w)および2.09％であり，それぞれ地球の地殻中に多量に存在する元素である．ナトリウムの多くは岩塩(NaCl)として存在する．一方，カリウムは海水中にはKClとして，また**カーナル石**(carnallite, $KCl \cdot MgCl_2 \cdot 6H_2O$)として多く存在している．これらと比べて，リチウム，ルビジウム，セシウムの存在量ははるかに少ない．フランシウムは他のアルカリ金属とは異なり，天然の放射壊変系列あるいは人工核反応で生成する元素である．また，その半減期は22分と短いため，天然にはほとんど存在しない．リチウム，ナトリウム，カリウム，ルビジウムの外観は銀色であり，セシウムは黄金色である．

5・1・2　化学的性質

アルカリ金属の電気陰性度は非常に小さく，他の元素と結合をつくる場合には電気陰性度の違いから，共有結合ではなくイオン結合が形成される．

大部分の元素は最外殻電子を2個以上もっているのに，1族に属するアルカリ金属では一つしかもっておらず，アルカリ金属の**凝集エネルギー***(cohesive energy)は他の同じ周期の元素に比べて小さい．また，1族の中では，周期表を下にいくにつれて(LiからCsにいくにつれて)，主量子数の増加に伴って原子半径(§1・3・1参照)が大きくなるため，凝集エネルギーはさらに小さくなる．凝集エネルギーが小さくなると融点および沸点はそれぞれ低くなることから，表5・2に示したアルカリ金属の融点および沸点の傾向を説明することができる．

＊　無限遠で相互作用なく存在している原子，分子，イオンをある温度で固体あるいは液体などの凝集状態にさせたときに放出するエネルギーをいう．

1族金属の種々の反応性は一般に，電気陰性度の減少とともに高くなる．つまり周期表を下にいくほど反応性は高くなる．たとえば，リチウムからセシウムへといくにつれて水との反応は激しくなり，水素を放出して水酸化物を与える．

$$2M + 2H_2O \longrightarrow 2MOH + H_2 \quad M=Li, Na, K, Rb, Cs \qquad (5\cdot1)$$

水はリチウムと激しく反応し，ナトリウムとカリウムは炎を発し，ルビジウムとセシウムは爆発的に反応する．また，これらの金属は，メタノールあるいはエタノールなどのアルコールとも激しく反応し，水素と**アルコキシド**(alkoxide)を与える．

$$2M + 2ROH \longrightarrow 2MOR + H_2 \quad M=Li, Na, K, Rb, Cs \qquad (5\cdot2)$$

反応性の序列は，水の場合と同様である．

リチウムは，アルキンの末端水素などの弱酸性の水素とは反応しないのに対し，他のアルカリ金属では反応し，アルカリ金属が置換した化合物と水素を与える．

$$2M + 2HC{\equiv}CR \longrightarrow 2MC{\equiv}CR + H_2 \quad M=Na, K, Rb, Cs \qquad (5\cdot3)$$

しかしながら，窒素に関しては異なった反応性を示し，リチウムのみが反応して窒化リチウムを与える．

$$6Li + N_2 \longrightarrow 2Li_3N \qquad (5\cdot4)$$

この反応は，室温付近ではゆっくりと進行するが，400 °C では急激に進行する．生成した窒化物は，水と反応してアンモニアと水酸化物を与える．

$$Li_3N + 3H_2O \longrightarrow 3LiOH + NH_3 \qquad (5\cdot5)$$

リチウムとナトリウムは加熱することにより炭素と反応し，それぞれ**アセチリド**(acetylide)を与える．

$$2M + 2C \longrightarrow M_2C_2 \qquad M=Li, Na \qquad (5\cdot6)$$

これらの生成物は，M^+ と $[C{\equiv}C]^{2-}$ とが 2：1 の比をとるイオン性化合物であり，水と反応してアセチレンを生じる．

$$M_2C_2 + 2H_2O \longrightarrow 2MOH + C_2H_2 \qquad M=Li, Na \qquad (5\cdot7)$$

その他のアルカリ金属では反応が異なり，層状のグラファイト構造をもった炭素原子の平面間に金属原子が侵入した，非化学量論的な侵入型炭素化合物を生じる．

アルカリ金属は水銀に激しく溶解して**アマルガム***(amalgam)を形成し，強力な還元剤として用いられている．その性質および形状は，アルカリ金属と水銀との組

* 水銀との合金の総称．

成により異なる.

アルカリ金属は水素とも反応し水素化物を与える.

$$2M + H_2 \longrightarrow 2MH \qquad (5\cdot8)$$

水素に対する反応性は，リチウムが最も高く，周期表を下に進むほど低くなる．この水素化物は還元剤として有機化学および無機化学において用いられる．また，水とは速やかに反応し，水酸化物および水素を生じる.

$$MH + H_2O \longrightarrow MOH + H_2 \qquad (5\cdot9)$$

水素化リチウムに塩化アルミニウム(Ⅲ)を反応させることにより生成する**水素化アルミニウムリチウム**〔lithium aluminium hydride；これは慣用名で，正式名は**テトラヒドリドアルミン酸リチウム**(lithium tetrahydridoaluminate)である〕$LiAlH_4$ は，現在の有機化学および無機化学では欠かせない強力かつ有効な還元剤である.

$$4LiH + AlCl_3 \longrightarrow LiAlH_4 + 3LiCl \qquad (5\cdot10)$$

水素化アルミニウムリチウムは水と急激に反応するため，厳密に脱水した溶媒中で使用しなければならない．また，メタノールあるいはエタノールなどのアルコール系の溶媒に対しても高い反応性を示し，通常使えない．それに対し**水素化ホウ素ナトリウム**〔sodium borohydride；正式名は**テトラヒドロホウ酸ナトリウム**(sodium tetrahydroborate)〕$NaBH_4$ は，水素化アルミニウムリチウムに比べて還元力が弱く，還元する部位の選択性を必要とする際に使われる．また，水素化ホウ素ナトリウムは水との反応性も低く，水溶液中でも使える.

アルカリ金属は液体アンモニアに高濃度で溶解して青色を呈し，電気伝導性をもつ．この電流担体の主体は金属イオンと溶媒和した電子である．アルカリ金属のアンモニアおよびその他のアミン溶液は，有機および無機化合物を合成するのに強力な還元剤として広く使われ，芳香環さえも環状モノオレフィンにまで還元される．特に液体アンモニア中のナトリウムがよく使われ安定性も高い.

これまで述べてきたとおり，アルカリ金属はそれ自体が非常に強い還元剤なので，酸化物などを還元して合成することはできない．これらの金属は，融解塩あるいは低融点共融混合物の電気分解により合成される．カリウムは，融点が低く気体になりやすいために，ダウンズ法のような低融点共融混合物の電気分解によって得ることは難しい．したがって，分留塔中で融解 KCl にナトリウム蒸気を還元剤として作用させることにより製造される.

$$\mathrm{KCl + Na \longrightarrow K + NaCl} \qquad (5\cdot11)$$

ルビジウムおよびセシウムについても同様な製法がとられる．また，得られた金属は蒸留により精製される．

アルカリ金属の塩類は一般的に融点が高く水に可溶であり，その溶液は高い伝導性を示す．リチウム，ナトリウム，カリウムおよびルビジウムのハロゲン化物は配位数 6 の塩化ナトリウム型構造をとる．一方，イオン半径の大きいセシウムは，配位数 8 の塩化セシウム型構造をとる．

アルカリ金属は電気陽性でかつ塩基性であり，硝酸塩および炭酸塩などのオキソ酸塩を安定に形成する．硝酸塩は安定であるが，リチウムおよびナトリウム塩は潮解性をもつ．ナトリウム塩を高温に加熱することにより初めて分解し，亜硝酸塩が生じる．

$$\mathrm{2NaNO_3 \xrightarrow{加熱} 2NaNO_2 + O_2} \qquad (5\cdot12)$$

それに対し，リチウム塩は容易に分解し，酸化リチウムを与える．

$$\mathrm{4LiNO_3 \xrightarrow{加熱} 2Li_2O + 4NO_2 + O_2} \qquad (5\cdot13)$$

一方，アルカリ金属の炭酸塩も安定であり，1000 °C 以上で加熱することにより分解する．ただし，炭酸リチウムは不安定であり容易に Li_2O と CO_2 に分解する．

すべてのアルカリ金属について，アルキル化合物が知られている．アルキル金属化合物は，空気中の湿気や酸素により容易に分解するため，窒素あるいはアルゴンなどの不活性ガス雰囲気下で取扱う必要がある．これらの化合物のイオン結合性は，RLi＜RNa＜RK＜RRb＜RCs の順に高くなる．したがって，有機溶媒に対する溶解度はこの逆であり，アルキルリチウムの多くは，ヘキサンなどの無極性溶媒にもよく溶ける．アルキルリチウムが最も反応性が低いが，有機合成において十分な反応性をもち，かつ取扱いが容易であることから実験室では最もよく用いられる．

化学工業および研究室における金属リチウムの大きな用途の一つに，有機リチウムの製造があげられる．有機リチウムの反応性は，グリニャール試薬(§5·2·2 参照)によく似ているが，反応性がより高くその利用価値は高い．有機リチウム化合物の製造は，通常，ヘキサンなどの石油エーテルやベンゼン中で行われる．また，エーテル溶液も頻繁に用いられるが，溶媒との反応により分解するので注意が必要である．製造方法としては，次に述べる ❶ 金属-水素交換反応，❷ 金属-ハロゲン交換反応，❸ 金属-金属交換反応などが用いられる．

❶ 金属-水素交換反応：**リチオ化***(lithiation)する化合物が十分酸性度の高い水素をもつと，リチウム試薬(ブチルリチウム)と反応して対応するリチウム化合物を与える．この方法は，ホスフィドあるいはアミド化合物を合成する際によく用いられる．

$$HPPh_2 + n\text{-}BuLi \longrightarrow LiPPh_2 + BuH \qquad (5\cdot14)$$

❷ 金属-ハロゲン交換反応：市販されている有機リチウム化合物は，対応する有機ハロゲン化物と金属リチウムとの反応により合成されている．たとえば，メチルリチウムはジエチルエーテル中，臭化メチルとリチウムを反応させることで合成される (5・15 式)．

$$CH_3Br + 2Li \longrightarrow CH_3Li + LiBr \qquad (5\cdot15)$$

この方法では，臭化リチウムの混入が避けられない．有機ハロゲン化物のリチウムに対する反応性は，RI＞RBr＞RCl の順であるが，副反応であるウルツ(Wurtz)型カップリング反応 (5・16 式) もこの順に起こりやすい．

$$2RX + 2Li \longrightarrow R{-}R + 2LiX \qquad (5\cdot16)$$

したがってこの二つの要因を考慮して用いるハロゲン化物を選択する必要がある．

❸ 金属-金属交換反応：上記の二つの反応に比べてあまり使われないが，この反応では，リチウム塩を生じないことが利点といえる．

$$2Li + R_2Hg \longrightarrow 2RLi + Hg \qquad (5\cdot17)$$

有機ナトリウムおよびカリウム化合物は，リチウム化合物と比べてよりイオン性が高く，反応性も高い．空気に対して鋭敏であるため，取扱いには十分注意する必要がある．金属アセチリドを調製するには，ナトリウムがよく用いられ，液体アンモニア中で行われる．

$$2C_6H_5C{\equiv}CH + 2Na \longrightarrow 2C_6H_5C{\equiv}CNa + H_2 \qquad (5\cdot18)$$

金属シクロペンタジエニドを合成する際には，キシレンなどの溶媒中で分散させたナトリウムが用いられる．現在，遷移金属錯体の支持配位子として広く利用されるシクロペンタジエニル配位子は，この試薬を用いて金属に導入されることが多い．

$$2\,C_5H_6 + 2\,Na \xrightarrow{\text{キシレン}} 2\,Na^+\left[C_5H_5^{\,-}\right] + H_2 \qquad (5\cdot19)$$

＊ 酸性の水素をプロトンとして引き抜き，リチウムと置き換える反応．

5・2 アルカリ土類金属

5・2・1 電子配置と一般的性質

2族に属する**ベリリウム**(beryllium), **マグネシウム**(magnesium), **カルシウム**(calcium), **ストロンチウム**(strontium), **バリウム**(barium), **ラジウム**(radium)は, 最外殻軌道に2個のs電子をもち(表5・3), 総称として**アルカリ土類金属**(alkaline earth metals)とよばれる. アルカリ土類金属の定義としては, ベリリウムおよびマグネシウムを除く場合もあるが, ここではこれらも含めて2族元素すべてを取扱う.

表 5・3 アルカリ土類金属の電子配置

元　素	元素記号	電子配置
ベリリウム	Be	$[He]2s^2$
マグネシウム	Mg	$[Ne]3s^2$
カルシウム	Ca	$[Ar]4s^2$
ストロンチウム	Sr	$[Kr]5s^2$
バリウム	Ba	$[Xe]6s^2$
ラジウム	Ra	$[Rn]7s^2$

アルカリ土類金属の原子半径は, 核電荷の増大により隣の対応するアルカリ金属と比べて小さい. このため凝集エネルギーが大きくなることから, 融点および沸点はその分高い. さらに最外殻の2個の価電子は強く核に引きつけられており, 一つ目の電子を取除くのに必要な第一イオン化エネルギーは, アルカリ金属の場合よりも大きい. また, 一つ目の電子を取除くことにより, 核電荷と価電子の電荷の比が変化し, 残った価電子1個はさらに強く引きつけられることとなり, 第二イオン化エネルギーは第一イオン化エネルギーの約2倍となっている. したがって, 気体状態でのアルカリ土類金属を M^{2+} にイオン化するのに必要なエネルギーは, アルカリ金属を M^+ にするためのエネルギーよりもかなり大きいことがわかる. しかしな

表 5・4 アルカリ土類金属の性質（イオン半径は配位数6の値）

元素	共有結合半径/pm	イオン半径/pm	イオン化エネルギー/$kJ\,mol^{-1}$		電気陰性度	融点/°C	地殻における存在度/ppm	炎色反応
			第一	第二				
Be	90	59	899	1757	1.57	1258	2.8	
Mg	130	86	737	1450	1.31	651	23300	
Ca	174	114	590	1146	1.00	843	41500	橙色
Sr	192	132	549	1064	0.95	769	375	赤色
Ba	198	149	503	965	0.89	725	425	淡緑色
Ra	−	−	509	979	0.89	700	−	

がら，M^{2+} の水和エネルギーが大きいことおよび固体状態での格子エネルギーが大きいことから，実際には，アルカリ土類金属およびアルカリ金属の標準酸化還元電位は似た値となっている．アルカリ土類金属はアルカリ金属と同様，可視光領域に特徴的な炎色反応を示す．表5・4にアルカリ土類金属の性質をまとめた．ベリリウムおよびラジウムを除いて2族元素は，鉱物および海水中に広く分布している．マグネシウムとカルシウムは多量に存在し，それぞれカーナル石 $MgCl_2 \cdot KCl \cdot 6H_2O$ およびドロマイト（白雲石）$CaCO_3 \cdot MgCO_3$ などとして堆積鉱物中に存在する．カルシウムは，地殻中において3番目に多く存在する金属である．

5・2・2 化学的性質

ベリリウムは原子の大きさがきわめて小さく，電気陰性度も高いことから他のアルカリ土類金属と違い特異的な挙動を示す．イオン化エネルギーが大きく，結合をつくる他の原子との電気陰性度の差も小さいことから，他のアルカリ土類金属と異なり共有結合性化合物を形成する．

アルカリ土類金属は，隣のアルカリ金属より電気陽性は低いものの，水と反応して水素と水酸化物を形成する．

$$M + 2H_2O \longrightarrow M(OH)_2 + H_2 \qquad (5 \cdot 20)$$

水に対する反応性は，同じ周期ではより電気陽性なアルカリ金属の方が高い．ナトリウムは水と激しく反応するのに対し，マグネシウムは冷水とは反応せず熱水と反応して水酸化マグネシウムを生じる．周期表で下にいくほどより電気陽性となるため反応性が高く，冷水でも反応し対応する水酸化物を与える．水酸化物の性質としては，ベリリウムを除き塩基性を示す．

これらの金属は，ベリリウムを除いて酸と速やかに反応し，水素を発生する．

$$Mg + 2HCl \longrightarrow MgCl_2 + H_2 \qquad (5 \cdot 21)$$

一方，ベリリウムは水酸化ナトリウムと反応し水素を発生するが(5・22式)，他の2族金属は反応しない．

$$Be + 2NaOH + 2H_2O \longrightarrow Na_2[Be(OH)_4] + H_2 \qquad (5 \cdot 22)$$

酸化物 MO は，金属単体を酸素中で燃焼させることにより生成する．

$$2M + O_2 \longrightarrow 2MO \qquad (5 \cdot 23)$$

また，対応する炭酸塩を燃焼させることによってもえられる．

$$MCO_3 \xrightarrow{\text{加熱}} MO + CO_2 \qquad (5\cdot24)$$

酸化ベリリウムは，共有結合性の化合物でありウルツ鉱型構造をとる．一方，他の金属の酸化物は，イオン性の無色の固体でありいずれも塩化ナトリウム型構造である．

2族金属は，適当な温度条件で対応するハロゲンガスと反応して，金属ハロゲン化物を生じる．

$$M + X_2 \longrightarrow MX_2 \qquad (5\cdot25)$$

ハロゲン化物は，金属に対応するハロゲン化水素酸を作用させてもできる．マグネシウムおよびカルシウムのハロゲン化物は吸湿性であり，水和物をつくる．吸湿性および水に対する溶解度は周期表の下に行くほど減少し，ストロンチウム，バリウムおよびラジウムについては無水物が安定である．この傾向は，金属イオンのイオン半径が増大すると，水和エネルギーが減少することによる．

マグネシウム，カルシウム，ストロンチウムおよびバリウム金属あるいはその酸化物(MO)を電気炉中で直接炭素と反応させることにより，炭化物 MC_2 が得られる．これは，塩化ナトリウム型構造をとるイオン性化合物であり，水と反応してアセチレンと水酸化物を与える．

$$MC_2 + 2H_2O \longrightarrow M(OH)_2 + C_2H_2 \qquad (5\cdot26)$$

有機マグネシウム化合物は，**グリニャール試薬**(Grignard reagent, RMgX)，ジアルキルマグネシウム(R_2Mg)などが知られており，有機化学において非常に有用な反応試薬である．グリニャール試薬は，空気中の酸素や湿気に対し鋭敏であるため，合成は窒素あるいはアルゴンなどの不活性ガス中で行う．溶媒としては，エーテルあるいはテトラヒドロフランなどの非プロトン性極性溶媒を用いる．グリニャール試薬の合成方法としては，つぎの二つがおもに使われる．

❶ 直接法：金属マグネシウムをエーテル系溶媒中で有機ハロゲン化物(RX)と反応させることにより合成される．

$$RX + Mg \longrightarrow RMgX \qquad (5\cdot27)$$

ハロゲン化物のマグネシウムに対する反応性は，$I > Br > Cl > F$ の順であるが，ヨウ素あるいは臭素化物では，グリニャール試薬のウルツ(Wurtz)型カップリング反応が副反応として起こるため，用いるハロゲン化物の選択には注意が必要である．

❷ 金属交換反応：グリニャール試薬は，酸性度の高いプロトン($pK_a = 25$ 以下)をもつ炭化水素と反応して，対応するグリニャール試薬に変換される．たとえば，

塩化ブチルマグネシウムは，アセチレン水素を引き抜いて塩化エチニルマグネシウムとブタンを与える．

$$HC{\equiv}CH + CH_3CH_2CH_2CH_2MgCl \longrightarrow HC{\equiv}CMgCl + CH_3CH_2CH_2CH_3 \qquad (5 \cdot 28)$$

臭化エチルマグネシウムの構造(右図)は，X 線構造解析により決定されている．臭化エチルマグネシウムはエーテルと溶媒和して，$C_2H_5MgBr{\cdot}2(Et_2O)$ の組成をとる．中心のマグネシウムは，臭素，エチル，二つのエーテルから成る四面体型構造をとっている．このように，グリニャール試薬は，通常，結晶中ではエーテルと溶媒和した構造をとっていると考えられる．

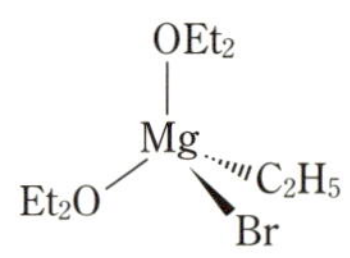

グリニャール試薬の溶液中での挙動は，アルキル基およびハロゲンの種類，溶媒，溶液の濃度および温度により強い影響を受ける．一般的に溶液中ではつぎのような平衡がある．このように，グリニャール試薬は溶媒和しハロゲンの橋架けにより二量体を形成する．

$$S_n\text{–}RMg(\mu\text{-}X)_2MgR\text{–}S_n \rightleftharpoons 2RMgX{\cdot}S_n \qquad \text{S: 溶媒} \qquad (5 \cdot 29)$$

以下にグリニャール試薬の反応を示す．フェニルグリニャールは，ドライアイス(CO_2)と反応し，さらに加水分解することにより安息香酸を生じる．

$$C_6H_5MgBr + CO_2 \xrightarrow{+H_2O} C_6H_5COOH + MgBr(OH) \qquad (5 \cdot 30)$$

また，四塩化ケイ素とも反応し，当量関係を調節することによりフェニルトリクロロシランが生成する．

$$C_6H_5MgBr + SiCl_4 \longrightarrow SiCl_3(C_6H_5) + MgBrCl \qquad (5 \cdot 31)$$

これらの反応では，グリニャール試薬は，炭素およびケイ素原子を求核攻撃し，炭素-炭素および炭素-ケイ素結合が生成している．

B. p-ブロック元素

原子番号が増えるにつれて，最外殻の p 軌道に電子が順次入っていく元素を **p-ブロック元素**(p-block elements)という．ここでは，13 族のアルミニウム，ガリウム，インジウム，タリウム，14 族中のスズと鉛，そして 15 族中のビスマスを扱う．

5・3 アルミニウム，ガリウム，インジウム，タリウム

5・3・1 電子配置と一般的性質

ホウ素は非金属的な性質が強く，ここでは取扱わない．**アルミニウム**(aluminium)，**ガリウム**(gallium)，**インジウム**(indium)および**タリウム**(thallium)の電子配置を表5・5に示す．これらの金属は，最外殻のs軌道に二つとp軌道に一つの計3個の価電子をもつ．結合にはこれら三つの電子が関与し，化合物のおもな酸化数は＋Ⅲである．表5・6にアルミニウム，ガリウム，インジウム，タリウムの性質をまとめた．これらの元素は，イオン半径が小さく高い核電荷をもつのでイオン化エネルギーが大きく，多くの場合共有結合性の化合物を形成する．

表 5・5 アルミニウム，ガリウム，インジウム，タリウムの電子配置

元 素	元素記号	電子配置
アルミニウム	Al	$[Ne]3s^23p^1$
ガリウム	Ga	$[Ar]3d^{10}4s^24p^1$
インジウム	In	$[Kr]4d^{10}5s^25p^1$
タリウム	Tl	$[Xe]4f^{14}5d^{10}6s^26p^1$

表 5・6 アルミニウム，ガリウム，インジウム，タリウムの性質
(イオン半径は配位数6の値)

元素	共有結合半径/pm	イオン半径/pm(M^{3+})	イオン化エネルギー/kJ mol^{-1}			電気陰性度	融点/°C	地殻における存在度/ppm
			第一	第二	第三			
Al	118	68	576.4	1814.1	2741.4	1.61	666	82300
Ga	126	76	578.3	1969.3	2950.6	1.81	29.8	15
In	144	94	558.1	1811.2	2689.3	1.78	157	0.1
Tl	148	103	589.0	1958.7	2862.8	2.04	303	0.45

アルミニウムは，＋Ⅲよりも低い酸化状態はあまりとらない．ガリウムでは一見＋2価のガリウム化合物にみえる$GaCl_2$の組成をもつ塩化物が知られているが，実際にはガリウム(Ⅰ)およびガリウム(Ⅲ)から成る混合原子価の$Ga[GaCl_4]$である．さらに周期表を下へいくと，順次＋Ⅰが安定になり，タリウムでは，ほとんどの場合＋Ⅲはとらず，＋Ⅰが安定である．このことは，重い元素ほど**不活性電子対効果**がより有効となることを考慮すると説明できる．つまり，二つのs電子が対をつくることにより安定する．この現象は，13族元素だけでなく14および15族の重い元素，鉛およびビスマスでも同様にみられる．

アルミニウムは，ケイ酸塩(雲母，長石)あるいは酸化物として広く天然中に存在しており，地殻中の存在度は高い．サファイヤおよびルビーは主成分がアルミニウムの酸化物であり，宝石として用いられている．また，アルミニウムは展性および延性に富み加工しやすく，かつ腐食に強く軽量であることから，種々の素材として広く用いられ，鉄と同様に欠くことのできない金属となっている．他のガリウム，インジウム，タリウムは，アルミニウムに比べて存在量はきわめて少ないが，半導体あるいは合金などの製造に用いられ重要な金属である．

5・3・2　化学的性質

アルミニウム，ガリウム，インジウム，タリウムは銀色の光沢がある金属である．アルミニウムとタリウムは空気中で簡単に光沢を失い，酸化物膜を形成する．この酸化物膜によりさらなる腐食が防がれるため空気中で安定である．ガリウムとインジウムは空気中で比較的安定である．

アルミニウムとガリウムは，ハロゲン化水素と反応して対応する 3 価のハロゲン化物を与える．

$$\begin{aligned} 2Al + 6HCl &\longrightarrow 2AlCl_3 + 3H_2 \\ 2Ga + 6HCl &\longrightarrow 2GaCl_3 + 3H_2 \end{aligned} \qquad (5 \cdot 32)$$

塩化アルミニウムは**フリーデル-クラフツ反応***(Friedel-Crafts reaction)などに用いられ，有機化学において重要な試薬となっている．このハロゲン化物では金属の三つの価電子を利用して三つの共有結合を形成するが，依然，金属まわりはオクテット則(アルミニウムのまわりは，6 個しか電子はなく，2 個不足している)を満たすことはできない．この電子不足を解消するために，塩化アルミニウムおよび塩化ガリウムはハロゲンの架橋配位により右のような二量体として存在する．また塩化アルミニウムはアミン類など塩基の配位による付加物を形成する．

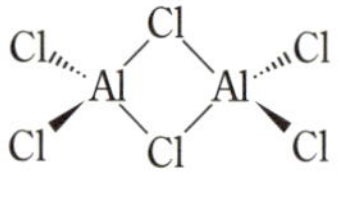

* ハロゲン化ホウ素あるいは塩化アルミニウムなどのルイス酸存在下で，ベンゼンなどの芳香族化合物とハロゲン化アルキル(RX)を反応させると，芳香環にアルキル側鎖が導入される反応をいう．

$$C_6H_6 + RX \xrightarrow{\text{ルイス酸}} C_6H_5R + HX$$

この反応は，フランスの化学者フリーデル(Friedel)とクラフツ(Crafts)により 1877 年に発見された．また，ハロゲン化アルキルの代わりに，ハロゲン化アシル RCOCl あるいは酸無水物 $(RCO)_2O$ を用いれば，芳香環にアシル基を導入することができる．

$$C_6H_6 + RCOX \xrightarrow{\text{ルイス酸}} C_6H_5COR + HX$$

$$AlCl_3 + (C_2H_5)_3N \longrightarrow (C_2H_5)_3NAlCl_3 \qquad (5 \cdot 33)$$

$GaCl_3$ は Ga 金属と加熱することにより不均化して，GaCl および $GaCl_2$ を生じる．

$$\begin{aligned} GaCl_3 + 2Ga &\longrightarrow 3GaCl \\ 2GaCl_3 + Ga &\longrightarrow 3GaCl_2 \end{aligned} \qquad (5 \cdot 34)$$

現在，有機化学において最も頻繁に使われるヒドリド試薬としては，水素化アルミニウムリチウム $LiAlH_4$ がある（§5・1・2 参照）．この化合物は（5・35）式の方法で合成され，ジエチルエーテルあるいはテトラヒドロフランなどのエーテル系溶媒で用いられる．

$$4LiH + AlCl_3 \longrightarrow LiAlH_4 + 3LiCl \qquad (5 \cdot 35)$$

また，アルミニウム金属を用いた反応によっても同様に合成される．

$$\begin{aligned} Al + Na + 2H_2 &\longrightarrow NaAlH_4 \\ NaAlH_4 + LiCl &\longrightarrow LiAlH_4 + NaCl \end{aligned} \qquad (5 \cdot 36)$$

水素化アルミニウムリチウムは非常に強力な還元剤として広く用いられているが，水とは瞬時に反応するので，用いる溶媒は十分に乾燥させておく必要がある．

有機アルミニウム化合物は，水素化アルミニウムリチウムとともに 13 族有機金属化合物において，最も重要な化合物である．この化合物は，一般に水および酸素に対して高い反応性を示すことから，窒素あるいはアルゴンなどの不活性ガス中で取扱う必要がある．また，アルキルアルミニウム化合物は，アルキル配位子が二つのアルミニウムを架橋した右のような二量体構造をとる．また，アミンなどの塩基とはすぐに反応して付加物を形成する．

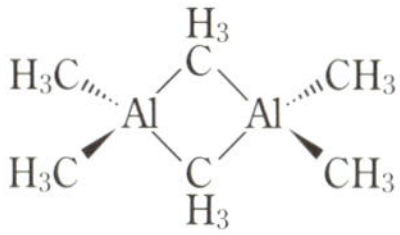

H3C, CH3, Al, Al, C H3 (bridging), H3C, CH3

一般的なトリアルキルアルミニウムの合成方法は，塩化アルミニウムと望みのアルキルリチウムあるいはグリニャール試薬との反応による．

$$AlCl_3 + 3RMgBr \longrightarrow AlR_3 + 3MgBrCl \qquad (5 \cdot 37)$$

通常，グリニャール試薬を用いる場合，エーテル系の溶媒を用いるため，塩基（エーテル）の配位していないトリアルキルアルミニウムの合成には向かない．また，ヒドロアルミネーションによる合成も行われ，水素化アルミニウム（アルマン）とオレフィンとの反応により，対応するトリアルキルアルミニウムが生成する．

$$AlH_3 + 3CH_3CH{=}CH_2 \longrightarrow (CH_3CH_2CH_2)_3Al \qquad (5 \cdot 38)$$

5・4 スズと鉛

5・4・1 電子配置と一般的性質

スズ(tin)および**鉛**(lead)は，外殻の s 軌道二つと p 軌道に二つの計四つの価電子をもち(表5・7)，通常，＋II および ＋IV の化合物を形成する．同じ族の炭素およびケイ素は非金属であるが，ゲルマニウムは一部金属的な性質を示す．それに対しスズおよび鉛は，金属的な性質を示す．一般的な傾向どおり，スズと鉛では周期表で下の鉛の方が，共有結合半径は大きいが，その差はごくわずかである(表5・8)．これは，原子番号とともに増加した電子が遮へい効果が小さい 4f 軌道に入るためである．したがって，価電子は強く引きつけられ，予想されるほど鉛の共有結合半径は大きくならない(p. 26，ランタノイド収縮参照)．どちらの金属も ＋IV の共有結合性の化合物を与え，sp^3 混成により，化合物は四面体型構造をとる．

表 5・7 スズ，鉛の電子配置

元素	元素記号	電子配置
スズ	Sn	$[Kr]4d^{10}5s^25p^2$
鉛	Pb	$[Xe]4f^{14}5d^{10}6s^26p^2$

表 5・8 スズ，鉛の性質

元素	共有結合半径/pm	イオン化エネルギー/kJ mol^{-1}				電気陰性度	融点/°C	地殻における存在度/ppm
		第一	第二	第三	第四			
Sn	141	708.2	1411	2942	3928	1.96	231.9	2
Pb	147	715.3	1450	3080	4082	2.33	327.5	12.5

5・4・2 化学的性質

同族の炭素およびゲルマニウムは ＋IV の化学種が圧倒的に多く安定である．一方，**不活性電子対効果**が効いてくるスズおよび鉛では，＋II の化合物が安定になる．Ge(II)は不安定であり，強い還元剤としてはたらき，Ge(IV)を与える．一方，Sn(II)はある程度安定になり，穏やかな還元剤としてはたらく．空気中でもゆっくりと酸化されるため，不活性ガス中で保存する必要がある．一方，Pb(II)は安定な化学種を与え，Pb(IV)化学種は多くない．このように鉛の化学の主体は，2 価の化学種である．

アルキルスズおよび鉛化合物は化学工業において重要な化合物である．しかしながら，毒性が強く取扱いには十分注意が必要である．

＋Ⅳのスズ化合物の一般的な合成方法は，塩化スズ(Ⅳ)と対応するグリニャール試薬との反応による．

$$SnCl_4 + 4CH_3MgBr \longrightarrow (CH_3)_4Sn + 4MgBrCl \qquad (5 \cdot 39)$$

トリアルキルクロロスズは，対応するテトラアルキルスタンナン*1と塩化スズ(Ⅳ)との置換基の再分配反応によって合成される．

$$3(CH_3)_4Sn + SnCl_4 \longrightarrow 4(CH_3)_3SnCl \qquad (5 \cdot 40)$$

また，トリアルキルスズ化合物 R_3SnX では，X が架橋配位可能な置換基であれば，右のような二量化構造をとる．

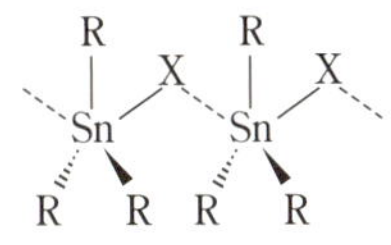

有機鉛化合物で重要なのは，＋Ⅳのテトラアルキルプルンバン*2である．鉛-ナトリウム合金に対応するハロゲン化アルキルを反応させることにより，望みのテトラアルキルプルンバンが得られる．

$$4C_2H_5Cl + 4Na\text{-}Pb \longrightarrow (C_2H_5)_4Pb + 3Pb + 4NaCl \qquad (5 \cdot 41)$$

塩化鉛(Ⅱ)とグリニャール試薬を反応させると，モノプルンバンではなくジプルンバンが得られる(5・42 式)．

$$3PbCl_2 + 6C_6H_5MgBr \longrightarrow (C_6H_5)_3PbPb(C_6H_5)_3 + Pb + 6MgBrCl \qquad (5 \cdot 42)$$

5・5 ビ ス マ ス

ビスマス(bismuth)は，最外殻の s 軌道二つと p 軌道に三つの計 5 個の価電子をもつ．したがって，その酸化数は＋Ⅴまで可能であるが，多くの化合物では＋Ⅲをとる．これはビスマスのように重い元素でよくみられる**不活性電子対効果**により形式的には説明できる．表 5・9 にビスマスの性質をまとめた．

酸化数＋Ⅲのビスマス化合物は，右のような三角錐型構造をとる．これは，結合に関与していない非共有電子対の影響のためと考えられる．

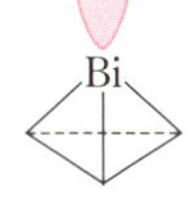

表 5・9 ビスマスの電子配置と性質

元素記号	電子配置	共有結合半径/pm	イオン化エネルギー/kJ mol⁻¹			電気陰性度	融点/°C	地殻における存在度/ppm
			第一	第二	第三			
Bi	[Xe]$4f^{14}5d^{10}6s^26p^3$	146	703	1610	2467	2.02	271	0.2

*1 スタンナンは 4 価のスズ化合物 SnH_4 および SnH_4 の水素を炭化水素基で置き換えた化学種の総称である．

*2 プルンバンは 4 価の鉛化合物 PbH_4 および PbH_4 の水素を炭化水素基で置き換えた化学種の総称である．

三塩化ビスマス $BiCl_3$ は水と速やかに反応し，BiO^+ を生じる．

$$BiCl_3 + H_2O \longrightarrow BiO^+ + 3Cl^- + 2H^+ \quad (5\cdot43)$$

酸化数 +Ⅲ の有機ビスマス化合物は，三塩化ビスマスとグリニャール試薬とを反応させることにより得られる．

$$BiCl_3 + 3C_6H_5MgBr \longrightarrow (C_6H_5)_3Bi + 3MgBrCl \quad (5\cdot44)$$

また，トリフェニルビスマス（トリフェニルビスムタン）に塩素あるいは臭素を作用させることにより，5 価の有機ビスマス化合物が得られる．

$$(C_6H_5)_3Bi + Cl_2 \longrightarrow (C_6H_5)_3BiCl_2 \quad (5\cdot45)$$

得られた化合物にさらにリチウム試薬を反応させることによりペンタフェニルビスマスが得られる．

$$(C_6H_5)_3BiCl_2 + 2C_6H_5Li \longrightarrow (C_6H_5)_5Bi + 2LiCl \quad (5\cdot46)$$

C. 12 族元素

12 族元素の電子配置と性質を表 5・10 に示す．

表 5・10 12 族元素の電子配置と性質（イオン半径は配位数 6 の値）

元　素	元素記号	電子配置	金属結合半径/pm	イオン半径/pm（M^{2+}）
亜　鉛	Zn	[Ar]$3d^{10}4s^2$	133	88
カドミウム	Cd	[Kr]$4d^{10}5s^2$	149	109
水　銀	Hg	[Xe]$4f^{14}5d^{10}6s^2$	150	116

5・6 亜　　鉛

亜鉛（zinc）の最も普通の酸化状態は +Ⅱ である．亜鉛は白色の光沢のある金属で，非酸化性の酸と容易に反応して水素を発生し，Zn^{2+} を生じる．また，亜鉛は加熱下，酸素と反応して酸化亜鉛を生じる．銅と同様，亜鉛の第一および第二イオン化エネルギーは，アルカリおよびアルカリ土類金属と比較して，著しく大きい．これは，d 軌道の遮へい効果が不十分なためである．しかしながら，実際には Zn^{2+} が容易に生成するのは，溶媒和エネルギーおよび格子エネルギーが大きく，大きいイオン化エネルギーを相殺しうるからである．亜鉛では，d 軌道がすべて満たされていることから，d 軌道は化学結合に関与せず遷移金属に特徴的な性質はほとんど示さない．d 軌道の電子が金属結合に関与しないため，金属としては比較的軟らかい．また，d-d

遷移が起こらないことから，亜鉛化合物の色は通常白色である(§8・4・2 参照).

亜鉛単体と酸素との直接反応で酸化亜鉛が生成する(5・47 式).

$$2Zn + O_2 \longrightarrow 2ZnO \tag{5・47}$$

酸化亜鉛は両性を示し，たとえば，塩基を加えると水酸化亜鉛が沈殿する．また，水酸化亜鉛に過剰のアンモニア水を加えると，テトラアンミン錯体 $[Zn(NH_3)_4]^{2+}$(正四面体型構造)が生成する．通常，Zn^{2+} の塩は水和しており，水に溶解すると，6 配位八面体型構造をとる $[Zn(H_2O)_6]^{2+}$ が生成する.

有機亜鉛化合物は，グリニャール試薬(§5・2・2 参照)とともに，有機合成においてよく用いられている．有機亜鉛化合物はグリニャール試薬に比べると反応性が低いため，選択性を必要とする反応系によく用いられている．亜鉛-炭素 σ 結合は比較的安定であり，有機金属化学(金属と炭素の間に結合をもつ化合物を対象とする化学, 第 10 章参照)の出発点になったフランクランド(Frankland)らによるヨウ化エチル亜鉛 EtZnI の合成は有名である．有機亜鉛化合物の合成法としては，❶ 亜鉛粉末とハロゲン化アルキルの直接反応，❷ グリニャール試薬，アルキルリチウムあるいはアルキルアルミニウムとハロゲン化亜鉛とのカップリング，および ❸ 金属交換反応がある.

$$\begin{aligned}
&❶\ 2EtI + 2Zn/Cu \longrightarrow 2EtZnI \xrightarrow{\text{加熱}} Et_2Zn + ZnI_2 \\
&❷\ 2CH_2{=}CHMgBr + ZnCl_2 \longrightarrow (CH_2{=}CH)_2Zn + 2MgBrCl \\
&❸\ (C_6H_5)_2Hg + Zn \longrightarrow (C_6H_5)_2Zn + Hg
\end{aligned} \tag{5・48}$$

亜鉛は生体必須元素であり，20 種類以上の含亜鉛酵素が知られており，人体には約 2〜3 g 存在する．亜鉛のおもな用途は耐食性のめっきであり，鉄の防錆に絶大な効果をもち，代表的な防錆めっき法として知られている．トタン板は亜鉛めっき鋼板の俗称である．また，酸化亜鉛には，顔料および殺菌作用を利用した軟膏のほか，蛍光体材料などの用途がある.

5・7 カドミウムと水銀

カドミウム(cadmium)では，s 電子 2 個が奪われた +II が，**水銀**(mercury)では，+I と +II が重要である．塩化水銀(I)は，水銀-水銀結合をもつ二量体 Hg_2Cl_2 として存在する．価電子数はアルカリ土類金属と同じであるが，化学的性質は大きく異なる．たとえば，イオン化エネルギーは対応するアルカリ土類金属に比べてかなり大きい．これは，d 軌道の遮へい効果が有効ではないためである．また，この族の元素はd殻がすべて埋まっており，d殻の電子は結合には関与しないため，d軌道の性質を反映する遷移元素に特徴的な性質は発現しない．したがって，融点と沸点はきわめて低く，水銀は単体金属中常温で唯一の液体である．カドミウムおよび水銀は酸素と反応して，酸化カドミウム(II) CdO および酸化水銀(II) HgO を与え，

$$2M + O_2 \longrightarrow 2MO \qquad M=Cd, Hg \tag{5・49}$$

これらの酸化物は両性を示す．酸化水銀は高温(500 °C)では分解し，金属単体に戻る．

$$2HgO \xrightarrow{500\,°C} 2Hg + O_2 \tag{5・50}$$

12族金属は比較的安定な金属-炭素σ結合を形成する．しかしながら，有機カドミウムおよび有機水銀は，毒性が強く，有機合成反応では特殊な用途を除いて用いられなくなってきた．

カドミウムは，耐食性に優れることから鉄のめっきに用いられるほか，はんだ，電池，原子炉制御棒などにも使用される．そのほかには，温度計などの測定機器やバッテリーに用いられる．公害病の原因ともなったカドミウムおよび水銀化合物は，人体に有毒であり，取扱いには注意が必要である．

問　　題

5・1 アルカリ金属のイオン化エネルギーはリチウムから周期表を下にいくほど減少し，イオン化しやすくなる．その理由を説明せよ．

5・2 アルカリ土類金属とアルカリ金属では，第一イオン化エネルギーはアルカリ土類金属の方が大きい．その理由を説明せよ．

5・3 還元剤として用いられる水素化アルミニウムリチウムおよび水素化ホウ素ナトリウムを化学式で示せ．

5・4 塩化アルミニウムにおける二量体構造を図示し，説明せよ．

5・5 つぎの反応を反応式で示せ．

1) ナトリウムと水　2) ナトリウムとメタノール

3) 臭化メチルとマグネシウム(ジエチルエーテル中)

4) 臭化メチルとリチウム(ジエチルエーテル中)

5・6 つぎの言葉を説明せよ．

1) s-ブロック元素　2) フリーデル-クラフツ反応　3) 凝集エネルギー

6

非金属元素の化学

6・1 水　素

水素(hydrogen)には三つの同位体(§1・1・4参照), ^{1}H, ^{2}H(**重水素**, Dとも表記される)および^{3}H(**トリチウム**, Tとも表記される)が知られている. 自然に存在する水素は, ^{1}Hを99.985%, ^{2}Hを0.015%含んでいる. ^{3}Hは, 宇宙線によって誘起される核反応$^{14}N(n, {}^{3}H)^{12}C$によって生じる放射性元素であり, β^-壊変により半減期12.33年で^{3}Heに変わる.

$$^{3}H \longrightarrow {}^{3}He + \beta^- \qquad (6\cdot1)$$

これらの三つの同位体は, 1s軌道に一つの電子をもつ同じ電子配置をとり, 原子核に陽子1個と中性子をそれぞれ0, 1, 2個もつ.

水素は, フッ素, 酸素, 窒素, 塩素などの電気陰性な原子Xに結合するとき, もう一つの電気陰性な原子Yと引き合って結合を形成するのがしばしば観測される. この結合を水素結合とよぶ. 水素結合に相当するH…Yの結合距離は通常の単結合距離に比べてかなり長くなるのが普通である. また水素結合には方向性があり, X-H…Yが直線に並んだとき最も強くなる.

X-H…Y　　X, Y: 電気陰性な原子

水素結合の起源は, 静電引力, 電荷移動力, 分散力などが複合したものと考えられている.

表6・1にH_2, D_2, H_2O, D_2Oの性質を示した. 同位体で置換した化合物の物理的および化学的性質は通常よく似ている. しかしながら, このことは水素の場合には当てはまらない. これは, 水素と重水素では質量数がそれぞれ1と2であり, 質量が2倍違うことに起因する. したがって, 表6・1に示したとおり, 沸点あるいは結合エネルギーにかなりの違いがみられる. また, H_2OとD_2Oの沸点の違いも, O-H…O水素結合に比べてO-D…O水素結合が強いことにより説明できる.

表 6・1 H_2, D_2, H_2O および D_2O の性質

	H_2	D_2	H_2O	D_2O
沸点/°C	−252.8	−249.7	100.00	101.42
融点(氷点)/°C	−259.2	−254.5	0	3.82
結合エネルギー/kJ mol^{-1}	436.0	443.3	463.5	470.9

水素 H_2 は，ニッケルを主成分とする触媒の存在下，430〜880 °C でメタンを水蒸気と接触させることにより，一酸化炭素とともに得られる(**水蒸気改質法**(steam reforming)).

$$CH_4 + H_2O \xrightarrow{Ni} CO + 3H_2 \qquad (6・2)$$

この方法で得られる CO と H_2 の混合ガスは**合成ガス**とよばれ，(6・3)式の反応がひき続き起こることにより，合成ガスにおける水素の割合は増大する.

$$CO + H_2O \xrightarrow{Ni} CO_2 + H_2 \qquad (6・3)$$

表 6・2 13 族から 17 族までの水素化物の化学式と命名法

族	化学式	IUPAC 名（慣用名）		族	化学式	IUPAC 名（慣用名）	
13	BH_3	ボラン	borane	16	H_2O	オキシダン (水	oxidane† water)
	AlH_3	アルマン	alumane		H_2S	スルファン (硫化水素	sulfane hydrogen sulfide)
	GaH_3	ガラン	gallane		H_2Se	セラン (セレン化水素	selane hydrogen selenide)
14	CH_4	メタン	methane		H_2Te	テラン (テルル化水素	tellane hydrogen telluride)
	SiH_4	シラン	silane	17	HF	フルオラン (フッ化水素	fluorane† hydrogen fluoride)
	GeH_4	ゲルマン	germane		HCl	クロラン (塩化水素	chlorane† hydrogen chloride)
	SnH_4	スタンナン	stannane		HBr	ブロマン (臭化水素	bromane† hydrogen bromide)
	PbH_4	プルンバン	plumbane		HI	ヨーダン (ヨウ化水素	iodane† hydrogen iodide)
15	NH_3	アザン (アンモニア	azane† ammonia)				
	PH_3	ホスファン (ホスフィン	phosphane phosphine)				
	AsH_3	アルサン (アルシン	arsane arsine)				
	SbH_3	スチバン (スチビン	stibane stibine)				
	BiH_3	ビスムタン (ビスムチン	bismuthane bismuthine)				

† これらの体系的名称は，通常用いられていない.

また，還元剤にコークスを用いる反応もある（水性ガス反応）．

$$C + H_2O \longrightarrow CO + H_2 \qquad (6 \cdot 4)$$

この反応で得られる**水性ガス**（おもに水素と一酸化炭素の混合ガス）は，メタノール合成，フィッシャー-トロプシュ反応（§7・4・6参照）などの原料として用いられる．

重水素およびトリチウムは反応機構を研究する際のトレーサー*に用いられる．重水素はNMR（核磁気共鳴），IR（赤外分光分析）により検出することができ，またトリチウムは，その放射線を利用して感度良く検出できる．

水素はs-ブロックおよびp-ブロック元素のほとんどすべてと水素化物を形成する．表6・2に13〜17族の水素化物の化学式とIUPAC名を示す．慣用名は括弧内に記した．水素化物のIUPAC名では元素名の語幹の後に-aneをつけるのが基本である．

6・2 ホ ウ 素

ホウ素（boron）の電子配置は［He］$2s^2 2p^1$であり，平面三角形型のsp^2混成軌道により3本の共有結合を形成し，3価の化合物を与える．三ハロゲン化ホウ素は共有結合性化合物であり，ホウ素は最外殻に6個しか電子をもたないのでオクテット則を満たしておらず“電子不足”な状態である．したがって，三ハロゲン化ホウ素はルイス酸としてはたらき，ホウ素原子は，電子対を供与する酸素，窒素，リンおよび硫黄などの原子の配位を容易に受ける．また，ハロゲン化アルキルやハロゲン化アシルのハロゲンの配位を受け，これらの求電子性を高めることから，フリーデル-クラフツ反応（§5・3・2参照）において有効な触媒となる．

たとえば，三フッ化ホウ素BF_3は強いルイス酸の一つで，エーテル（R_2O），アルコール（ROH）あるいはアミン類（NR_3）と反応して，付加物を生成する．（6・5）式にアミンとの反応例を示す．

$$BF_3 + :NR_3 \longrightarrow F_3B:NR_3 \qquad (6 \cdot 5)$$

また，BF_3はフッ化物イオンと反応してテトラフルオロホウ酸イオンBF_4^-を生じる．BF_4^-は金属イオンに対する配位能力が弱いことから，陽イオン性錯体を合成

* 元素または物質の挙動を知るために用いる物質．元素の挙動を追跡するためには，その化学的性質を極力変化させないために，その元素の同位体を用いる場合が多い．

する際の安定な対陰イオン* としてよく用いられる．ホウ素は三ハロゲン化物のほかに，B_2X_4 で表されるハロゲン化物としても存在する．これは熱的に不安定で，室温においても簡単に分解する．

ホウ素は**ボラン**(borane)とよばれる分子性水素化物群を形成する．その代表的なものとしては，B_2H_6, B_4H_{10}, B_5H_9, B_6H_{10} などがある．表 6・3 および図 6・1 にその物性と構造をそれぞれ示す(ニド，アラクノなどの命名法に関しては後述)．

表 6・3 安定なボラン類の性質

化合物名†	化学式	構 造	融点/°C	沸点/°C
ジボラン(6)	B_2H_6	ニ ド	−165	−93
テトラボラン(10)	B_4H_{10}	アラクノ	−120	18
ペンタボラン(9)	B_5H_9	ニ ド	−47	60.0
ヘキサボラン(10)	B_6H_{10}	ニ ド	−62.3	108

† 名称の後のかっこ内の数字で水素原子数を示す．

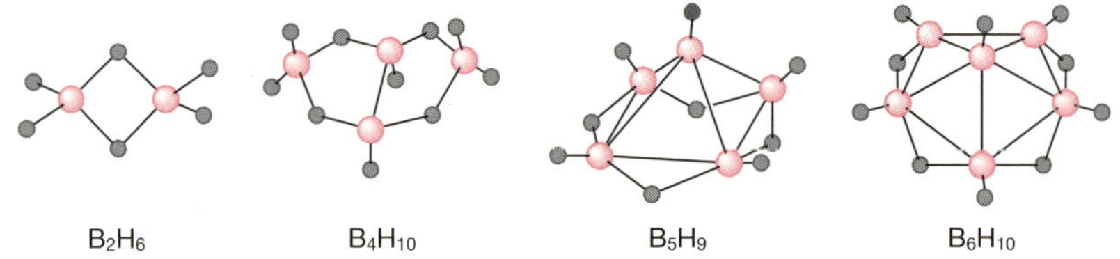

図 6・1 いくつかのボラン類の構造 (● ホウ素，● 水素)

これらのホウ素化合物は空気に対する反応性がきわめて高く，取扱うための特殊なテクニックが必要となり，ストック(Stock)によって真空ラインを使った取扱い方法が開発された．ボラン類の構造は炭素の水素化物，つまりアルカンの構造とは大きく異なる．ボラン類では，原子間で通常の二中心二電子結合を生成するのに十分な電子がない．この“電子不足”な状態から，三中心二電子結合が形成される(§2・2・3 参照)．

ジボラン(6)B_2H_6 は，空気中で自然発火する気体であり(6・6 式)，水とも容易に反応して，ホウ酸と水素が生成する(6・7 式)．

$$B_2H_6 + 3O_2 \longrightarrow B_2O_3 + 3H_2O \quad (6\cdot6)$$
$$B_2H_6 + 6H_2O \longrightarrow 2B(OH)_3 + 6H_2 \quad (6\cdot7)$$

* 陽イオン性錯体と対を形成する陰イオンをいう．代表的なものとして，PF_6^-, BF_4^-, ClO_4^- などがあげられる．対陰イオンは，陽イオン性錯体の安定性に寄与する．

実験室では，テトラヒドロホウ酸ナトリウムのヨウ素による酸化により合成され(6・8式)，工業的には，高温でBF_3と水素化ナトリウムとの反応によって製造される(6・9式)．モノボランBH_3はジボランの熱分解反応により一時的に発生し，エーテルなどの付加物としてしか単離できない．

$$2NaBH_4 + I_2 \longrightarrow B_2H_6 + 2NaI + H_2 \qquad (6\cdot 8)$$
$$2BF_3 + 6NaH \longrightarrow B_2H_6 + 6NaF \qquad (6\cdot 9)$$

ジボランは有機合成における重要な反応である**ヒドロホウ素化反応***(hydroboration)に用いられる．生成したアルキルボランは，炭素-ホウ素結合を切断するのに用いる試薬を適当に選択することにより，いろいろな化合物へと誘導することができる．ホウ素-炭素結合切断には，カルボン酸(6・10式)，過酸化水素(6・11式)，クロム酸(6・12式)などが用いられる．

$$BR_3 + 3CH_3COOH \longrightarrow 3RH + B(OCOCH_3)_3 \qquad (6\cdot 10)$$
$$B(CH_2R)_3 + 3H_2O_2 \longrightarrow 3RCH_2OH + H_3BO_3 \qquad (6\cdot 11)$$
$$B(CH_2R)_3 \xrightarrow{H_2CrO_4} RCOOH + B(CH_2R)_2OH \qquad (6\cdot 12)$$

テトラヒドロホウ酸イオンBH_4^-は，最も単純なヒドロホウ酸陰イオンであり，かつ無機化学および有機化学において，還元剤および水素化剤として重要な役割を果たしている．よく用いられるナトリウム塩は(6・13)式の方法により合成され，無色イオン性の結晶である．

$$4NaH + B(OMe)_3 \longrightarrow NaBH_4 + 3NaOMe \qquad (6\cdot 13)$$

テトラヒドロホウ酸のアルカリ金属塩は，$LiAlH_4$と比べて反応性が低く，アルコールやカルボン酸とはほとんど反応せず，アルデヒドおよびケトン類をそれぞれ第一級アルコールおよび第二級アルコールへ還元する際に有用である．

炭素およびケイ素などの14族元素は，環状あるいは鎖状の開いた構造のオリゴマーをつくるのに対して，ホウ素の水素化物は，かご状の構造をとる．これは，ホウ素化合物では二中心二電子結合ではなく，三中心二電子結合をとることによる．図6・2に**クロソ**(*closo*-)，**ニド**(*nido*-)，**アラクノ**(*arachno*-)型のボランあるいはヘテロボランの理想化して描いた多面体構造を示す．このように，ボラン類は，三角多面体のかご状化合物と考えることができる．閉じた構造である左側のクロソ型

＊　ジボランB_2H_6またはモノボランの付加物$BH_3 \cdot L$(L=THF, Me_2S)のB–H結合がオレフィンにシス付加する反応をヒドロホウ素化反応という．その一例を示す．

$$B_2H_6 + 2CH_3CH{=}CH_2 \longrightarrow 2CH_3CH_2CH_2BH_2$$

から一つの頂点を取除いたものがニド型(中央)であり，クロソ型から隣り合った頂点を取除いたものがアラクノ型(右)である*.

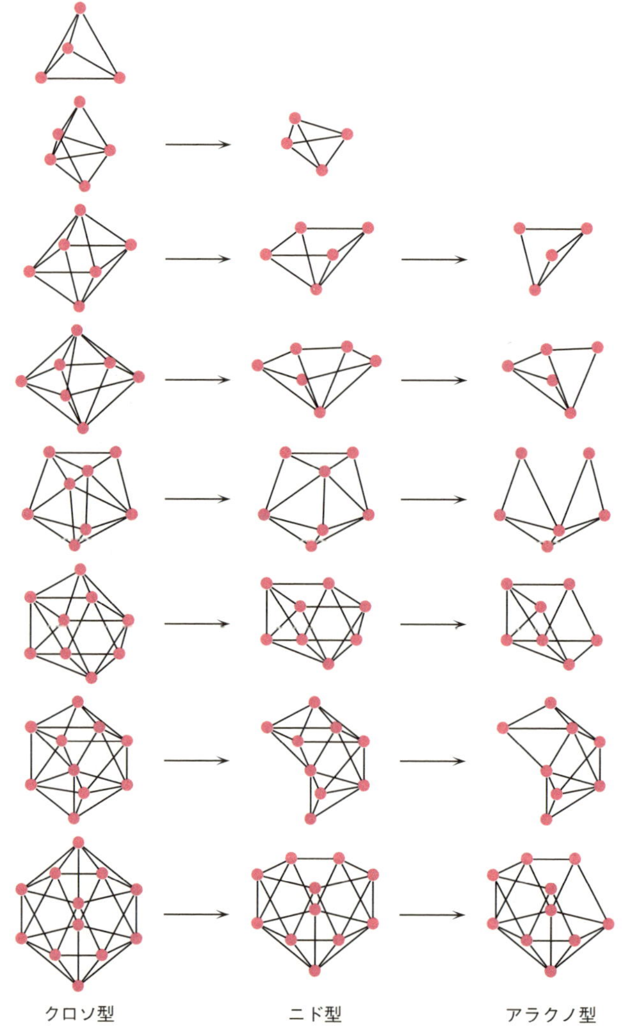

図 6・2　クロソ，ニド，アラクノ型のボランおよびヘテロボラン類の骨格構造（● ホウ素およびヘテロ元素）

* *closo*(クロソ)，*nido*(ニド)，*arachno*(アラクノ)の語源は，それぞれギリシャ語の“閉じた”，“鳥の巣のような”，“クモの巣のような”である.

クロソ型のボラン類は，三角形の面で完全に閉じられた三角多面体構造をとり，つねに2価陰イオン $[B_nH_n]^{2-}$ として存在する．n 個のホウ素が閉じた三角多面体の頂点の位置を占めて，$2(n+1)$ 個の結合電子を骨格結合に使っている．B_nH_{n+4} の一般式で表されるニド分子は，n 個のホウ素が $(n+1)$ 頂点の多面体の n 個の頂点を占めた開いた構造をもち，$2(n+2)$ 個の結合電子を骨格結合に用いる．B_nH_{n+6} の一般式で表されるアラクノ分子は，ニド構造よりさらに1個の頂点を欠いた開いた構造をとり，n 個のホウ素が $(n+2)$ 頂点の多面体の n 個の頂点を占め，$2(n+3)$ 個の結合電子を骨格結合に用いる*.

ボランの一つ以上のホウ素を他の原子により置換した化合物へテロボランが数多く知られ，そのうち重要でよく研究されているものは**カルバボラン**(carbaborane; **カルボラン**(carborane)ともいう)である．カルバボランは，ボランの BH^- 単位を等電子等構造であるメチン(CH)で置換したホウ素化合物群である．したがって，クロソ分子 $[B_nH_n]^{2-}$ の二つの BH^- 単位を二つのCHで置き換えたクロソカルバボラン $B_{n-2}C_2H_n$ は中性分子である．ヘテロボラン類としては，炭素のような主要族元素でホウ素を置き換えたものだけでなく，遷移金属で置き換えた**メタラボラン**(metallaborane)も知られている．その一例を図6・3に示す．

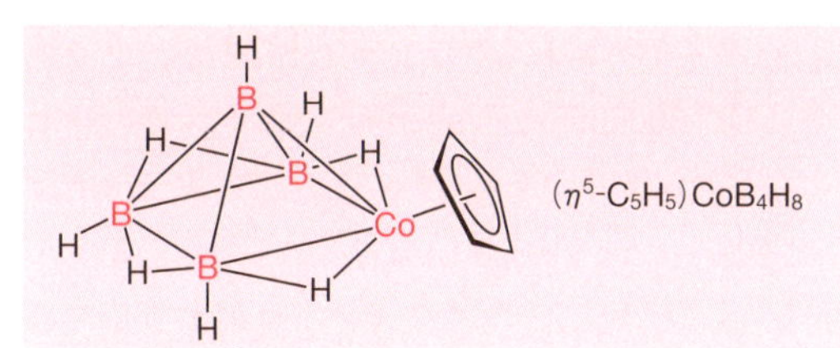

図 6・3　メタラボランの例

ホウ素-ホウ素間に二重結合をもつエチレンと等電子等構造のジボレンは，2価の陰イオン性の化合物として単離同定されている．

$$(Li^+)_2\left[\begin{matrix}Mes & & Mes\\ & B{=}B & \\ Ph & & Mes\end{matrix}\right]^{2-}\qquad Mes=\text{2,4,6-トリメチルフェニル}$$

ジボレン

＊　このようなボランにおける骨格構造と骨格結合電子数の関係に対する経験則を**ウェイド則**(Wade's rule)という．ウェイド則を拡張すると，ボラン以外にカルバボラン，遷移金属クラスターなどにも適用できる．

ホウ素-窒素結合をもつ化合物群の中で最も重要なものは**ボラジン**(borazine) $B_3N_3H_6$ であり，ベンゼンに似た構造をもつ(図 6・4)．反応性はベンゼンよりも高く，(6・14)式に示したような付加反応を受ける．

$$B_3N_3H_6 + 3HX \longrightarrow (NH_2BHX)_3 \qquad (6\cdot 14)$$

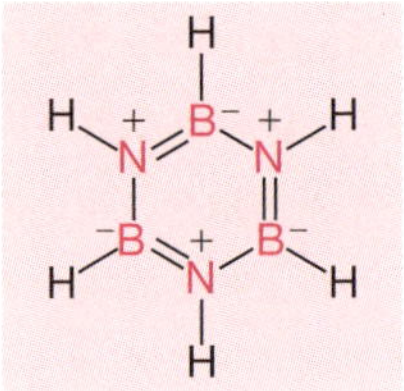

図 6・4　ボラジン($B_3N_3H_6$)の構造

ホウ素化合物には多くの用途があり，耐熱ガラスの原料，染料，化粧品の原料に用いられている．また，^{10}B は中性子吸収断面積が大きいことから，中性子吸収剤としての用途もある．

6・3　炭　　素

ここでは，有機化学および有機金属化学で取扱う化合物を除外し，**炭素**(carbon)の同素体について述べる．炭素にはダイヤモンド，グラファイト(黒鉛)，グラフェンおよび**バックミンスターフラーレン**(Buckminster fullerene；C_{60} フラーレンともいう)をはじめとするかご状分子などの同素体がある(図 6・5)．ダイヤモンドは無色で，各炭素原子は他の四つの炭素原子と sp^3 混成軌道を利用して四つの結合をつくり，三次元の重合体を形成する．したがって，ダイヤモンドを溶融するためには，この四つの強い共有結合を切らなくてはならず，融点は非常に高く，反応性に

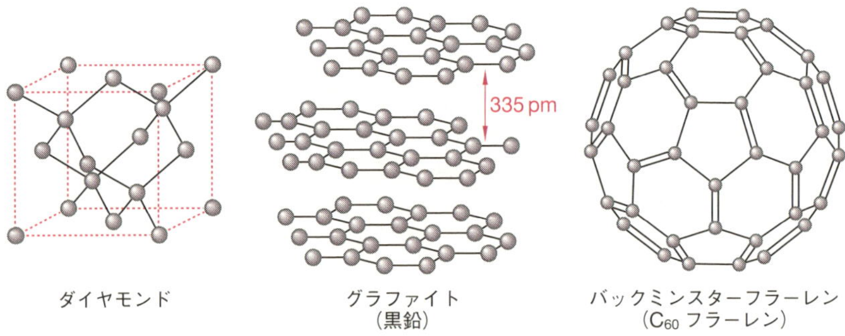

図 6・5　炭素の三つの同素体

乏しい．ダイヤモンドは三次元構造をとるのに対して，グラファイトは二次元の層状構造をとる．グラファイトの炭素原子は二つの 2p 軌道と一つの 2s 軌道を使って同一面内の 3 本の σ 結合を形成する．さらに，面に垂直な 2p 軌道が π 結合を形成する(§3・3・3 参照)．このため面内の炭素原子間距離は 142 pm と炭素-炭素単結合の距離(154 pm)よりも短い．各層はファンデルワールス結合で結びつけられている．このため層と層の間隔は炭素-炭素単結合距離よりもはるかに長く，335 pm である．このことから，同じ炭素の同素体でありながら，ダイヤモンドの密度(3.5 $g\ cm^{-3}$)はグラファイトの密度(2.22 $g\ cm^{-3}$)よりも大きい．また，グラファイトは上述のようなゆるい層状構造をしているので，層間には，アルカリ金属，アルカリ土類金属，希土類金属，遷移金属などの電子供与体，またハロゲン，金属ハロゲン化物，金属酸化物，酸素酸などの電子受容体が挿入した化合物群を与える．グラファイトは面内方向には金属に近い電気伝導性を示すが，面に垂直な方向の伝導性はこれよりはるかに小さい．

グラファイトのダイヤモンドへの変換は，約 3000 K，12 万気圧以上という高温高圧下で 1955 年になって初めて成功した．また，クロム，鉄あるいは白金などの遷移金属を触媒として用いることにより，より効率的にダイヤモンドへの変換が可能となった．現在では，メタンと水素の混合ガスからダイヤモンド薄膜の合成も可能となっている．ダイヤモンドは宝石，研磨剤あるいは切削工具に用いられるほか，熱伝導率がきわめて高いことから，半導体などの温度上昇を防ぐ基板にも用いられる．

グラファイトは，高温での断熱材，電極類，電解板，鉛筆の芯などに利用される．グラファイトは天然にも産するが，現在では，人工的に合成されたものが使用されている．

sp^2 混成をとる炭素の六員環が並んだ二次元シートがグラフェンであり，グラフェンが多層化したものがグラファイトと分類されるが，積層数が比較的少ない場合もグラフェンとよばれることがある．2010 年のノーベル物理学賞は，ガイム(Geim)およびノボセロフ(Novoselov)らによるグラフェンに関する研究が受賞対象となった．グラフェンの製造方法には，グラフェンが多層化したグラファイトから強制的に薄片化する方法とグラフェンの多層化を抑えつつ，ボトムアップ的につくる方法が知られている．後者の方法としては，メタンなどを炭素源として用いた，金属基板上での熱分解化学気相成長法，多環芳香族化合物の重合および縮環による有機合成化学的手法などが知られている．グラフェン単層はきわめて薄く導電性を示すため，透明導電性膜としての応用や，次世代半導体デバイスとしての応用など，今後の発展が期待されている．

C_{60} フラーレンは，1985年にクロトー(Kroto)とスモーリー(Smalley)の共同研究によって見いだされ，クレッチマー(Krätschmer)とハフマン(Huffman)らが1990年，大量合成に成功した．C_{60} は，グラファイトで見られる六員環とともに五員環をも含み，ちょうど，サッカーボールと同じ構造をとっている．また，同様なかご状分子としては C_{60} のみならず，C_{70}, C_{76}, C_{78}, C_{80}, C_{82}, C_{84}, C_{86}, C_{90}, C_{92}, C_{94}, C_{96} などが高次フラーレンの合成に成功している．フラーレンは，ヘリウムガス雰囲気下でグラファイトの放電によりできる"すす"中に約10〜15％存在する．最も生成量の多いものは C_{60} であり，最もよく研究されている．カリウムなどのアルカリ金属が C_{60} の層間に挿入した層間化合物 A_3C_{60} は超伝導体になることが知られている(K_3C_{60} の超伝導臨界温度は19 K)．

1991年，カーボンナノチューブが飯島澄男博士により発見された．カーボンナノチューブは，炭素六員環が単層あるいは多層の同軸環状につらなった筒型物質であり，つぎのような性質を示す．

1) 強度は鉄鋼の20倍でありながら，アルミニウムの半分以下の重さである．

2) 構造の違いによって，電気伝導性が変化する．

3) 内部に筒状の内包空間を有し，吸着能が高い．

以上のような特性から，航空機，ロケット，宇宙ステーションのための新素材，半導体および燃料電池の電極としてカーボンナノチューブの応用が期待されている．

6・4 ケイ素とゲルマニウム

ケイ素(silicon)は地殻中の構成元素の25％を占め，多量に存在している．**ゲルマニウム**(germanium)は特殊な鉱石や石炭中にごく微量存在する．他の族と同様14族においても，原子番号が増加するにつれて金属性が増す傾向にあり，炭素とケイ素は非金属であるが，ゲルマニウムはかなり金属性を帯びてくる．

ケイ素とゲルマニウムは，かさ高い置換基を導入することで，炭素と同様，p_π-p_π 結合により二重結合をもつ化合物を与える(図6・6)．また，Si-Si および Ge-Ge 三重結合をもつ化合物も合成されている．

塩化物 $SiCl_4$ および $GeCl_4$ は単体を熱時塩素化することにより，無色液体として得られる．CCl_4 と異なり，$SiCl_4$ は水でただちに加水分解される．$SiCl_4$ および $GeCl_4$ は，有機ケイ素および有機ゲルマニウム化合物を合成する際の，よい出発化合物で

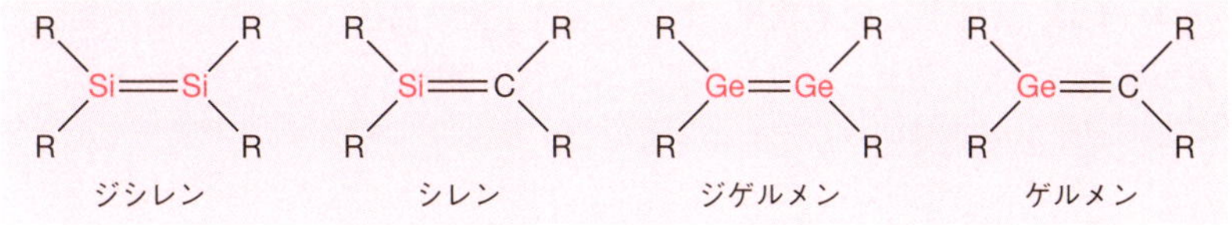

図 6・6 p_π-p_π 結合をもつケイ素およびゲルマニウム化合物の例

ある.

$$n\mathrm{RLi} + \mathrm{ECl_4} \xrightarrow{-n\mathrm{LiCl}} \mathrm{R}_n\mathrm{ECl}_{4-n} \qquad \mathrm{E} = \mathrm{Si, Ge} \qquad (6\cdot15)$$

メタンのケイ素類縁体**シラン**(silane)SiH_4 は，エーテル中で四塩化ケイ素と $LiAlH_4$ との反応により生成する.

$$\mathrm{SiCl_4} \xrightarrow{\mathrm{LiAlH_4}} \mathrm{SiH_4} \qquad (6\cdot16)$$

シランはメタンとは全く異なった反応性を示し,空気中で自発的に発火して燃える.

二酸化ケイ素 SiO_2 は**シリカ**(silica)とよばれ，おもに石英およびクリストバル石として存在する．SiO_2 に対応する炭素化合物 CO_2 は炭素-酸素間に二重結合をもつ分子であるのに対し，SiO_2 ではケイ素は四つの酸素に四面体型に結合し，各酸素は別のケイ素と結合した無限構造をとっている．クリストバル石では，ケイ素原子はダイヤモンド(図 6・5 参照)での炭素と同じ位置関係にあり，ケイ素-ケイ素結合の中間に酸素が位置する．石英の結晶である水晶の低温型(α 型)はらせん状配列をとり，右巻きと左巻きがあるため光学異性体が存在する．右巻き水晶と左巻き水晶は肉眼で簡単に判別することができる．シリカにはいろいろな用途がある．シリカは可視および紫外領域で透明であるため，レンズやプリズムのような光学機器の用途で重要である．また，ケイ酸を脱水して得られるシリカゲルは，2〜10％の水を含み，吸着力が強いことから，空気中の水分除去用の乾燥剤あるいはクロマトグラフィーにおける充塡剤として用いられる．吸着剤としては活性炭に比べて，不燃性および機械的堅ろう性に優れる.

ケイ素を含むポリマーとして重要なのは**シリコーン**(silicone)である．これは，シロキサン結合 $\left(\mathrm{Si\text{-}O\text{-}Si\text{-}O}\right)$ の繰返しを主鎖として含む重合体であり，R_2SiCl_2 のようなジクロロシランの加水分解により合成される.

$$n\mathrm{R_2SiCl_2} + n\mathrm{H_2O} \longrightarrow \left(\mathrm{R_2Si\text{-}O}\right)_n + 2n\mathrm{HCl} \qquad (6\cdot17)$$

シリコーンは，耐熱性，耐老化性，電気絶縁性，耐薬品性に優れる．重合度および側鎖の種類により，液状，グリース状，ゴム状，樹脂状のものがある．そのうち，低重合度で室温で流動性を示すものをシリコーンオイルという．

6・5 窒　　素

窒素(nitrogen)の電子配置は，[He]$2s^22p^3$ であり，図 6・7 に窒素がつくる化合物の例を示す．窒素はおもに二窒素 N_2 として存在して，大気中で約 78％を占めている．窒素には二つの同位体 ^{14}N と ^{15}N が存在して，その比は $^{14}N/^{15}N$＝約 262 である．窒素の空気からの分離と精製は，空気を液化した後，分別蒸留により行われる．

窒素は 14 族の炭素と同様，p_π-p_π 多重結合を形成できる．図 6・7 の ❺ のように単体窒素は，窒素間に多重結合をもつ二窒素として存在し，その結合はきわめて強い．

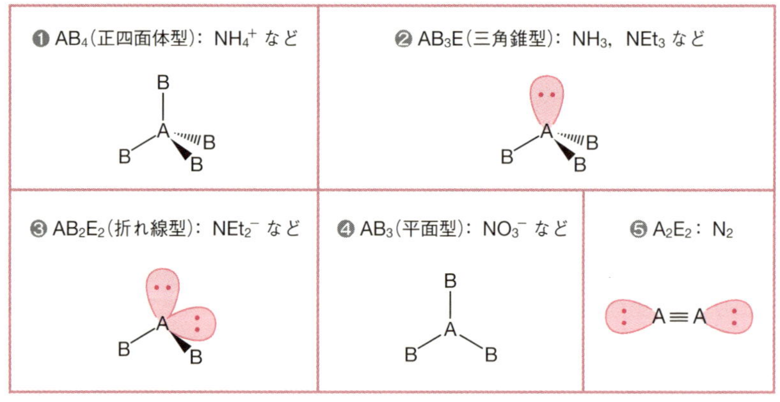

図 6・7　窒素がつくる化合物の例（A：窒素，B：窒素以外の元素，E：非共有電子対）

3 価の窒素化合物 NR_3 は sp^3 混成により三角錐型構造をとる．つまり，窒素上の非共有電子対が第四番目の位置を占める．アミン類 :NR_3 はこの非共有電子対の供与によりルイス塩基として作用する．この性質により，ボラン付加物 R_3BNR_3 あるいはアミンが配位した遷移金属錯体が生成する．

窒素の酸化物としては，一酸化二窒素(亜酸化窒素)N_2O，一酸化窒素 NO，二酸化窒素 NO_2 が重要である．N_2O は直線型構造をとり，比較的安定である．熱することにより分解して，窒素と酸素が発生する．

$$2N_2O \xrightarrow{\text{加熱}} 2N_2 + O_2 \qquad (6\cdot18)$$

NO は常磁性で，銅と希硝酸との反応により発生する．

$$3Cu + 8HNO_3 \longrightarrow 2NO + 3Cu(NO_3)_2 + 4H_2O \qquad (6\cdot19)$$

NO は空気中の酸素とすぐに反応して，NO_2 となる．

$$2NO + O_2 \longrightarrow 2NO_2 \qquad (6\cdot20)$$

同じく常磁性の NO_2 は二量化して反磁性の N_2O_4 を与える．この反応は平衡反応である．

$$2NO_2 \rightleftharpoons N_2O_4 \qquad (6\cdot21)$$

NO_2 は 150 °C で熱分解して，NO と O_2 を生じる．

$$2NO_2 \longrightarrow 2NO + O_2 \qquad (6\cdot22)$$

液体アンモニアはアルカリ金属あるいは一部のランタノイド金属を溶かして，金属イオンと溶媒和電子を含む特徴的な青色溶液を与える．

窒素は，化学的に不活性であるため，酸化防止および食品貯蔵などに利用される．実験室では，空気に不安定な化合物を合成する際に用いられる．また，液体窒素の融点は −210 °C で，冷媒として食品類などの急速冷凍や貯蔵などにも用いられる．

6・6 リン，ヒ素，アンチモン

リン(phosphorus)，**ヒ素**(arsenic)，**アンチモン**(antimony)の原子価殻は ns^2np^3 であり，同族の窒素と同じであるが，その化学的性質は大きく異なる．リンは完全に非金属であるが，ヒ素およびアンチモンは若干の金属的な性質をもち，同族では下にいくほど金属性が大きくなる．

リンは，単結合だけをもつ正四面体型の P_4 分子をつくる．p_π-p_π 相互作用を含む二重結合および三重結合をもつ化合物 R-P=P-R および P≡C-R がかさ高い置換基を導入することにより合成単離されている(図 6・8)．

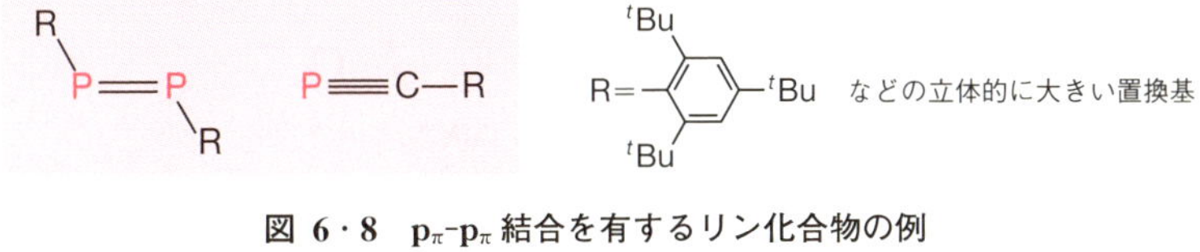

図 6・8 p_π-p_π 結合を有するリン化合物の例

また，リンは**イリド**(ylide)とよばれる化合物群を形成する．これは，図6・9のような共鳴構造をとり，炭素とリンとの結合は，共有結合性(-yl)とイオン結合性(-id)の二つの様式から成る．共鳴構造として**イレン**(ylene)型の寄与も若干あるものの，多重結合性は小さい．このようなイリド化合物は，リンだけでなく他の主要族元素の窒素あるいは硫黄などにおいても存在する．

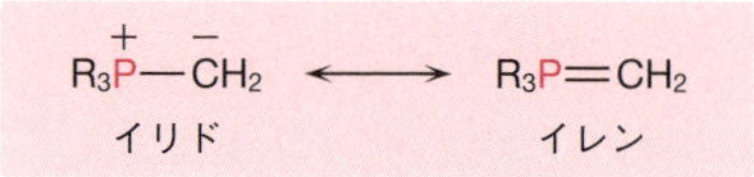

$$\underset{\text{イリド}}{R_3\overset{+}{P}-\overset{-}{C}H_2} \longleftrightarrow \underset{\text{イレン}}{R_3P=CH_2}$$

図 6・9 リンイリドの共鳴構造

リンの酸化物である十酸化四リン(五酸化二リン)P_4O_{10} は有機溶媒などの乾燥剤として広く用いられ，最も強力な乾燥剤の一つである．

リンの同素体には多くのものが知られており，白リン，紫リン，黒リン，無定形の赤リンおよび紅リンなどがある．白リンは P_4 分子から成り，空気中では発火するので水中で保存される．黒リンは最も安定な同素体であり，純粋なものは空気中でも安定である．白リンはベンゼンなどの有機溶媒に可溶であるが，きわめて有毒である．

リンの水素化物**ホスファン**(phosphane) PH_3 は，白リンを水酸化カリウム水溶液中，不活性ガス雰囲気下で加熱するか(6・23 式)，リン化マグネシウム Mg_3P_2 と酸との反応(6・24 式)により得られる．

$$P_4 + 3KOH + 3H_2O \longrightarrow PH_3 + 3KH_2PO_2 \qquad (6\cdot23)$$

$$Mg_3P_2 + 6HCl \longrightarrow 2PH_3 + 3MgCl_2 \qquad (6\cdot24)$$

PH_3 は純粋な状態では自然発火せず安定であるが，ジホスファン H_2PPH_2 のような不純物が存在する際には自然発火することもある．

ヒ素の水素化物**アルサン**(arsane) AsH_3 も純粋な状態では比較的安定であるものの，アンチモンの水素化物**スチバン**(stibane) SbH_3 は熱的に不安定である．

三塩化リン PCl_3 は，容易に加水分解を受けてホスホン酸 H_2PHO_3(図6・10)を生じる．

$$PCl_3 + 3H_2O \longrightarrow H_2PHO_3 + 3HCl \qquad (6\cdot25)$$

また，酸素によって酸化されて塩化ホスホリル $OPCl_3$ を生じる．

$$2PCl_3 + O_2 \longrightarrow 2OPCl_3 \qquad (6\cdot26)$$

三塩化リンは，また，グリニャール試薬あるいはリチウム試薬との反応により 3 価のアルキルホスファンを合成するのに用いられる．

$$PCl_3 + 3RLi \longrightarrow PR_3 + 3LiCl \qquad (6・27)$$

五フッ化物 PF_5，AsF_5，SbF_5 はフッ化物イオンとの親和性が強く，容易に MF_6^- に変換される．これらの陰イオンは求核性，配位力ともに非常に弱いので，反応性の高い陽イオン性錯体を合成する際に対陰イオンとしてしばしば用いられる．

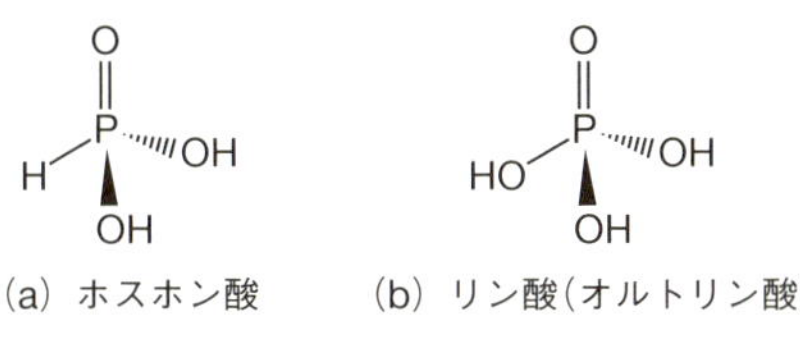

図 6・10 リンのオキソ酸の例

3 価の化合物であるホスファン PR_3 およびアルサン AsR_3 類は電子供与性の配位子として用いられる．同族のアミン類 NR_3 とは遷移金属に対する供与性に関して大きな違いがある．アミンは窒素上に金属の d_π 軌道からの π 逆供与を受けるための適切な軌道をもたないのに対し，ホスファンおよびアルサンは，エネルギー的に低い空の σ* 軌道(リン–炭素反結合性軌道)をもつので，d_π-σ* 相互作用により，金属からの π 逆供与を受けることが可能である(図 6・11)．このことから，アミン配位子が一般に高酸化状態の金属錯体を安定化するのに対し，ホスファンおよびアルサン配位子は，電子豊富な低酸化状態の金属錯体を安定化すると考えられる．

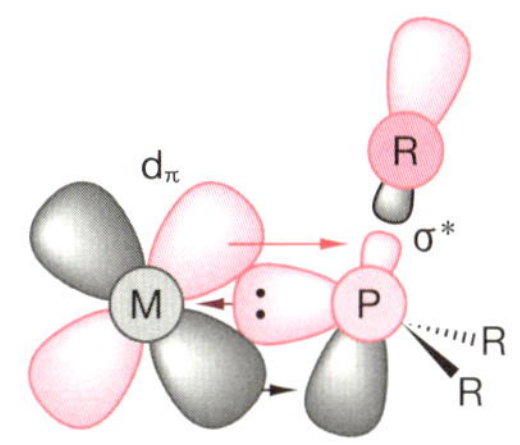

図 6・11 金属とホスファン配位子の結合様式

リンを含む**オキソ酸**†(oxo acid)は多数の例が知られているが，よく知られているのは**ホスホン酸** H_2PHO_3 と**リン酸** H_3PO_4(オルトリン酸)である(図 6・10)．ホス

† ブレンステッド酸のうち，中心原子 X に結合した酸素原子にプロトン性の水素が結合し X–OH 型の構造をとる酸をいい，H_nXO_m で表される．

ホン酸は三塩化リン PCl_3 の加水分解により得られ(6・25 式), 塩素などの酸化剤と反応して, リン酸に変換される. リン酸エステル $OP(OR)_3$ は, 生体内で重要な役割を果たしている. また, リン酸塩は肥料, 水の軟化剤など, 幅広い用途がある.

単体リンは, 化合物半導体, マッチなどの原料となる. 単体ヒ素およびヒ素化合物はともに猛毒であり用途は少ないものの, GaAs, InAs などの半導体成分, 鉛, 銅の合金成分として用いられている. 高純度アンチモンは半導体材料として用いられ, 酒石酸アンチモニルカリウム(吐酒石 $K_2[Sb_2(C_4H_2O_6)_2]\cdot 3H_2O$)は住血吸虫症, リーシュマニア症の治療薬としての用途もある.

6・7 酸 素

酸素(oxygen)は [He]$2s^22p^4$ の電子配置をとり, 2 個の電子を受け取り, O^{2-} イオンになるか他の原子と電子を共有して共有結合をつくる. 酸素の電気陰性度はフッ素についで高く, 金属酸化物の多くはイオン結合性である. 共有結合性の酸化物には CO_2, SO_2, R_2CO(ケトン), R_3PO(ホスファンオキシド)などがあり, これらの化合物では酸素ともう一つの元素との結合は期待される単結合距離よりもはるかに短くなっており, 二重結合と記述される. 酸素は他の元素と多重結合を形成する際には p 軌道が利用可能であり, 酸素-炭素, 酸素-硫黄, 酸素-リン間では p_π-p_π 結合が生成する.

酸素は地球上ではすべての元素の中で最も存在量が多く, 地殻における元素存在量(質量)の約 50% を占める. 大気中に 20.8%(体積比)含まれ, また, 海洋中には水として, 地殻中には酸化物, ケイ酸塩などとして広く存在する. 化学的に活性で貴ガス, ハロゲン, 金, 銀, 白金以外の元素と直接反応して, 酸化物が生成する. 酸素には二酸素(O_2)とオゾン(O_3)の 2 種類の同素体が存在する. オゾンは薄い青色を示し, 乾いた気体酸素中の放電で得られる反磁性の気体である. 二酸素は常磁性であり, 酸素-酸素間に二重結合をもち, 三重項基底状態をとる(§2・2・2, 図 2・9 参照). オゾンおよび二酸素ともに酸化力があるが, オゾンの方がずっと強力な酸化剤としてはたらき, 消毒, 漂白, 酸化などの目的に用いられる. 紫外線による光化学反応で大気中の酸素分子が酸素原子と結合することにより, 高度 25 km 付近の成層圏ではオゾン層が生成している. これは, 紫外線を吸収する性質があるため, 地球上の生態系を紫外線から保護し, 生物にとって重要な役割を果たしている.

酸素は遷移金属錯体と反応して, 種々の配位形式をもつ酸素錯体を与える. 図 6・12 にその配位形式のおもなものを示す. この酸素の配位はしばしば可逆であり，ヘモグロビンおよびミオグロビンによる酸素分子の運搬に関連して重要である(§11・1参照).

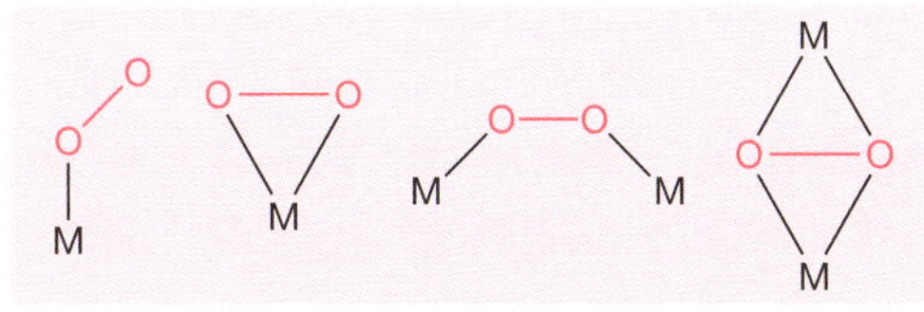

図 6・12　二酸素の遷移金属への配位形式

6・8　硫黄，セレン，テルル，ポロニウム

周期表の16族元素，**硫黄**(sulfur)，**セレン**(selenium)，**テルル**(tellurium)，**ポロニウム**(polonium)は総称として**カルコゲン**(chalcogens)とよばれる．カルコゲン元素の電子配置および単体の性質を表6・4にまとめた．これらの元素の最外殻は，ns^2np^4 の構造をとる．酸素の場合と異なり，硫黄およびセレンでは，他の元素と2個の電子を共有して共有結合を形成する場合がほとんどで，あまりイオン性化合物を形成しない．硫黄は酸素同様非金属としての性質が強く，一方セレンとテルルはかなりの金属性をもつ．電気伝導度の測定結果から，硫黄は完全な絶縁体であるのに対し，セレンおよびテルルの電気伝導度は金属と非金属の中間的な値をとる．ポロニウムでは，金属に相当する抵抗値を示し，完全な金属といえる．また，硫黄とセレンでは，酸素とは違って超原子価化合物を容易に形成するため，酸化数は＋IIだけでなく，より高酸化状態の化合物が得られる(§2・1・2参照).

表 6・4　カルコゲン元素の電子配置と単体の性質

元　素	元素記号	電子配置	融点/°C	沸点/°C
硫　黄	S	[Ne]$3s^23p^4$	113（α硫黄）	445
セレン	Se	[Ar]$3d^{10}4s^24p^4$	217（金属セレン）	685
テルル	Te	[Kr]$4d^{10}5s^25p^4$	450	990
ポロニウム	Po	[Xe]$4f^{14}5d^{10}6s^26p^4$	254	962

硫黄は，岩石中には硫化物，単体，硫酸塩などとして，火山ガス中には硫化水素，二酸化硫黄として含まれている．また，海水中には硫酸イオンとしても含まれる．セレンの存在量は少なく，硫黄，硫化物中に少量含まれて産出する．硫黄の同素体にはα硫黄(斜方晶系)，β硫黄，γ硫黄，δ硫黄(いずれも単斜晶系)および無定形硫黄などがある．α硫黄は斜方晶系硫黄ともいい，硫黄の蒸気を固化させることに

より得られ，最も安定で，王冠形 S_8 分子から成る．セレンにも多くの同素体があり，最も熱力学的に安定なのは，灰黒色の金属セレン(灰色セレン)で，他の同素体を 200〜230 °C に熱すると得られる．硫黄およびセレン単体は空気中で燃えて，それぞれ二酸化物となる．

硫化水素 H_2S およびセレン化水素 H_2Se は，金属硫化物およびセレン化物と酸を反応させることにより，合成される．(6・28)式に硫化水素の合成方法を示す．これらの水素化物はいずれも有毒で，無色，腐卵臭の気体である．

$$FeS + H_2SO_4 \longrightarrow H_2S + FeSO_4 \qquad (6\cdot28)$$

硫黄のオキソ酸は数多く知られ，重要である．図 6・13 に硫黄のオキソ酸のうち，主要なものを示す．二酸化硫黄の水溶液を**亜硫酸**とよぶが，水和された SO_2 として存在し，実際には H_2SO_3 という分子は存在せず，二つの塩すなわち亜硫酸塩(SO_3^{2-})と亜硫酸水素塩(HSO_3^-)としてのみ知られている．亜硫酸塩は通常，還元剤として知られているが，酸化剤ともなりうる．

図 6・13　硫黄の主要なオキソ酸

硫酸は工業的に最も重要な酸の一つであり，肥料，繊維，薬品などの化学工業および鉄鋼，金属，食品などの諸工業など広い分野において使われている．硫酸の生産においては，硫黄を燃やして SO_2 にし，さらに酸化バナジウム(V) V_2O_5 などの触媒を用いて SO_3 に酸化した後に水に溶かして合成される．市販品はおよそ 96 % 水溶液であり，**濃硫酸**とよばれる．硫酸は水とは自由に混合するが，多量の熱を発生するので，水で希釈する際には特に注意が必要である．また，強い脱水作用があり，特に有機化合物から水素と酸素とを 2：1 の割合で奪う．また，水和物の脱水あるいは乾燥にも用いられる．硫酸自体はそれほど酸化力は強くないものの，加熱すると強い酸化作用を示し，その状態を特に**熱濃硫酸**とよぶ．

チオ硫酸はそのエーテル付加物 $H_2S_2O_3\cdot2(Et_2O)$ としてのみ単離されるが，常温で不安定で分解する．チオ硫酸塩は，亜硫酸塩水溶液と硫黄を加熱することにより得られる．水に溶けやすいものが多く水溶液中でかなり安定であり，還元剤としてはたらく．チオ硫酸イオンは，銀イオンとの錯形成によりハロゲン化銀を溶かすので，**チオ硫酸ナトリウム**は銀の定量分析および写真の定着に用いられる．また，ヨウ素とは（6・29）式のように定量的に反応してテトラチオン酸ナトリウム $Na_2S_4O_6$ とヨウ化ナトリウム NaI が生成し，ヨウ素滴定に用いられる．

$$2Na_2S_2O_3 + I_2 \longrightarrow 2NaI + Na_2S_4O_6 \qquad (6\cdot 29)$$

そのほかにも水道水の殺菌用として含まれる塩素分（カルキ）の除去（6・30 式）あるいはシアン化水素の解毒剤に用いられている．

$$Na_2S_2O_3 + 4Cl_2 + 5H_2O \longrightarrow 2NaCl + 2H_2SO_4 + 6HCl \qquad (6\cdot 30)$$

6・9 17 族 元 素

17 族元素（ハロゲン元素）の電子配置および単体の性質を表 6・5 にまとめた．ハロゲン元素は最外殻に 7 個の電子をもち，1 個の電子を受け取ってイオン結合を形成するか，電子を 1 個他の元素と共有することにより共有結合を形成する．単体は共有結合によって結ばれた二原子分子として存在する．**フッ素**（fluorine）は最も電気陰性度の大きい元素であり，その酸化数はつねに −I であるのに対し，他のハロゲンは種々の高酸化状態をとる．ハロゲン単体の融点は周期表の下にいくほど高く，常温常圧ではフッ素と**塩素**（chlorine）は気体であり，**臭素**（bromine）が液体，**ヨウ素**（iodine），**アスタチン**（astatine）は固体である．

表 6・5 ハロゲンの電子配置と単体の性質

元 素	元素記号	電子配置	融点/°C	沸点/°C	単体の結合エネルギー/kJ mol^{-1}
フッ素	F	$[He]2s^2 2p^5$	−220	−188	155
塩 素	Cl	$[Ne]3s^2 3p^5$	−101	−35	239
臭 素	Br	$[Ar]3d^{10}4s^2 4p^5$	−7	58	190
ヨウ素	I	$[Kr]4d^{10}5s^2 5p^5$	114	183	149
アスタチン	At	$[Xe]4f^{14}5d^{10}6s^2 6p^5$	302	337	−

フッ素は最も反応性の高い元素の一つであり，ヘリウム，ネオンおよびアルゴン以外のほとんどすべての元素と化合物を形成する．このようにフッ素（F_2）の反応性がきわめて高いのは，非共有電子対間での電子反発により結合エネルギーが低いこと（155 kJ mol^{-1}）がおもな原因である．

塩素は，海水および湖水中に NaCl, KCl, $MgCl_2$ などの塩として存在する．塩素(Cl_2)は黄緑色の気体で，水によく溶ける．工業的には食塩水の電解または塩化物の溶融電解によって製造され，実験室では塩化水素を酸化マンガン(Ⅳ) MnO_2 などで酸化するか，さらし粉 CaCl(ClO) に酸を作用させて合成される．

臭素は臭化物として塩化物と共存するものの，その存在量は塩化物と比べてはるかに少ない．臭素(Br_2)は赤褐色の刺激臭のある，常温で液体の唯一の非金属単体である．水だけでなく，四塩化炭素，二硫化炭素，エーテルなどの有機溶媒にもよく溶ける．

ヨウ素(I_2)は，少し金属光沢のある黒色固体である．二硫化炭素あるいは四塩化炭素などの非極性溶媒に容易に溶けて，深紫色を呈する．一方，極性溶媒，不飽和炭化水素中などでは，電荷移動錯体 $I_2\cdots S$(S＝溶媒)を形成して，褐色を呈する．

すべてのハロゲンは水素と反応して水素化物 HX を生じる．

$$H_2 + Cl_2 \longrightarrow 2HCl \qquad (6\cdot31)$$

ハロゲンの反応性は周期表の下にいくほど低く，水素とフッ素との反応はきわめて激しいが，水素とヨウ素との反応は室温でゆっくりと進行する．フッ化水素は通常，フッ化カルシウムと硫酸との反応によりつくられる．塩化水素は工業的には塩素と水素から直接合成され，実験室レベルでは塩化ナトリウムと硫酸との反応により合成される．

$$NaCl + H_2SO_4 \longrightarrow HCl + NaHSO_4 \qquad (6\cdot32)$$

実験室では，塩化アンモニウムを用いることもある．

$$NH_4Cl + H_2SO_4 \longrightarrow HCl + NH_4HSO_4 \qquad (6\cdot33)$$

臭化水素およびヨウ化水素は金属臭化物および金属ヨウ化物と硫酸との反応では合成できない．これは，いったんは生成するものの，反応がさらに進行して，硫酸により臭素およびヨウ素単体まで酸化されるためである．したがって，臭化水素は，実験室では，赤リンと水の混合物に臭素を添加してつくる．

$$\begin{aligned} 2P + 3Br_2 &\longrightarrow 2PBr_3 \\ PBr_3 + 3H_2O &\longrightarrow H_2PHO_3 + 3HBr \end{aligned} \qquad (6\cdot34)$$

同様に，ヨウ化水素は，赤リンと水の混合物にヨウ素を加えてつくる．

塩化水素，臭化水素，ヨウ化水素は，すべて気体であるのに対し，フッ化水素は，沸点 19.5 °C の液体である．これは，分子間での水素結合によると考えられる．ハロゲン化水素は気体状態では共有結合性であるが，水溶液中ではイオン化して，HCl(塩酸)，HBr(臭化水素酸)，HI(ヨウ化水素酸)は強酸として，HF(フッ化水素酸)は弱酸として作用する．フッ化水素酸は，ガラスのエッチングなどに使用され，ポリエチレン容器に貯蔵される．

塩素，臭素，ヨウ素は，HOX(次亜ハロゲン酸)，HXO_2(亜ハロゲン酸)，HXO_3(ハロゲン酸)，HXO_4(過ハロゲン酸)で表される 4 種類のオキソ酸を形成する．次亜ハロゲン酸の中で，次亜塩素酸が最も安定で，強い酸化力をもつ．次亜塩素酸ナトリウムは，殺菌剤，漂白剤など生活に密着した用途がある．また，亜塩素酸は，水溶液でのみ存在し，次亜塩素酸よりも強い酸である．塩素酸および臭素酸は水溶液中に存在し，ヨウ素酸は白色の固体である．これらのハロゲン酸はすべて強酸であり強い酸化剤でもある．過塩素酸と過ヨウ素酸，およびその塩はよく知られている．過塩素酸は，不安定で爆発しやすく，不純物として Cl_2O_7 が存在するときには特に危険である．塩素のオキソ酸の中で最も強い酸であり，かつ強い酸化力をもち有機物とは爆発的に反応する．過臭素酸塩も強力な酸化剤として知られている．過ヨウ素酸にはメタ過ヨウ素酸(HIO_4)とオルト過ヨウ素酸(H_5IO_6)がある．

6・10　18 族 元 素

18 族元素は**貴ガス類**とよばれる．**ネオン**(neon)，**アルゴン**(argon)，**クリプトン**(krypton)，**キセノン**(xenon)，**ラドン**(radon)では，最外殻に ns^2np^6 のきわめて安定な電子配置(貴ガス型電子配置)をもつ．**ヘリウム**(helium)でも同様に完全に占有された電子殻である $1s^2$ の電子配置をもつ．この電子配置では，普通の状態では電子の授受や電子の共有が行われないため，これらの元素は化学的に不活性である．

この不活性さを利用して，アルゴンは，実験室で空気に不安定な化合物を合成あるいは取扱う際に装置内に導入される．また，溶接，製錬，製鋼用の保護ガス，放電管の封入ガスとしての用途もある．ヘリウムは，その沸点が 4.2 K ときわめて低いことから，極低温物性研究における冷媒として不可欠である．また，ガスクロマトグラフィーのキャリヤーガスなどとしての用途もある．ネオンは，ネオンサイン，ネオンランプとして利用される．

キセノンはフッ素あるいは酸素と結合をもつ化合物が多数合成されている．キセノンはフッ素と直接反応して，以下のような 3 種類のフッ素化合物を生じる．

$$Xe \xrightarrow{+F_2} XeF_2 \xrightarrow{+F_2} XeF_4 \xrightarrow{+F_2} XeF_6 \qquad (6\cdot35)$$

これらのフッ素化合物はきわめて反応性が高く，とりわけ XeF_4，XeF_6 は加水分解を容易に受け，酸化キセノン(Ⅵ)が生成する．

$$\begin{aligned} 6XeF_4 + 12H_2O &\longrightarrow 2XeO_3 + 4Xe + 3O_2 + 24HF \\ XeF_6 + 3H_2O &\longrightarrow XeO_3 + 6HF \end{aligned} \qquad (6\cdot36)$$

XeF_4 はベンゼンなどの芳香族化合物の水素をフッ素化することができる．また，最も反応性の高い XeF_6 は石英とさえ反応して，四フッ化ケイ素が生じる．

$$2XeF_6 + SiO_2 \longrightarrow 2XeOF_4 + SiF_4 \qquad (6\cdot37)$$

クリプトンもいくつかの化合物が知られているが，KrF_2 以外あまり研究されていない．ラドンについては種々の化合物を合成できると予想されるが，ラドンの同位体の半減期はすべて短いため，あまり研究されていない．

問　題

6・1　水素の三つの同位体をあげよ．また，より重い2種類の同位体は反応機構を解析する際にトレーサーとして用いられるが，それぞれの同位体の検出方法を説明せよ．

6・2　BH_3, AlH_3, CH_4, SiH_4, GeH_4, PH_3 の IUPAC 名を記せ．

6・3　ホウ素の基底電子配置を示し，三フッ化ホウ素 BF_3 はオクテット則を満たさないことを示せ．

6・4　ジシレンおよびシレンの構造式を示せ．

6・5　ウェイド則におけるクロソ型，ニド型，およびアラクノ型構造の相互関係について説明せよ．

6・6　リンを含むオキソ酸を二つあげよ．

6・7　炭素および酸素の同素体をあげよ．

6・8　18族元素つまり貴ガス類は，一般に化学的に不活性である．この理由を説明せよ．

6・9　ホスファンおよびアミンの配位子としての特性を説明せよ．

6・10　以下の反応を反応式で示せ．

1) チオ硫酸ナトリウムとヨウ素　　2) 塩化ナトリウムと硫酸

6・11　つぎの言葉を説明せよ．

1) 合成ガス　　2) 水性ガス　　3) ヒドロホウ素化　　4) イリド

7

遷移金属の化学

A. d-ブロック元素

7・1 電子配置と一般的性質

第5章で述べたとおり，s-ブロック元素は典型的なイオン性化合物を形成し，単体は非常に反応性が高い．またp-ブロック元素は多くの場合，共有結合性化合物をつくる．周期表においてその間に位置する**d-ブロック元素**(d-block elements)は，s-ブロック元素とp-ブロック元素の中間的な性質をもつことが知られている．遷移元素は，通常dあるいはf軌道が部分的に満たされている原子または陽イオンを生じる元素と定義されている．d-ブロック元素は，d軌道が部分的に，あるいは完全に満たされているものを指す(§1・2・2参照)．

7・2 化学的性質

d-ブロック元素は，主要族元素と異なりいろいろな結合様式および酸化状態をとることから，種々の興味深い無機錯体，有機金属錯体，生体内ではたらく金属タンパク質を形成する．遷移金属単体は，いずれも硬く融点が高い．また電気陽性であり，イオン化エネルギーはs-ブロック元素とp-ブロック元素の間の値をとり，アルカリ金属およびアルカリ土類金属よりも電気陰性度が高い．したがって，同じ遷移金属であってもその結合はイオン結合性にも共有結合性にもなりうる．この章では，第一遷移系列元素と第二および第三遷移系列元素を分けて取上げる．これは，遷移金属元素では，各族において，第一遷移系列元素は第二および第三遷移系列元素と比べてかなり異なった性質を示し，一方，第二と第三遷移系列元素は通常似かよった化学的性質を示すからである．

7・3 第一遷移系列元素

表7・1に第一遷移系列元素の電子配置，金属結合半径およびイオン半径を示す．

表 7・1 第一遷移系列元素の電子配置と性質（イオン半径は配位数6の値）

元 素	元素記号	電子配置	金属結合半径/pm	イオン半径/pm
スカンジウム	Sc	$[Ar]3d^1 4s^2$	163	89 (Sc^{3+})
チタン	Ti	$[Ar]3d^2 4s^2$	145	75 (Ti^{4+})
バナジウム	V	$[Ar]3d^3 4s^2$	131	72 (V^{4+})
クロム	Cr	$[Ar]3d^5 4s^1$	125	76 (Cr^{3+})
マンガン	Mn	$[Ar]3d^5 4s^2$	112	81 (Mn^{2+})
鉄	Fe	$[Ar]3d^6 4s^2$	124	75 (Fe^{2+}) 69 (Fe^{3+})
コバルト	Co	$[Ar]3d^7 4s^2$	125	79 (Co^{2+}) 69 (Co^{3+})
ニッケル	Ni	$[Ar]3d^8 4s^2$	125	83 (Ni^{2+})
銅	Cu	$[Ar]3d^{10} 4s^1$	128	91 (Cu^+)

7・3・1 スカンジウム

スカンジウム(scandium)は $[Ar]3d^14s^2$ の電子配置をとり，その酸化状態は通常＋Ⅲであり，アルミニウムと似た性質を示す．スカンジウム単体と塩化スカンジウム(Ⅲ) $ScCl_3$ を反応させると何種類かの還元された化学種を与えることが知られている．そのうち黒色薄層状の ScCl はスカンジウム間に結合のある層状構造をとっている．

単体スカンジウムは銀白色であり，六方最密構造をとり，冷水にはゆっくり溶ける．熱水および酸には水素を発生して容易に溶けて，塩基性酸化物 ScO(OH) を生じる．また，スカンジウムはアルミニウムと同様両性であり塩基にも溶ける．

$$2Sc + 6NaOH + 6H_2O \longrightarrow 2Na_3[Sc(OH)_6] + 3H_2 \qquad (7\cdot1)$$

スカンジウムは存在量が少なく，最も得られにくく高価な元素の一つである．特別な用途としてあげられるものはほとんどないものの，触媒あるいは蛍光体としての多少の用途はある．

7・3・2 チ タ ン

チタン(titanium)は 4 族に属し，4 個の原子価電子 $3d^24s^2$ をもつ．酸化数はおもに＋Ⅱ，＋Ⅲ，＋Ⅳであり，チタン(Ⅳ)が最も普通でかつ安定な酸化状態である．このほかにビピリジンが配位した錯体 $[Ti(bpy)_3]$ および Li $[Ti(bpy)_3]$ のようなチタン(0)およびチタン(−I)の化合物も知られている．また，チタンが −I, 0, ＋Ⅱ, ＋Ⅲ

の酸化状態をとる化合物は，通常，空気あるいは水などにより容易に酸化されて安定な 4 価の化合物へと変換される．

チタン単体は，六方最密格子を形成し，硬度が高く耐火性であり熱および電気伝導性が高く非常に有用である．アルミニウムやスズなどに少量添加することにより，強度の高い合金がえられることから，航空機骨材，タービンエンジン，バルブ類などの特殊な用途に用いられる．金属チタンは常温では，酸にもアルカリにも侵されない．熱濃塩酸とはゆっくりと反応して Ti^{3+} のイオンを与える．最もよく溶かす酸としては HF があげられ，反応してフルオリド錯体を生じる．

$$\mathrm{Ti + 6HF \longrightarrow H_2[TiF_6] + 2H_2} \quad (7\cdot2)$$

塩化チタン(Ⅳ) は，塩素とチタン単体との反応により得られ，他のチタン化合物を合成するための出発物質として幅広く用いられている．水とは速やかに塩化水素

有機チタン化合物

アルケンの重合反応は，化学工業において最も重要な反応の一つである．その触媒として有機チタン化合物が用いられ，近年活発に研究されてきた．**チーグラー-ナッタ触媒**(Ziegler–Natta catalyst)とよばれる，塩化チタン(Ⅳ)とアルキルアルミニウム化合物を混合することにより調製される化学種が重要である．

$$\mathrm{TiCl_4 + AlR_3 \rightleftharpoons [Cl_3Ti(\mu\text{-}R)(\mu\text{-}Cl)AlR_2] \rightleftharpoons [RTiCl_2(\mu\text{-}Cl)_2AlR_2]} \quad (7\cdot3)$$

$$\rightleftharpoons \mathrm{RTiCl_3 + AlR_2Cl}$$

また，Cp_2TiCl_2($Cp = \eta^5$-C_5H_5)は，有機チタン化合物を合成する際の出発錯体として用いられ，$TiCl_4$ と NaC_5H_5 との反応により容易に合成できる．この錯体は，アルキルアルミニウム化合物存在下でアルケン重合の触媒となることが知られている．

を発生しながら反応して，酸化チタン(Ⅳ) TiO_2 を生じる．

$$TiCl_4 + 2H_2O \longrightarrow TiO_2 + 4HCl \tag{7・4}$$

工業的には塩化チタン(Ⅳ) は TiO_2 を炭素および塩素と加熱して合成されている．酸化チタンは顔料および乳白剤などに使われ，最近は，脱臭・防汚・抗菌・環境浄化などにかかわる光触媒機能が注目されている．

7・3・3 バナジウム

バナジウム(vanadium)の電子配置は，[Ar]$3d^3 4s^2$ であり最高酸化状態は +V である．バナジウムは，−I から +V まで広範な酸化状態をとる．これらのうち，+Ⅱ，+Ⅲ，+Ⅳ，+V が通常観測される酸化状態であり，最も重要で安定な酸化状態は +Ⅳ である．したがって，+Ⅱ と +Ⅲ をとる化合物は還元性で，バナジウム(+V) は酸化性である．

バナジウムの天然存在比は，約 0.02％ でありかなり豊富に存在する．バナジウムはある種のホヤの体内に海水中のバナジウム濃度の約 30 万倍〜1000 万倍の高濃度で濃縮されていることが明らかになっている．ホヤや被嚢(ひのう)類などの生命体には，バナジウムが +Ⅲ あるいは +Ⅳ として存在する．バナジウム金属は，チタンと同様，硬く耐食性が高い．バナジウムの用途の多くはバナジウム鋼としてであり，切削工具およびバネなどに用いられる．また，チタンとの合金は，航空機材料に用いられる．

バナジウム単体とハロゲンガスを加熱することによりハロゲン化物 VF_5，VCl_4，VBr_3，VI_3 が生じる．これらのハロゲン化物は，水と速やかに反応する．V_2O_5 は硫酸製造の酸化触媒に用いられている．

7・3・4 クロム

クロム(chromium)の電子配置は，[Ar]$3d^5 4s^1$ であり +Ⅵ までの酸化状態をとることが予想され，実際によく観測される酸化状態は，+Ⅱ，+Ⅲ，+Ⅵ である．このうち，Cr(Ⅲ) が最も安定な酸化状態であり，Cr(Ⅱ) および Cr(Ⅵ) はそれぞれ還元性および酸化性を示す．このほかの酸化状態としては，0 価のものが知られており，代表的なものとして π 受容性の高いカルボニルが配位した金属カルボニル錯体 $Cr(CO)_6$ がある．

クロムは他の第一遷移系列金属と同様，反応性に乏しく**不動態***(passive state)となりやすい．クロムは，硝酸あるいは王水には不動態を形成して溶けないが，塩酸および硫酸とは反応する．また，塩化水素ガスと反応して塩化クロム(II) $CrCl_2$ を生じる．クロムを 20％ほど含む鋼は耐食性がよくなり，ステンレス鋼(Cr–Fe 合金または Cr–Fe–Ni 合金)として用いられる．また，非鉄合金としては，コバルトやニッケルとの合金が用いられる．

クロム単体は加熱すると，酸素と反応して緑色固体 Cr_2O_3 を生じる．また，CrO_3 は橙色の毒性をもつ固体であり，二クロム酸ナトリウム $Na_2Cr_2O_7$ に硫酸を加えることにより得られる．CrO_3 を水酸化ナトリウム水溶液に溶かすと，黄色のクロム酸イオン CrO_4^{2-} 溶液がえられる．Na_2CrO_4 は強力な酸化剤として作用する．また，クロム酸イオンの溶液を酸性にすると，橙色の二クロム酸イオンの溶液が得られる．

$$2CrO_4^{2-} + 2H^+ \rightleftharpoons Cr_2O_7^{2-} + H_2O \qquad (7\cdot5)$$

$Na_2Cr_2O_7$ も有機反応で強力な酸化剤として広く用いられる．

$[Cr(H_2O)_5(OH)]SO_4$ などの塩基性クロム(III)塩は，皮をなめすのに用いられる．この製法により，靴，革袋，衣料用の革などが製造される．このクロムなめしにより製造された革製品は，柔軟で弾性に富み，耐水性および耐熱性に優れている．

7·3·5 マンガン

マンガン(manganese)の電子配置は $[Ar]3d^54s^2$ であり，酸化数は −III から ＋VII まで知られている．そのうち，マンガン(VII) は非常に強い酸化剤であって，還元されて最も安定な 2 価の化合物となる．

マンガン単体は，その酸化物 MnO_2 あるいは Mn_3O_4 を Al で還元することにより製造される．その化学的および物理的性質は，鉄と似ているものの鉄より硬くてもろく，純粋な金属そのものにはそれほど用途がない．マンガンは工業的には，鋼の製造に用いられ，マンガンを添加することにより，酸素や硫黄の除去を促進してその強度を増加させる役割を果たしている．

アルカリ性溶液では，Mn^{2+} イオンは容易に酸化されて**酸化マンガン(IV)** MnO_2 となる．アルカリマンガン乾電池では正極に MnO_2，負極に亜鉛が用いられる．ま

---

* 金属あるいは合金が腐食の起きる条件にあるとき，金属表面のみが酸化されて薄い皮膜を形成し，その酸化被膜により不活性を維持する(腐食が起きない)状態．

た，MnO_2 は塩酸と速やかに反応して塩素を発生し，最も安定な酸化状態である Mn^{2+} へと変換される．

$$MnO_2 + 4HCl \longrightarrow MnCl_2 + Cl_2 + 2H_2O \qquad (7\cdot 6)$$

実験室で塩素を小スケールで使用する際には，(7・6)式の方法が用いられる．

よく知られている Mn(Ⅶ) は**過マンガン酸カリウム** $KMnO_4$ であり，溶液状態で安定に存在する最も強力な酸化剤の一つである．その合成方法は，マンガン(＋Ⅵ)の K_2MnO_4 の塩基性溶液の電解酸化による．Mn(0) の化合物としては，マンガンカルボニル錯体が知られており，$Mn_2(CO)_{10}$ として存在する(§10・2・1)．マンガン(＋Ⅰ) の化合物としては，$Mn(CO)_5X$ (X＝H, Cl, Br, I, CH_3) などが知られており，窒素あるいはアルゴンなどの不活性ガス中では安定に存在する．

マンガンは生体必須元素の一つで，人体にも約 15 mg 含まれている．

7・3・6 鉄

鉄(iron)の電子配置は [Ar]$3d^64s^2$ であり，期待される最高酸化数は ＋Ⅷ である．しかしながら，現在までに見いだされている鉄化合物の最高の酸化数は ＋Ⅵ である．このような高酸化状態はごくまれであり，鉄化合物のほとんどが ＋Ⅱ および ＋Ⅲ である．また，溶液中では，Fe(Ⅲ) が最も安定であり，Fe(Ⅱ) は通常容易に酸化されて Fe(Ⅲ) へと変換される．

鉄は，地殻中の金属としてはアルミニウムに続いて 2 番目に存在量が多い金属である．純粋な金属単体は白色で光沢があるが，湿気のある状態では酸素によって容易に酸化されて(さびて)酸化鉄 Fe_2O_3 ができる．しかし，鉄は濃硝酸などの強い酸化剤との反応では表面に酸化被膜が生成して不動態となる．

Fe(Ⅱ) と Fe(Ⅲ) のハロゲン化物が以下のように知られている．

Fe(Ⅱ)：	FeF_2	$FeCl_2$	$FeBr_2$	FeI_2
Fe(Ⅲ)：	FeF_3	$FeCl_3$	$FeBr_3$	−

Fe^{3+} のヨウ化物は Fe^{3+} がヨウ化物イオン自身を酸化するので存在しない．

$$Fe^{3+} + I^- \longrightarrow Fe^{2+} + \frac{1}{2}I_2 \qquad (7\cdot 7)$$

Fe(Ⅲ) のハロゲン化物は金属単体とハロゲンとを直接反応させることにより得られる．Fe(Ⅱ) のハロゲン化物は水和物と無水物の両方が知られている．水和物は，Fe(Ⅲ) への酸化を防ぐために空気を断って，対応するハロゲン化水素酸に溶かすことにより合成される．無水物の $FeBr_2$ と FeI_2 は鉄単体とハロゲンとの直接反応により合成できるが，鉄の方を過剰量用いる必要がある．フッ化物と塩化物では，ハロゲン化物(Ⅲ)の生成を防ぐために対応するハロゲン化水素ガスを用いる必要がある．鉄には 3 種類の酸化物，FeO，Fe_2O_3，Fe_3O_4 が存在する．これらの酸化物が示す組成はすべて化学量論的ではなく，たとえば，FeO では実際には $Fe_{0.95}O_1$ 程度である．塩化鉄(Ⅲ) $FeCl_3$ を加水分解すると水和物 $Fe_2O_3 \cdot nH_2O$ が生成し，さらに加熱することにより赤茶色の α-Fe_2O_3 になる．また，Fe_2O_3 を約 1500 °C で加熱すると，黒色の Fe_3O_4 が得られる．

ヘキサシアニド鉄(Ⅱ)酸イオン(フェロシアンイオン) $[Fe^{II}(CN)_6]^{4-}$ は Fe^{2+} の塩に CN^- イオンを反応させることにより合成される．このイオンは鉄イオンの検出に用いられる．つまり，Fe^{2+} イオンは白色の $K_2Fe^{II}[Fe^{II}(CN)_6]$ を与え，Fe^{3+} イオンは深青色(プルシアンブルー, Prussian blue)の $Fe^{III}_4[Fe^{II}(CN)_6]_3 \cdot nH_2O$ を与える．ヘキサシアニド鉄(Ⅲ)酸イオン(フェリシアンイオン) $[Fe^{III}(CN)_6]^{3-}$ に Fe^{2+} イオンを加えても深青色(ターンブルブルー(Turnbull's blue)とよばれた)になるが，これはプルシアンブルーと同一のものである．

Fe(Ⅱ) は二つのシクロペンタジエニル配位子が上下に配位した**フェロセン**(ferrocene)とよばれるサンドイッチ型分子を形成する．鉄カルボニル錯体としては，$Fe(CO)_5$，$Fe_2(CO)_9$，$Fe_3(CO)_{12}$ が知られている．これらの化合物は，カルボニル配位子を含む有機鉄錯体を合成する際の出発錯体として用いられる．また，$Fe(CO)_5$ を還元することにより Fe(−Ⅱ) の $[Fe(CO)_4]^{2-}$ も合成できる．

$$Fe(CO)_5 + 2NaC_{10}H_8 \longrightarrow Na_2[Fe(CO)_4] + CO + 2C_{10}H_8 \qquad (7 \cdot 8)$$

$C_{10}H_8$＝ナフタレン

鉄は生体必須元素の一つで，ヘモグロビン，ミオグロビン類などの構成元素として，生体内で重要な機能を果たしている(§ 11・1 参照)．鉄はさまざまな用途で用いられ，われわれの生活に不可欠である．その中でもおもに鋼として用いられており，他のいろいろな金属および非金属を加えることにより，さまざまな用途に適した鋼を製造することができる．わが国においては毎年約 1 億トンの鉄鋼が生産されている．

7・3・7　コバルト

コバルト(cobalt)の電子配置は $[Ar]3d^74s^2$ であるが，鉄および後述のニッケルなどと同様，最高酸化数は価電子数に達しない．コバルトの化合物の多くが，−I か

ら +Ⅲ の酸化状態をとる．Co(Ⅳ) および Co(Ⅴ) の化合物の報告例もあるが不安定である．同族のロジウムおよびイリジウムでは +Ⅱ の化合物はほとんど知られていないが，コバルトでは +Ⅱ と +Ⅲ の化合物が重要である．カルボニルなどの π 受容性の配位子(π 逆供与型配位子，§8・4・3 参照)をもつ有機コバルト錯体で Co(−I) および Co(0) が知られている．Co(0) としては，カルボニルを配位したコバルト二核錯体 $Co_2(CO)_8$ が知られている．$Co_2(CO)_8$ をナトリウムアマルガムで還元すると，−1 価の $Na[Co(CO)_4]$ が得られる．

$$Co_2(CO)_8 + 2Na \xrightarrow{Hg} 2Na[Co(CO)_4] \qquad (7\cdot 9)$$

また，1 価の錯体としては，$RCo(CO)_4$ の組成をもつものが多数合成されている(R＝ヒドリド，アルキル，アリール，シリル配位子など)．

金属コバルトは硬くて青みを帯びた白色の物質で，強磁性を示す．反応性は低く，水，水素あるいは窒素と直接は反応しない．加熱することにより，酸素および水と反応して，酸化コバルト(Ⅱ) CoO を生じる．また，希塩酸および希硝酸とはゆっくり反応して，Co^{2+} の溶液が得られる．鉄と同様，濃硝酸とは反応せず，不動態となる．

Co(Ⅱ) については，ハロゲン化物，酸化物，硫化物，カルボン酸との塩など多種多様な化合物が知られている．ハロゲン化コバルト(Ⅱ) は金属コバルトとハロゲン(X_2)を高温で反応させることにより得られる．

$$Co + X_2 \longrightarrow CoX_2 \qquad X = Cl, Br, I \qquad (7\cdot 10)$$

フッ化コバルト(Ⅱ) については，塩化コバルト(Ⅱ) とフッ化水素との反応により合成される．

$$CoCl_2 + 2HF \longrightarrow CoF_2 + 2HCl \qquad (7\cdot 11)$$

硫化コバルト(Ⅱ) は Co^{2+} の溶液に硫化水素を吹き込むことにより得られる．

Co(Ⅲ) 錯体は，Co(Ⅱ) 錯体に比べて不安定であり酸化剤としてはたらく．酸化物 Co_2O_3 は強い酸化力を示し，水を酸化する．また，CoF_2 とフッ素ガスから合成される CoF_3 はフッ素化剤として用いられる．通常，単純なイオンとして Co^{3+} を合成することは難しいが，適当な配位子を用いることにより，Co(Ⅲ) 錯体は容易に合成できる．

コバルトは生体必須元素の一つで，ビタミン B_{12} に含まれる(§11・2 参照)．また，コバルト金属は，磁性合金や非鉄合金などの合金を製造する際に用いられる．

7・3・8 ニッケル

ニッケル(nickel)の電子配置は [Ar]$3d^8 4s^2$ であるが，他の後周期遷移金属* と同様，価電子数と最高酸化状態は一致せず，－I から ＋Ⅳ までとる．Ni^{2+} は溶液中で安定であり，その多くは平面四角形型あるいは八面体型構造の錯体を形成する．ニッケル化合物では ＋Ⅱ が最も重要であり，＋Ⅲ および ＋Ⅳ のものはあまり知られていない．

ニッケル単体は，銀白色で典型的な金属性物質であり，電気伝導性および熱伝導性が高く光沢がある．常温では空気や水に侵されず，フッ素とも非常にゆっくりとしか反応しないため，他の金属に電気めっきして保護被膜に使用される．金属ニッケルは，希塩酸あるいは希硝酸などの希無機酸と速やかに反応して，Ni^{2+} を与える．また，鉄と同様，酸化力のある濃硝酸には不動態となり溶けない．ニッケルは，ハロゲンガスと加熱すると直接反応して，ハロゲン化ニッケル(Ⅱ) を生じる．

$$\mathrm{Ni + X_2 \longrightarrow NiX_2 \qquad X{=}Cl, Br} \tag{7・12}$$

パウダー状のニッケルは反応性が高く，酸素とも容易に反応し酸化ニッケル(Ⅱ) を与える．

$$\mathrm{2Ni + O_2 \longrightarrow 2NiO} \tag{7・13}$$

Ni(－I) および Ni(0) の低酸化状態の化合物は，カルボニルなどの強い π 受容性配位子をもつ系で合成されている．Ni(－I) および Ni(0) 錯体としては，それぞれカルボニル配位子を有する $[Ni_2(CO)_6]^{2-}$ および $Ni(CO)_4$ が知られている．$Ni(CO)_4$ は，揮発性が高く，遷移金属カルボニル錯体の中で最も毒性が強いものの一つである．

ニッケル金属はおもに**めっき**(metal plating)に使われる．銀白色で光沢があり比較的変色しにくく機械的特性，防錆力(ぼうせいりょく)とも優れている．最近では，小型軽量でかつ高容量という需要に応じて，ニッケル・水素蓄電池が普及しており，正極にニッケル酸化物，負極に水素吸蔵合金が用いられている．

＊ 4, 5 族など周期表の左の方の遷移金属を**前周期遷移金属**(early transition metal)，9, 10 族など周期表の右の方の遷移金属を**後周期遷移金属**(late transition metal)とよぶ．ただし，これらにはあまり厳密な定義はなされておらず，ときにより 6, 7 族の金属を前周期に，8 族を後周期に入れたりもする．

7・3・9 銅

銅(copper)の電子配置は [Ar]$3d^{10}4s^1$ で，満たされた d 殻の外側に s 電子を 1 個もっており，一見，1 族に分類できるように思われる．しかしながら，満たされた d 殻の中心核電荷から s 電子を遮へいする能力は，貴ガス殻のそれと比べるとはるかに小さく(§1・3・1参照)，その結果，銅の第一イオン化エネルギーはアルカリ金属の値よりもかなり高くなっている．

銅は丈夫で軟らかい赤色金属で，熱および電気伝導性ともに高い．銅は +I，+II，+III の酸化状態をとる．溶液中での単純水和イオンとしては，Cu^{2+} のみが存在し，最も重要な酸化数は +II である．銅は反応性が低く，イオン化列(§4・2・1参照)では水素の下に位置する．酸素とは赤熱下で反応して，CuO を生じ，さらに高温では Cu_2O を生じる．

$$4Cu + 2O_2 \longrightarrow 4CuO \longrightarrow 2Cu_2O + O_2 \qquad (7 \cdot 14)$$

銅は塩酸などの非酸化性の酸には溶けないが，希硝酸および濃硝酸には溶ける．

$$\begin{array}{ll} \text{希硝酸} & 3Cu + 8HNO_3 \longrightarrow 2NO + 3Cu(NO_3)_2 + 4H_2O \\ \text{濃硝酸} & Cu + 4HNO_3 \longrightarrow 2NO_2 + Cu(NO_3)_2 + 2H_2O \end{array} \qquad (7 \cdot 15)$$

銅の +I の電子配置は d^{10} で，すべて埋まった殻をもつことから，最も安定な酸化状態であると予想される．しかしながら，Cu(I) は水溶液中ではごく低濃度でしか存在できないし，水に対して安定な化合物は，CuCl や CuCN といった不溶性の塩のみである．実際，Cu^+ は水溶液中で不均化する．

$$2Cu^+ \rightleftharpoons Cu^{2+} + Cu \qquad K = 1.6 \times 10^6 \qquad (7 \cdot 16)$$

銅の最も安定な酸化状態である Cu(II) の電子配置は d^9 であることから，1 個の不対電子をもち常磁性である．水和した銅(II)塩 $[Cu(H_2O)_6]^{2+}$ は青色で，ひずんだ 6 配位八面体構造(上下二つの H_2O 配位子が他の四つの H_2O 配位子に比べて中心の銅(II)イオンから遠い)をとる．$[Cu(NH_3)_4]^{2+}$ は平面四角形で特徴的な深青色を呈する．

銅は生体必須元素の一つであり，d-ブロック元素としては生体中には鉄，亜鉛についで多く存在する．銅合金は配合する金属の違いによりさまざまな性質をもち，機械的加工もしやすいことからさまざまな用途で用いられている．

7・4　第二および第三遷移系列元素

7・4・1　イットリウム

イットリウム(yttrium)の電子配置は，[Kr]$4d^1 5s^2$ であり(表 7・2)，その酸化状態は通常 +Ⅲ である．

表 7・2　イットリウムの電子配置と性質(イオン半径は配位数 6 の値)

元　素	元素記号	電子配置	金属結合半径/pm	イオン半径/pm
イットリウム	Y	[Kr]$4d^1 5s^2$	178	104 (Y^{3+})

金属イットリウムは空気に触れると，酸化被膜を形成して反応性が落ちる．水素とは発熱的に反応して YH_3 で表される化合物を与えるが，この化合物は化学量論的ではない．イットリウム単体と水との反応により生成する水酸化イットリウム $Y(OH)_3$ はスカンジウムとは異なり両性ではなく塩基性を示し，二酸化炭素と反応して炭酸イットリウムを生じる．

$$2Y(OH)_3 + 3CO_2 \longrightarrow Y_2(CO_3)_3 + 3H_2O \qquad (7 \cdot 17)$$

イットリウムを構成元素として含む**超伝導体**(superconductor)では，臨界温度が 90 K と液体窒素温度(77 K)を超えるに至り，希土類を含む超伝導体が注目を集めている(p. 116 参照)．また，イットリウムは，固体レーザー，デジタルカメラの光学レンズ，透明で 1900 °C まで使用できるニューセラミックスで使われている．

7・4・2　ジルコニウムとハフニウム

ジルコニウム(zirconium)と**ハフニウム**(hafnium)の化学は非常に似ている(表 7・3)．たとえば，金属結合半径およびイオン半径を例にとってみると，Zr 単体および Zr^{4+} がそれぞれ 159 pm および 86 pm であり，Hf 単体および Hf^{4+} がそれぞれ 156 pm および 85 pm である．この似た性質は，ランタノイド収縮(§1・3・1 参照)によると考えられる．ジルコニウムおよびハフニウムの電子配置は，それぞれ

表 7・3　ジルコニウムとハフニウムの電子配置と性質(イオン半径は配位数 6 の値)

元　素	元素記号	電子配置	金属結合半径/pm	イオン半径/pm (M^{4+})
ジルコニウム	Zr	[Kr]$4d^2 5s^2$	159	86
ハフニウム	Hf	[Xe]$4f^{14} 5d^2 6s^2$	156	85

$[Kr]4d^2 5s^2$ および $[Xe]4f^{14}5d^2 6s^2$ であり，最高酸化状態は +Ⅳ で，チタン同様，最も安定な酸化状態でもある．また，ビピリジン(bpy)などのアミン類が配位した0価の錯体 $[Zr(bpy)_4]$ も合成されており，この錯体は紫色をしている．ジルコニウムは，硬くて耐侵食性に優れている．高温では空気中の酸素および窒素と反応して，窒化物，酸化窒化物，酸化物などの混合物を生ずる．ハフニウムもジルコニウムと同様，耐侵食性に優れ，特に酸に対する抵抗力に優れている．

ジルコニウムおよびハフニウムは，チタン同様，酸化物(Ⅳ) MO_2 を形成する．酸化物の塩基性は，原子番号の増加につれて強くなり，TiO_2 は両性で ZrO_2 から HfO_2 としだいに塩基性になる．ハロゲン化物(Ⅳ) MCl_4，MBr_4，MI_4 は気体状態では四面体型の単量体として存在するが，固体状態では金属間をハロゲンが架橋した重合体として存在する．塩化ジルコニウム(Ⅳ) $ZrCl_4$ は $TiCl_4$ と似た性質を示し，水と激しく反応してオキソ塩化物を与える．また，$ZrCl_4$ はルイス酸としての性質をもち，エーテル，アミン，アセトニトリルなどと付加物を形成する．

ジルコニウムおよびハフニウム金属は熱中性子の吸収断面積がきわめて小さいうえ，耐食性にも優れていることから，原子炉材料として用いられる．また，酸化ジルコニウムは耐火れんがとしての用途もある．

7・4・3 ニオブとタンタル

ニオブ(niobium)および**タンタル**(tantalum)の電子配置はそれぞれ $[Kr]4d^3 5s^2$ および $[Xe]4f^{14}5d^3 6s^2$ であり(表7・4)，その最高酸化状態は +Ⅴ である．最も普通の酸化数も +Ⅴ であり，族の下へいくほど，高酸化状態が安定になる．ランタノイド収縮により，ニオブの金属結合半径およびイオン半径は，タンタルとほぼ同じ値をとり，ニオブとタンタルは非常に似た性質をもつ．バナジウムは陽イオンを形成するが，ニオブとタンタルは陽イオンにはならず，+Ⅴ の化合物の多くは共有結合性である．また，いずれの金属も光沢があり，酸に対して非常に強い．酸化物の塩基性は族を下にいくほど増加する．V_2O_5 は酸性のやや強い両性であるのに対し，Nb_2O_5 および Ta_2O_5 は両性であり反応性に乏しい．

表 7・4 ニオブとタンタルの電子配置と性質（イオン半径は配位数6の値）

元　素	元素記号	電子配置	金属結合半径/pm	イオン半径/pm (M^{5+})
ニオブ	Nb	$[Kr]4d^3 5s^2$	143	78
タンタル	Ta	$[Xe]4f^{14}5d^3 6s^2$	143	78

バナジウム(V)，ニオブ(V)，タンタル(V)，モリブデン(VI)，およびタングステン(VI)のオキソ酸イオンは，**イソポリ酸**および**ヘテロポリ酸**とよばれる化合物群を形成する．イソポリ酸イオンは，1種類の金属元素と酸素だけを含んだものであり，$Nb_6O_{19}^{8-}$ などがこれに該当する(図7・1)．$Nb_6O_{19}^{8-}$ では6個の八面体型 NbO_6 単位が頂点および稜を共有して八面体型につながっている．また，ヘテロポリ酸イオン(後述)では，さらに異なる金属あるいは非金属原子が入ってくる．

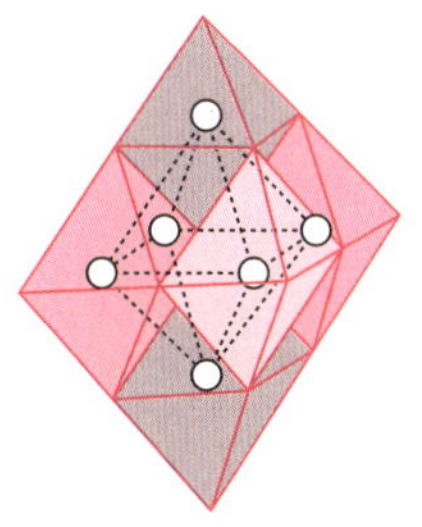

図 7・1　$Nb_6O_{19}^{8-}$ の構造（○は Nb）

ニオブおよびタンタルは，加熱下，ハロゲンと直接反応させることによりハロゲン化物(V) NbX_5 および TaX_5 になる．$NbCl_5$(図7・2)は結晶中では，塩素が二つのニオブを架橋配位した構造をとることがわかっている．

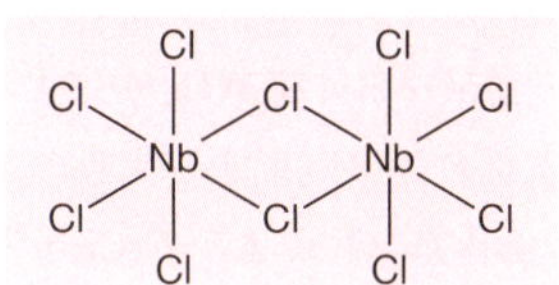

図 7・2　$NbCl_5$ の構造

また，$NbCl_5$ および $TaCl_5$ は四塩化炭素中でも，二量体構造をとる．それに対し，エーテルなどの配位性溶媒中では，ルイス酸としての性質をもつことから，エーテルの配位を受けて単量体として存在する．

ニオブはステンレス鋼に添加することにより，高温での強度を増すことが知られている．また，熱中性子吸収断面積が小さいことから，原子炉材料としての用途に向いている．タンタルは**電解コンデンサー**(electrolytic capacitor)としての利用が多く，パソコンや携帯電話などで用いられている．また，耐食性を要する化学装置用の材料あるいは人工骨にも用いられている．

7・4・4 モリブデンとタングステン

モリブデン(molybdenum)と**タングステン**(tungsten, wolfram)の電子配置は，それぞれ [Kr]$4d^5 5s^1$ および [Xe]$4f^{14} 5d^4 6s^2$ である(表 7・5)．モリブデンおよびタングステンはともに通常，0 から ＋Ⅵ までの酸化数をとることが知られている．このうち 0 価など低酸化状態をとる錯体では，カルボニルなど π 受容性配位子を有するものが多い．先に述べたとおり，クロムの場合，Cr(Ⅲ) が最も安定でありCr(Ⅱ) は還元力を，Cr(Ⅵ) は酸化力をもつ．しかしながら，同族でクロムの下に位置するモリブデンとタングステンでは，Mo(Ⅵ) および W(Ⅵ) は安定であり，クロムで安定な 3 価体は還元力を示す．ランタノイド収縮のため，モリブデンとタングステンの化学的性質はかなり似ており，クロムの場合と大きく異なる．

表 7・5 モリブデンとタングステンの電子配置と性質(イオン半径は配位数 6 の値)

元 素	元素記号	電子配置	金属結合半径/pm	イオン半径/pm
モリブデン	Mo	[Kr]$4d^5 5s^1$	136	75 (Mo^{5+}) 73 (Mo^{6+})
タングステン	W	[Xe]$4f^{14} 5d^4 6s^2$	137	76 (W^{5+}) 74 (W^{6+})

モリブデンとタングステン単体は硬い金属であり，高融点である．室温では表面が一部酸化されるものの，それ以上反応は進行しない．しかし，加熱することによりさらに酸化され，最終的に MoO_3 および WO_3 が生ずる．また，高温下，塩素と金属単体を反応させると，暗赤色の $MoCl_6$ および黒色の WCl_6 を生ずる．いずれの反応においても，クロムでは 3 価体 Cr_2O_3 および $CrCl_3$ が生ずるのとは対照的である．

モリブデンとタングステンの特徴としては，ポリモリブデン酸，ポリタングステン酸およびそれらの塩をつくるということがあげられる．このポリ酸には 2 種類あり，モリブデンあるいはタングステンのみが酸素および水素とともに含まれている

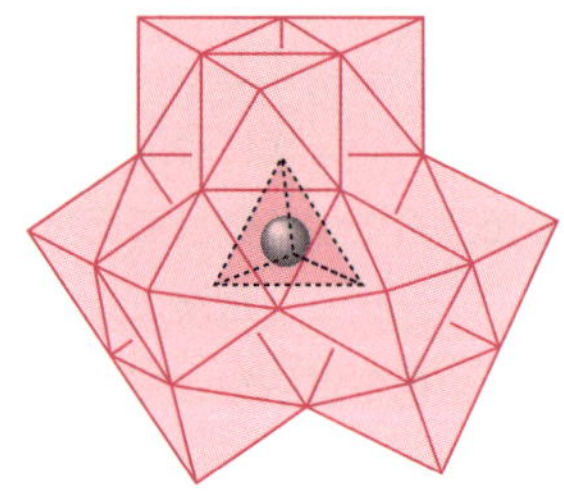

正四面体型 PO_4 のまわりを八面体型 MoO_6 単位から成る多面体が取囲んでいる

図 7・3 ドデカモリブドリン酸イオン [$PO_4Mo_{12}O_{36}$]$^{3-}$

イソポリ酸と，それに加えて他の原子を一つ以上含むヘテロポリ酸がある．ヘテロポリ酸の一例を図7・3に示す．ポリ酸は，6配位八面体型のMO_6(M = Mo, W)を含んでいる．たとえば，モリブデン酸塩の水溶液の酸性度を上げていくと，以下のようなイソモリブデン酸イオンが生成し，最終的には，MoO_3の水和物が生成することが知られている．

$$[MoO_4]^{4-} \xrightarrow{pH\,6} [Mo_7O_{24}]^{6-} \xrightarrow{pH\,1.5\sim2.9} [Mo_8O_{26}]^{6-} \xrightarrow{pH<1} MoO_3\cdot 2H_2O \qquad (7\cdot18)$$

モリブデンの用途としては，鋼の強度を増すための添加剤，発熱体あるいは電気炉の加熱線などがある．また，酸化モリブデンMoO_3は酸化還元触媒としても用いられる．タングステンは金属の中で最も高い融点(3380 ℃)をもち電気特性にも優れていることから，電極のフィラメントとして広く用いられている．また，炭化タングステンはきわめて硬いことから，各種工具の材料に用いられている．

7・4・5 テクネチウムとレニウム

^{97}Tcと^{98}Tcはモリブデンの中性子照射により合成され，^{99}Tcはウランの核分裂生成物として得られる．生成した**テクネチウム**(technetium)はいずれも不安定であり，**β壊変**[*1](β decay)あるいは**電子捕獲**[*2](electron capture)が起こる．また，**レニウム**(rhenium)の地殻中の存在量はごく少量であり，モリブデン鉱石中に存在する．テクネチウムとレニウムの電子配置は，それぞれ[Kr]$4d^55s^2$および[Xe]$4f^{14}5d^56s^2$である(表7・6)．マンガンではMn(II)が最も安定でありMn(VII)は強い酸化力を示すのに対し，テクネチウムとレニウムではM(VII)が最も安定であり酸化力はそれほど強くない．これは，族の下にいくにつれて高酸化状態が安定になる一般的傾向と一致する．低酸化状態の化合物としては，Tc(0)およびRe(0)を含む$M_2(CO)_{10}$があり，マンガンカルボニル錯体$Mn_2(CO)_{10}$と同様な構造をとる

表 7・6 テクネチウムとレニウムの電子配置と性質(イオン半径は配位数6の値)

元 素	元素記号	電子配置	金属結合半径/pm	イオン半径/pm
テクネチウム	Tc	[Kr]$4d^55s^2$	135	79 (Tc^{4+})
レニウム	Re	[Xe]$4f^{14}5d^56s^2$	137	67 (Re^{7+})

*1 放射性核種がβ線を放出して，質量数が等しく，原子番号が一つ大きい核種(同重体)に変わることをいい，この場合，ルテニウムが生成する．

*2 原子核が核外電子1個を捕獲し，原子番号が一つ小さい核種(同重体)に壊変する現象で，この場合モリブデンに変わる．

(§10・2・1参照).

Tc(Ⅶ) および Re(Ⅶ) は最も普通にみられる酸化状態である．酸化物(Ⅶ) Tc_2O_7 および Re_2O_7 は金属単体を酸素の存在下で加熱して得られる．これらを水に溶かすと過マンガン酸 $HMnO_4$ に対応する過テクネチウム酸 $HTcO_4$ および過レニウム酸 $HReO_4$ 溶液を生じる．

金属テクネチウムあるいはレニウムを一定量の酸素と加熱する，あるいは七酸化物 M_2O_7 を加熱することにより M(＋Ⅳ) の酸化物 TcO_2 および ReO_2 が生成する．塩化テクネチウム(Ⅳ) $TcCl_4$ は，Tc_2O_7 に CCl_4 を作用させることにより合成される．レニウム化合物合成で一般的に用いられる出発物質は塩化レニウム(Ⅴ) (Re_2Cl_{10}) で，レニウムを約 600 °C で塩素化すると暗赤色固体として得られる．テクネチウムおよびレニウムの四塩化物は，$ZrCl_4$ 同様，二つのハロゲンが金属間を架橋した構造をとり，金属まわりは 6 配位八面体型構造となっている．図 7・4 に $TcCl_4$ の構造を示す．$ReCl_4$ では，さらに Re-Re 間に結合が存在する．

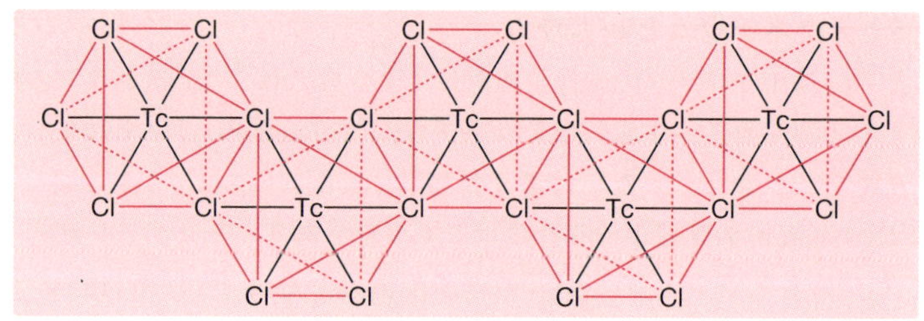

図 7・4　$TcCl_4$ の構造

^{99}Mo からミルキング*(milking)で得られる ^{99m}Tc は半減期が 6.0 時間であり，核医学における診断薬として使用されている．また，レニウムの生産量は年間 7000 kg 程度で高価である．その用途は特殊かつ小規模なのものに限られてはいるが，フィラメントおよび熱電対などに利用されている．

7・4・6　ルテニウムとオスミウム

ルテニウム(ruthenium)および**オスミウム**(osmium)の電子配置は，[Kr]$4d^7 5s^1$ および [Xe]$4f^{14} 5d^6 6s^2$ である(表 7・7)．Ru(Ⅲ) と Os(Ⅳ) が最も安定であり，Ru(Ⅳ), Ru(Ⅵ)，Os(Ⅵ) も比較的安定である．これは同じ族では下にいくほど高酸化状態が

* 放射性の親核種から生じる娘核種を繰返し分離することをいい，親核種が娘核種よりも半減期が長い場合に使われる．乳牛から乳を搾る操作にたとえて命名されている．

表 7・7 ルテニウムとオスミウムの電子配置と性質(イオン半径は配位数6の値)

元 素	元素記号	電子配置	金属結合半径/pm	イオン半径/pm
ルテニウム	Ru	$[Kr]4d^7 5s^1$	133	82 (Ru^{3+}) 76 (Ru^{4+})
オスミウム	Os	$[Xe]4f^{14}5d^6 6s^2$	134	77 (Os^{4+})

安定になるという一般的傾向に一致する．また，鉄に比べてルテニウムとオスミウム金属はきわめて安定であり，酸には侵されにくい．

オスミウムは王水との反応により OsO_4 を与える．また，ルテニウムおよびオスミウムの金属単体を空気中で燃焼させると，それぞれ RuO_2 と OsO_4 ができるが，RuO_2 は適当な酸化剤により容易に RuO_4 に酸化される．酸化ルテニウム(Ⅳ) RuO_2 は TiO_2 型をとっている．OsO_4 は RuO_4 と同様，単純な四面体型分子であるため揮発性(融点 40 °C，沸点 100 °C)であり毒性が強いが，各種錯体を合成する際の出発物としても広く利用されている．また，酸化オスミウム(Ⅳ) OsO_2 は金属 Os を OsO_4 蒸気中で熱することにより得られる．

塩化ルテニウム(Ⅲ)$RuCl_3$ は，ルテニウムの各種錯体を合成していくうえで出発物質となる．$RuCl_3$ は塩素ガスと一酸化炭素の混合ガス存在下で金属 Ru と加熱することにより合成される．オスミウム金属を 650 °C 以上で過剰の塩素ガスと反応させると，塩化オスミウム(Ⅳ) $OsCl_4$ と塩化オスミウム(Ⅲ) $OsCl_3$ の混合物が得られる．また，塩化オスミウム(Ⅲ) $OsCl_3$ は，$OsCl_4$ を低圧塩素気流下 470 °C で熱分解させると得られる．低酸化状態の錯体としては，たとえば，π 受容性配位子であるカルボニル配位子をもつ $Ru_3(CO)_{12}$，$Os_3(CO)_{12}$ が知られている．また，ルテニウムでは鉄同様，Ru(−Ⅱ) の $[Ru(CO)_4]^{2-}$ も合成されている．

ルテニウムおよびオスミウムは産出量が少なく，用途は特殊なものに限られるものの，白金との合金は硬く耐食性にも優れていることから，ペン先などに使われている．また，触媒活性が高いことから，フィッシャー-トロプシュ反応*(Fischer-Tropsch reaction)などの触媒としての用途もある．

7・4・7 ロジウムとイリジウム

ロジウム(rhodium)と**イリジウム**(iridium)の電子配置は $[Kr]4d^8 5s^1$ および $[Xe]4f^{14}5d^7 6s^2$ である(表 7・8)．ロジウムにおいて重要な酸化状態は Rh(Ⅰ) および

* 一酸化炭素と水素との反応により，アルコールかアルカンなどの炭化水素を合成する反応．不均一系触媒として，モリブデン，鉄，コバルト，ニッケルなどが用いられる．

Rh(Ⅲ) であり，イリジウムでは Ir(Ⅰ)，Ir(Ⅲ) および Ir(Ⅳ) である．ロジウムとイリジウムは硬い金属であり，反応性に乏しい．どちらの金属も酸には強く，高温において初めて酸素およびハロゲンと反応する．ロジウムは酸素と 600 °C で反応して，酸化ロジウム(Ⅲ) Rh_2O_3 を与え，イリジウムは 1000 °C で反応して酸化イリジウム(Ⅲ) Ir_2O_3 が生成する．また，ロジウムは塩素と 400 °C で反応して塩化ロジウム(Ⅲ) $RhCl_3$ を与え，イリジウムは 600 °C で反応して塩化イリジウム(Ⅲ) $IrCl_3$ を与える．これらの塩化物(Ⅲ) の水和物は各種溶媒に可溶であり，錯体およびクラスターを合成するうえで最も一般的な前駆体となっている．

表 7・8 ロジウムとイリジウムの電子配置と性質(イオン半径は配位数 6 の値)

元 素	元素記号	電子配置	金属結合半径/pm	イオン半径/pm
ロジウム	Rh	[Kr]$4d^8 5s^1$	135	81 (Rh^{3+}) 74 (Rh^{4+})
イリジウム	Ir	[Xe]$4f^{14} 5d^7 6s^2$	136	82 (Ir^{3+}) 77 (Ir^{4+})

ロジウムおよびイリジウムの酸化数 0 および −I の錯体は，π 受容性の大きいカルボニル配位子および PF_3 配位子をもつ系で合成されている．Rh(0) および Ir(0) の化学種としては，$Rh_4(CO)_{12}$ および $Ir_4(CO)_{12}$ がある．

ロジウム(Ⅰ)錯体で最も重要な錯体は，**ウィルキンソン錯体**(Wilkinson's complex) $RhCl(PPh_3)_3$ であり，平面 4 配位構造をとっている．この錯体は，水素化，脱水素化あるいはヒドロシリル化反応における触媒として有名である．また，Ir(Ⅰ) 錯体として有名な**バスカ錯体**(Vaska's complex) $IrCl(CO)(PPh_3)_2$ があり，この錯体も平面構造をとる．バスカ錯体で初めて酸化的付加反応が見いだされた(§10・3・1 参照)．

イリジウム錯体もロジウム錯体と同様に触媒能を示すが，ロジウムに比べて錯体が安定化することから，触媒能は落ちる．ロジウムの最も重要な用途は触媒としてであり，自動車の排気ガスの制御に用いられる．

7・4・8 パラジウムと白金

パラジウム(palladium) および**白金**(platinum) の電子配置は，[Kr]$4d^{10}$ および [Xe]$4f^{14} 5d^9 6s^1$ である(表 7・9)．重要な酸化状態は，+Ⅱ と +Ⅳ であり共有結合性の化合物を与える．M(Ⅱ) は平面四角形型構造をとり，M(Ⅳ) は八面体型構造をとる．ニッケルでは Ni(Ⅳ) はあまり重要ではなく，その化学のほとんどは Ni(Ⅱ) に限られているが，より重い元素である白金では，Pt(Ⅳ) が安定になりその重要性が増す．パラジウムおよび白金は，同族のニッケルに比べて酸に溶けにくく，一般に不活性である．パラジウムは硝酸にあるいは酸化剤存在下で塩酸に溶ける．白金は酸に対してより耐侵食性が強くなる．王水とは反応して，$H_2[PtCl_6]$ を生じる．

表 7・9　パラジウムと白金の電子配置と性質（イオン半径は配位数 6 の値）

元　素	元素記号	電子配置	金属結合半径/pm	イオン半径/pm
パラジウム	Pd	[Kr]$4d^{10}$	138	100（Pd^{2+}） 76（Pd^{4+}）
白　金	Pt	[Xe]$4f^{14}5d^{9}6s^{1}$	139	94（Pt^{2+}） 77（Pt^{4+}）

パラジウムおよび白金金属は，加熱下酸素と反応して，PdO および PtO を生じ，塩素とも反応してそれぞれ $PdCl_2$ および $PtCl_2$ を生じる．また，Pt(Ⅳ) 化合物 $H_2[PtCl_6]$ を塩素気流下 360 °C で加熱することにより，$PtCl_4$ が生じる．

パラジウムおよび白金では，数多くの 0 価の錯体 $Pd(PPh_3)_4$，$Pd(C_2H_4)(PPh_3)_2$，$Pt(PPh_3)_4$，$Pt(PPh_3)_3$ などが知られており，高い反応性および触媒能を示す．

パラジウムおよび白金はともに触媒としてよく用いられる．白金は指輪など装飾品としての需要も多い．

7・4・9　銀　と　金

銀(silver)および**金**(gold)の電子配置は，[Kr]$4d^{10}5s^1$ および [Xe]$4f^{14}5d^{10}6s^1$ であり(表 7・10)，+Ⅰ から +Ⅲ までの酸化状態をとる．これらの金属は，金属の中でも高い電気伝導性と熱伝導性を示す．最外殻の s 軌道に電子が一つ入っているという点でアルカリ金属と同じであるが，その化学的性質は全く異なる．これは，内側に位置する d 電子の遮へい効果が弱いためである．したがって，アルカリ金属と比べ，イオン化エネルギーはかなり大きくなっている．また，銀および金はイオン化列

表 7・10　銀と金の電子配置と性質（イオン半径は配位数 6 の値）

元　素	元素記号	電子配置	金属結合半径/pm	イオン半径/pm
銀	Ag	[Kr]$4d^{10}5s^1$	144	129（Ag^+）
金	Au	[Xe]$4f^{14}5d^{10}6s^1$	144	151（Au^+）

において水素の下に位置し，強い還元性を示すアルカリ金属とは大きく異なる．

銀と金は天然に広く分布している．銀は，白色で光沢と展性がある．一方，金は黄色光沢があり，軟らかい金属として知られる．

Ag(I) は銀化合物の中で最も普通の酸化状態で，銀塩は一般に水に不溶である．ハロゲン化銀は，Cl＜Br＜I の順に水に溶けにくくなる．$AgNO_3$ は水に溶けて，アンモニア水を加えると $[Ag(NH_3)_2]^+$ を生じる．銀は，ハロゲン化銀が光に敏感に反応することから銀塩写真に用いられる．また，装飾品および鏡に使われ，用途は広い．金，あるいは金の銀や銅との合金は装飾品として用いられている．

B. f-ブロック元素

ランタン(lanthanum)から**ルテチウム**(lutetium)までと**アクチニウム**(actinium)から**ローレンシウム**(lawrencium)までの 30 個の元素は，$(n-2)f^{1\sim14}(n-1)d^{0,1}ns^2$ $(n=6, 7)$の電子配置をとる．これらの元素では，f 電子が順次充填されていくことから，**f-ブロック元素**(f-block elements)とよばれる．ランタン，アクチニウムおよび**トリウム**(thorium)は f 電子をもたないが，性質の類似性から d-ブロック元素ではなく，f-ブロック元素に含める．

7・5 ランタノイド

ランタノイド(lanthanoids)は，周期表中の 3 族に位置するランタンとこれに続く 14 個の元素の総称である．このうち，**プロメチウム**(promethium)だけは天然に存在せず，1945 年に ^{235}U の核分裂生成物の中から分離された．現在知られている最も寿命の長い核種(^{145}Pm)でも半減期は約 18 年しかない．ランタンの電子配置は，$[Xe]5d^16s^2$ であり 4f 軌道は空である(表 7・11)．

ランタノイドでは，4f 電子はあまり結合には関与せず，ランタノイドのおもな酸化状態は +Ⅲ である．原子番号の増加に伴って原子およびイオン半径が減少する．この現象を**ランタノイド収縮**(lanthanoid contraction)といい，第三遷移系列元素では性質を考察するうえで重要な意味をもつ(§ 1・3・1 参照)．

ランタノイドの用途は，従来，特殊ガラスの製造などに限られてきたが，近年，各方面で使われるようになってきた．**YAG**(イットリウムアルミニウムガーネット)に**ネオジム**(neodymium)を加えたものは，大出力の固体レーザーの材料として使われている．**セリウム**(cerium)は紫外線吸収効果により自動車のガラスなどに用

表 7・11 ランタノイドの電子配置と性質（イオン半径は配位数 6 の値）

元 素	元素記号	電子配置	金属結合半径/pm	イオン半径/pm (M^{3+})
ランタン	La	[Xe]$5d^1\,6s^2$	187	117
セリウム	Ce	[Xe]$4f^2\,6s^2$	183	115
プラセオジム	Pr	[Xe]$4f^3\,6s^2$	182	113
ネオジム	Nd	[Xe]$4f^4\,6s^2$	181	112
プロメチウム	Pm	[Xe]$4f^5\,6s^2$	180	111
サマリウム	Sm	[Xe]$4f^6\,6s^2$	179	110
ユウロピウム	Eu	[Xe]$4f^7\,6s^2$	198	109
ガドリニウム	Gd	[Xe]$4f^7\,5d^1\,6s^2$	179	108
テルビウム	Tb	[Xe]$4f^9\,6s^2$	176	106
ジスプロシウム	Dy	[Xe]$4f^{10}\,6s^2$	175	105
ホロミウム	Ho	[Xe]$4f^{11}\,6s^2$	174	104
エルビウム	Er	[Xe]$4f^{12}\,6s^2$	173	103
ツリウム	Tm	[Xe]$4f^{13}\,6s^2$	172	102
イッテルビウム	Yb	[Xe]$4f^{14}\,6s^2$	194	101
ルテチウム	Lu	[Xe]$4f^{14}\,5d^1\,6s^2$	172	100

いられる．また，酸化物 CeO_2 はガラスの研磨剤に使われている．**サマリウム**(samarium)とコバルトの合金 $SmCo_5$ および Sm_2Co_{17}，$Nd_{15}Fe_{77}B_8$ をはじめとする希土類磁性体は，軽薄短小化が要求されるカメラ，ヘッドフォンステレオなどの各種電気製品に，よく用いられている．また，近年，欠くことのできない記憶メディアである，光磁気ディスク(CD)にも**ガドリニウム**(gadolinium)，テルビウム，**ジスプロシウム**(dysprosium)などと d-ブロック元素との合金が使われている．

7・6 アクチノイド

アクチノイド(actinoids)は，同位体すべてが放射性であり，**ウラン**(uranium)までの元素が天然に存在する．**ネプツニウム**(neptunium)以降が人工元素である．原子番号の増大とともに 5f 軌道に電子が順次満たされていく(表 7・12)．ランタノイドのおもな酸化数は +Ⅲ であるが，アクチノイド元素では，+Ⅲ だけでなく +Ⅳ，+Ⅴ も安定であり，酸化数 +Ⅵ，+Ⅶ の化合物も存在する．イオンの大きさは原子番号の増大とともに小さくなる．これは f 電子の核電荷の遮へい効果が十分でないことによるもので，**アクチノイド収縮**(actinoid contraction)とよばれる(§1・3・1 参照)．

表 7･12　アクチノイドの電子配置と性質（イオン半径は配位数 6 の値）

元　素	元素記号	電子配置	金属結合半径 /pm	イオン半径 /pm(M^{3+})	イオン半径 /pm(M^{4+})
アクチニウム	Ac	[Rn]$6d^1 7s^2$	188	126	—
トリウム	Th	[Rn]$6d^2 7s^2$	180	—	108
プロトアクチニウム	Pa	[Rn]$5f^2 6d^1 7s^2$	161	118	104
ウラン	U	[Rn]$5f^3 6d^1 7s^2$	138	117	103
ネプツニウム	Np	[Rn]$5f^4 6d^1 7s^2$	130	115	101
プルトニウム	Pu	[Rn]$5f^6 7s^2$	160	114	100
アメリシウム	Am	[Rn]$5f^7 7s^2$	181	112	99
キュリウム	Cm	[Rn]$5f^7 6d^1 7s^2$	—	111	99
バークリウム	Bk	[Rn]$5f^9 7s^2$	—	110	97
カリホルニウム	Cf	[Rn]$5f^{10} 7s^2$	—	109	96
アインスタイニウム	Es	[Rn]$5f^{11} 7s^2$	—	—	—
フェルミウム	Fm	[Rn]$5f^{12} 7s^2$	—	—	—
メンデレビウム	Md	[Rn]$5f^{13} 7s^2$	—	—	—
ノーベリウム	No	[Rn]$5f^{14} 7s^2$	—	—	—
ローレンシウム	Lr	[Rn]$5f^{14} 6d^1 7s^2$	—	—	—

問　題

7･1　$[Cu(H_2O)_6]^{2+}$ および $[Cu(NH_3)_4]^{2+}$ の構造を図示せよ．

7･2　亜鉛およびその化合物は遷移金属としての特徴的な性質を示さない．この理由を電子配置から説明せよ．

7･3　パラジウム(II) および白金(II) 錯体がとる一般的な構造を示せ．

7･4　つぎの反応を反応式で示せ．

1) $Co_2(CO)_8$ とナトリウムアマルガム　2) 銅と希硝酸　3) 銅と濃硝酸

7･5　つぎの言葉を説明せよ．

1) 遷移元素　2) 不動態　3) アクチノイド収縮　4) ランタノイド収縮

8

遷移金属錯体

金属イオンは，自分自身のまわりに陰イオンや中性分子を規則的に配列させる性質がある．ジアンミン銀(I)イオン $[H_3N\text{-}Ag\text{-}NH_3]^+$ では二つのアンモニア分子を銀(I)イオンのまわりに直線型に，ヘキサアンミンコバルト(Ⅲ)イオン $[Co(NH_3)_6]^{3+}$ では六つのアンモニア分子をコバルト(Ⅲ)イオンのまわりに八面体型に配列させる．このような化合物群を**錯体**(complex)あるいは**配位化合物**(coordination compound)とよび，中心にある金属イオンを取巻いている(金属に配位しているという)陰イオンや分子を**配位子**(ligand)という．また，金属イオンに直接結合している原子の数を**配位数**(coordination number)という．錯体に対するこのような正しい認識に到達したのは**ウェルナー**(Werner)で，この考え(配位説：coordination theory)を1893年に発表した．

彼はこの論文の冒頭でつぎのように述べている．“金属アンミン塩は金属塩にアンモニア分子を導入することによって形成されると考えられる．あるいはつぎのように考えるのがより適切であろう．金属アンミン塩はHClとアンモニア間の反応のように，金属塩とアンモニア間の反応によって形成される．”すなわち，ここで彼はHClとアンモニア間の酸・塩基反応が金属塩(MX_2)とアンモニア間の反応によるアンミン錯体の生成と類似していることを鋭く指摘しているのである．

$$HCl + NH_3 \longrightarrow [NH_4]Cl$$
$$MX_2 + n NH_3 \longrightarrow [M(NH_3)_n]X_2$$

錯体の生成はルイス酸である金属イオンとルイス塩基である配位子との間の酸・塩基反応である．しかし，このルイスの酸・塩基の概念が提案されたのは，ブレンステッドの酸・塩基の概念が提案されたのと同じく1923年のことであって，ウェルナーの指摘はこれらの提案よりも30年も先駆けているのである．

なお，あとで実例が出てくるが，錯体の中心にくるのは金属陽イオンとは限らず，0価の金属原子や金属陰イオンの場合もある．

8・1 錯体の配位数と構造

8・1・1 周期表と錯体化学

周期表を眺めるとき，100種を超える元素が並んでいる．これらのうち，金属に分類される元素が金属以外の元素よりずっと多い．逆に金属に分類されない元素は配位原子(金属に直接結合する原子)になりうるものがほとんどであり，両方を合わせると錯体化学は結局周期表全体にかかわる化学*1 であることがわかる．

錯体の中心金属となりうるのはおおよそ1〜12族，Bを除く13族および14〜15族の第6周期の元素群である．周期表の右上の元素群はいずれも配位原子としてはたらくものばかりである．ただし，14族のSi, Ge, Snなどは微妙なボーダーラインの領域であって，$[M(acac)_3]^+$ (M＝Si, Ge, Sn)*2 のように中心金属イオンとしてはたらく場合と，$[Co(MCl_3)(CO)_4]$ (M＝Si, Ge, Sn)のように配位原子としてはたらく場合の両方がある．

8・1・2 酸 化 数

錯体化学において**酸化数**(oxidation number)という概念はきわめて重要である．錯体の性質は中心金属イオンの酸化数に強く支配されており，酸化数に基づいて多くの現象や性質を整理し，考察することが非常に有効である．しかし，酸化数を割り振ることは時として任意性があり，困惑する場合がある．これは本来問題とする個々の化合物に対して適切な物理化学的手段で決定しなければならない電子状態を，その手続きを省いて決めてしまおうとするところからきている．しかし，以下に述べる割り振り方は現実の化合物の性質をできるだけ統一的に整理できるよう工夫されたものであり，これまで積み上げてきた多くの知見に裏打ちされたものであって，酸化数の割り振りに任意性があるということは適当に割り振ればよいということではない．なお，酸化数はたとえばPt(II) のように元素記号(あるいは元素名)のうしろにローマ数字(時計の文字盤によく使われている)で与え，(　)をつけることになっている．酸化数の割り振り方を ❶〜❺ に示す．

❶ 単体中の原子の酸化数はゼロとする．　例：P_4 ではP(0)

❷ 単原子イオンの酸化数はそのイオンの電荷と同じ．　例：S^{2-} ではS(−II)

❸ 非金属元素と結合したHの酸化数は +1．　例：NH_3 ではN(−III)，H(I)
　Hが金属と結合した場合は −1．　例：LiHではLi(I)，H(−I)

---

*1　このことを強調して，“全元素の化学”という表現も使われる．
*2　acac ＝ アセチルアセトナト配位子(§8・1・4参照)．

❹ 共有結合性の分子や多原子イオン中の各原子の酸化数は，各結合ごとに2原子間に共有されている電子対を電気陰性度の大きい方の原子に与える．こうして得られた各原子の電荷を酸化数とする．したがって最も電気陰性度の大きいFは化合物中でつねにF(−Ⅰ)である．

例：SF_6 ではS(Ⅵ)，F(−Ⅰ)．MnO_4^- ではMn(Ⅶ)，O(−Ⅱ)

同じ元素の結合では，電子対を両方に等分する．

例：$O_3SSO_3^{2-}$ ではS(Ⅴ)，O(−Ⅱ)

$[(OC)_4CoCo(CO)_4]$ ではCo(0)，C(Ⅱ)，O(−Ⅱ)

❺ Oの酸化数は化合物中で一般に −Ⅱとなるが，O_2^- ではO(−1/2)，O_2F ではO(+1/2)，OF_2 ではO(Ⅱ)．

たとえば，$[Co(NH_3)_6]Cl_3$ において，CoとNの間にある電子対は等分しない．中性の NH_3 分子がCoに結合していると考えてCo(Ⅲ)，N(−Ⅲ)，H(Ⅰ)，Cl(−Ⅰ)となる．完全に共有結合性の場合を除いて，結合している原子間に少しでも電子の偏りがあると考えられる場合には，それを完全に偏らせ，イオン結合ができていると考えて酸化数を決める．もし $[Co(NH_3)_6]Cl_3$ においてCoとNの結合が完全な共有結合であるとの考えに立ち，CoとNの間の電子対を等分するならば，**形式電荷**(formal charge)が得られる．Coと NH_3 の結合を完全なイオン結合性と考えれば，3+という電荷がCoに集中することになり，共有結合性を考えれば，3−の電荷がCoに集まっていることになる(図8・1)．分子内の電荷分布に関してはポーリング(Pauling)の電気的中性の原理(§2・3・4参照)により，分子内の各原子の電荷は0か，またはできるだけ0に近いとされており，このことは実験的証拠もある．したがって，Coと NH_3 の結合は実際には共有結合性とイオン結合性とがある割合で混ざったものということができる．

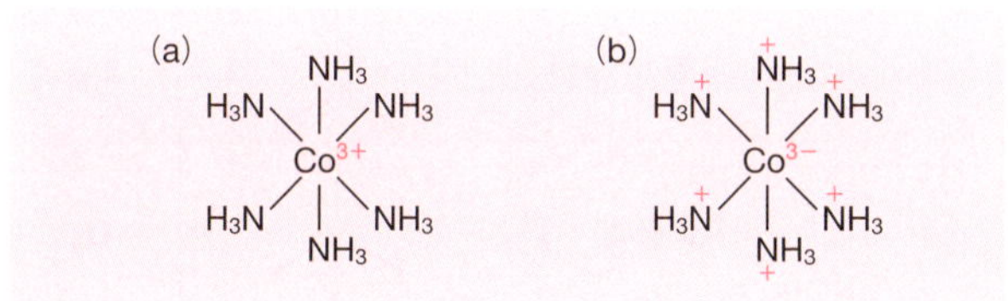

(a)中の3+はCoの酸化数に相当し，(b)中の3−や+は形式電荷に相当する

図 8・1 $[Co(NH_3)_6]^{3+}$ 中のCoとNの結合が完全なイオン結合(a)としたときと，完全な共有結合(b)としたときの電荷の偏り

$[Co(NH_3)_6]Cl_3$ 中の Co(Ⅲ) は中性の金属原子が3電子分酸化されたものであるから，$[Ar]3d^6$ という電子配置をもっている．同じ電子配置をもつ錯体を $3d^6$ 錯体あるいは d^6 錯体とよぶ．$[Fe(CN)_6]^{4-}$ も d^6 錯体であり，$[Fe(CN)_6]^{3-}$ は d^5 錯体である．

8・1・3 錯体の配位数と立体構造

配位数は錯体の立体構造を決める重要な因子である(表8・1)．ある配位数に対して幾何学的な配置は必ずしも一つとは限らない．

a. 配位数2　$[Ag(NH_3)_2]^+$ が有名であるが，配位数2の例は Cu^I，Ag^I，Au^I および Hg^{II} などほとんど d^{10} 錯体に限られ，いずれも直線型構造をとる．

b. 配位数3　この配位数はきわめてまれである．その例，$[Me_3S][HgI_3]$ 中の Hg^{II} は，I^- がつくる正三角形の中心に存在する．非常にかさ高い配位子を含む $[Fe\{N(SiMe_3)_2\}_3]$ もその例である．このほか ***1*** および ***2*** のような例もある．***2*** はタイ

表8・1　錯体の配位数と対応する主要な立体構造

配位数	立体構造	対称性
2	直線型	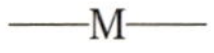 $D_{\infty h}$
3	正三角形型	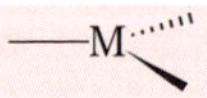 D_{3h}
4	正四面体型	 T_d
4	平面四角形型	 D_{4h}
5	三方両錐型（tbp）	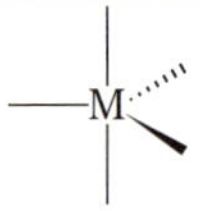 D_{3h}
5	四角錐型（sp）	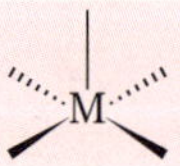 C_{4v}
6	正八面体型	 O_h
6	三角柱型	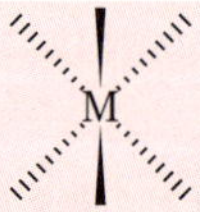 D_{3h}

プ1とよばれる銅タンパク質の活性中心[*1]のモデルとして合成されたものである.

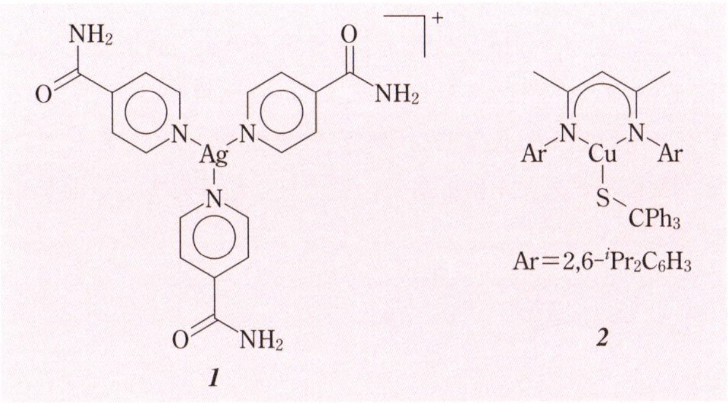

Ar = 2,6-$^{i}Pr_2C_6H_3$

1　　*2*

c. 配位数 4　ごくありふれた配位数で,基本的な構造には正四面体型および平面四角形型がある.正四面体型の例としては d^0 および d^{10} の $[MnO_4]^-$, $[CrO_4]^{2-}$, $[Cu(py)_4]^+$[*2], $[Zn(NH_3)_4]^{2+}$ などのほか,$[FeCl_4]^{2-}$, $[Co(NCS)_4]^{2-}$ などがある.平面4配位錯体は第二および第三遷移系列の d^8 錯体によくみられ,$[RhCl(PPh_3)_3]$, $[Pt(NH_3)_4]^{2+}$, $[AuCl_4]^-$ などがあるが,第一遷移系列でも $[Ni(CN)_4]^{2-}$ のような例がある.

d. 配位数 5　配位数4および6と比べればずっと例が少ないが,決して珍しい配位数ではない.基本的な構造には三方両錐型(tbp)と四角錐型(sp)がある.前者の例には $[MCl_5]^{3-}$ (M＝Cu, Cd), $Fe(CO)_5$ などがあり,後者の例としては $[VO(H_2O)_4]^{2+}$(図8・2), $[InCl_5]^{2-}$ などがある.つまり,同じ $[MCl_5]^{n-}$ でも M＝Cu^{II}, Cd^{II} では tbp 構造, In^{III} では sp 構造をとっている.また, $[Cr(en)_3][Ni(CN)_5]\cdot 1.5H_2O$ の結晶には tbp と sp の両方の構造をもつ $[Ni(CN)_5]^{3-}$ が含まれている.これらの例でも明らかなように,tbp 構造と sp 構造のエネルギー差は小さく,互いに構造変化を起こしやすい.

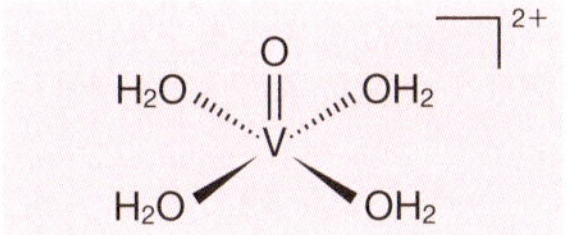

図 8・2　$[VO(H_2O)_4]^{2+}$ の構造

*1　活性中心にある Cu(II) の配位構造はタイプ1銅タンパク質の種類によりさまざまで,5配位の三方両錐型,ひずんだ正四面体型および三角形型のものが知られている.
*2　py＝ピリジン

tbp 構造と sp 構造間の相互変換が起こりやすいことに起因するフラクショナル (fluxional, 流動的) な現象が知られている．たとえば，$Fe(CO)_5$ は図 8・3 に示す tbp 構造をとっている．この場合，鉄原子のまわりで正三角形型に配位している三つの CO 配位子 (エクアトリアルの CO) と，この正三角形の上下にある二つの CO 配位子 (アキシアルの CO) は化学的な環境が異なっている．しかし，この錯体を含む溶液の ^{13}C NMR スペクトルは 1 本のシグナルしか与えず，等価な CO しか存在しないかのように見える．

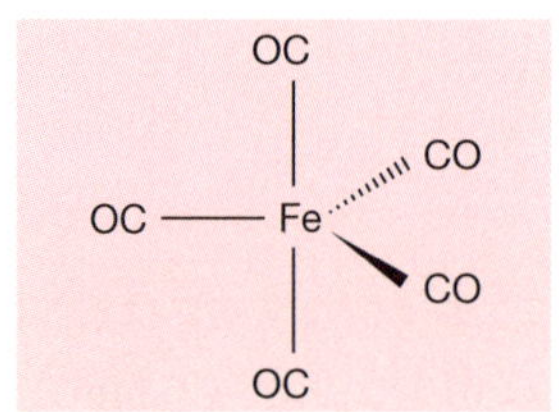

図 8・3　$Fe(CO)_5$ の構造

これは**ベリー擬回転** (Berry pseudorotation) とよばれる機構 (図 8・4) がはたらいて，NMR の時間スケールではエクアトリアルとアキシアルの CO 配位子の区別がつかなくなるためである．すなわち，図 8・4 に示したように，tbp 構造から sp 構造を経て再び tbp 構造をとるような配位子の再配列が起きて，エクアトリアルとアキシアルの CO 配位子が素早く入れ替わるため 1 種類の CO 配位子しか観測されないのである．

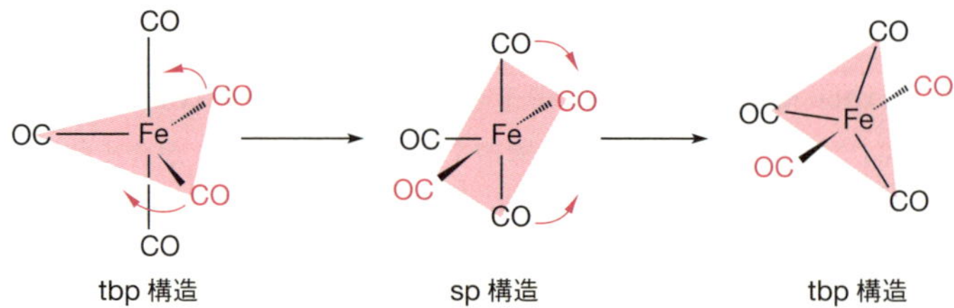

図 8・4　ベリー擬回転によるエクアトリアル CO 配位子とアキシアル CO 配位子の入れ替わり

e. 配位数 6　　最もありふれた配位数であり，その立体構造のほとんどが正八面体型である．配位説を証明するためにウェルナーが多用したのは，Cr(Ⅲ) や Co(Ⅲ) 錯体であった．これらの錯体は配位子の置換反応が非常に遅く，また，5 配位錯体の tbp と sp 間にみられるような構造変化も起こしにくい．たとえば，2 種類の配位子 a, b を含む錯体 $[Ma_3b_3]$ に対して図 8・5 に示す三つの配位構造を考えた場合，異性体の数は平面型，三角柱型および八面体型に対してそれぞれ 3, 3, 2 が期待される．期待される異性体の数は［Ma_2b_4］型錯体に対しても同様である．

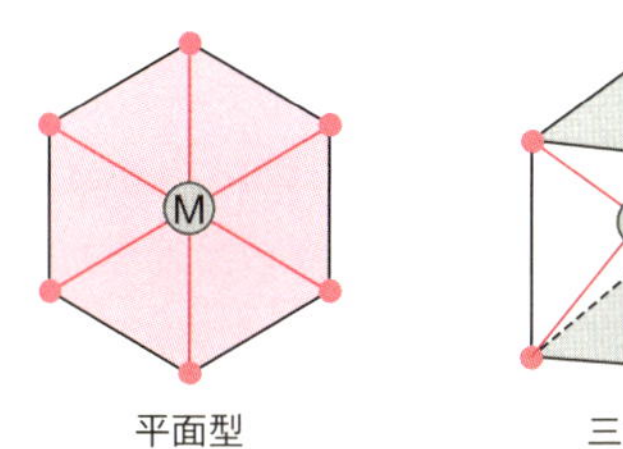

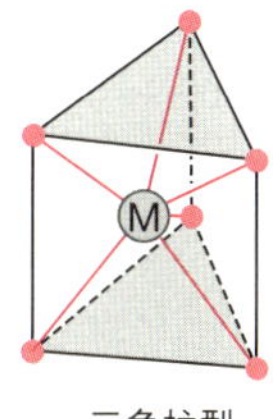

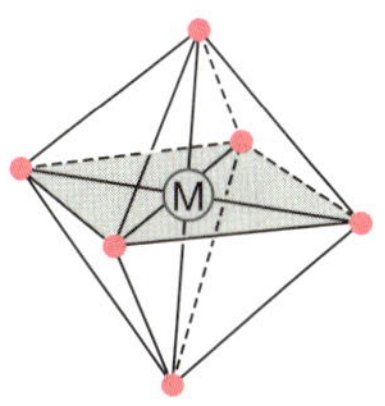

図 8・5　6配位錯体の主要立体構造

［Ma_3b_3］型および［Ma_2b_4］型の多数の錯体を合成した結果，二つの異性体が得られる例はあっても，三つの異性体が得られる例は発見されなかったため，これらの錯体が正八面体型構造をとっている可能性が高くなった．ただし，これでは証明としては完全ではない．第三番目の異性体が不安定なため，二つの異性体しか見つからなかった可能性があるからである．この批判に応えるため，ウェルナーは光学異性体の分割という手段を使って Cr(Ⅲ) や Co(Ⅲ) 錯体が 6 配位正八面体型であることを証明した(§8・2・2c 参照)．ただし，今日では三角柱型の錯体もわずかではあるが知られている．***3*** はそのような例である．

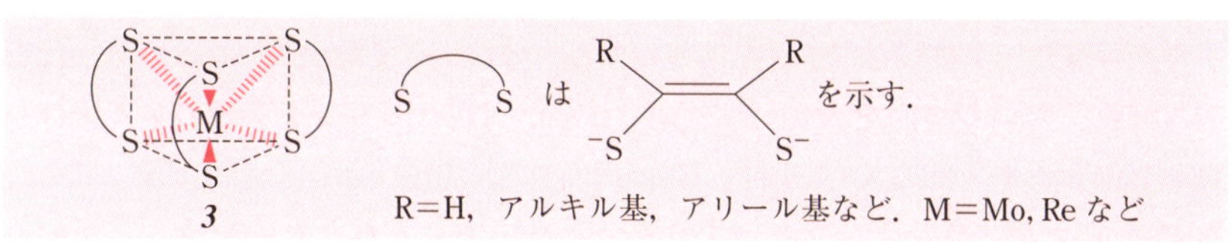

f. その他の配位数　配位数 7 の主要な立体構造には図 8・6 に示す三つがある．配位数の大きな錯体は，中心金属イオンのサイズが大きく，配位子のサイズが

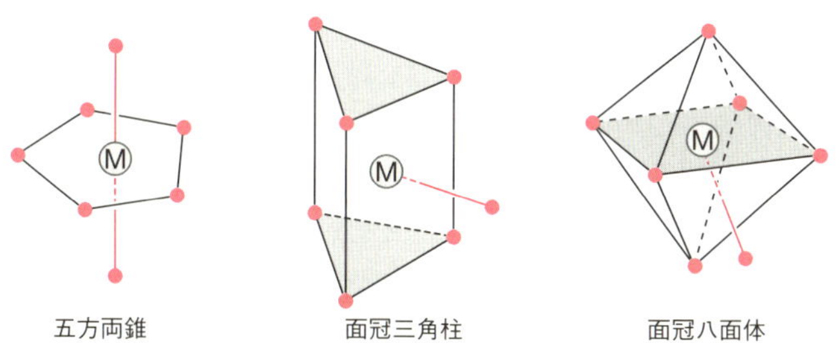

図 8・6　7配位錯体の主要立体構造

比較的小さいものに多い．また，金属と配位子の結合がイオン性のものによくみられる．したがって，f-ブロック元素の錯体では重要な構造である．

図8・7に9配位錯体の例（$[ReH_9]^{2-}$）を示す．この場合，6配位三角柱構造に加えて，三つの四角形の各面にも配位子がキャップした9配位構造である．逆に最小配位数1の錯体（図8・8）も知られている．この場合，配位子である2,4,6-$(C_6H_5)_3C_6H_2$がきわめてかさ高いため，金属イオンへの他の配位子や試薬の接近を妨げている．このため，一般にCu(I) 錯体は空気（O_2）に対して不安定であるが，このCu(I) 錯体は空気に対してさえも安定である．

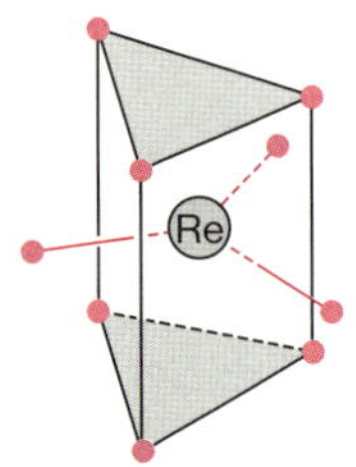

図 8・7 $[ReH_9]^{2-}$ の配位構造（● は H^- 配位子）

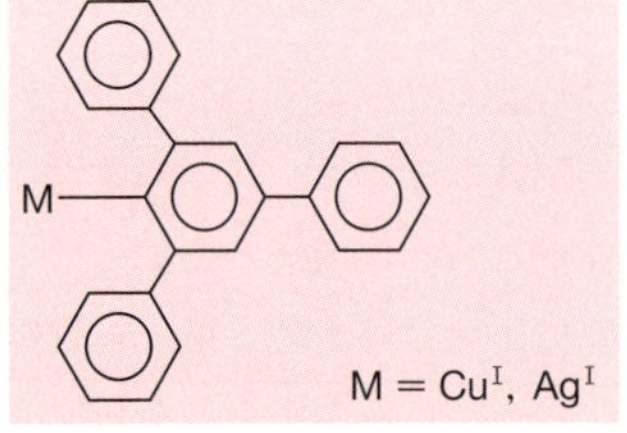

図 8・8 最小配位数1の錯体

8・1・4 配 位 子

ルイス塩基，すなわち電子対を供与できるものはすべて配位子になりうる．代表的な配位子のいくつかを表8・2に示す．H_2O，NH_3，ピリジンなどのアミン，ハロゲン化物イオン（F^-，Cl^-，Br^-，I^-），擬ハロゲン化物イオン（N_3^-，CN^-，NCS^-など），カルボン酸イオンなどいずれもきわめてありふれた分子やイオンが配位子となる．ここで，チオシアン酸イオン（NCS^-）はN原子で配位することも，S原子で配位することもできる．このように配位原子を二つもつ配位子を**両座配位子**（ambidentate ligand）とよぶ．NCS^- は直線状の配位子なので，二つの配位原子が同時に一つの金属イオンに配位することはない．しかし，たとえば**エチレンジアミン** $NH_2CH_2CH_2NH_2$（en）のような配位子の場合，二つの配位原子（ここでは窒素）が一つの金属イオンに同時に配位して環をつくることができる（8・1式）．

$$M^{m+} + NH_2CH_2CH_2NH_2 \longrightarrow \left[M \langle {}^{NH_2}_{NH_2} \rangle \right]^{m+} \qquad (8 \cdot 1)$$

このようにして形成された環を，**キレート環**（chelate ring：chelateは甲殻類のはさみを意味するギリシャ語に由来する）とよぶ．**ジエチレントリアミン** NH_2CH_2-$CH_2NHCH_2CH_2NH_2$(dien)には配位原子が三つあり金属イオンに配位すると二つのキレート環が形成される．このように複数の配位原子を含む配位子を**多座配位子**(multidentate ligand)，en は二座配位子，dien は三座配位子などとよぶ．二座，三座などに対応する英語表現を以下に示す．

単座	monodentate	六座	hexadentate
二座	bidentate	七座	heptadentate
三座	tridentate (terdentate)	八座	octadentate
四座	tetradentate (quadridentate)	多座	multidentate
五座	pentadentate		

表 8·2 代表的な配位子の例

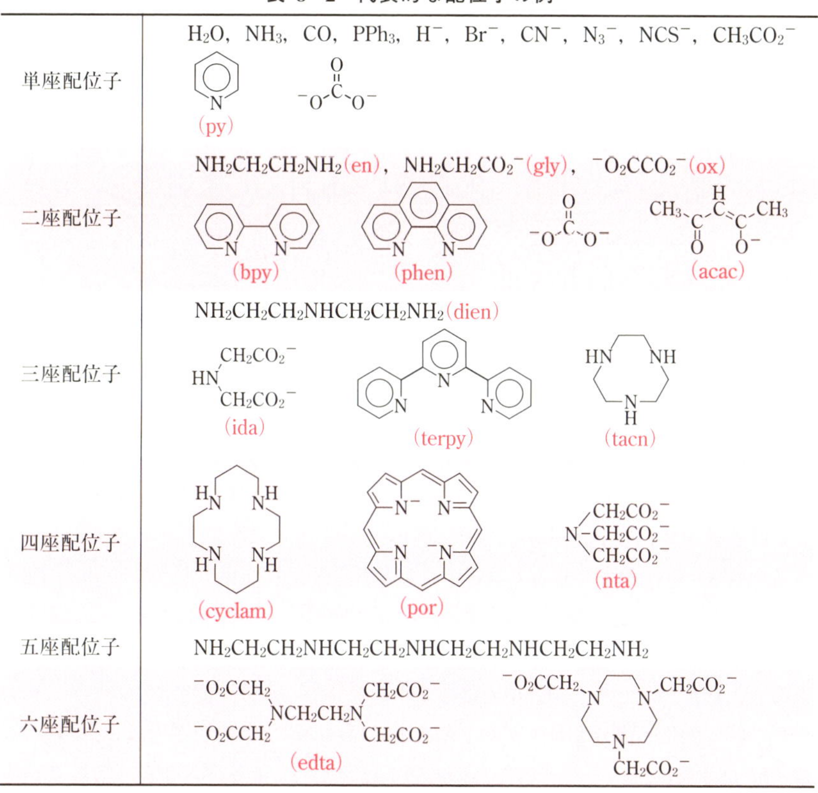

単座配位子	H_2O, NH_3, CO, PPh_3, H^-, Br^-, CN^-, N_3^-, NCS^-, $CH_3CO_2^-$ (py), ^-O-C(=O)-O^-
二座配位子	$NH_2CH_2CH_2NH_2$ (en), $NH_2CH_2CO_2^-$ (gly), $^-O_2CCO_2^-$ (ox) (bpy), (phen), ^-O-C(=O)-O^-, (acac)
三座配位子	$NH_2CH_2CH_2NHCH_2CH_2NH_2$ (dien) $HN(CH_2CO_2^-)_2$ (ida), (terpy), (tacn)
四座配位子	(cyclam), (por), $N(CH_2CO_2^-)_3$ (nta)
五座配位子	$NH_2CH_2CH_2NHCH_2CH_2NHCH_2CH_2NHCH_2CH_2NH_2$
六座配位子	$(^-O_2CCH_2)_2NCH_2CH_2N(CH_2CO_2^-)_2$ (edta) $^-O_2CCH_2$-N, N-$CH_2CO_2^-$, N-$CH_2CO_2^-$ (triazacyclononane ring)

カルボナト配位子(CO_3^{2-})は，**単座配位子**(monodentate ligand)になる場合と二座配位子になる場合の，いずれの例も知られている．アセチルアセトナト配位子(acac)のプロトン付加体はアセチルアセトンである．この物質は溶液内で(8・2)式のようなケト型とエノール型の**互変異性体**(tautomer)の平衡混合物として存在している．

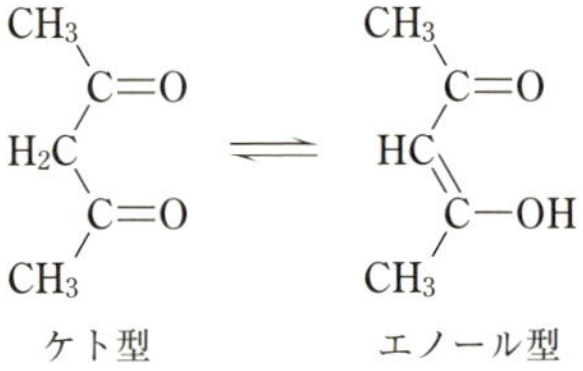

$$\begin{array}{ccc} \mathrm{CH_3-C(=O)-CH_2-C(=O)-CH_3} & \rightleftharpoons & \mathrm{CH_3-C(=O)-CH=C(-OH)-CH_3} \\ \text{ケト型} & & \text{エノール型} \end{array} \qquad (8\cdot 2)$$

水溶液中ではエノール型の方がいくぶん安定((8・2)式の平衡が右に偏っている)である．

アセチルアセトナト配位子は通常二座配位子としてはたらき，図8・9に示すキレート型配位構造をとる．ここでは，これ以上詳しく述べないが，アセチルアセトナト配位子の配位構造は驚くほど多彩で，図8・9の構造ばかりではない．

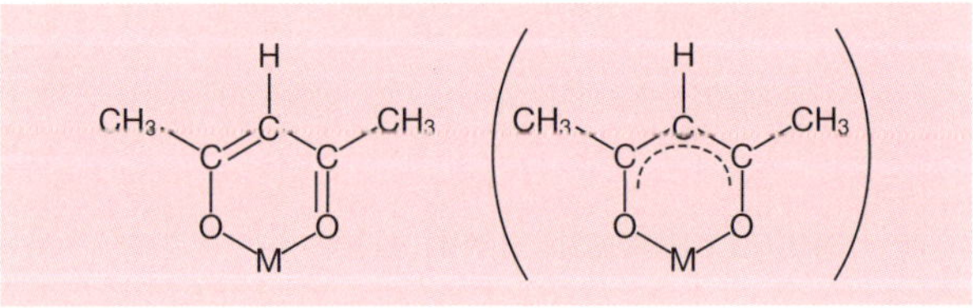

図 8・9 アセチルアセトナト配位子がとる最もありふれた配位構造

6配位正八面体型配位構造をとりやすい金属イオンの六つの配位座(配位する場所)のすべてに配位原子が配位するように設計された多座配位子に，**エチレンジアミン四酢酸イオン**(edta)がある．edtaがCo(Ⅲ)イオンに配位した$[Co(edta)]^-$の構造を図8・10に示す．まるで金属イオンを風呂敷で包むかのように，edtaが包み込んでいる．ただし，この六座配位子が必ず六座配位子としてはたらくとは限らない．たとえば，$[CoX(edta)]^{2-}$($X=Cl^-, Br^-, NCS^-, NO_2^-$など)では，第六配位座をXが占めているため，edta中の酢酸イオン部分の一つは配位していない．このはずれている配位子部分をペンダント基あるいはペンダント配位子とよぶ．図8・10はedtaが六座配位子としてはたらいている錯体から，順次単座配位子としてはたらいている錯体まで，すべての例のあることを示している．

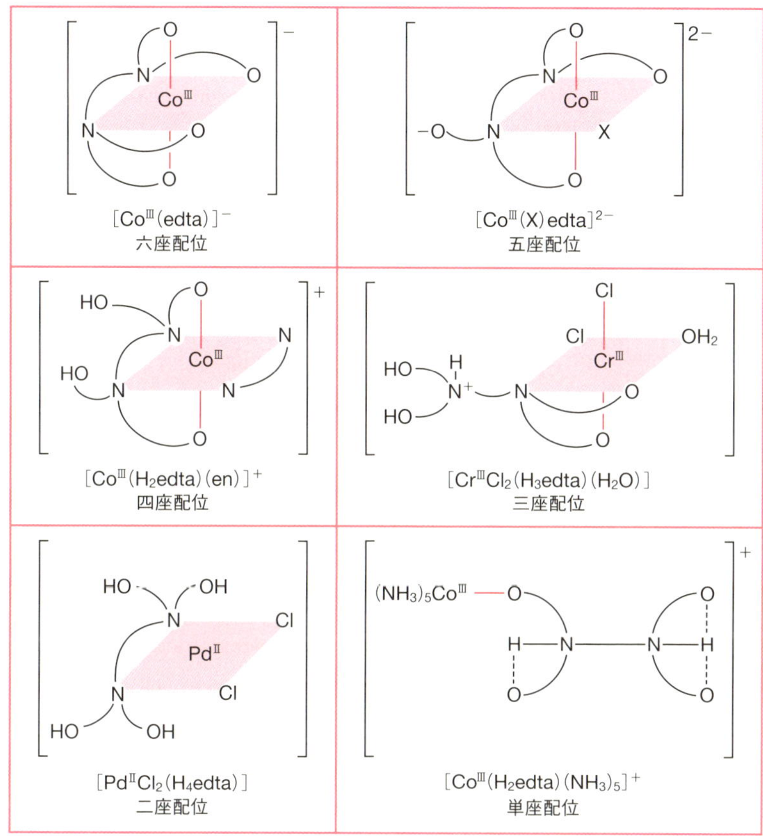

図 8・10　edta が六座配位子としてはたらいている錯体から順次単座配位子としてはたらいている錯体までの例

8・1・5　命　名　法*

錯体の日本語名は英語による命名法が基本になっている．したがって，英語による命名ができないと，日本語による命名ができない仕組みになっている．そこで，必要に応じて英語も併記しながら説明する．

＊　ここに記載した命名法は，日本化学会 化合物命名法委員会 訳著“無機化学命名法—IUPAC 2005 年勧告”，東京化学同人（2010）と日本化学会命名法専門委員会編，“化合物命名法—IUPAC 勧告に準拠—（第 2 版）”，東京化学同人（2016）によるものである．

錯体に含まれる配位子の数や金属の数を示すため，つぎの数詞を使う．

1	モノ	mono	7	ヘプタ	hepta
2	ジ	di	8	オクタ	octa
3	トリ	tri	9	ノナ（エンネア）	nona（ennea）
4	テトラ	tetra	10	デカ	deca
5	ペンタ	penta	11	ウンデカ（ヘンデカ）	undeca（hendeca）
6	ヘキサ	hexa	12	ドデカ	dodeca

なお，9と11にはラテン語由来の数詞が使われる．以前，ギリシャ語由来の数詞が使われたこともあるので，参考のためそれらを（　）内に示した．

例1：$[Cr(NH_3)_6]Cl_3$　ヘキサアンミンクロム(Ⅲ)塩化物
(hexaamminechromium(Ⅲ) chloride)

錯体を化学式で表記する際は，錯体部分を角括弧［　］で囲む．上の $[Cr(NH_3)_6]^{3+}$ の例では NH_3 が6個配位しているので，ヘキサアンミンクロム(Ⅲ)イオンとなる．ここで，アンミンはアンモニアが配位子になったときだけ使われる特別な名称である．金属名のうしろの（　）内のローマ数字はその金属の酸化数を示している．

例2：$[CoCl(NH_3)_5]SO_4$　ペンタアンミンクロリドコバルト(Ⅲ)硫酸塩
(pentaamminechloridocobalt(Ⅲ) sulfate)

$[CoBrCl(NH_3)_4]NO_3$　テトラアンミンブロミドクロリドコバルト(Ⅲ)硝酸塩
(tetraamminebromidochloridocobalt(Ⅲ) nitrate)

化学式ではまず金属の元素記号を書き，配位子がこれに続く．配位子の種類が複数ある場合には，化学式の先頭にくる原子のアルファベット順に書く．これは表記法であるが，表記されたものを読み上げる(命名する)ときは，配位子をアルファベット順に読み上げ，最後に金属名を読み上げる．このとき，アルファベット順にするのは配位子名であって，数詞は無関係である．上の $[CoBrCl(NH_3)_4]^+$ では，$(NH_3)_4$（アンミンのA），Br（ブロミドのB），Cl（クロリドのC）の順に命名され，テトラアンミンブロミドクロリドコバルト(Ⅲ)イオンとなる．なお，クロリドやブロミドはそれぞれ一つなので，モノクロリドなどとよぶべきであるが，モノは省略されることが多い．

中性の配位子名は，ピリジンなどと分子の名称をそのまま用いる．ただし，水，アンモニア，一酸化炭素など少数の例外があって，これらが配位子となった場合は，それぞれ**アクア**(aqua)，**アンミン**(ammine)，**カルボニル**(carbonyl)という配位子独特の名称が使われる．

陰イオン性の配位子の名称は陰イオンの英語の名称の語尾の e を o に変えて用い，日本語名はその英語をローマ字読み* にする．下にその例を示す．

	陰イオンの名称		配位子の名称	
NH_2^-	アミド	amide	アミド	amido
N_3^-	アジ化物イオン	azide	アジド	azido
H^-	水素化物イオン	hydride	ヒドリド	hydrido
SO_3^{2-}	亜硫酸イオン	sulfite	スルフィト	sulfito
$CH_3CO_2^-$	酢酸イオン	acetate	アセタト	acetato
CO_3^{2-}	炭酸イオン	carbonate	カルボナト	carbonato
NO_3^-	硝酸イオン	nitrate	ニトラト	nitrato
O_2CCO_2(ox)	シュウ酸イオン	oxalate	オキサラト	oxalato
SO_4^{2-}	硫酸イオン	sulfate	スルファト	sulfato
SCN^-	チオシアン酸イオン	thiocyanate	チオシアナト	thiocyanato

チオシアン酸イオンが N であるいは S で配位していることを示したいときは，それぞれチオシアナト-κ*N*(イソチオシアナトともいう)，チオシアナト-κ*S* と表す．すなわち，配位原子はイタリック体の元素記号で示し，前にギリシャ文字のカッパ κ をつける．これらの記号は配位子のあとにおく．また，NO_2^-(亜硝酸イオン，nitrite)が配位するとき，O で金属に配位した場合はニトリト-κ*O*(nitrito-κ*O*)，N で配位した場合はニトリト-κ*N*(nitrito-κ*N*)とよぶ．

つぎに示すいくつかの陰イオン性配位子については慣用名が用いられてきたが，IUPAC 2005 年勧告では廃止された．代わって，これらの配位子も他の配位子の場合と同様，陰イオンの英語名の語尾の e を o に変えて用いる．慣用名と新しい名称を合わせて示す．

陰イオンの名称			配位子の名称	
			慣用名(旧名)	新しい名称
F^-	フッ化物イオン	fluoride	フルオロ	フルオリド fluorido
Cl^-	塩化物イオン	chloride	クロロ	クロリド chlorido
Br^-	臭化物イオン	bromide	ブロモ	ブロミド bromido
I^-	ヨウ化物イオン	iodide	ヨード	ヨージド iodido
OH^-	水酸化物イオン	hydroxide	ヒドロキソ	ヒドロキシド hydroxido
CN^-	シアン化物イオン	cyanide	シアノ	シアニド cyanido
O^{2-}	酸化物イオン	oxide	オキソ	オキシド oxido

* 厳密には日本化学会が制定した字訳基準による．日本化学会命名法専門委員会編，“化合物命名法—IUPAC 勧告に準拠—(第 2 版)”，東京化学同人 (2016).

例 3: $[CoCl_2(en)_2]Cl$ ジクロリドビス(エチレンジアミン)コバルト(Ⅲ)塩化物
(dichloridobis(ethylenediamine)cobalt(Ⅲ) chloride)

数詞をつけると配位子の名称と紛らわしくなる場合は，ビス(bis)，トリス(tris)，テトラキス(tetrakis)，ペンタキス(pentakis)，ヘキサキス(hexakis)などを使い，その配位子の名称を括弧で囲む．例 3 の場合，en が二つあることを示すのに，ビスが用いられている．

例 4: $K_3[Mn(ox)_3]$ トリオキサラトマンガン(Ⅲ)酸カリウム
(potassium trioxalatomanganate(Ⅲ))

$Na_4[Fe(CN)_6]$ ヘキサシアニド鉄(Ⅱ)酸ナトリウム
(sodium hexacyanidoferrate(Ⅱ))

錯体が陰イオンの場合には，酸の陰イオンとみなして，英語では金属の元素名の語尾を ate と変化させ，日本語では酸という語をつける．なお，第二の例で英語名が ironate でなく ferrate となっているが，このように ── ate の ── が元素名でなくなるものには他に Cu, Ag, Au, Sn, Pb があり，それぞれ cuprate, argentate, aurate, stannate, plumbate とラテン語名の語尾を変化させる．日本語の場合は，これらに対しても銅酸，銀酸のように日本語の元素名の後に酸をつけるだけでよい．

例 5: $[(NH_3)_5Cr\text{-}O\text{-}Cr(NH_3)_5]^{4+}$ ($[\{Cr(NH_3)_5\}_2(\mu\text{-}O)]^{4+}$)
μ-オキシド-ビス(ペンタアンミンクロム(Ⅲ))イオン
(μ-oxido-bis(pentaamminechromium(Ⅲ)) ion)

二つ以上の金属を含む錯体を多核錯体とよぶ．金属間を橋架けしている配位子(架橋配位子)がある場合には，その配位子名の前に μ(ミュー)をつけ，ハイフンでつなぐ．

8・2 異性現象

8・2・1 幾何異性

幾何異性体(geometrical isomer)とは，中心金属と配位子の組成が同じで，配位子の空間的な配置が異なるものをさし，各異性体の物理的および化学的性質は異なる．

平面四角形型の $[PtCl_2(NH_3)_2]$ では図 8・11 の**シス異性体**(同じ種類の配位子が

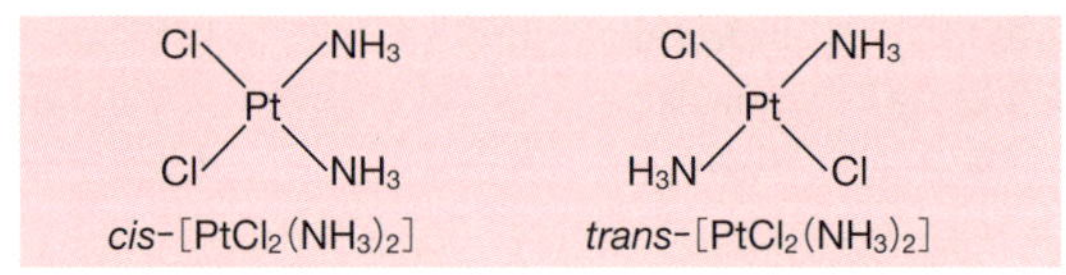

図 8・11 $[PtCl_2(NH_3)_2]$ の幾何異性体

隣り合う位置に存在)および**トランス異性体**(同じ種類の配位子が対角線上に存在)が可能であり，現実に存在する．平面四角形の［Mabcd］型錯体では図8・12の3種類の幾何異性体が可能である．ここで，シス(*cis*)およびトランス(*trans*)はそれぞれ

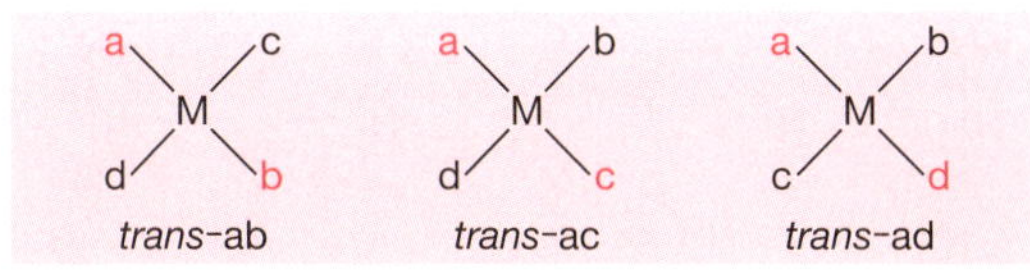

図 8・12　平面四角形の［Mabcd］錯体における幾何異性体

ラテン語の同じ側および反対側に由来し，図8・13のように6配位正八面体錯体の幾何異性体を表すのにも使われる．

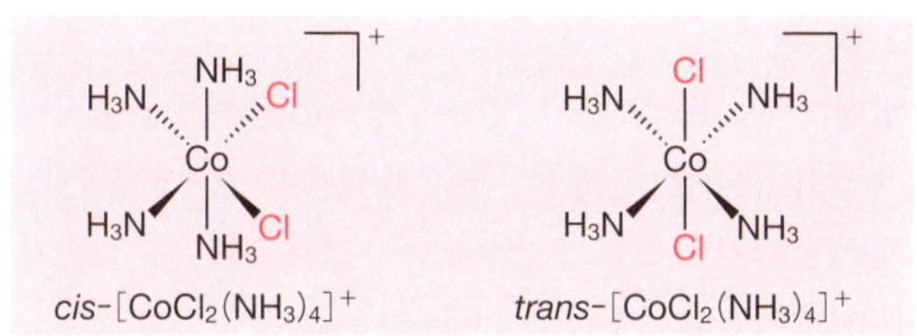

図 8・13　$[CoCl_2(NH_3)_4]^+$ の幾何異性体

$[Ma_3b_3]$ 型錯体では，図8・14に示す *fac*(ファク) 異性体(三角面の三つの頂点に同じ種類の配位子が配位しているので，"面の"を意味する facial に由来する)と *mer*(メール) 異性体("子午線の"を意味する meridional に由来する)が可能である．

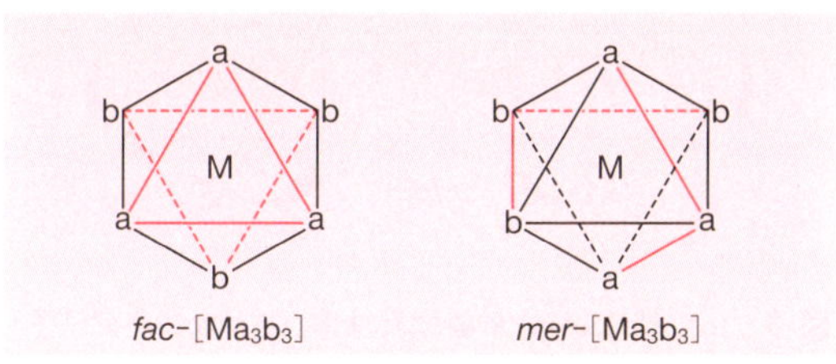

図 8・14　$[Ma_3b_3]$ の幾何異性体

シス，トランスおよび *fac*，*mer* は幾何異性体を表現するのに基本的に重要な表示であるが，異性現象が複雑になると，これだけでは対応しきれない．たとえばジエチレントリアミン(dien)を二つ配位した錯体 $[M(dien)_2]$ では図8・15に示す3種の幾何異性体が可能である．2種類の *fac* 異性体を区別するために，ここでは

symmetrical *fac*(*s-fac*) および unsymmetrical *fac*(*u-fac*) を使っている．6 配位正八面体型錯体において，六つの配位子がすべて異なる［Mabcdef］錯体では 15 種類の幾何異性体が可能である．

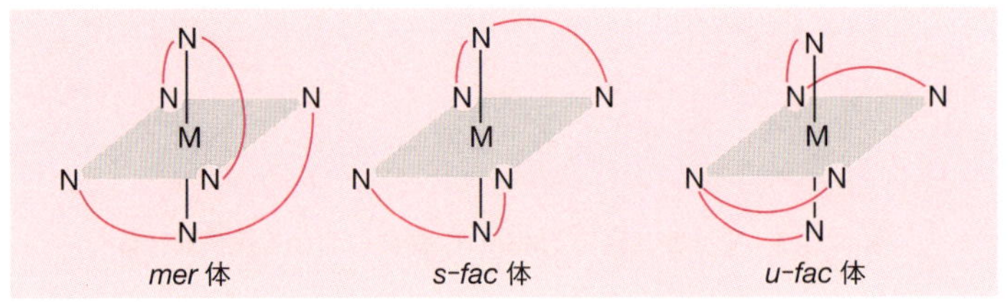

図 8・15 ［M(dien)$_2$］の幾何異性体

8・2・2 光学異性

a. キラルな錯体 炭素に結合している四つの置換基がすべて異なるとき，この有機化合物は**キラル**(chiral)であり，その物質の構造と鏡像とは回転したり，移動したりしても重ね合わせることはできない．錯体の場合，たとえば $[Co(en)_3]^{3+}$ などの 3 個の二座配位子を含むトリス(キレート)型錯体の構造と，その鏡像とはやはり重ね合わせることができず，キラルな錯体となる．この一対の異性体を**鏡像異性体**(enantiomer)あるいは**光学異性体**(optical isomer)とよぶ(図 8・16)．また，鏡像異性体どうしを互いに対掌体とよぶ．

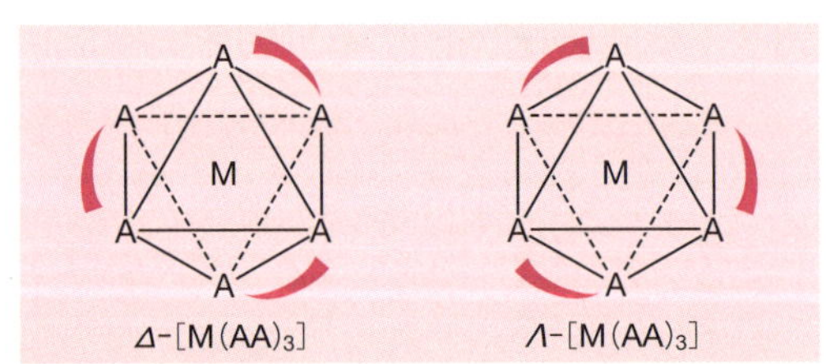

図 8・16 ［M(AA)$_3$］の鏡像異性体（AA は二座配位子）

図 8・16 に示したように正八面体を 3 回軸方向から見て AA をプロペラに見たてたとき，時計回り(右回り)に回すと向こう側に進むものを Δ(デルタ)型，反時計回りに回すと向こう側に進むものを Λ(ラムダ)型とよぶ．たとえば，$[Co(en)_3]^{3+}$ 中の en(エチレンジアミン)を一つはずして，代わりに 2 個の塩化物イオンを配位させた *cis*-$[CoCl_2(en)_2]^+$ でもトリス(キレート)錯体と同様に Δ 異性体と Λ 異性体を

定義することができる(図8・17).

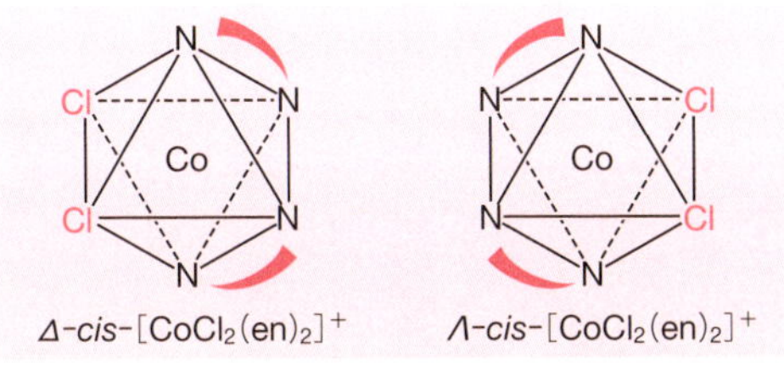

図 8・17　*cis*-$[CoCl_2(en)_2]^+$ の鏡像異性体

b. ORD 曲線と CD 曲線　*cis*-$[CoCl_2(en)_2]Cl$ などのキラルな化合物を合成すると，鏡像異性体の生成に関しエネルギー的には全く違いはないので，Δ 異性体と Λ 異性体の等量混合物(**ラセミ体**(racemic modification)とよぶ)が得られる．ラセミ体を Δ 異性体と Λ 異性体に分ける操作を**光学分割**(optical resolution)という．

鏡像異性体はエネルギー的には等しいが，旋光能に違いを生じる．すなわち Δ 体あるいは Λ 体の溶液に平面偏光を当てると，溶液を通過した光の偏光面がある角度回転して出てくる．出てきた光を光源方向に見たとき，偏光面の回転が右回りのもの(右旋回)を(+)，左回りのもの(左旋回)を(−)とする．一対の鏡像異性体のそれぞれについて同濃度の溶液をつくり旋光能を測定すると，通過した光の偏光面はそれぞれ反対方向に等しい角度だけ回転する．温度 t°C，波長 λ で実測した偏光面の回転角を α(度)とすると，**比旋光度**(specific rotation) $[\alpha]^t_\lambda$ を求めることができる．

$$[\alpha]^t_\lambda = \frac{\alpha}{cl}$$

c＝溶液の濃度/g cm^{-3},　l＝測定した溶液の液層の長さ/dm

$[\alpha]^t_\lambda$(または**モル旋光度**(molar rotation) $[\phi]^t_\lambda = [\alpha]^t_\lambda \times$ 分子量/100)を波長に対してプロットしたものを**旋光分散**(optical rotatory dispersion, ORD)曲線とよぶ．

光学活性物質の平面偏光は左円偏光と右円偏光という二つの成分に分けることができる．この二つの円偏光成分の吸収には違いがあり，左円偏光と右円偏光の吸光係数の差($\varepsilon_l - \varepsilon_r$)，すなわち $\Delta\varepsilon$ は**円二色性**または**円偏光二色性**(circular dichroism, CD)とよばれる．波長に対して $\Delta\varepsilon$ をプロットしたものを CD 曲線という．ある光学活性体が1電子遷移を起こした場合，図8・18に示すような CD および ORD 曲線を与える．この図には吸収スペクトル(AB)も示してある．この図のように CD 曲線が正のピークを与えるものを正の**コットン効果**(Cotton effect)を示すと表現し，そのピークの位置は吸収スペクトルのそれと一致する．また，この場合 ORD 曲線は図のように長波長側から短波長側へいくにしたがって，正のピークを与えた後，減少して負のピークとなる．もう一方の鏡像異性体の CD および ORD 曲線は図示したものを $\Delta\varepsilon$ または $[\phi]^t_\lambda=0$ の直線のまわりに上下反転した形になる．

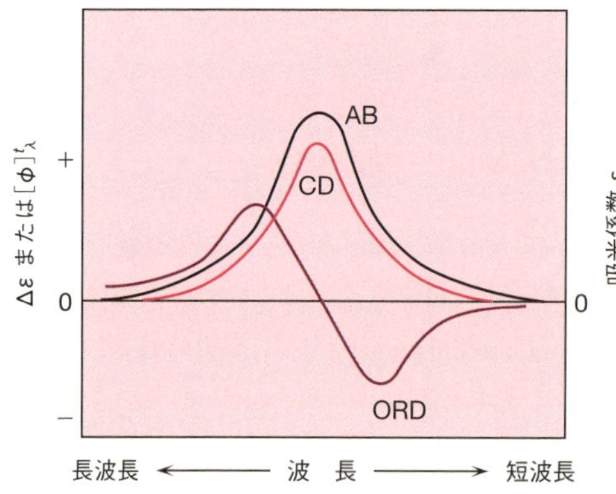

図 8・18　光学活性体の吸収スペクトル(AB)，円二色性(CD)曲線および旋光分散(ORD)曲線の関係

c. 光学分割　ウェルナーはキラルな錯体の光学分割によって，コバルト(Ⅲ)錯体などに対して彼が提唱した 6 配位正八面体型構造を証明することができた．最初に分割に成功したのは *cis*-$[CoCl(NH_3)(en)_2]^{2+}$ と *cis*-$[CoBr(NH_3)(en)_2]^{2+}$ の塩であった(1911 年)．ウェルナーが採用した方法にその後いくぶん改良を加えた方法で，*cis*-$[CoBr(NH_3)(en)_2]Br_2 \cdot H_2O$ の光学分割を説明しよう．

cis-$[CoBr(NH_3)(en)_2]Br_2 \cdot H_2O$ の水溶液に 2 倍の物質量の (+)-*α*-ブロモショウノウスルホン酸アンモニウム(以下 NH_4(+)-[BCS] と表すこととする)を加え*，冷蔵庫に放置すると，(+)-[錯体](+)-$[BCS]_2$ が沈殿し，(−)-[錯体](+)-$[BCS]_2$ は溶液中に溶けている．

$$2cis\text{-}[CoBr(NH_3)(en)_2]Br_2 \cdot H_2O + 4NH_4(+)\text{-}[BCS]$$
$$\longrightarrow (+)\text{-}cis\text{-}[CoBr(NH_3)(en)_2](+)\text{-}[BCS]_2\downarrow$$
$$+ (-)\text{-}cis\text{-}[CoBr(NH_3)(en)_2](+)\text{-}[BCS]_2 + 4NH_4Br + 2H_2O$$

ここで，(+)-[錯体](+)-$[BCS]_2$ と (−)-[錯体](+)-$[BCS]_2$ とは，鏡像関係にはない．複数の光学活性中心をもつこのような異性体を，**ジアステレオマー** (diastereomer)とよぶ．言い換えると，ジアステレオマーは配置の一部分は完全

*　何も断らずに(+)と書いてあるときは，一般に 589 nm の光(Na D 線)を用いて測定した旋光度が右旋性であることを意味する．

に重なり合わせることができるが，残りの部分は鏡像関係にある異性体のことである．したがって，互いに異なる物質であり，ここに示したように水に対する溶解度も異なる．(+)-[錯体](+)-$[BCS]_2$ の塩を沪過して集め，水から再結晶した後，少量の濃塩酸に加えると，右旋性の光学活性体が得られる．

$$(+)\text{-}cis\text{-}[CoBr(NH_3)(en)_2](+)\text{-}[BCS]_2 + 2HCl$$
$$\longrightarrow (+)\text{-}cis\text{-}[CoBr(NH_3)(en)_2]Cl_2\downarrow + 2H(+)\text{-}[BCS] \qquad ([\alpha]^{25}_{589}=142^\circ)$$

なお，沪液に濃塩酸を加えると，(−)-*cis*-$[CoBr(NH_3)(en)_2]Cl_2$ をうることができる．

ウェルナーらが行った光学分割に対し，光学活性の原因が錯体に含まれている炭素にあるという的はずれの批判があった．これに対して，ウェルナーは炭素を全く含まない $[Co\{Co(NH_3)_4(\mu\text{-}OH)_2\}_3]Cl_6$(図 8・19)の光学分割を試み，見事に成功した(1914 年).

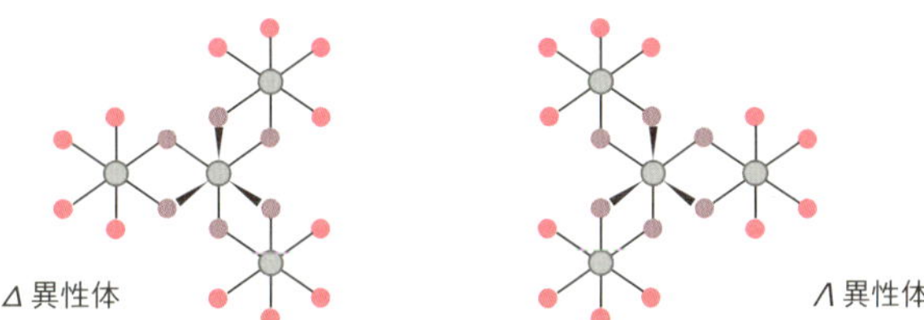

図 8・19 $[Co\{Co(NH_3)_4(\mu\text{-}OH)_2\}_3]Cl_6$ の鏡像異性体の構造（● Co, ● OH, ● NH_3）
(図には陽イオン部分のみを示した)

光学分割には上で述べたジアステレオマーの溶解度差を利用する方法がよく使われるが，いつでもうまくいくとは限らない．現在までにカラムクロマトグラフィーの利用など他のさまざまな光学分割法が考案されている．

エチレンジアミンは金属に配位すると，図 8・20 に示す δ と λ のゴーシュ構造をとる．したがって，$[Co(NH_3)_4(en)]^{3+}$ や $[Fe(CN)_4(en)]^-$ はいずれもキラルな錯体である．しかし，エチレンジアミンの C−C 結合をこの結合軸のまわりで 120° 回

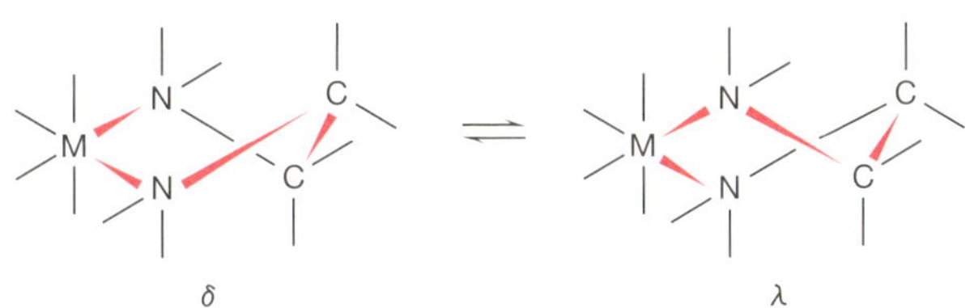

図 8・20 エチレンジアミンキレート環のゴーシュ構造

転すると $\delta \leftrightarrow \lambda$ の変換を行うことができるので，このエネルギー障壁は非常に低く，簡単に相互変換を起こしてしまう．したがって，これらの錯体はいずれも光学分割できない．$\delta\lambda$ の相互変換の過程で遷移状態として平面構造の配座（**エンベロープ型配座**：envelope conformation）を経ると考えられている．$[Fe(CN)_4(en)]^-$ の $\delta\lambda$ 間の配座異性化は DCl を含む CD_3OD 中，25 °C で $3\times10^8\ s^{-1}$ ときわめて速いことが知られている．

8・2・3 その他の異性現象

これまで述べてきた異性現象以外の異性現象も知られており，そのおもなものを表 8・3 にまとめた．連結異性体については，CN^-（C と N），$S_2O_3^{2-}$（S と O）などいろいろな配位子による多くの例が知られている．$[Ru(^{14}N\equiv^{15}N)(NH_3)_5]Br_2$ と $[Ru(^{15}N\equiv^{14}N)(NH_3)_5]Br_2$ という N_2 中の同位体が異なるだけという連結異性体も知られている．この錯体は互いに連結異性化を起こす．異性化の半減期は固体状態で 2 日（22 °C），水溶液中で 2 時間（25 °C）で，遷移状態は $[(NH_3)_5Ru\text{-}(N\equiv N)]^{2+}$（N≡N が側面配位）と考えられている．

表 8・3 その他の異性現象

異性現象の名称	異性現象の原因	実　例
連結異性（つながり異性）	配位子内の配位原子が異なるために生じる異性	$[(NC)_5Co(SCN)]^{3-}$（チオシアナト-*S* 異性体）と $[(NC)_5Co(NCS)]^{3-}$（チオシアナト-*N* 異性体） $[(NH_3)_5Co-NO_2]^{2+}$（ニトロ異性体またはニトリト-*N* 異性体）と $[(NH_3)_5Co\text{-}O\text{-}N{=}O]^{2+}$（ニトリト-*O* 異性体）
配位異性	陽イオンと陰イオンの両方が錯体で，両者の間で配位子の分配の仕方が異なる異性	$[Cr(en)_3][Co(CN)_6]$ と $[Co(en)_3][Cr(CN)_6]$ $[Cr(NH_3)_6][Cr(NCS)_6]$ と $[Cr(NCS)_2(NH_3)_4][Cr(NCS)_4(NH_3)_2]$
イオン化異性	同一組成であるが，配位している陰イオンの種類が異なることによる異性	$[CoCl(NH_3)_5]SO_4$ と $[Co(NH_3)_5SO_4]Cl$ $[Cr(H_2O)_6]Cl_3$ と $[CrCl(H_2O)_5]Cl_2\cdot H_2O$

8・3 錯体の結合

ウェルナー錯体(§10・1参照)の結合を考えるとき，その基本となるのは**配位結合**(coordinate bond，供与結合(dative bond)ともいう)である．これは，配位子である分子やイオンをルイス塩基と考え，これがその電子対をルイス酸である中心金属イオンに供与することによって形成される結合である(図8・21)．この結合は多かれ少なかれ分極しており，分極の強い結合は**イオン結合**に近づき，一方分極が弱くなると**共有結合**の性質を帯びてくる．有機金属錯体では，このほかに**逆供与結合**(back bonding，§8・3・6および§10・2・1章参照)も重要な役目を果たす．

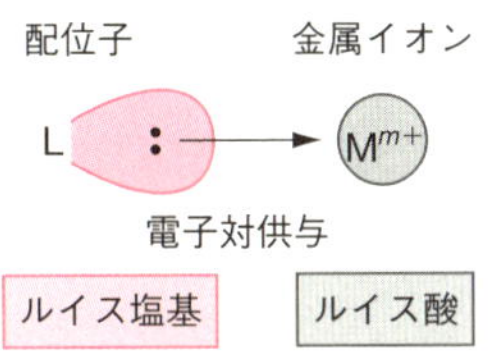

図 8・21 錯体の配位結合の模式図

このような金属錯体の結合の理論として，**結晶場理論**(crystal field theory)および**配位子場理論**(ligand field theory)がある．このうち結晶場理論はイオンモデルを用いており，一方配位子場理論は分子軌道法に基づく共有結合モデルを用いている．錯体が示す特有の物理的，化学的性質を理解するためには，これらの両方の理論を知っておく必要がある．

8・3・1 結晶場理論

一般的な遷移金属化合物と主要族金属化合物とを比較したときに，明瞭な違いがみられるのはその色と磁性である．多くの遷移金属化合物は色をもっているのに対し，主要族金属の化合物のほとんどは無色である．また，多くの遷移金属化合物，特に第一遷移系列のものが**常磁性**(paramagnetism)を示す(すなわち不対電子をもっている)ものが多いのに対し，主要族金属化合物で常磁性のものはまれでほとんど**反磁性**(diamagnetism)である．これらの違いを初めてうまく説明することができたのは，物理学者であるベーテ(Bethe)とヴァン・ブレック(van Vleck)によって1930年ころに導入された結晶場理論である．彼らはこの理論を単純な固体化合物(鉱物や宝石)の性質を説明するために導入したが，溶液中の化合物へは拡張しなかった．化学者がこの理論を錯体の性質を説明するために採用したのは，それから

20年もたってからである．このように遅れた理由の一つは，この理論が本質的にイオンモデルを用いており，その当時の化学者に広く浸透していたポーリングの原子価結合理論と相いれなかったためである．

結晶場理論では，配位子は極限まで単純化され，負の点電荷と見なされる．Cl^-のような陰イオン性配位子はもとより，NH_3のような中性配位子も，配位に用いられる非共有電子対に負電荷が集中していると見なし，このように仮定される．一方，中心金属についてはそのd軌道のみを考慮する．このd軌道(占有，非占有にかかわらず)と負の点電荷としての配位子との間に静電的な反発相互作用が生じると考える．d軌道は五つあり，金属イオンのまわりに場が存在しないとき(自由イオンの場合)には，それらは五重縮重している．独立な五つの3d軌道の組は図1・7に示した．これらの軌道はいずれも球対称ではないので，いくつかの負の点電荷がそのまわりに静電場を形成すると，点電荷の配置に依存してd軌道の分裂が起こる．

8・3・2 結晶場によるd軌道の分裂

結晶場によるd軌道の分裂の仕方は，配位子の数や配置によって決まる．そこで例として，ウェルナー錯体で最も一般的な6配位正八面体型錯体ML_6の場合を考えてみる．ここで図8・22のように六つの配位子Lは$\pm x$，$\pm y$，$\pm z$軸方向から配位しているものとすると，おおむね軸方向を向いているd_{z^2}および$d_{x^2-y^2}$軌道は，軸と軸の間の方向を向いているd_{xy}，d_{yz}およびd_{xz}軌道よりも強く配位子の反発相互作用を受けるために，より大きく不安定化される．d軌道の分裂の様子を図8・22に示す．なお，d軌道はすべて不安定化されるはずであるが，慣例に従って自由イ

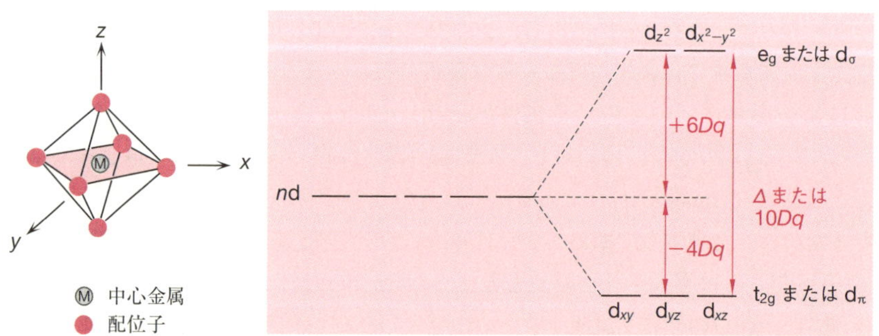

図 8・22 d軌道のエネルギー準位に対する正八面体型の点電荷の影響

オンの五重縮重した軌道を五つの d 軌道の平均エネルギーの位置に置く．

エネルギーの高い二重縮重した軌道は e_g という対称性の記号で表される組に属するのに対し，エネルギーの低い三重縮重した軌道は t_{2g} という記号で表される組に属する．これらの軌道を表すのに，e_g および t_{2g} という対称性の記号を用いるほかに，それぞれ d_σ および d_π という記号を用いる場合もある．これは，e_g 軌道が配位子と σ 結合を形成するような対称性をもっているのに対し，t_{2g} 軌道は配位子と π 結合を形成するような対称性をもっているからである*．d_σ 軌道と d_π 軌道とのエネルギー差を**結晶場分裂**(crystal field splitting)とよび，Δ または $10Dq$ という記号で表す．この記号を用いれば，t_{2g} 準位は d 軌道の平均エネルギー準位に対して $4Dq$ だけ低められ，一方 e_g 準位は $6Dq$ だけ高められていることになる．

同様の考察により他の形の錯体についても d 軌道の分裂の仕方を求めることができる．図 8・23 に正四面体，平面四角形および三方両錐型の錯体の d 軌道の分裂の仕方を示す．

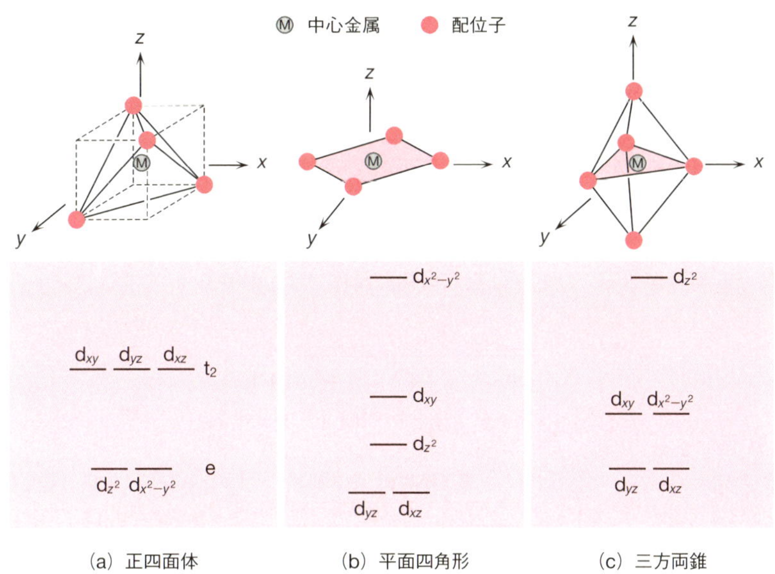

図 8・23 正四面体(a)，平面四角形(b)および三方両錐型錯体(c)の d 軌道のエネルギー準位

---

* σ 結合，π 結合とは，それぞれ結合を形成する両原子を含む節面の数が 0 個(すなわち節面をもたない)および 1 個の結合のことである．§2・2・2 参照．

正四面体の場合には，四つの配位子は直交座標上でそれぞれ (a, a, a)，$(-a, -a, a)$，$(a, -a, -a)$ および $(-a, a, -a)$ の位置を占めると考える．そうすると，正八面体とは逆に，軸と軸の間の方向を向いている d_{xy}，d_{yz} および d_{xz} 軌道の方が，軸方向を向いている d_{z^2} および $d_{x^2-y^2}$ 軌道よりも強く配位子と反発相互作用をする．これにより，前者の三つの軌道がより大きく不安定化されて三重縮重した軌道 t_2 を形成し，後者の二つの軌道はそれより下に二重縮重した軌道 e を形成する．

平面四角形の錯体は，正八面体型錯体の z 軸上にある二つの配位子が無限遠まで遠ざかったものと考えればよい．この変形によって，z 軸方向を向いている d_{z^2}，d_{yz} および d_{xz} 軌道は反発が減少して安定化される．一方 xy 平面内にある $d_{x^2-y^2}$ および d_{xy} 軌道は，xy 平面内の配位子が z 軸上の配位子との反発がなくなったことにより少し金属に近づくため，これらとの反発相互作用が強くなって不安定化される．

三方両錐型錯体では，z 軸上に二つの配位子があり，残りの三つの配位子は xy 平面内に正三角形型に配置していると考えると，d_{z^2} 軌道が最もエネルギー準位が高いことは明らかである．そのつぎに配位子との相互作用が強いのは，xy 平面内にある d_{xy} および $d_{x^2-y^2}$ 軌道であり，これらは二重縮重している．最も配位子との相互作用が弱いのは d_{yz} および d_{xz} 軌道であり，これらもまた二重縮重して最も低いエネルギー準位をとる．

8・3・3　高スピン錯体と低スピン錯体

分裂した d 軌道に構成原理に従って電子を詰めていくとき，2 種類の詰め方が可能になる場合がある．たとえば正八面体型錯体では，d^1 から d^3 まではフントの規

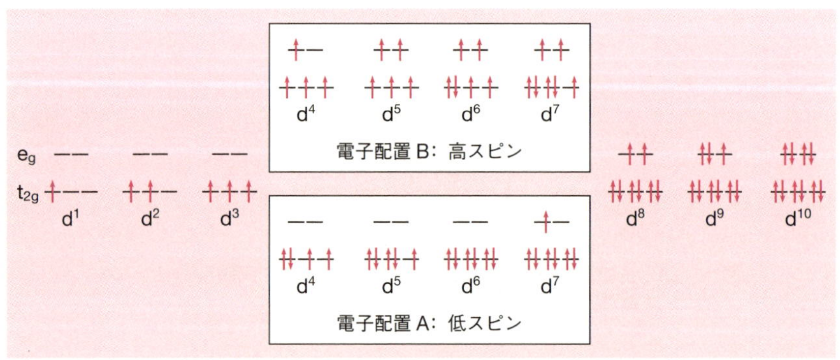

図 8・24　d^1～d^{10} の遷移金属錯体の電子配置

則に従って t_{2g} 軌道にスピンを互いに平行にして 1 個ずつ入る．ところが，d^4 の場合は 4 個目の電子は t_{2g} 軌道のどれかに 1 個目の電子とスピン対をつくって入る電子配置 A と，e_g 軌道に他の電子と平行に入る電子配置 B の 2 種類の電子の詰め方が可能である(図 8・24)．電子配置 A の方が電子配置 B よりも不対電子数が少なく低いスピン量子数をもつので，電子配置 A を**低スピン**(low spin)，電子配置 B を**高スピン**(high spin)といい，またこれらの電子配置をもつ錯体をそれぞれ**低スピン錯体**(low-spin complex)，**高スピン錯体**(high-spin complex)とよぶ．同様にして，d^5〜d^7 の錯体にも低スピン，高スピンの区別が存在する．d^8〜d^{10} の錯体の電子配置は 1 種類しかない(図 8・24)．

ある錯体の電子配置が低スピンとなるか高スピンとなるかは，その錯体の結晶場分裂 Δ が**スピン対形成エネルギー***(spin-pairing energy, PE)よりも大きいか小さいかによって決まる．結晶場が強く，Δ が PE よりも大きければ，電子はエネルギーの高い e_g 軌道に入るよりもエネルギーの低い t_{2g} 軌道にスピン対をつくって入る方が有利なので，フントの規則を破って低スピンとなる．一方，結晶場が弱く，Δ が PE よりも小さければ，電子はエネルギーの高い e_g 軌道に入った方がエネルギーの低い t_{2g} 軌道にスピン対をつくって入るよりも有利なので，高スピンとなる．たとえば，鉄(II)錯イオン $[Fe(H_2O)_6]^{2+}$ および $[Fe(CN)_6]^{4-}$ の Δ の値はそれぞれ 10,400 および 32,200 cm^{-1} であり，これに対して鉄(II)イオンの PE の値は 17,600 cm^{-1} である．したがって，$[Fe(H_2O)_6]^{2+}$ は $\Delta <$ PE なので高スピン錯体となり，一方 $[Fe(CN)_6]^{4-}$ は $\Delta >$ PE なので低スピン錯体となると予想される．実際の錯体では，$[Fe(H_2O)_6]^{2+}$ は常磁性で磁気モーメント $\mu_{eff} = 5.11\,\mu_B$ をもつ．4 個の電子スピンのみを考慮した磁気モーメントは $\sqrt{24}\,\mu_B$ ($\fallingdotseq 4.90\,\mu_B$) であり，実測値とよく一致している．また，$[Fe(CN)_6]^{4-}$ は反磁性であり，これらの性質はそれぞれ d^6 の高スピンおよび低スピン錯体に対する上記の予想と一致する．

この例でも明らかなように，結晶場の強さがスピンの数を変えるので，結晶場の強さは遷移金属化合物の磁性を決定する重要な要因となっている．

Δ の大きさは錯体の形，中心金属の種類や電荷，配位子などによって変わる．正四面体型錯体は正八面体型錯体と比べて配位子の数が少なく配位子-金属相互作用が小さいので，Δ は小さくこれが PE を超えることは事実上ない．配位子を点電荷として静電的モデルを用いて計算すると，正四面体の Δ は正八面体の Δ のわずか $\frac{4}{9}$

* 電子がスピン対をつくって同じ軌道を占めるときに生じる電子間反発エネルギー．**対形成エネルギー**(pairing energy)ともいう．

となる．また，一般にΔは第一遷移系列に比べて第二，第三遷移系列の金属の方が大きい．このことは，第二，第三遷移系列の金属と比べて第一遷移系列の金属の錯体に高スピンのものが多いことなどに反映されている．また，金属イオンの電荷が高くなるにつれてΔは大きくなる傾向がある．これは，電荷が大きくなると金属イオンの半径が小さくなり，配位子はさらに金属の高い電荷に強く引きつけられるために，配位子-金属イオン間距離が短くなり，より強い結晶場を形成するからである．配位子によるΔの大きさの変化については，§8・4・3で分光化学系列について述べる際に取上げる．

8・3・4　結晶場安定化エネルギー

五つのd軌道のすべてに電子が全く詰まっていないか，1個ずつ詰まっているか，または2個ずつ詰まっている場合，すなわちd^0，d^5(高スピン)およびd^{10}という電子配置をとっているとき，d軌道が分裂しても，その系全体のエネルギーは分裂前と変わらない．たとえば，d^{10}で正八面体型錯体の場合，

$$6(-4Dq) + 4(6Dq) = -24Dq + 24Dq = 0$$

である．一方，これら以外の電子配置では，電子は低い方のエネルギー準位から先に占有するので，系全体のエネルギーは低下する(系は安定化される)．たとえば，d^9の場合，

$$6(-4Dq) + 3(6Dq) = -24Dq + 18Dq = -6Dq$$

となり，系全体のエネルギーは$6Dq$だけ低下する．このような結晶場分裂によって生じる安定化を**結晶場安定化エネルギー**(crystal field stabilization energy，CFSE)という．d^1からd^{10}までの正八面体型錯体の高スピンおよび低スピンの場合の不対

表 8・4　d^1からd^{10}までの正八面体型錯体の高スピンおよび低スピンの場合の不対電子数および結晶場安定化エネルギー(CFSE)の大きさ†

d電子数	1	2	3	4	5	6	7	8	9	10
高スピン										
不対電子数	1	2	3	4	5	4	3	2	1	0
CFSE	$4Dq$	$8Dq$	$12Dq$	$6Dq$	$0Dq$	$4Dq$	$8Dq$	$12Dq$	$6Dq$	$0Dq$
低スピン										
不対電子数				2	1	0	1			
CFSE				$16Dq$	$20Dq$	$24Dq$	$18Dq$			

†　d^1～d^3およびd^8～d^{10}の錯体に高スピン，低スピンの区別はないが，便宜上不対電子数およびCFSEは高スピンの枠内に記載．

電子数およびCFSEの大きさを表8・4に示す．低スピン錯体の場合，CFSEはd^6で最大となる一つの山をつくる．これに対し，高スピン錯体ではCFSEはd^3およびd^8で極大を示す二つの山をもつ曲線となる．

8・3・5 錯体の性質に対する結晶場安定化エネルギーの効果

高スピン錯体の結晶場安定化エネルギー(CFSE)にみられる二つの山をもつ曲線は，遷移金属イオンを含む化合物のさまざまなデータをプロットしたときにもしばしばみられる．その一つは，(8・3)式に示す金属イオンの水和反応のエンタルピーである．

$$M^{2+}(g) + 6H_2O(l) \longrightarrow [M(H_2O)_6]^{2+}(aq) \qquad (8\cdot3)$$

図8・25に第一遷移系列の2価金属イオンの水和エンタルピーの変化を示す．ここで球対称なイオンであるCa^{2+}，Mn^{2+}およびZn^{2+}に対する値をなめらかな曲線で結んである．この曲線からの実測値のずれが，もしCFSEによるものならば，結晶場分裂Δは可視スペクトルから求められるので，その分の安定化を実測値から差し引いた補正値はなめらかな曲線と一致するはずである．図8・25に示すように，補正した値は上述のなめらかな曲線の近くにある．したがって，ずれは確かに結晶場に起因するものであったと考えられる．このほかにも配位熱，金属ハロゲン化物の格子エネルギー，生成熱などに同様の挙動がみられる．なお，CFSEの寄与は一般に全エネルギーの10％以下にすぎないので，このような挙動がみられるのは，他

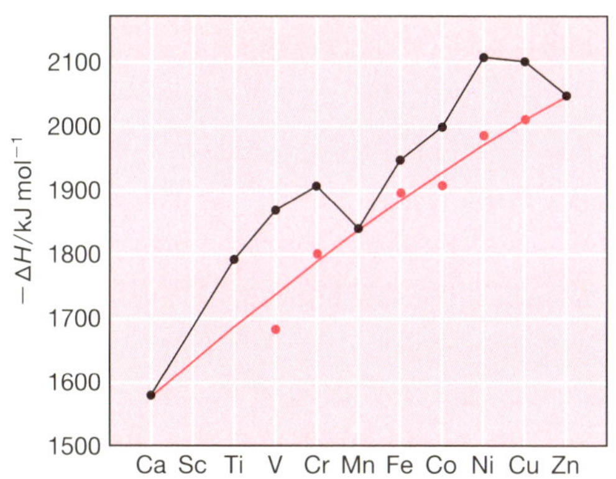

図 8・25 第一遷移系列の2価金属イオンの水和エンタルピーの実測値(●)および結晶場安定化エネルギーで補正した値(●)

の要因がほぼ一定に保たれる場合に限られることに注意しなければならない．

水中で水和金属イオン（アクア錯体）が錯形成する反応（8・4式）において，その平衡定数 β_m は錯体の安定性の尺度となるため，**安定度定数**（stability constant）とよばれる（§9・1・3参照）．

$$[M(H_2O)_x]^{n+} + mL \underset{}{\overset{\beta_m}{\rightleftharpoons}} [ML_m(H_2O)_{x-m}]^{n+} + mH_2O \quad \text{L: 配位子} \qquad (8\cdot 4)$$

安定度定数は，主としてアクア錯体と新しく生成した錯体との金属-配位子結合エネルギーの差を表しているが，配位子の変化に伴って Δ も変化するため，結晶場安定化エネルギーの差も安定度定数に反映されるはずである．実際，もし $\Delta(L) > \Delta(H_2O)$ であれば，β_m はほとんどすべての配位子についてつぎの金属イオンの系列にしたがって変化する．

$$Mn^{2+} < Fe^{2+} < Co^{2+} < Ni^{2+} < Cu^{2+} > Zn^{2+}$$

この系列は，この現象の発見者にちなんで**アービング-ウィリアムズの安定度系列**（Irving-Williams series of stability）とよばれる．Mn^{2+} イオンから Zn^{2+} イオンまで単調に β_m が増加せず，中間の四つのイオンで増加が大きいのは，結晶場安定化エネルギーの差の分だけ生成錯体が余分に安定化されるためである．また，β_m の値が Ni^{2+} で極大とならず，Cu^{2+} で極大となるのは，**ヤーン-テラー効果**（Jahn-Teller effect）によるものである（§9・1・3b参照）．

正八面体や正四面体などの構造をもつ錯体では，d軌道は分裂しているが，なお縮重が残っている．このような系では，電子配置によってはヤーン-テラー効果で分子がひずむことにより分子がさらに安定化されることがある．ヤーン-テラー効果とは，電子状態が縮重している場合には，その縮重を解消するように分子がひずむことによってエネルギー的により安定になる効果である．

たとえば正八面体型錯体では，特に高スピンの d^4 配置（Cr(Ⅱ)，Mn(Ⅲ)）および d^9 配置（Cu(Ⅱ)）でヤーン-テラー効果によるひずみが起こりやすく，多くの構造化学的証拠が得られている．これらの大多数では，トランス位の2本の結合が伸びるひずみ方をする（これを正方ひずみという）．

図8・26に d^4（高スピン）および d^9 電子配置のエネルギー準位に対する z 軸方向への伸長の効果を示す．配位子の方向に突き出した e_g 軌道の縮重は解けて d_{z^2} および $d_{x^2-y^2}$ 軌道として大きく分裂し，高スピン d^4 および d^9 電子配置ではどちらも差し引き e_g 軌道の分裂の半分（δ）だけの付加的な安定化が得られる．ひずみが大きく

なるほどこの安定化も大きくなるが，同時に金属-配位子結合が長くなることによる結合エネルギーの損失も大きくなるので，結局それらがバランスし，エネルギーが極小となる構造に落ち着く．なお，ヤーン-テラー効果はトランス位の2本の結合が縮む場合(この場合も正方ひずみという)もある．

このほか，結晶場安定化エネルギー(CFSE)はイオン性結晶中で遷移金属陽イオンが八面体型空孔を占めるかそれとも四面体型空孔を占めるかという，いわゆる位置選択問題においても重要な役割を果たしていることが知られている．

CFSEは，錯体の配位子置換反応の速度，つまりその錯体が置換活性か不活性か，を決定する重要な要因ともなっている．簡単のために正八面体型錯体を例にとり，その配位子置換反応が解離的機構で進行するとして考えてみよう．(実際，多くの錯体の反応が解離的機構で進行していることが実験的に証明されている．)

この場合，活性化エネルギーの大きさに重要な影響を与える要因として，元の錯体と5配位遷移状態とのCFSEの差を考慮する必要がある．5配位遷移状態を四角錐型と仮定してCFSEによる活性化エネルギーの増加，すなわちCFSE(正八面体)－CFSE(四角錐)の値を計算すると，元の錯体がd^3, d^8および低スピンのd^6電子配置の場合にこの寄与がとりわけ大きくなるのに対し，それらより電子数が一つ多いd^4, d^9および低スピンのd^7電子配置の場合には，むしろ活性化エネルギーを低下

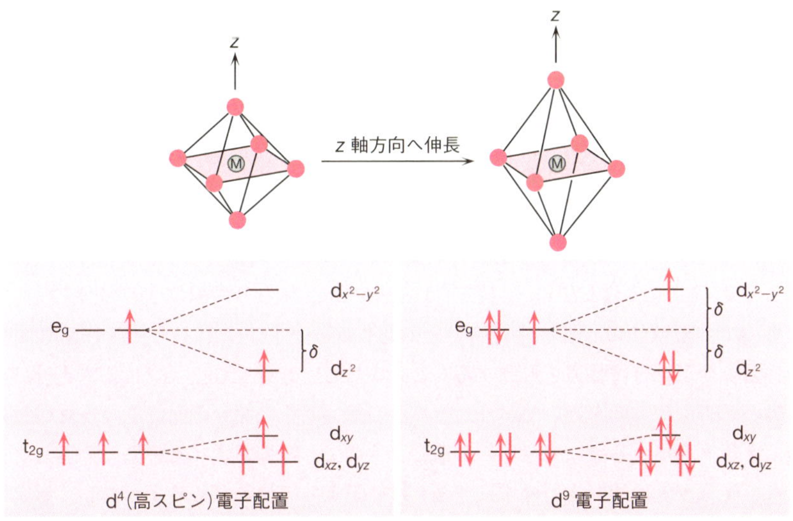

図 8・26　正八面体型錯体におけるd^4(高スピン)およびd^9電子配置のエネルギー準位に対するz軸方向への伸長によるヤーン-テラー効果

させる寄与があることが示される．

このモデルは実際の錯体の反応性とかなりよく一致する．たとえば d^3 の Cr^{3+} 錯体および d^6 の低スピン Co^{3+} 錯体はきわめて置換不活性であるのに対し，d^4 の Cr^{2+} 錯体および d^7 の低スピン Co^{2+} 錯体は非常に置換活性で，水溶液中で瞬時に置換反応が起こる(§9・2・1参照)．ウェルナーおよび彼と同時代の化学者たちが多種多様な Cr^{3+} および Co^{3+} の錯体の合成に成功したのは，このような Cr^{3+} および Co^{3+} 錯体の安定性によるところが大きい．

8・3・6 配位子場理論

結晶場理論は，点電荷としての配位子と中心金属の正電荷および d 軌道との静電的な相互作用を基礎に置いているため，ウェルナー錯体の性質，構造，安定性などはかなりうまく説明することができた．しかしながら，一般に低酸化状態の金属を中心にもつ有機金属錯体の安定性や構造，性質などを説明するのにはほとんど無力である．その極端な例は，中心金属がゼロまたは負の酸化数をもつ安定なカルボニル錯体の存在である(例：$Cr^0(CO)_6$，$Na[Mn^{-I}(CO)_5]$)．これらの錯体では，分子が中心金属と配位子との間の静電引力によって保持されていると考えることはできない．

このような不都合を解決するために，配位子の分子軌道と中心金属の最外殻の s，p および d 軌道との相互作用を分子軌道法を用いて取扱ったのが**配位子場理論**である．つまり配位子場理論では，中心金属の軌道が配位子の軌道と相互作用して，対称性の合う軌道どうしは結合性軌道と反結合性軌道を形成し，一方対称性の合わない軌道はそのまま非結合性軌道として残ると考える．

簡単な例として，6個の配位子が非共有電子対で金属に配位した正八面体型錯体を考えてみよう．ここで中心金属の9個の最外殻電子軌道のうち，s, p_x, p_y, p_z 軌道および d_σ 軌道(d_{z^2} および $d_{x^2-y^2}$ 軌道)は xyz 軸方向，すなわち配位子の方向を向いているので，配位子の σ 対称性の軌道と対称性が一致し，これらと相互作用して結合性および反結合性軌道を形成する．これに対し，d_π 軌道(d_{xy}，d_{yz} および d_{xz} 軌道)は軸と軸の間の方向を向いており，その正の部分と負の部分が配位子の σ 対称性の軌道と相互作用する際に完全に打ち消し合うので，結果的に σ 対称性の軌道しかもたない配位子とは相互作用せずに非結合性軌道として残る．このようにして形成された分子軌道の準位図を図8・27に示す．この図の中で赤い線で囲んだ部分の軌道準位が，結晶場理論から導かれたものと同形であることに注意してほしい．この e_g^*

軌道と t_{2g} 軌道とのエネルギー差を結晶場理論と対応させて**配位子場分裂**(ligand field splitting)とよび，結晶場理論と同様に Δ または $10Dq$ という記号で表す．

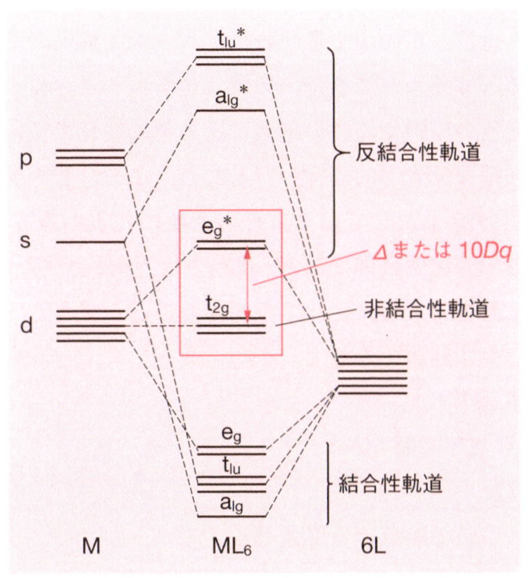

金属の 9 個の原子価軌道のうち 6 個($s, p_x, p_y, p_z, d_{z^2}, d_{z^2-y^2}$)はそれらと対称性の適合する 6 個の配位子の軌道の組と相互作用して，6 個ずつの結合性軌道(a_{1g}, t_{1u}, e_g)および反結合性軌道($e_g^*, a_{1g}^*, t_{1u}^*$)を形成する．金属の残りの 3 個の軌道($d_{xy}, d_{yz}, d_{xz}$)はそのまま非結合性軌道($t_{2g}$)として残る

図 8・27　正八面体型錯体の分子軌道の準位

CO やエチレンのような π 軌道をもつ有機配位子や，ハロゲン化物イオンや水のような 2 個以上の非共有電子対をもつ配位子では，これらが金属に σ 供与型で配位したときに，さらに金属に対して π 対称性をもつ軌道が残る．これらは金属上の d_π 軌道(d_{xy}, d_{yz} および d_{xz} 軌道)と対称性が合うので，相互作用をして π 結合性軌道および π 反結合性軌道を形成する．CO やエチレンでは，それらの空の π^* 軌道が金属の部分的に満たされた d_π 軌道と相互作用するため，通常とは逆に配位子が金属から電子供与を受けることになる．このような配位子–金属間の相互作用を **π 逆供与**(π-back donation)とよぶ．実は，アルキル錯体などを除く多くの有機金属錯体の安定性はこの逆供与に負うところが大きい．一方，ハロゲン化物イオンや水では非共有電子対が π 対称性の軌道となり，金属の d_π 軌道に対して **π 供与**(π donation)を行う．なお，π 逆供与および π 供与が錯体のフロンティア軌道にどのような影響を与えるかについては§8・4・3で述べる．

8・4 錯体の電子スペクトル

8・4・1 遷移金属錯体の色

§8・3・1でも述べたように，遷移金属化合物の大きな特徴は多彩な色をもつことである．古くから遷移金属の塩や酸化物は，ガラスや陶器の着色剤や絵画，塗装用の無機顔料として広く使われてきた．多彩な色をもつことは，溶液中の錯体でも同様である．その発色の原因や錯体の構造による色の変化の原因を探るために，多くの錯体について詳細な分光学的研究が行われた．この分野の発展に日本人研究者はとりわけ重要な役割を果たしている．その初期の代表的な成果は，1938年に槌田竜太郎が発表した分光化学系列である．現在では，さまざまな錯体の色の変化は，配位子場理論による簡単な考察によって説明することができる．錯体の発色の原因は，大きくつぎの三つに分類できる．

❶ d-d 遷移(LF 遷移)

❷ 電荷移動遷移(CT 遷移)

❸ 配位子の吸収

これらの発色原因について順を追って述べる．

8・4・2 d-d 遷移

前述のように，遷移金属イオンに配位子場(結晶場)がかかると，配位子の数や配置に依存して d 軌道が分裂する．d-d 遷移はこの分裂した d 軌道間の電子遷移である．配位子場によって分裂した軌道間の遷移であることから**配位子場遷移**(LF 遷移，ligand field transition)ともよばれる．この遷移エネルギーはいうまでもなく配位子場分裂 Δ に対応している．その大きさはおよそ 100～400 kJ mol^{-1} の範囲内にあり，これはおよそ 1200～300 nm の波長範囲に相当するので，可視光の波長領域(およそ 800～380 nm)を完全にカバーしている．それぞれ固有の Δ をもつ遷移金属錯体がさまざまな色に見えるのは，これらが Δ に対応する波長を中心とする幅広い波長の光を白色光から吸収し，それ以外の波長の光を反射するためである．

正八面体型錯体やその他の対称心をもつ錯体では，d-d 遷移による吸収は弱く，**モル吸光係数**(molar extinction coefficient) ε はふつう $1～10^2\ M^{-1}\ cm^{-1}$ の範囲にある($1\ M=1\ mol\ L^{-1}$)．これは**ラポルテ選択則**(Laporte selection rule)により同種の原子軌道間の遷移は禁制となるためである．ラポルテ選択則は多電子原子の遷移に関する選択則であり，これによれば許容遷移は反転の操作に関して異なった対称性をもつ軌道間の遷移を含まなければならない．実際には，完全な正八面体型の錯体でも分子振動によって対称性が低下するので，d-d 遷移はわずかに許容となり，上記のような ε の値を示す．$[Mn^{II}(H_2O)_6]^{2+}$（淡紅色）や $[Fe^{III}(H_2O)_6]^{3+}$（淡紫色）のような d^5 の高スピン錯体の d-d 吸収はさらに弱く，ε は 10^{-3}〜$1\ M^{-1}\ cm^{-1}$ 程度の値を示す．これは，電子スピンが変化しない遷移（すなわち $\Delta S=0$）のみが許容であるとする**スピン選択則**（spin selection rule）を，d^5 の高スピン錯体における d-d 遷移は満たすことができず，電子スピンの反転を伴うスピン禁制遷移が起こるためである（図 8・28）．

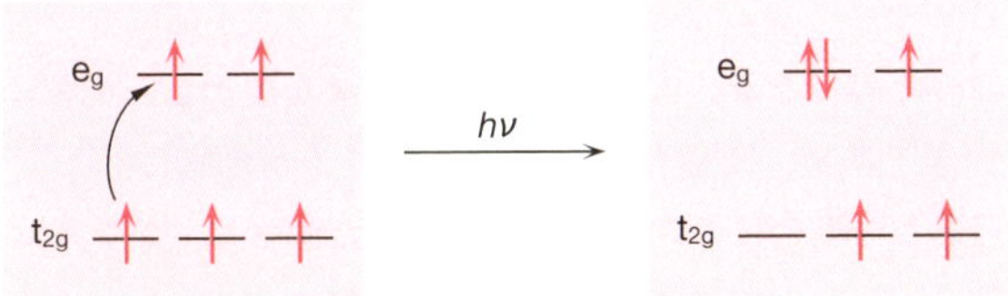

必ずスピンの反転を伴うため，スピン禁制となり，非常に小さな ε の値を示す

図 8・28 正八面体型錯体の d^5 高スピン電子配置における d-d 遷移

8・4・3 分光化学系列

槌田竜太郎は，錯体の吸収スペクトルにおいて，可視部付近の弱い吸収帯の吸収極大波長が，配位子によって規則的に変化することを見いだした．槌田がこの研究を発表した 1938 年当時は，規則性が現れる原因はわからなかった．しかし，現在ではこの遷移が d-d 遷移であり，その遷移エネルギーは配位子場分裂 Δ に対応しているので，強い配位子場を形成する配位子ほど大きな Δ を与え，したがって短波長側に吸収極大を与えることが確立されている．Δ の値はおおむね下記の配位子の順序に従って減少する．

$$CH_3^- \sim CO > CN^- > \underline{N}O_2^- > NH_3 > H_2O > \underline{O}NO^- > \underline{N}CS^- > OH^- > F^- > Cl^- > Br^- > I^-$$

（アンダーラインは配位原子を示す）

槌田はこの配位子の系列を**分光化学系列**（spectrochemical series）とよんだ．この系列はさらに配位原子によってつぎのように単純化できる．

$$C > N > O > X\ (\text{ハロゲン})$$

多少の例外はあるが，多くの錯体でこの規則は成立する．

それでは，なぜ Δ の値はこのような配位子または配位原子の順序に従って減少するのであろうか．その理由は結晶場理論では説明が困難である．たとえば，負電荷が局在化していないCO配位子が大きな配位子場をつくるのはなぜか，また負電荷をもつOH^-配位子が中性のH_2Oよりも小さな配位子場しかつくらないのはなぜか，といった疑問に静電的なモデルは答えられない．これらを合理的に説明するためには配位子場理論を用いる必要がある．

C,N,O,Xの順にΔの値が減少する理由の一つは，この順に電気陰性度が増加し，金属にσ供与する軌道のエネルギー準位が低下するため，この軌道と金属のσ対称性の$e_g{}^*$軌道とのエネルギー差がこの順に大きくなり，その結果軌道相互作用が小さくなってΔが小さくなることがあげられる．アルキル配位子が大きな配位子場をつくるのはこのためである．もう一つのより重要な要因は，配位子と金属とのπ型の軌道相互作用である．この相互作用は，配位子が金属に対してπ型の対称性をとりうる軌道をもつ場合にのみ可能である．したがって，アンモニア，飽和アミン，アルキル陰イオンなどではこの相互作用は起こらず，σ結合のみを考えればよい．π型の相互作用をする配位子には，大きく分けて（a）π供与型と（b）π逆供与型の二つがある．

a. π供与型配位子　H_2O, OH^-やハロゲン化物イオンのような2個以上の非共有電子対をもつ配位子では，一つの非共有電子対が金属にσ供与するほかに，残りの比較的低エネルギーの非共有電子対がπ型で金属の$t_{2g}(d_\pi)$軌道に電子供与を行う．このt_{2g}軌道はd^0の場合以外は部分的に占有されているので，π型の非共有電子対との相互作用によって生じる反結合性の$t_{2g}{}'^*$軌道もまた被占軌道となる．したがって，$t_{2g}{}'^*$軌道と$e_g{}^*$軌道とのエネルギー差に相当するΔは小さくなり，d-d吸収帯は長波長シフトする(図8・29a)．これが，π供与型の配位子が小さな配位子場(すなわち小さなΔ)を形成する原因である．またOH^-はH_2Oよりも多くの非共有電子対をもち，負電荷ももっているので，H_2Oよりも良いπ供与体である．したがって，OH^-のΔはH_2Oよりも小さくなるのである．なお，Δが小さいことは必ずしも金属-配位子結合が弱いことを意味しないことに注意してほしい．このπ供与は多くの場合むしろ金属-配位子結合を強めている．

b. π逆供与型配位子　CO，CN^-，エチレン，ホスファンなどの配位子は，金属に対してπ対称性をもつ比較的高エネルギーの空軌道をもつ[*1]．これらの配位子は，金属の満たされたt_{2g}軌道からπ逆供与(§8・3・6参照)を受け，結合性軌道($t_{2g}{}'$軌道)と反結合性軌道($t_{2g}{}'^*$軌道)を形成する．この場合$t_{2g}{}'^*$軌道は空軌道とな

*1　π対称性をもつ空軌道として，CO，CN^-およびエチレンでは多重結合のπ^*軌道が，またホスファンではP-R結合のσ^*軌道が使われる．

るので，t_{2g}' 軌道と $e_g{}^*$ 軌道とのエネルギー差に相当する Δ は大きくなり，d-d 吸収帯は短波長シフトする(図 8・29 b)．π 逆供与を受けることができる配位子(**π 受容性配位子**あるいは**π 酸性配位子**とよばれる)が大きな配位子場(すなわち大きな Δ)を形成するのはこのためである．

d-d 遷移による色の変化に関するもう一つの重要な傾向は，中心金属の酸化数および配位子が同じならば，金属の周期表上の位置が下がるに従って短波長側に吸収極大が移動することである．たとえば，ヘキサアクア錯体の d-d 遷移の吸収極大波長は，9 族および 10 族金属でそれぞれつぎのように変化する．

9 族	Co(Ⅲ) 549 nm	⟶	Rh(Ⅲ) 370 nm	⟶	Ir(Ⅲ) 313 nm
10 族	Ni(Ⅳ) 454 nm	⟶	Pd(Ⅳ) 345 nm	⟶	Pt(Ⅳ) 278 nm

この短波長シフトは，第一から第二そして第三遷移系列へ移るにつれて金属の軌道が大きくなり，それに伴って配位子の軌道との重なりが大きくなり，配位子場分裂が増大するために起こる．

(a) π 供与型配位子

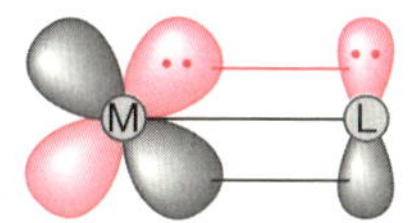

金属の $t_{2g}(d_\pi)$ 軌道　配位子の π 型非共有電子対

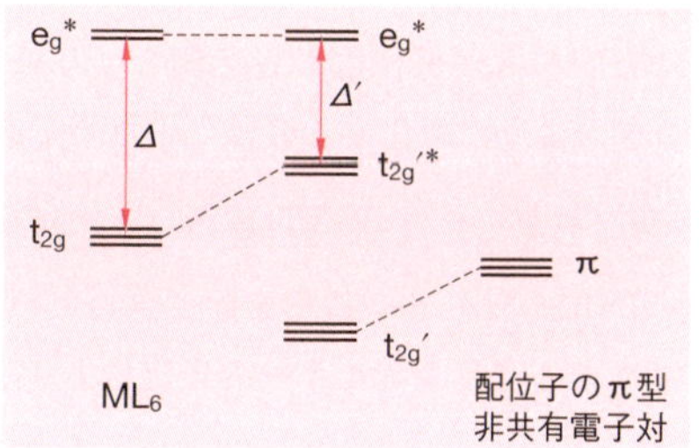

(b) π 逆供与型配位子

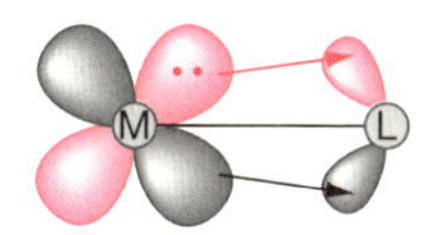

金属の $t_{2g}(d_\pi)$ 軌道　配位子の π 対称性の空軌道

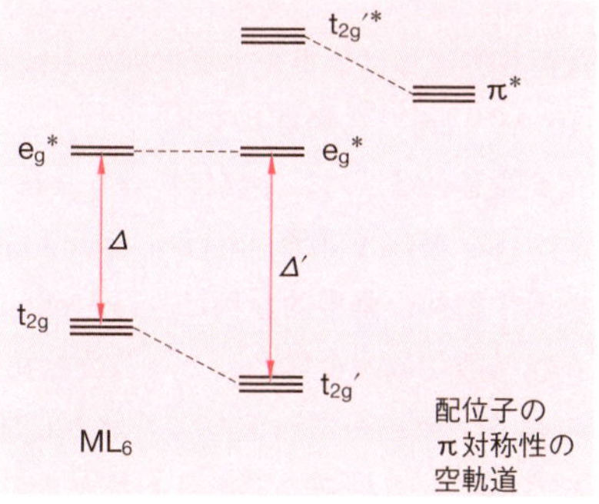

配位子の軌道は，金属の t_{2g} 軌道と対称性が合うもののみ図示してある．(a)では t_{2g}' および $t_{2g}'{}^*$ の両方が占有されているが，(b)では t_{2g}' のみが占有されている

図 8・29　正八面体型錯体における π 供与型(a) および π 逆供与型配位子(b) と金属の $t_{2g}(d_\pi)$ 軌道との軌道相互作用および分子軌道準位

8・4・4 電荷移動遷移

CrO_4^{2-} や MnO_4^- の中心金属の酸化数を見ると，それぞれ Cr(Ⅵ) および Mn(Ⅶ) であり，どちらも d^0 である．したがって d-d 遷移は起こさないが，CrO_4^{2-} は橙黄色，MnO_4^- は濃紫色の濃い色をもっている．この着色の原因も結晶場理論では説明できない．これは，酸素配位子の非共有電子対から四面体型錯体の金属の空の e 軌道(p. 227，図 8・23(a)参照)への電子遷移によるものである．この場合の配位子と金属のように，分子の異なる部分に局在した軌道間の電子遷移を**電荷移動遷移**(CT 遷移，charge transfer transition)とよぶ．その中でも上記の例のように，電子が配位子上におもに局在した軌道から金属上におもに局在した軌道へ移るものを **LMCT 遷移**(ligand-to-metal charge transfer transition)という．多くの場合，この種の遷移は紫外部に吸収極大をもつが，金属の酸化数が増加して金属上に局在した軌道が低下し電子を受け入れやすくなるか，もしくは配位子が $F^- \rightarrow Cl^- \rightarrow Br^- \rightarrow I^-$ もしくは $O^{2-} \rightarrow S^{2-}$ のように高周期の元素となり非共有電子対の軌道が上昇して電子を放出しやすくなると，遷移エネルギーは低下する．これにより，吸収帯のすそまたは吸収極大が可視部の青色側をより強く吸収するようになる．d^0 の酸化物の色がつぎのように変化するのはこのためである．

Ti(Ⅳ)(無色) ⟶ V(Ⅴ)(黄色) ⟶ Cr(Ⅵ)(橙黄色) ⟶ Mn(Ⅶ)(濃紫色)

また，d^{10} でやはり d-d 遷移を起こさないハロゲン化銀のつぎのような色の変化も，LMCT 遷移の遷移エネルギーの変化により説明できる．

AgF(無色) ⟶ AgCl(無色) ⟶ AgBr(淡黄色) ⟶ AgI(黄色)

なお電荷移動遷移はラポルテ選択則から許容遷移なので，モル吸光係数 ε はおよそ $10^3 \sim 10^4\ M^{-1}\ cm^{-1}$ の範囲にある．

LMCT 遷移とは反対に金属に局在した軌道から配位子に局在した軌道への遷移もある．これを **MLCT 遷移**(metal-to-ligand charge transfer transition)という．MLCT 遷移を示す錯体の典型的な例は，$[Fe(phen)_3]^{2+}$(濃赤色)や $[Ru(bpy)_3]^{2+}$(赤橙色)のような低酸化数の金属とヘテロ芳香族化合物の錯体である．これらの錯体では，金属の $t_{2g}(d_\pi)$ 軌道からヘテロ芳香族配位子の共役系の π^* 軌道へ電子遷移が起こる．この遷移もまた許容であり ε が大きい($\sim 10^4\ M^{-1}\ cm^{-1}$)ので，$Fe^{2+}$ などの金属イオンの検出や定量に使われる．また，遷移によって生じた励起状態では負電荷が配位子の方に移動し，金属イオンが正，配位子が負に分極しているので，基底状態と比べて酸化力，還元力ともに強くなっている(§9・4・3 参照)．

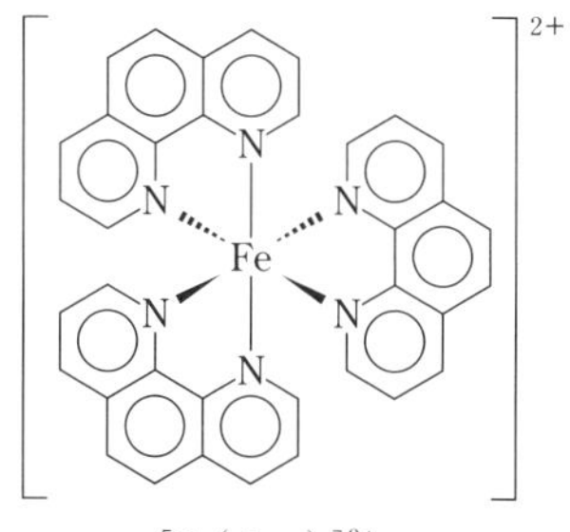

$[Fe(phen)_3]^{2+}$
phen＝1,10-フェナントロリン

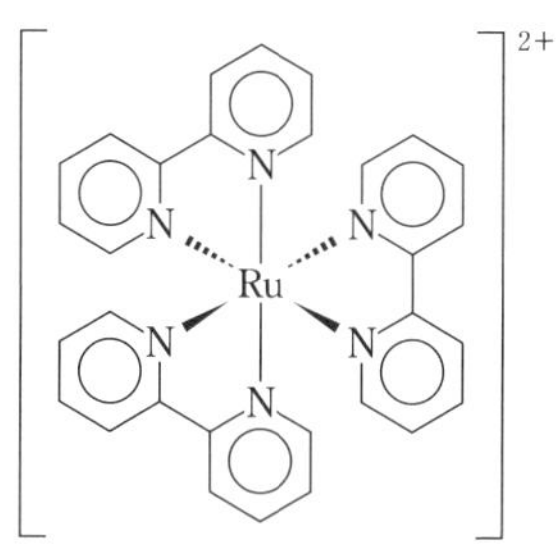

$[Ru(bpy)_3]^{2+}$
bpy＝2,2′-ビピリジン

電荷移動遷移の一種であるが，混合原子価多核錯体の異なる原子価の金属間で起こる電子遷移を**原子価間遷移**(IV 遷移，intervalence transition)という．この遷移によって着色している古くから知られている錯体として，濃青色の**プルシアンブルー**(Prussian blue)$Fe^{III}_4[Fe^{II}(CN)_6]_3 \cdot 14H_2O$ および赤色の**ウォルフラム塩**(Wolfram's salt) $[Pt^{IV}Cl_2(NH_2C_2H_5)_4][Pt^{II}(NH_2C_2H_5)_4]Cl_4 \cdot 4H_2O$ がある．これらの錯体の光吸収は，それぞれ Fe^{II} サイトから Fe^{III} サイトへの電子遷移および Pt^{II} サイトから Pt^{IV} サイトへの電子遷移によって起こる．原子価間遷移による吸収帯はふつう可視部から近赤外部に非常に幅広い吸収帯として現れ，ε はおよそ $10^2 \sim 10^3\ M^{-1}\ cm^{-1}$ 程度である．

8・4・5 配位子の吸収

配位子が錯体をつくらない(すなわち遊離の配位子の)状態でも吸収をもつ場合には，金属錯体をつくった場合にもその吸収が残るのがふつうである．ただしその吸収帯の位置や強度は，金属イオンの影響を受けて微妙に変化し，可視領域に吸収をもつものでは色の変化もみられる．このことを利用して錯体の形成を確認することができる．特にフタロシアニン，ポルフィリン，pH 指示薬，金属指示薬などの長い共役系をもつ配位子の錯体では π-π^* 遷移に基づくこの吸収帯は非常に強く($\varepsilon \fallingdotseq 10^3 \sim 10^5\ M^{-1}\ cm^{-1}$)，金属錯体や金属イオンの希薄溶液の吸収スペクトルによる研究には都合が良い．

8・4・6 宝石とレーザー

結晶場に捕らえられた遷移金属イオンの発色が最も美しく魅力的な形で現れたものが宝石である．大部分の宝石は，アルミナ，アルミノケイ酸塩，水晶などの主要族元素酸化物結晶(純粋なものはいずれも無色)を構成する主要族元素陽イオンのほんの一部が遷移金属イオンで置換されたものである．遷移金属イオンはホスト格子中の酸化物イオンがつくる結晶場によってd軌道の分裂を起こし発色する．このとき置換サイトの大きさと形はほとんどホスト格子によって決まるので，同じ遷移金属イオンでも格子との相互作用の違いにより全く違う色を呈することもある．

たとえばルビー(深紅色)とエメラルド(緑色)の発色の原因はともに Cr^{3+} イオンである．鋼玉(酸化アルミニウム)の Al^{3+} イオンの一部が Cr^{3+} イオンで置換されたものがルビーであり，緑柱石(アルミノケイ酸ベリリウム)の Al^{3+} イオンの一部が Cr^{3+} イオンで置き換わったものがエメラルドである．どちらの場合も Cr^{3+} イオンはひずんだ八面体型に配置した酸化物イオンに囲まれているが，ルビーでは Cr−O 距離が $[Cr(H_2O)_6]^{3+}$ より短いのに対して，エメラルドでは $[Cr(H_2O)_6]^{3+}$ よりわずかに長い．このわずかな距離の違いが驚くほどの色の違いを生み出している．サファイアもルビーと同様に鋼玉が基本であるが，少量の Fe^{2+} イオンと Ti^{4+} イオンが Al^{3+} イオンの一部を置換することにより，美しい青色をした結晶となっている．この場合，Fe^{2+} サイトから Ti^{4+} サイトへの電荷移動遷移が光吸収のおもな原因である．

組成が単純なルビーは，天然のものよりも大型で高品質のものが人工的に容易に合成できる．このこととルビーの特殊な光学的性質とが相まって，ルビーレーザーが1960年に初めてのレーザーとして誕生した．**レーザー**(laser)は誘導放出による光の増幅(light amplification by stimulated emission of radiation)の頭文字をとってつくられた言葉である．レーザー発振が起こるためには，**逆転分布**(population inversion)もしくは**負の温度**(negative temperature)とよばれる状態，すなわち励起状態の化学種が基底状態の化学種より多い分布がつくり出されなければならない．この状態から誘導放出によって，コヒーレント[*1](coherent)で強いレーザー光が放出されるのである．

ルビーの中の Cr^{3+} イオンは，偶然にもこの状態を達成するのに適したエネルギー準位をもっている．図8・30に示したエネルギー準位の重要な特徴は，^2E 状態が $^4T_2$ 状態のすぐ下に位置していることである[*2]．d-d遷移によって $^4T_2$ 励起状態

---

*1 位相のそろった波形が空間的，時間的に無限に(実際には十分に長く)保たれている状態．

*2 ^2E, $^4T_2$, $^4A_2$ などの記号は，多電子原子の電子配置を表す記号であり，マリケン記号(§2・4・1参照)およびその左上に付けた多重度を表す数字から成る．ある電子配置は，電子のエネルギーと電子間相互作用を総合して求められる一つのエネルギー準位に対応している．このエネルギー準位は，t_{2g} や e_g のような電子軌道のエネルギー準位が小文字で表されるのと異なり，大文字で表される．

となった Cr^{3+} イオンは，ルビーに特有の効率の良い無放射遷移によって ^2E 状態に移る．^2E 状態から $^4A_2$ 基底状態への崩壊はスピン禁制であるため，イオンは ^2E 状態に留め置かれる．その寿命は室温で 3 ms もあり，基底状態との間に逆転分布が生じるのに十分なほど長い．^2E 状態からの**誘導放出***(stimulated emission)は R_1 線(694.3 nm)および R_2 線(692.7 nm)とよばれる 2 本の鋭いスペクトル線を与えるが，通常のレーザー発振では R_1 線が優勢である．

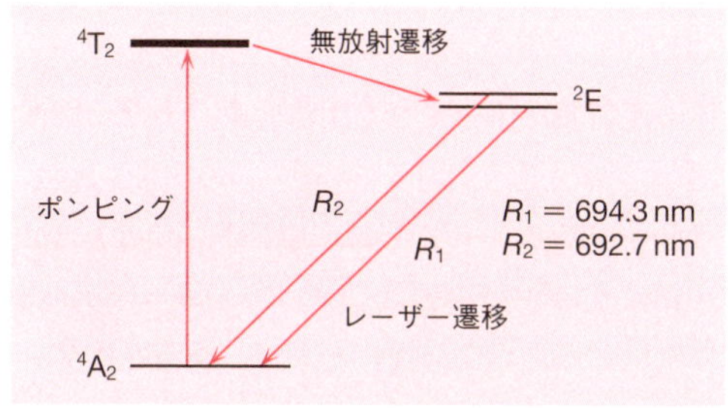

図 8・30 ルビーの中の Cr^{3+} イオンのエネルギー準位図とレーザー発振の原理

ルビーレーザーでは $^4A_2$ 基底状態と $^4T_2$ および ^2E という励起状態の三つが発振にかかわるので，**3 準位レーザー**とよばれる．この場合，レーザー遷移する先の軌道がふつう最も分布の多い基底状態であるため，逆転分布を達成するためには強力な光源で**ポンピング**(pumping)する必要がある．ポンピングとは，レーザー発振のための励起過程(ルビーレーザーでは $^4A_2$ 状態から $^4T_2$ 状態への励起)のことである．ルビーレーザーでは光源として Xe フラッシュランプが用いられる．現在では Nd-ガラスレーザーや Nd-YAG レーザーなどの **4 準位レーザー**がルビーレーザーにかなりの程度取って代わっている．YAG は $Y_3Al_5O_{12}$(yttrium aluminium garnet)の略称である．4 準位レーザーでは，レーザー遷移する先の軌道は基底状態とは別の低い励起準位である．この準位には普通分布していないので，3 準位レーザーと違って逆転分布を容易に達成することができる．Nd レーザーのような 4f 軌道間の遷移を利用したレーザーでは，このような空いた低い励起準位は豊富に存在する．

* 励起状態にある原子・分子が低いエネルギー状態に遷移して光を放出する過程のうち，入射光によって誘起されるものをいう．この現象によって光は増幅される．さらに放出された光はコヒーレント(干渉的)であるため，入射光と位相および振動数が一致する．誘導放出は 1916 年にアインシュタインによって初めて仮定され，その後のレーザーの発明においてきわめて重要な役割を果たした．

問　　題

8・1　つぎの錯体に名称(日本語名および英語名)を与えよ．

1) $Li[AlH_4]$　2) $K_2[PtCl_6]$　3) *cis*-$[PtCl_2(NH_3)_2]$

4) $K_3[Fe(CN)_6]$　5) $[Co(CH_3COO)(NH_3)_5]Cl_2$　6) $[Ag(S_2O_3)_2]^{3-}$

7) $[(H_3N)_4Co\langle\mu\text{-}NH_2\rangle\langle\mu\text{-}OH\rangle Co(NH_3)_4](SO_4)_2$ （2つのCoを H_2N と OH が架橋）

8・2　つぎの錯体の幾何異性体をすべて図示せよ．また，鏡像異性体が存在するものはどれか示せ．

1) $[RhCl(CO)(PMe_3)(PPh_3)]$　2) $[RuCl_3(NH_3)(phen)]$ (phen＝フェナントロリン)　3) $[Co(gly)_3]$ ($gly=NH_2CH_2COO^-$)　4) $[CoCl_2(gly)(en)]$

8・3　つぎの錯体にはどのような異性体が存在しうるか示せ．

1) *cis*-$[Co(NCS)_2(NH_3)_4]Cl$　2) $[(en)_2Co\langle\mu\text{-}OH\rangle_2Co(en)_2]^{4+}$ （2つのCoを2つの OH が架橋）

8・4　つぎの錯体のd電子数および結晶場安定化エネルギー(CFSE)を Dq 単位で与えよ．

1) $[Cr(NH_3)_6]^{3+}$　2) $[Ti(H_2O)_6]^{3+}$　3) $[Ru(NH_3)_6]^{2+}$

4) $[Co(en)_3]^{3+}$　5) $[Ni(H_2O)_6]^{2+}$

8・5　$[Co(NH_3)_6]Cl_3$ は反磁性であるが，$K_3[CoF_6]$ は常磁性である．この理由を考えよ．

8・6　つぎの錯体の不対電子数を推定せよ．

1) $[FeCl_4]^{2-}$　2) $[VO(H_2O)_4]^{2+}$　3) $[Ru(NH_3)_6]^{2+}$　4) $[Ru(NH_3)_6]^{3+}$

8・7　図8・26に正八面体錯体においてヤーン-テラー効果により z 軸方向に金属-配位子結合が伸長した場合のd軌道のエネルギー準位が示されている．z 軸方向に金属-配位子結合が縮んだ場合にはd軌道のエネルギー準位がどのような影響を受けるか考えよ．

8・8　つぎの言葉を説明せよ．

1) 高スピン錯体・低スピン錯体　2) 分光化学系列　3) 電荷移動遷移

4) アービング-ウィリアムスの安定度系列　5) ベリーの擬回転

9

錯体の反応

9・1 錯体の溶液内平衡

9・1・1 アクア錯体の酸解離反応

$[Fe(H_2O)_6](ClO_4)_3$ を水に溶かすと，陽イオンと陰イオンとに解離する．しかし，$[Fe(H_2O)_6]^{3+}$ はさらにつぎのような酸解離を起こす．

$$[Fe(H_2O)_6]^{3+} \rightleftharpoons [Fe(OH)(H_2O)_5]^{2+} + H^+$$

この酸解離の pK_a は 3.0（25 °C，3 M $NaClO_4$ 中）で，かなり強い酸である．また，溶液の pH が高くなると，$[Fe(OH)_2(H_2O)_4]^+$（pK_a＝3.3）や $[Fe_2(OH)_2(H_2O)_8]^{4+}$ といった化学種を生じ，最終的には鉄(Ⅲ) の水酸化物の沈殿を生じる．アクア配位子を含む錯体はいずれも**ブレンステッド酸**（Brønsted acid）としてはたらく．表 9・1 (p. 247)にはそれらの pK_a 値を示す．

9・1・2 熱力学的定数と濃度定数

酸解離定数に限らず平衡定数は本来問題とする各化学種の**活量**（activity）で定義される．たとえば反応（9・1）の酸解離定数（K_a）は活量（a で表す）を使って（9・2）式のように定義される．

$$HA \rightleftharpoons H^+ + A^- \tag{9・1}$$

$$K_a = \frac{a_{H^+}a_{A^-}}{a_{HA}} \tag{9・2}$$

電解質溶液では溶液内のイオン間に静電的相互作用がはたらく．このため，溶液の物理化学的性質には理想溶液からのずれが現れる．活量は濃度と**活量係数**（activity coefficient）の積で表されるが，活量係数はこの理想溶液からのずれを反映した量である．ただし，溶液の濃度をどのような単位で表すかによって，活量係数の値は異なる．重量モル濃度（m）を用いたときの活量を $a(m)$，容量モル濃度（c）を用いたときの活量を $a(c)$，モル分率（x）を用いたときの活量を $a(x)$ とすると，それぞれの活量は

$$a(m) = \gamma m, \quad a(c) = yc, \quad a(x) = fx$$

となる．γ, y, f は各濃度単位における活量係数である．

(9・2)式のように活量に基づく平衡定数を，**熱力学的定数**(thermodynamic constant)とよぶ．ところで，(9・1)式のような反応の平衡定数は構成化学種の濃度を使って決定されることが多い．たとえば，濃度を容量モル濃度で定義した反応(9・1)の酸解離定数を K_a^c と表せば，$K_a^c = [H^+][A^-]/[HA]$ であり K_a とはつぎのように関係づけられる．

$$K_a = K_a^c \times \frac{y_{H^+} y_{A^-}}{y_{HA}}$$

ここで K_a^c は**濃度定数**(concentration constant)とよばれる．活量係数がわかれば，K_a^c を K_a に変換することができる．活量係数を求めるための理論式として，**デバイ-ヒュッケルの極限式**(Debye–Hückel limiting equation)が知られている．i 番目のイオンの活量係数 y_i は 25 °C において (9・3)式のように表される．

$$\log y_i = -0.51 z_i^2 \sqrt{I}$$
$$I = \frac{1}{2} \sum c_i z_i^2 \qquad (9 \cdot 3)$$

ここで，z_i は i 番目のイオン種の電荷である．また，I は**イオン強度**(ionic strength)で，溶液内のイオン種すべてについて濃度と z_i^2 の積を足し合わせる．(9・3)式はイオン強度を一定に保てば活量係数は定数となることを示している．ただし，この式はイオン強度がきわめて低い領域でしか成立しない．もう少し近似を高めた式がいくつか提案されている．(9・4)式はそのような式の一つである．

$$\log y_i = \frac{-0.51 z_i^2 \sqrt{I}}{1+\sqrt{I}} \qquad (9 \cdot 4)$$

(9・3)あるいは (9・4)式は i 番目のイオン単独の活量係数を求める式であるが，この量は測定できない．そこで，平均活量係数が用いられる．この量は電気化学的な方法により測定可能である．イオンの電荷が z^+ と z^- のイオンからなる電解質の平均活量係数 $y_\pm$ はデバイ-ヒュッケルの極限式で表すと

$$\log y_\pm = -0.51 |z^+ z^-| \sqrt{I}$$

となる．

以上の説明から明らかなように，濃度定数を決定する際，溶液のイオン強度を一

定に保つことが必要である．濃度定数を決定した際はその実験で採用したイオン強度を温度とともに示しておかなければならない．表9・1にはこのような濃度定数と熱力学的定数が混在している．濃度定数はイオン強度を変えると変化するから，熱力学的定数と相互に比較する際は，イオン強度の変化による活量係数の変化を考慮しなければならない．

表 9・1　アクア錯体の酸解離定数（25 °C）

金属イオン	pK_a	備考（温度およびイオン強度）[†1,†2]
Mn^{2+}	10.6	30 °C，0.1 M KCl
Fe^{2+}	9.5	1 M $NaClO_4$
Co^{2+}	8.9	30 °C，0.1 M KCl
Ni^{2+}	9.4	30 °C，0.1 M KCl
Cu^{2+}	6.8	30 °C，0.1 M KCl
Zn^{2+}	8.7	30 °C，0.1 M KCl
Cd^{2+}	9.0	3 M $NaClO_4$
Pb^{2+}	7.8	
Al^{3+}	5.1	
Sc^{3+}	5.1	1 M $NaClO_4$
In^{3+}	4.4	3 M $NaClO_4$
Tl^{3+}	1.2	3 M $NaClO_4$
Bi^{3+}	1.6	3 M $NaClO_4$
V^{3+}	2.9	
Cr^{3+}	3.8	
Fe^{3+}	3.0	pK_2＝3.3，3 M $NaClO_4$
$[Co(H_2O)(NH_3)_5]^{3+}$	6.6	1 M $NaNO_3$
cis-$[Co(H_2O)_2(NH_3)_4]^{3+}$	6.0	1 M $NaNO_3$
$[Rh(H_2O)(NH_3)_5]^{3+}$	5.9	
$[Cr(H_2O)(NH_3)_5]^{3+}$	5.3	1 M $NaNO_3$
cis-$[Co(H_2O)_2(en)_2]^{3+}$	6.1	pK_2＝8.2，1 M $NaNO_3$
trans-$[Co(H_2O)_2(en)_2]^{3+}$	4.5	pK_2＝7.9，1 M $NaNO_3$
cis-$[Cr(H_2O)_2(en)_2]^{3+}$	4.8	pK_2＝7.2，1 M $NaNO_3$
trans-$[Cr(H_2O)_2(en)_2]^{3+}$	4.1	pK_2＝7.5，1 M $NaNO_3$
cis-$[Co(NO_2)(H_2O)(en)_2]^{2+}$	6.3	
trans-$[Co(NO_2)(H_2O)(en)_2]^{2+}$	6.4	
cis-$[Pt(H_2O)_2(NH_3)_2]^{2+}$	5.6	20 °C，pK_2＝7.3
trans-$[Pt(H_2O)_2(NH_3)_2]^{2+}$	4.3	20 °C，pK_2＝7.4

†1　この欄に記入のない場合は，熱力学的定数もしくはそれに近い酸解離定数である．
†2　1 M＝1 mol L^{-1}
出典：J. Bjerrum, G. Schwarzenbach, L. G. Sillen, "Stability Constants", The Chemical Society, London (1957)；L. G. Sillen, A. E. Martell, "Stability Constants", The Chemical Society, London (1964).

9・1・3 錯体の生成定数

銅(Ⅱ)イオンを含む水溶液に多量のアンモニアを加えると，$[Cu(NH_3)_4]^{2+}$ を生じて深青色を呈することはよく知られている．実際には溶液中のアンモニアの濃度の増加に伴って $[Cu(NH_3)]^{2+}$，$[Cu(NH_3)_2]^{2+}$ などのアンミン錯体が逐次生成する．**生成定数**(formation constant；**安定度定数**(stability constant)ともいう)を用いると，錯体の生成を定量的に取扱うことができる．

アンミン銅(Ⅱ)錯体生成の平衡反応はつぎのように表せる．

$$Cu^{2+} + NH_3 \rightleftharpoons Cu(NH_3)^{2+} \qquad K_1 = \frac{[Cu(NH_3)^{2+}]}{[Cu^{2+}][NH_3]}$$

$$Cu(NH_3)^{2+} + NH_3 \rightleftharpoons Cu(NH_3)_2{}^{2+} \qquad K_2 = \frac{[Cu(NH_3)_2{}^{2+}]}{[Cu(NH_3)^{2+}][NH_3]}$$

$$\vdots \qquad\qquad \vdots$$

$$Cu(NH_3)_4{}^{2+} + NH_3 \rightleftharpoons Cu(NH_3)_5{}^{2+} \qquad K_5 = \frac{[Cu(NH_3)_5{}^{2+}]}{[Cu(NH_3)_4{}^{2+}][NH_3]}$$

平衡定数 $K_1, K_2, \cdots\cdots K_5$ は**逐次生成定数**(stepwise formation constant)という．

生成平衡反応をつぎのように表すこともできる．

$$M + L \rightleftharpoons ML \qquad \beta_1 = K_1 = \frac{[ML]}{[M][L]}$$

$$M + 2L \rightleftharpoons ML_2 \qquad \beta_2 = \frac{[ML_2]}{[M][L]^2}$$

$$\vdots \qquad\qquad \vdots$$

$$M + nL \rightleftharpoons ML_n \qquad \beta_n = \frac{[ML_n]}{[M][L]^n}$$

ここで，金属イオンをM，配位子をLとして一般化して表現した．平衡定数 β_n を**全生成定数**(overall formation constant)といい，逐次生成定数とはつぎの関係になる．

$$\beta_n = K_1 K_2 \cdots\cdots K_n$$

表 9・2 アンミン銅(Ⅱ)錯体の生成定数 (18 °C，I=2)

$\log K_1$	$\log K_2$	$\log K_3$	$\log K_4$	$\log K_5$
4.31	3.67	3.04	2.30	−0.46
$\log \beta_1$	$\log \beta_2$	$\log \beta_3$	$\log \beta_4$	$\log \beta_5$
4.31	7.98	11.02	13.32	12.86

表9・2にアンミン銅(II)錯体の生成定数を示した．これらのデータを使うと，任意のアンモニア濃度における水和銅(II) およびアンミン銅(II)イオンの濃度を計算できる．図9・1は表9・2の生成定数を用いて描いたものである．きわめて高いアンモニア濃度にしない限り，実質上 $[Cu(NH_3)_4]^{2+}$ までしか生成しないことがわかる．銅(II)イオンは**ヤーン-テラー効果**によって正方ひずみを受け(§8・3・5参照)，テトラアンミン銅(II)錯体は平面四角形錯体である．

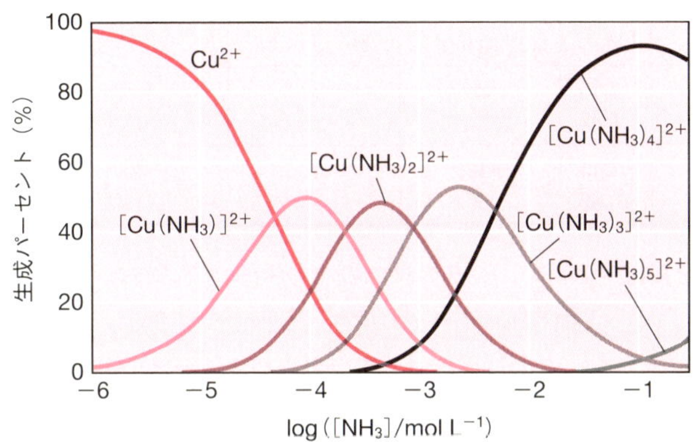

図 9・1 アンミン銅(II)錯体の生成曲線（データは表9・2より）

a. キレート効果 熱力学によれば，平衡定数 K とギブズの自由エネルギー変化 ΔG° とはつぎの関係にある．

$$\Delta G^\circ = -RT\ln K$$

ここで，R および T はそれぞれ気体定数および絶対温度である．ΔG° はエンタルピー変化 ΔH° およびエントロピー変化 ΔS° とつぎのように関係づけられる．

$$\Delta G^\circ = \Delta H^\circ - T\Delta S^\circ$$

平衡定数とこれら熱学的パラメーターからいろいろなことが考察できる．その一つの顕著な例に**キレート効果**(chelate effect)をあげることができる．表9・3にカドミウム(II)イオンのアンミンおよびエチレンジアミン錯体の生成定数および関係する熱力学的パラメーターを示した．同じ数のアクア配位子を窒素配位子で置換するのに，単座配位子よりもキレート環を生成できる二座配位子の方が安定な錯体を形成する．すなわち，$[Cd(NH_3)_2]^{2+}$ の生成定数よりも $[Cd(en)]^{2+}$ の生成定数の方が大きい．

$$Cd^{2+} + 2NH_3 \rightleftharpoons Cd(NH_3)_2{}^{2+} \qquad \log \beta_2 = 4.95 \qquad (9\cdot5)$$

$$Cd^{2+} + en \rightleftharpoons Cd(en)^{2+} \qquad \log \beta_1 (= \log K_1) = 5.84 \qquad (9\cdot6)$$

どちらの反応でもカドミウム(II)イオンのアクア配位子(式中では省略)二つを二つの窒素配位子で置換しているが，キレート環を形成するエチレンジアミン錯体の方が約8倍安定である．このようなキレート生成による安定化をキレート効果という．

表 9・3 カドミウム(II)イオンのアンミンおよびエチレンジアミン錯体の生成定数および関連する熱力学的パラメーター (25 °C, I=2.15)

生成定数	$\log \beta_n$	$\Delta G°$/kJ mol^{-1}	$\Delta H°$/kJ mol^{-1}	$\Delta S°$/J K^{-1} mol^{-1}	$T\Delta S°$/kJ mol^{-1}
$[Cd(NH_3)_2]^{2+}$	4.95	−28.3	−29.8	−5.0	−1.5
$[Cd(en)]^{2+}$	5.84	−33.3	−29.4	13.1	3.9
$[Cd(NH_3)_4]^{2+}$	7.45	−42.5	−53.1	−35.5	−10.6
$[Cd(en)_2]^{2+}$	10.62	−60.6	−56.4	14.1	4.2

この原因を検討するため，つぎの反応の熱力学的パラメーターを比較する．

$$Cd(NH_3)_2{}^{2+} + en \rightleftharpoons Cd(en)^{2+} + 2NH_3 \qquad (9\cdot7)$$

表9・3のデータから，この反応に対してつぎのパラメーターが与えられる．

$$\log K = 5.84 - 4.95 = 0.89 \quad (K = 10^{0.89} = 7.8)$$

$$\Delta G° = -5.0\,\text{kJ mol}^{-1} = \Delta H° - T\Delta S°$$

$$\Delta H° = +0.4\,\text{kJ mol}^{-1},\ T\Delta S° = 5.4\,\text{kJ mol}^{-1}$$

すなわち，反応(9・7)の自由エネルギー(−5.0 kJ mol^{-1})にエンタルピー(+0.4 kJ mol^{-1})はほとんど寄与しておらず，大部分はエントロピー項(5.4 kJ mol^{-1})の寄与であることがわかる．

エンタルピー変化が反応(9・5)と(9・6)とであまり違わないのは，アンミン錯体の生成でも，エチレンジアミン錯体の生成でも，同じ数の窒素配位子が結合するためである．一方，反応(9・5)では三つの粒子(Cd^{2+}と二つのNH_3)が合体して，同じ三つの粒子($[Cd(NH_3)_2]^{2+}$とCd^{2+}から放出された二つの水分子)が生成する．これに対して，反応(9・6)では二つの粒子から三つの粒子へと粒子数が増加するため，反応(9・5)よりも(9・6)の方がエントロピーが大きくなる．全く同様な傾向(ただし，より大きな変化で)が，$[Cd(NH_3)_4]^{2+}$と$[Cd(en)_2]^{2+}$の間にも認められる．

$$Cd(NH_3)_4{}^{2+} + 2en \rightleftharpoons Cd(en)_2{}^{2+} + 4NH_3 \qquad \log K = 3.17 (K = 1500)$$

$$\Delta G° = -18.1\,\text{kJ mol}^{-1} \qquad \Delta H° = -3.3\,\text{kJ mol}^{-1} \qquad T\Delta S° = 14.8\,\text{kJ mol}^{-1}$$

したがって，キレート効果は**エントロピー効果**ともよばれる．

キレート効果の大きさには，キレート環の員数が大きく影響する．エチレンジアミンがつくるような五員キレート環は安定であるが，四員環は特別な場合を除いてきわめて不安定である．また，一般に5よりも員数が増えても不安定化し，八員環以上のキレートではキレート効果はほとんど期待できない．金属イオンに配位することによって五つの五員キレート環が一挙に生成するようにデザインされたedta（表8・2参照）は，多くの金属イオンときわめて安定な錯体を形成する．いくつかの金属イオンが形成するedta錯体の生成定数を表9・4にまとめた．安定な錯体を形成する性質は，水溶液内の種々の金属イオンの濃度をedtaや関連する配位子の標準溶液を使って決定する方法（キレート滴定法）に道を開いた．

表 9・4　edta 錯体の生成定数[†1]　(20°C，$I=0.1$)

金属イオン	log *K*	金属イオン	log *K*
Li^{+}	2.79	Zn^{2+}	16.26
Na^{+}	1.66	Cd^{2+}	16.59
Mg^{2+}	8.69	Hg^{2+}	21.78
Ca^{2+}	10.59	Pb^{2+}	17.7
Sr^{2+}	8.63	Pd^{2+}	18.5[†2]
Ba^{2+}	7.76	Al^{3+}	16.13
V^{2+}	12.70	Ga^{3+}	20.27
Mn^{2+}	13.58	In^{3+}	24.95
Fe^{2+}	14.33	Sc^{3+}	23.1
Co^{2+}	16.21	V^{3+}	25.9
Ni^{2+}	18.56	Fe^{3+}	25.1
Cu^{2+}	18.79	Co^{3+}	40.92[†3]

†1　$K=\dfrac{[M(edta)^{(4-m)-}]}{[M^{m+}][edta^{4-}]}$

†2　25 °C，$I=0.2$　　†3　25 °C，$I=0.1$

b．アービング-ウィリアムズの安定度系列　今日までに膨大な数の生成定数が決定されてきた．表9・5に第一遷移系列の金属イオンといくつかの配位子との間で形成される錯体の生成定数を示した．これらのデータを比較すると，生成定数は配位子の種類によらず

$$Mn^{2+} < Fe^{2+} < Co^{2+} < Ni^{2+} < Cu^{2+} > Zn^{2+}$$

という順序を示している．この系列はすでに述べたように発見者の名をとって**アービング-ウィリアムズの安定度系列**（Irving-Williams series of stability）とよばれて

いる(§8・3・5参照). 弱い配位子場に置かれた6配位八面体型金属イオンの結晶場安定化エネルギーは d^5 の Mn^{2+} と d^{10} の Zn^{2+} ではゼロであるが, Mn^{2+} から順次増加して Ni^{2+} で極大となる. アービング-ウィリアムズの安定度系列はこの結晶場安定化エネルギーの効果が生成定数に反映されたものである. なお, アービング-ウィリアムズの安定度系列が Ni^{2+} で極大とならず, Cu^{2+} で極大となるのは Cu^{2+} においてヤーン-テラー効果がはたらいているためと考えられている.

表 9・5 数種の錯体の生成定数

配位子[†1] $\log\beta_n$	en(25 °C, I=1) $\log\beta_1$	$\log\beta_2$	ox(25 °C, I=0.1) $\log\beta_1$	dien(20 °C, I=0.1) $\log\beta_1$	nta(20 °C, I=0.1) $\log\beta_1$
Mn^{2+}	2.77[†2]	4.87[†2]	3.9	3.99[†3]	7.44
Fe^{2+}	4.34[†2]	7.65[†2]	—	6.23[†4]	8.83
Co^{2+}	5.93	10.66	4.7	8.10	10.4
Ni^{2+}	7.51	13.86	5.3	10.7	11.54
Cu^{2+}	10.72	20.03	6.3	16.0	12.96
Zn^{2+}	5.92	11.07	4.9	8.9	10.66

†1 配位子の略号については表8・2参照.
†2 I=1.4 †3 0 °C, I=1 †4 30 °C, I=1

9・2 配位子置換反応の速度論

9・2・1 水和金属イオンの配位水分子交換反応

水和金属イオンを含む水溶液中では, アクア配位子と溶媒の水分子との間で置換反応が起こる.

$$M(H_2O)_x{}^{m+} + H_2O^* \xrightleftharpoons{k_{H_2O}} M(H_2O^*)(H_2O)_{x-1}{}^{m+} + H_2O \qquad (9\cdot8)$$

この反応は反応物と生成物が等しい左右対称な反応(自由エネルギー変化がゼロ)である. このようなタイプの**置換反応**(substitution reaction)を, 特に区別して**交換反応**(exchange reaction)とよぶ. 多くの水和金属イオンについてこの交換反応速度定数 k_{H_2O} が決定されている. 図9・2はこのようなデータをまとめたものである. 金属イオンの種類によってその値は大幅に異なっている. このうちアルカリ金属イオンはすべてきわめて大きな速度定数を与えるが, イオン半径の大きいものほど(周期表の下へいくほど)大きい. また, アルカリ金属イオン, 2価の2族および12族金属イオンおよび3価の13族金属イオン(図中青字)の速度定数を相互に比較すると, イオン半径が小さく, 電荷の大きいものほど交換速度定数は小さいことがわか

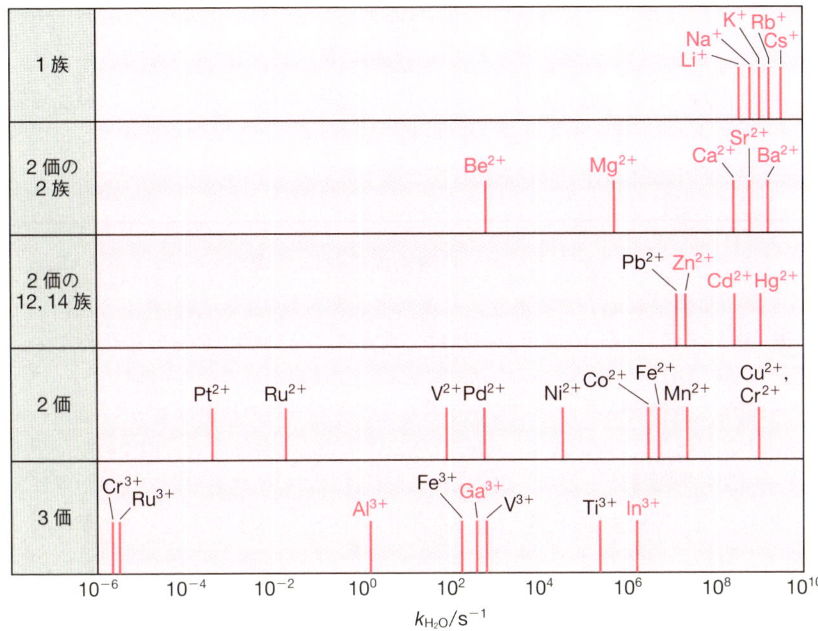

図 9・2 種々の水和金属イオンの配位水分子交換反応速度定数（k_{H_2O}, 25 °C）

る．このことは金属-アクア配位子結合にイオン結合の寄与が大きいことを示している．

一方，遷移金属イオンの k_{H_2O} の値は上に述べた単純な原因だけでは説明がつかず，速度は中心金属イオンの d 電子配置に大きく影響されている．遷移金属錯体の置換反応速度と d 電子配置とが密接に関連していることを最初に指摘したのはタウビー(Taube)であった(1952 年)．彼は室温で混合しているうちに(約 0.1 M の溶液で 1 分程度)反応が終わってしまうような速い反応を，**置換活性**(labile)，遅い反応を**置換不活性**(inert)と名づけた．また，当時知られていたデータに基づいて，種々の錯体を置換反応速度の面から分類した．ただし，置換活性，置換不活性という言葉は現在ではもっと定性的なあるいは相対的な意味をもたせて使われるようになっている．

いずれにしても，置換反応性に関して，その後の研究成果を含め，つぎのようにまとめることができる．置換不活性な第一遷移系列の金属イオンは d^3 錯体，低スピン d^6 錯体および 6 配位正八面体型 d^8 錯体である．2 価の金属イオンでは，

V(II)(d^3)，$Fe(CN)_6{}^{4-}$，$Fe(bpy)_3{}^{2+}$ など(低スピン d^6)，Ni(II)(d^8)，3価のイオンでは Cr(III)(d^3)，ほとんどすべての Co(III)錯体(低スピン d^6)などが置換不活性ということになる．これらはいずれも基底状態と遷移状態における CFSE(結晶場安定化エネルギー)の差が大きな電子配置の錯体である．なお，一般に第一＞第二＞第三遷移系列の金属錯体の順に置換反応は遅くなる．

Cr^{2+} と Cu^{2+} の置換反応はなぜ速い

2価の遷移金属イオンの水分子交換反応速度定数(図9・2)をみると，Cr^{2+}(d^4) および Cu^{2+}(d^9)の値がとび抜けて大きく，結晶場による安定化のない Zn^{2+}(d^{10}) よりもさらに大きい．このことは交換反応だけでなく，Cr^{2+} や Cu^{2+} の一般的な置換反応についてもいえることである．その理由はヤーン-テラー効果の結果と考えられている．Cr^{2+} や Cu^{2+} の中心金属イオンは四つの配位子と平面四角形型構造をとり，残り二つの配位子はこの四角形平面の上下の離れた位置を占めている(図9・3)．進入配位子はこのゆるく結合している z 軸の配位子と容易に置換する．つぎに図9・3に示す再配列によって進入配位子を含めた四つの配位子が平面四角形型構造をとり，安定な置換生成物となる．このような置換と再配列が繰返される結果，これらの金属イオンのどの配位位置も置換活性になっていると考えられる．

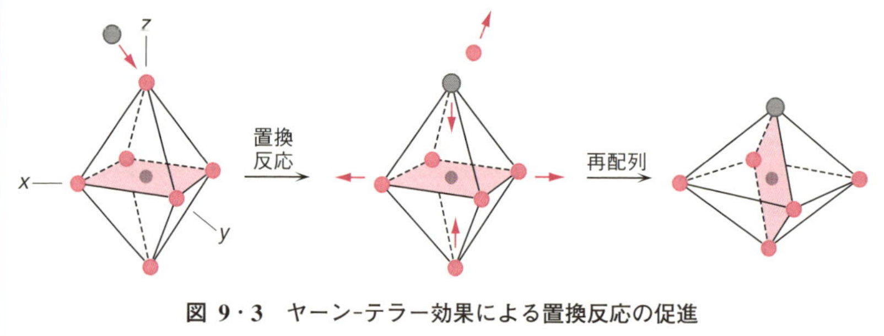

図 9・3 ヤーン-テラー効果による置換反応の促進

9・2・2 置換反応の機構

錯体の置換反応を

$$ML_xX + Y \longrightarrow ML_xY + X$$

と表すことにする．ここで，X を脱離配位子，Y を進入配位子とよぶこととする．置換反応の機構はラングフォード(Langford)とグレイ(Gray)によって提唱された分類を使うことが多い．すなわち，機構は三つに大別される．

❶ **解離**(dissociative, D)**機構**：脱離配位子が脱離して配位数の減少した中間体を与え，ついで進入配位子が入る機構で，有機反応論における S_N1 に相当する．

$$ML_xX \longrightarrow ML_x + X \qquad ML_x + Y \longrightarrow ML_xY$$

❷ **会合**(associative, A)**機構**：進入配位子が錯体に付加して，配位数の増加した中間体が生成し，ついで脱離配位子が離れる機構である．

$$ML_xX + Y \longrightarrow ML_xXY \qquad ML_xXY \longrightarrow ML_xY + X$$

❸ **交替**(interchange, I)**機構**：有機反応論における S_N2 に相当する．脱離配位子が脱離するのと進入配位子が入るのが同時に起こって活性錯合体(または活性錯体)を与える機構で，中間体の生成を経由しない．

$$ML_xX + Y \longrightarrow \left[L_xM\begin{matrix}\cdots X\\ \cdots Y\end{matrix}\right]^{\ddagger} \longrightarrow ML_xY + X$$

❶～❸ のそれぞれの過程をポテンシャルエネルギー曲線を使って表すと図 9·4 のようになる．解離機構および会合機構では，反応の途中にエネルギーのくぼみがある．これは中間体(解離機構では ML_x 中間体，会合機構では ML_xXY 中間体)の生成を意味する．交替機構では中間体の生成はなく，エネルギーの最も高いところ(**遷移状態**，transition state)が活性錯合体の生成に対応する．

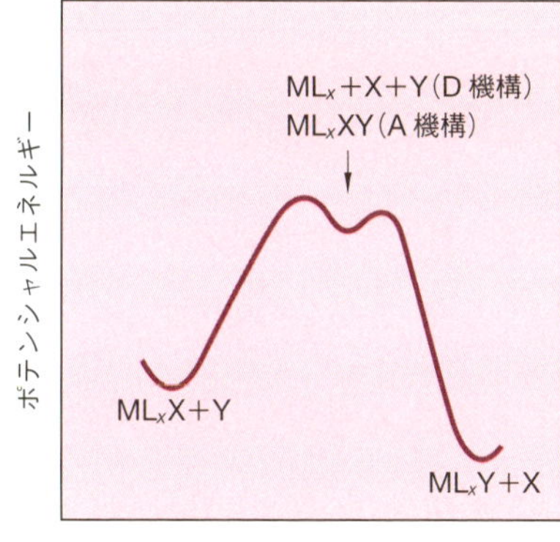

(a) 解離機構および会合機構の場合

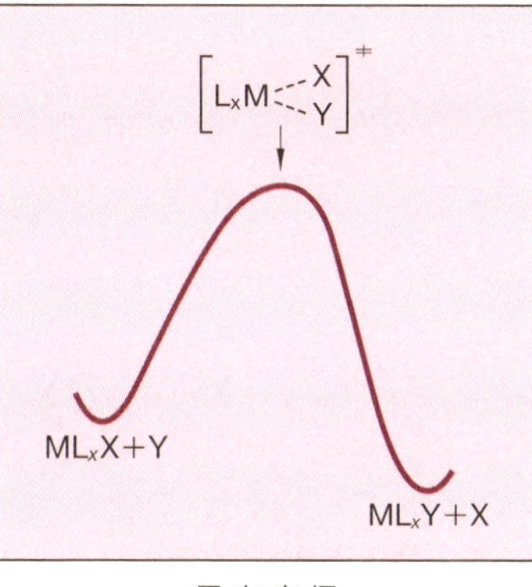

(b) 交替機構の場合

図 9·4　錯体の置換反応のポテンシャルエネルギー曲線

なお, D と I あるいは I と A の各機構の間の中間的な機構を考えることができる. すなわち, I 機構において活性化エネルギーが主として M−X 結合の切断に使われる**解離的交替機構**(I_d), M−Y 結合の形成に使われる**会合的交替機構**(I_a)である.

a. コバルト(Ⅲ)錯体の配位子置換反応　コバルト(Ⅲ)錯体は種類も多く, 反応が遅く, 速度の追跡が容易なため, 最も詳しく研究されてきた. 水溶液中で錯体の陰イオン性配位子が水分子によって置換される, たとえば (9・9)式のような反応を**アクア化**(aquation)**反応**, その逆反応を**アネーション**(anation)**反応**という.

$$[CoX(NH_3)_5]^{(3-n)+} + H_2O \xrightarrow{k} [Co(H_2O)(NH_3)_5]^{3+} + X^{n-} \qquad (9 \cdot 9)$$

コバルト(Ⅲ)錯体のアクア化反応およびアネーション反応はいずれもほとんどすべて I_d 機構であると考えられている.

たとえば, $[CoCl(RNH_2)_5]^{2+}$ のアクア化反応速度定数(25 °C)はつぎのようにアミン配位子のかさ高さが増すほど大きくなる.

R=　H	Me	Et	*n*-Pr	*n*-Bu	*i*-Bu
$1.7\times10^{-6}\,s^{-1}$	$3.3\times10^{-5}\,s^{-1}$	$1.6\times10^{-4}\,s^{-1}$	$1.9\times10^{-4}\,s^{-1}$	$2.0\,s^{-1}$	$3.7\,s^{-1}$

コバルトイオンまわりの混み合いが増大するほど速度が増すのは, 解離的機構であることを示している.

図 9・5 は, (9・9)式のアクア化反応の速度定数の対数値($\log k$)を反応の平衡定数の対数値($\log K$)に対してプロットしたものを示している. 両者間に良い直線関

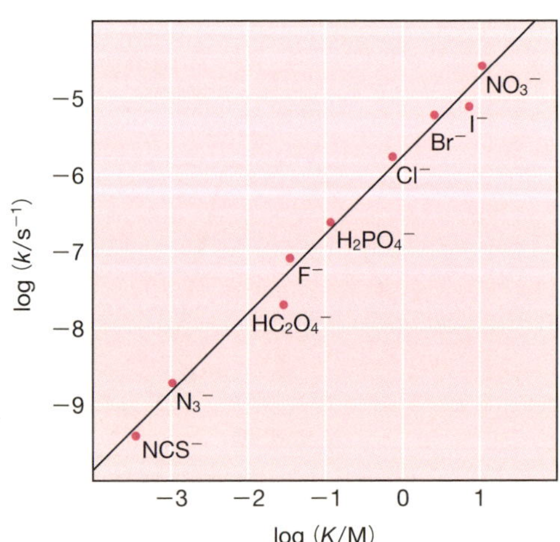

図 9・5　$[CoX(NH_3)_5]^{2+}$ のアクア化反応の自由エネルギー関係

係が成立しており，**直線的自由エネルギー関係**（linear free energy relationship）が認められる．この直線の傾斜はほぼ1で，反応の遷移状態が生成物に非常に似ていることを示している．これはCo−X結合がほとんど切断された状態に対応し，反応がDまたはI_d機構であることを示している．ここではこれ以上詳しく述べないが，反応の活性化体積の測定結果などから，これらの置換反応がI_dであると結論されている．

一方，同様に置換不活性なクロム（Ⅲ），ロジウム（Ⅲ）錯体などは，配位子の種類によってI_a機構と考えられる系やI_d機構と考えられる系があって，状況は複雑である．

b．白金（Ⅱ）錯体の置換反応　白金（Ⅱ）錯体を代表格に多くのd^8錯体は平面四角形型構造をとる．上下が空いた平面四角形型構造は八面体錯体に比べると，進入配位子の配位が容易である．事実，平面四角形型錯体の置換反応はA機構で進行すると考えられるものが多い．また，その置換反応の多くは図9・6に示すように三方両錐型の5配位中間体を経て進行すると考えられている．まず進入配位子Yが平面四角形の上または下から近づき，ついで三方両錐型中間体を形成する．このとき，Y，脱離配位子Xおよび最初にXに対してトランスの位置にあった配位子（L_t）が正三角形の面（エクアトリアル面）を占め，残り二つのL_cがアピカル位を占める．最終的に生成する錯体中のYが占める位置は初めにXが占有していた位置である．したがってこの機構を経由すると，トランス体はトランス生成物を，シス体はシス生成物を与えるというように，幾何構造が保持されるはずである．実際に平面四角形錯体の置換反応はほとんどが元の立体配置を保持する．*trans*-[$PtCl_2(py)_2$] に大過

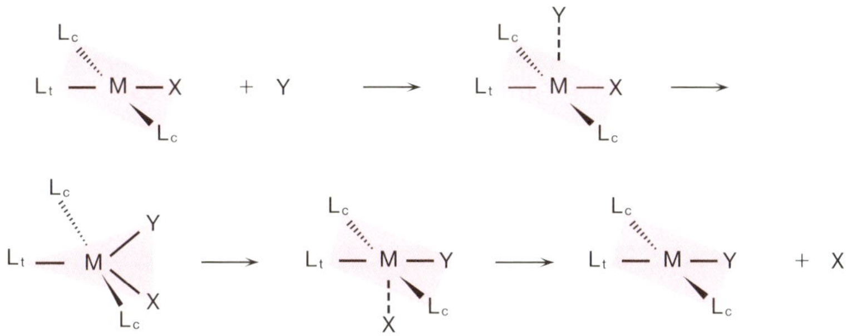

L_cとL_tはそれぞれ反応前の錯体中のXに対してシスおよびトランス位を占めている配位子を示す

図 9・6　平面四角形錯体 ML_3X と Y との置換反応機構

剰の進入配位子Yを反応させると，上述したように幾何構造が保持された *trans*-$[PtCl(py)_2Y]$ が生成する(9・10式).

$$trans\text{-}[PtCl_2(py)_2] + Y \longrightarrow trans\text{-}[PtCl(py)_2Y]^+ + Cl^- \qquad (9\cdot10)$$

この反応の速度はつぎのように表される.

$$-\frac{d[PtCl_2(py)_2]}{dt} = k_{obs}[PtCl_2(py)_2] \qquad (9\cdot11)$$

$$k_{obs} = k_1 + k_2[Y] \qquad (9\cdot12)$$

図9・7には擬一次反応速度定数 k_{obs} を種々のYの濃度[Y]に対してプロットした結果を示す(30 °C，メタノール中). Yの種類によって速度が大幅に異なるが，いずれも直線関係を与える．このプロットの傾斜が k_2 に対応する.

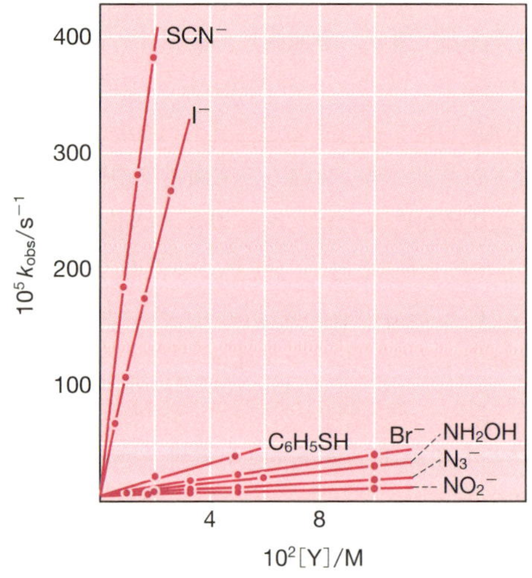

図 9・7　反応(9・10)の擬一次速度定数(k_{obs})と[Y]の関係

ところで，どのプロットも切片をもつ(k_1 に対応する)が，この値はYの種類に無関係な定数である．k_2 項はYが白金錯体を求核攻撃する経路によるもので，Yの求核性が強いほど大きな値を与える．k_1 項はつぎのように溶媒(Sとする)が反応に関与するもので，D機構や I_d 機構によるものではない.

$$trans\text{-}[PtCl_2(py)_2] + S \xrightarrow{k_1} trans\text{-}[PtCl(py)_2S]^+ + Cl^-$$

$$trans\text{-}[PtCl(py)_2S]^+ + Y \xrightarrow{\text{速い}} trans\text{-}[PtCl(py)_2Y]^+ + S$$

平面四角形型の白金(II)錯体の置換反応において，きわめて特徴的な現象に**トランス効果**(trans effect)がある．いま，$[PtCl_4]^{2-}$ にアンモニアを反応させると，*cis*-$[Pt(NH_3)_2Cl_2]$ が生成する．

$$\left[\begin{array}{ccc} Cl & & Cl \\ & Pt & \\ Cl & & Cl \end{array}\right]^{2-} \xrightarrow{NH_3} \left[\begin{array}{ccc} Cl & & NH_3 \\ & Pt & \\ Cl & & Cl \end{array}\right]^{-} \xrightarrow{NH_3} \left[\begin{array}{ccc} Cl & & NH_3 \\ & Pt & \\ Cl & & NH_3 \end{array}\right] \qquad (9\cdot13)$$

一方，$[Pt(NH_3)_4]^{2+}$ に Cl^-を反応させると，(9・13)式の生成物と異なり，*trans*-$[Pt(NH_3)_2Cl_2]$ が得られる．

$$\left[\begin{array}{ccc} H_3N & & NH_3 \\ & Pt & \\ H_3N & & NH_3 \end{array}\right]^{2+} \xrightarrow{Cl^-} \left[\begin{array}{ccc} H_3N & & Cl \\ & Pt & \\ H_3N & & NH_3 \end{array}\right]^{+} \xrightarrow{Cl^-} \left[\begin{array}{ccc} H_3N & & Cl \\ & Pt & \\ Cl & & NH_3 \end{array}\right] \qquad (9\cdot14)$$

(9・13)式も (9・14)式も第一段目の反応は単なる進入配位子の置換反応であり，生成物は1種類しかない．しかし，第二段目の反応において，特別な優先性がない限り，(9・13)式の反応でも (9・14)式の反応でも，シスおよびトランスの2種類の生成物が得られてもよさそうである．実際にはそれぞれ1種類の生成物しか得られず，いずれもクロリド配位子のトランス位の配位子が置換されている．つまり，クロリド配位子はアンミン配位子よりも強くトランス位を活性化している．この効果をトランス効果とよぶ．トランス位の置換反応を活性化する序列はおおよそ

$$H_2O < OH^- < NH_3, py < Cl^- < Br^- < SCN^- < I^- < NO_2^- < C_6H_5^- < CH_3^-, (NH_2)_2CS < H^-, PR_3 < CN^-, CO, C_2H_4$$

である．軟らかい塩基やπ受容性(π酸性)配位子(§8・4・3b参照)が上位に並んでいる．トランス効果は平面四角形型錯体の合成ルートを考えたり，構造を推定するのに利用することができる．

トランス効果に対して二つの理論が知られている．一つは分極理論とよばれるものである．この理論によれば，分極しやすい配位子Lほどトランス位の配位子Xを置換されやすくする．そのような配位子Lは図9・8のように錯体を分極させ，金

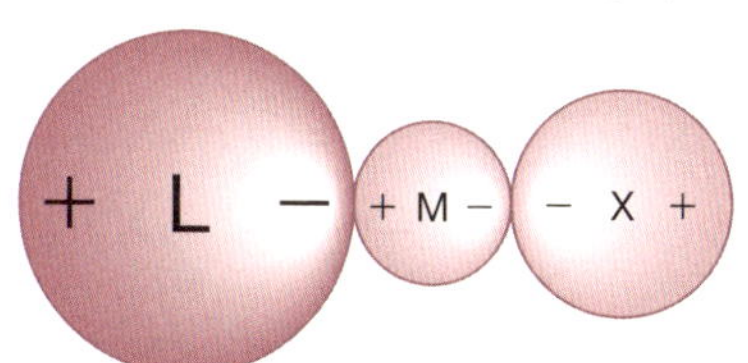

分極の大小を＋－の大きさで示してある

図 9・8 分極理論で考える錯体の分極状態

属の正電荷を大きくLの方に引き寄せるため，M−X結合を弱める．

分極理論は基底状態の錯体の電子的効果の考察から結論を導き出したものである．これに対し，もう一つの理論は配位数の一つ増加した5配位中間体(または遷移状態)における錯体の電子状態の考察から導き出されたものである．この場合，π酸性の強い配位子Lほど大きなトランス効果を起こすことになる．そのような配位子Lを含む錯体 *trans*-MLA_2X に進入配位子Yが反応する例を考える．Lの強いπ酸性のために，中心金属イオンの d_π 軌道からLへの電子の流れ込みが起こる(π逆供与)*．これは，この d_π 軌道の電子密度を減らし，求核的な進入配位子Yの攻撃を受けやすくすると同時に，5配位中間体 MLA_2XY(図9・9)におけるYからこの d_π 軌道への供与結合を強め，この中間体を安定化する．

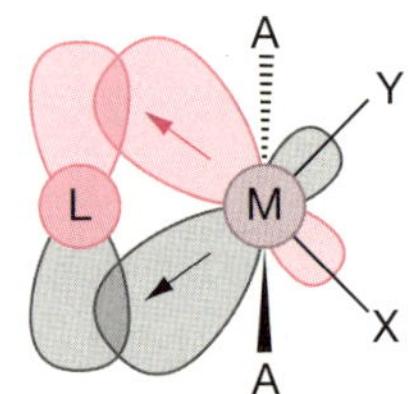

矢印は d_π 電子の流れを示す

図 9・9　π酸性配位子Lを配位した *trans*-[MLA_2X] とYとの反応で形成される三方両錐型5配位中間体(または遷移状態)

c. アイゲン機構　アイゲン(Eigen)は2価の金属イオンとさまざまな陰イオン X^{n-} との錯形成反応速度を研究した．

$$[M(H_2O)_x]^{m+} + X^{n-} \xrightarrow{k_f} [MX(H_2O)_{x-1}]^{(m-n)+} + H_2O \qquad (9 \cdot 15)$$

この反応に対して彼は現在では**アイゲン機構**(Eigen mechanism)とよばれている機構を提案した．この機構をニッケル(II)イオンを例にとって説明しよう．アイゲンによれば錯形成はつぎの2段階の過程を経る．

$$[Ni(H_2O)_6]^{2+} + X^{n-} \rightleftharpoons [Ni(H_2O)_6{}^{2+} \cdot X^{n-}] \quad K_{OS} \qquad (9 \cdot 16)$$

$$[Ni(H_2O)_6{}^{2+} \cdot X^{n-}] \xrightarrow{k^+} [NiX(H_2O)_5]^{(2-n)+} + H_2O \qquad (9 \cdot 17)$$

ここで，$[Ni(H_2O)_6{}^{2+} \cdot X^{n-}]$ は金属イオンと配位子がクーロン力でゆるく結合した

＊　詳しくは§10・2・1を参照のこと．

化学種で，**イオン対**(ion pair)あるいは**外圏錯体**(outer-sphere complex)とよばれている[*1]．生成定数をK_{OS}と表すこととする．外圏錯体の生成には配位結合の生成，開裂を伴わないから，きわめて速い過程(律速段階が拡散過程と考えられ，$10^{10}\ M^{-1}\ s^{-1}$程度の速度定数をもつ)である．反応(9・17)はこうして生成した外圏錯体内でのX^{n-}とアクア配位子との入れ替わりで，その速度定数を$\boldsymbol{k^+}$とする．$NiX(H_2O)_5{}^{(2-n)+}$の生成過程を反応(9・16)および(9・17)と考え，X^{n-}をニッケルイオンに対して大過剰にして実験した場合，錯体の生成速度定数k_fは(9・18)式のように表される．

$$k_f = k^+ K_{OS} \tag{9・18}$$

一般にK_{OS}の値は理論的な見積もりが可能である[*2]．表9・6は種々の配位子による錯形成速度定数の値(k_f)，理論的に見積もられたK_{OS}値およびk_fとK_{OS}から計算したk^+値を示している．得られたk^+値はX^{n-}の種類を電荷を含めて大幅に変えているにもかかわらず，ほとんど一定値を与えている．この結果は反応がI_dかD機構であることを示している．このk^+値は反応(9・8)のk_{H_2O}の値とほぼ一致し，両者は同じ過程であることを示唆している．多くの反応機構に関する研究により(9・17)式の過程はI_d機構と考えられている．置換反応機構がA, D, I, I_dあるいはI_aかを判別するために，多くの研究が積み重ねられている．しかし，その詳細を述べることは，本書の範囲を大きく超えてしまうので，省略する．

表 9・6　水和ニッケル(II)イオンの$\boldsymbol{k_f}$値，$\boldsymbol{K_{OS}}$値(理論的推定値)**および$\boldsymbol{k_f}$値と$\boldsymbol{K_{OS}}$値から求めた$\boldsymbol{k^+}$値**

配位子 L	$k_f/10^4\ M^{-1}\ s^{-1}$	K_{OS}/M^{-1}	$k^+/10^4\ s^{-1}$
$HP_2O_7{}^{3-}$	200	170	1.2
$CH_3PO_4{}^{2-}$	29	40	0.7
$C_2O_4{}^{2-}$	8	13	0.6
CH_3COO^-	10	3	3
NCS^-	0.6	1	0.6
NH_3	0.5	0.15	3
C_5H_5N	0.4	0.15	3
$NH_2(CH_2)_2N(CH_3)_3{}^+$	0.04	0.02	2

*1　金属イオンに配位子が直接結合している領域を**内圏**(inner-sphere)あるいは**内配位圏**(inner-coordination sphere)とよぶ．内圏と相互作用(主として静電相互作用)をしうる内圏外の領域(かなり漠然とした領域になる)を**外圏**(outer-sphere)あるいは**外配位圏**(outer-coordination sphere)とよぶ．

*2　フオス(Fuoss)の理論やビエラム(Bjerrum)の理論がある．

9・3 電子移動反応

金属錯体間の酸化還元反応は1950年代から系統的に研究されるようになった．特に錯体の置換活性，不活性という置換反応速度に対する正しい認識が得られてから，研究は急速に進展した．この場合，ある分子やイオンに酸素を付加したり，それらから酸素を取除くような反応ではなく，明らかに電子を与えたり奪ったりという反応を取扱っている．そこで，酸化還元反応というより**電子移動反応**(electron transfer reaction)という言葉の方がよく使われている．

錯体間で電子移動を行う際，二つの中心金属イオンが直接接触することは，両者間に強いクーロン反発力が働くためきわめて考えにくい．電子移動を行う際，二つの中心金属イオン間に共有された1個の配位子を通して電子移動が起こる**内圏型機構**(inner-sphere mechanism)と二つの錯イオンの内圏に変化がないまま電子移動が起こる**外圏型機構**(outer-sphere mechanism)のあることが明らかになっている．

9・3・1 内圏型電子移動反応

a. 内圏型機構の発見 この機構が確かに存在することをタウビーらは実に巧妙な方法で証明した(1953年)．彼らが選んだのは酸性水溶液中での $[Co^{III}Cl(NH_3)_5]^{2+}$ と $[Cr^{II}(H_2O)_6]^{2+}$ の反応であった．$[Cr(H_2O)_6]^{2+}$ は酸素によってただちに酸化されるので，実験は窒素雰囲気下で行う必要がある．もう一方の反応体である $[CoCl(NH_3)_5]^{2+}$ は置換不活性錯体であり，酸性溶液中に放置しても錯体は長時間安定である．ここに $[Cr(H_2O)_6]^{2+}$ 溶液を加えると，瞬時に反応して $[Co(H_2O)_6]^{2+}$ と $[CrCl(H_2O)_5]^{2+}$ を生じる．

$$[CoCl(NH_3)_5]^{2+} + [Cr(H_2O)_6]^{2+} \xrightarrow{H^+} [Co(H_2O)_6]^{2+} + [CrCl(H_2O)_5]^{2+} + 5NH_4^+ \qquad (9\cdot19)$$

きわめて置換活性な $[Cr(H_2O)_6]^{2+}$ は電子移動反応によって置換不活性な $[CrCl(H_2O)_5]^{2+}$ に酸化され，逆に置換不活性な $[CoCl(NH_3)_5]^{2+}$ は置換活性なCo(II)イオンに還元されている．注目すべき点は電子移動に伴ってCo(III)イオンに結合していたクロリド配位子がCr(III)イオンに移動していることである．置換不活性なCr(III)イオンがクロリド配位子を短時間のうちに取込むことはできないから，クロムイオンとクロリド配位子が結合をつくったのは電子移動が起こる前，すなわちクロムイオンが2価の状態にあったときである．反応体であるCo(III)とCr(II)

はクロリド配位子を共有した$[(NH_3)_5Co^{III}\text{-}Cl\text{-}Cr^{II}(H_2O)_5]^{4+}$を生成し，Cr(II)からクロリド配位子を通してCo(III)へ電子を移動させる．電子移動直後の状態は$[(NH_3)_5Co^{II}\text{-}Cl\text{-}Cr^{III}(H_2O)_5]^{4+}$となるから，M−Cl結合はCo−Clのところで切れ，$[CrCl(H_2O)_5]^{2+}$を生じる．Co(II)は置換活性であり，溶液は酸性なので，水和Co(II)イオンとアンモニウムイオンに変化し，反応(9・19)の結果を生じたのである．クロム錯体とコバルト錯体の置換反応性は電子移動の前後で逆転している．このため，クロリド配位子が架橋構造をつくった証拠が$[CrCl(H_2O)_5]^{2+}$という形で生成物の中に記録されたのである．

b. 内圏型機構における架橋形成配位子　表9・7はCr^{2+}および$[Ru(NH_3)_6]^{2+}$を還元剤とする$[CoX(NH_3)_5]^{n+}$との電子移動反応の速度定数をまとめたものである．Cr^{2+}と$[CoX(NH_3)_5]^{n+}$の反応はX＝NH_3を除いていずれも$[CrX(H_2O)_5]^{2+}$を与える(9・20式)．

$$
\begin{aligned}
&[CoX(NH_3)_5]^{2+} + [Cr(H_2O)_6]^{2+}\\
&\quad\longrightarrow [(NH_3)_5CoXCr(H_2O)_5{}^{4+}]^{\ddagger}\\
&\quad\xrightarrow{H^+} [Co(H_2O)_6]^{2+} + 5NH_4{}^+ + [CrX(H_2O)_5]^{2+} \qquad (9\cdot 20)
\end{aligned}
$$

ここで，$[\quad]^{\ddagger}$は反応の遷移状態にある化学種を意味する．

すでに説明した反応(9・19)と同じ理由で，これらの電子移動反応は内圏型機構で進行したと結論することができる．Co(III)イオンに配位しているX配位子にはCr(II)イオンに配位しうる非共有電子対があって，架橋構造をとることができる．

両座配位子を含む錯体を用いると，興味ある連結異性体を生じることがある．シアニド-*C*配位子を含む$[Co(CN)(NH_3)_5]^{2+}$にCr^{2+}を加えると，反応(9・21)が起

表9・7　$[Co^{III}X(NH_3)_5]^{n+}$とCr^{2+}および$[Ru(NH_3)_6]^{2+}$との電子移動反応の速度定数（$M^{-1}\,s^{-1}$，25 °C）

X	Cr^{2+}	$[Ru(NH_3)_6]^{2+}$
NH_3	8.0×10^{-5}	1.1×10^{-2}
F^-	2.5×10^5	
Cl^-	6×10^5	2.6×10^2
Br^-	1.4×10^6	1.6×10^3
I^-	3×10^6	6.7×10^3
CH_3COO^-	0.35	
OH^-	1.5×10^6	0.04
$N_3{}^-$	3×10^5	1.2
NCS^- †2	19	

†1　4 °C　　†2　チオシアナト-*N*異性体

こって，シアニド配位子がNでCr(Ⅲ)イオンに配位した$[Cr(NC)(H_2O)_5]^{2+}$を生成する．

$$
\begin{aligned}
&[Co(CN)(NH_3)_5]^{2+} + Cr^{2+} \\
&\qquad \xrightarrow{H^+} [(NH_3)_5CoCNCr(H_2O)_5{}^{4+}]^{\ddagger} \\
&\qquad\qquad \xrightarrow{H^+} Co^{2+} + 5NH_4{}^+ + [Cr(NC)(H_2O)_5]^{2+} \qquad (9 \cdot 21)
\end{aligned}
$$

$[Cr(NC)(H_2O)_5]^{2+}$は生成した後，連結異性化を起こし，より安定な$[Cr(CN)(H_2O)_5]^{2+}$に変化する．チオシアナト-*S*配位子を含む$[Co(SCN)(NH)_5]^{2+}$にCr^{2+}を加えると，$[Cr(SCN)(H_2O)_5]^{2+}$と$[Cr(NCS)(H_2O)_5]^{2+}$という連結異性体の混合物を与える(9・22式)．Cr^{2+}イオンがチオシアナト配位子と架橋をつくるとき，Co(Ⅲ)イオンに近いS原子を攻撃する経路(隣接攻撃経路)と，Co(Ⅲ)イオンから遠いN原子を攻撃する経路(遠隔攻撃経路)があるためである．

$$
[(NH_3)_5Co(SCN)]^{2+} + Cr^{2+} \begin{cases} \xrightarrow{\text{隣接攻撃}} [(NH_3)_5Co\text{-}\underset{\underset{\displaystyle N}{\displaystyle C}}{S}\text{-}Cr(H_2O)_5{}^{4+}]^{\ddagger} \xrightarrow{H^+} Co^{2+} + 5NH_4{}^+ + [Cr(SCN)(H_2O)_5]^{2+} \\ \xrightarrow{\text{遠隔攻撃}} [(NH_3)_5CoSCNCr(H_2O)_5{}^{4+}]^{\ddagger} \xrightarrow{H^+} Co^{2+} + 5NH_4{}^+ + [Cr(NCS)(H_2O)_5]^{2+} \end{cases} \qquad (9 \cdot 22)
$$

9・3・2 外圏型電子移動反応

§9・3・1の説明から明らかなように，内圏型機構で電子移動を行うためには，少なくとも錯体中にクロリド配位子のような架橋構造をとりうる配位子が存在しなければならない．しかし，たとえば，酸化剤が$[CoX(NH_3)_5]^{2+}$でXが架橋としてはたらきうるCl^-, OH^-, $N_3{}^-$を含んでいても，還元剤に低スピンd^6の置換不活性錯体である$[Ru(NH_3)_6]^{2+}$を用いるならば，反応は外圏型機構で進行すると考えられる．なぜなら，$[Ru(NH_3)_6]^{2+}$はアンミン配位子を外して[Co-X-Ru]型構造をつくれないからである．すでに述べたように，$[Cr(H_2O)_6]^{2+}$と$[Co(NH_3)_6]^{3+}$との電子移動では，架橋をつくるのに都合の良い配位子は存在しないから，外圏型反応機構によって反応が進行していると考えられる．

電子移動反応が配位子置換反応よりも速ければ，外圏型機構をとっているといってよい．なぜなら，二つの錯イオン間で架橋構造をつくる時間的余裕がないからである．たとえば，反応(9・23)はこの論法で外圏型機構によって電子移動反応が進行していると結論できる例である．

$$[Fe(CN)_6]^{4-} + [IrCl_6]^{2-} \longrightarrow [Fe(CN)_6]^{3-} + [IrCl_6]^{3-} \quad (9 \cdot 23)$$

反応体である $[Fe(CN)_6]^{4-}$ と $[IrCl_6]^{2-}$ はいずれも置換不活性な錯体であるが，電子移動反応はきわめて速い(25 °C において $3.8 \times 10^5\ M^{-1}\ s^{-1}$)．同じ理由で，表 9・7 に示した $[Ru(NH_3)_6]^{2+}$ と $[CoX(NH_3)_5]^{n+}$ の反応も外圏型機構で反応が進行すると考えてよい例である．

外圏型機構では，反応する錯イオン間に結合の生成や開裂がない．このため，電子移動反応の速度定数を理論的に求めようとする研究が積み重ねられてきた．このような研究で最も成功を収めたのはマーカス(Marcus)であった．彼は“化学系における電子移動理論への貢献”により，1992 年のノーベル化学賞を授与されている．また，内圏型ならびに外圏型機構の提唱者であるタウビーはマーカスより早く 1983 年に“無機化学における業績，特に金属錯体の電子遷移反応機構の解明”によりノーベル化学賞を授与されている．

9・4 光 反 応

最近のように便利なコピー機が普及するまでは，青写真が書類のコピーに広く使われていた．これは青地に白い線で文字や図形が表れるもので，19 世紀半ばにハーシェル(Herschell)によって考案されたものである．その原理には遷移金属錯体の光反応が重要な役目を果たしている．青写真の印画紙にはヘキサシアニド鉄(Ⅲ)酸カリウム $K_3[Fe(CN)_6]$ とクエン酸–鉄(Ⅲ)錯イオン $[Fe(C_6H_5O_7)_2]^{3-}$ の塩が塗りつけてある．このうち後者の錯イオンが光を吸収して励起され，3 価の鉄中心がクエン酸配位子を酸化して 2 価の鉄イオン Fe^{2+} に変わる．この Fe^{2+} が $K_3[Fe(CN)_6]$ と即座に反応して，水に溶けない青色物質ターンブルブルー $Fe^{III}_4[Fe^{II}(CN)_6]_3 \cdot xH_2O$ を形成する(9・24 式)．最後に印画紙を水で洗えば，光が当たらなかった所は白く抜けることになる．

$$\overset{e^-}{[Fe^{III}(C_6H_5O_7)_2]^{3-}} \xrightarrow[H_2O]{h\nu} Fe^{2+} + CO_2 + \cdots \quad (9 \cdot 24)$$

$$\downarrow K_3[Fe(CN)_6]$$

$$\underset{\text{ターンブルブルー}}{Fe^{III}_4[Fe^{II}(CN)_6]_3 \cdot xH_2O}$$

この反応では，鉄イオンが励起されて基底状態よりもずっと強い酸化力を獲得したことが駆動力となっている．このように，錯体の励起状態は基底状態とは異なる性質をもつ．そこで，まず錯体の電子励起とそれに基づく錯体の性質の変化について概説する．

9・4・1 錯体の電子励起の種類

錯体の光反応は，いうまでもなく錯体が光を吸収し電子遷移が起こって励起されることにより始まる．遷移金属錯体の電子遷移には，錯体の構造によってさまざまな種類がある．その中でも，単核錯体の光反応で重要なものは，**配位子場遷移**(LF遷移，ligand field transition；d-d遷移ともいう)と**電荷移動遷移**(CT遷移，charge transfer transition)である*(§8・4参照)．

配位子場遷移は，配位子場の影響で分裂した遷移金属中心のd軌道間の遷移である(§8・4・2参照)．この遷移によって，d_π 軌道(非結合性または π 結合性軌道)にあった電子の一つが d_σ^* 軌道に励起される(図9・10)．この d_σ^* 軌道は金属-配位子 σ 結合の反結合性軌道にあたるので，そこに電子が入ったことによりこの結合は弱められ切れやすくなる．配位子場遷移から，多くの場合に配位子置換反応などの金属-配位子結合の開裂を伴う反応が起こるのはこのためである．§9・4・2で述べる光アクア化反応はその代表的な例である．

一方，電荷移動遷移は中心金属と配位子との間での電荷の移動を伴う遷移である(§8・4・4参照)．これはさらにつぎの二つに分けることができる．

❶ **MLCT遷移**(metal to ligand charge transfer)：金属の満たされた軌道から配位子の軌道への遷移(図9・11❶)．

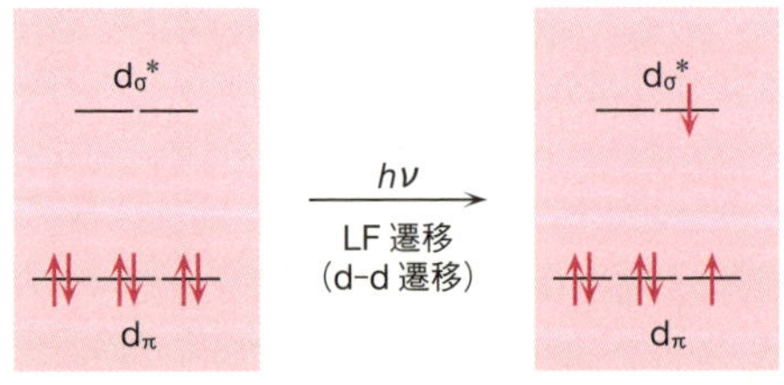

図 9・10　遷移金属錯体の配位子場(LF)遷移における基底状態と励起状態のフロンティア軌道の電子配置

＊ 光反応は一般に電子遷移の後，励起状態の中で熱平衡状態に達してから起こるので，厳密には光反応の行方を決めるのはこの熱平衡励起状態での電子配置である．これが電子励起の直後の電子配置と異なっていることもある(たとえば§9・4・3で述べる $[Ru(bpy)_3]^{2+}$)．

❷ **LMCT 遷移**(ligand to metal charge transfer)：配位子の満たされた軌道から金属の軌道への遷移(図 9・11 ❷).

電荷移動遷移は金属と配位子との間に分極を生じさせるため，錯体の酸化力・還元力の増加や酸解離定数の変化をひき起こす．§9・4・3 では錯体の酸化力・還元力の増加に伴う光電子移動反応について述べる．

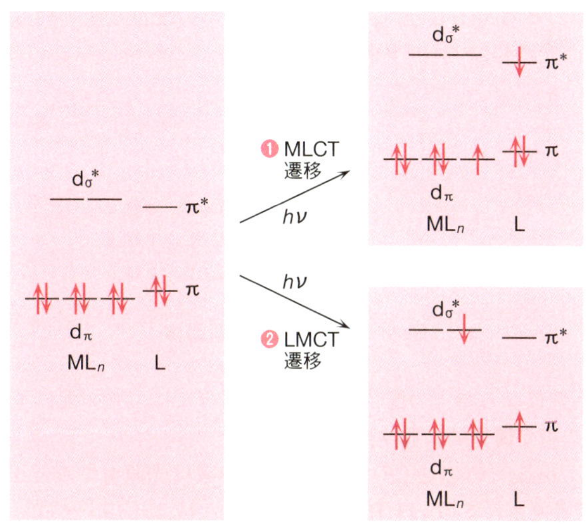

図 9・11 遷移金属錯体の電荷移動(CT)遷移における基底状態と励起状態のフロンティア軌道(§2・2・2 参照)の電子配置

一般に配位子場分裂の大きさ(Δ または $10Dq$)の小さい第一遷移系列の金属錯体では，電荷移動遷移の励起状態よりも配位子場遷移の励起状態の方が安定なため，配位子場遷移の励起状態からの配位子置換反応などが起こりやすいのに対し，Δ の大きい第二，第三遷移系列の金属錯体では，電荷移動遷移の励起状態からの電子移動反応が起こる例が多い．

9・4・2 光アクア化反応

光アクア化(photo-aquation)**反応**は，水に溶かした錯体に光照射したときに，配位子が水で置換される反応である．

$$[\mathrm{ML}_n] \xrightarrow[\mathrm{H_2O}]{h\nu\ (\text{LF 遷移})} [\mathrm{ML}_{n-1}(\mathrm{H_2O})] + \mathrm{L} \qquad (9 \cdot 25)$$

アダムソンの規則

Cr(Ⅲ)錯体の光アクア化を総括して得られた，どの配位子が置換されるかに関する経験則が**アダムソンの規則**(Adamson's rule)であり，つぎの二つから成る．

❶ 正八面体型錯体の 6 個の配位子が金属を通る 3 本の直交する軸上にある(図 9・12)と考えるとき，3 軸のうち軸平均の配位子場の最も弱い軸上の配位子が光励起によって置換活性となる．

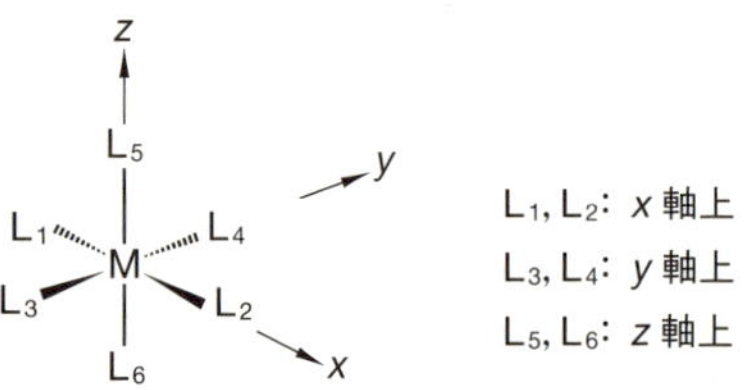

図 9・12　正八面体型錯体

❷ 置換活性になる軸上の配位子が異なる場合には，強い配位子場をつくる配位子の方が優先的に置換活性となる．

たとえば，*trans*-$[CrCl(NCS)(en)_2]^+$ の水溶液に光照射すると，NCS^- 配位子が H_2O で置換されて $[CrCl(H_2O)(en)_2]^{2+}$ が生成する(9・26 式)．

$$\left[\mathrm{Cr(NCS)(Cl)(H_2NCH_2CH_2NH_2)_2}\right]^{+} \xrightarrow[\mathrm{H_2O}]{h\nu} \left[\mathrm{Cr(OH_2)(Cl)(H_2NCH_2CH_2NH_2)_2}\right]^{2+} + \mathrm{NCS^-} \qquad (9 \cdot 26)$$

これは，分光化学系列を考慮すれば，軸平均の配位子場の最も弱い軸は Cl-Cr-NCS 軸であり(第 1 則)，この二つの配位子間では NCS^- 配位子の方が Cl^- 配位子より強い配位子場をつくるために NCS^- 配位子が置換活性となる(第 2 則)，というアダムソンの規則の予測と一致する．アダムソンの規則は非常に多くのクロム(Ⅲ)錯体に適用できるが，例外もあり，特に F^- を含む錯体に例外が多い．たとえば，*trans*-$[CrF_2(en)_2]^+$ の光アクア化反応では F-Cr-F 軸が配位子場の最も弱い軸であるにもかかわらず Cr−N 結合の開裂が起こる．この規則はまたアクア化以外の光置換反応全般にも通用する経験則であり，またクロム(Ⅲ)錯体以外のたとえばコバルト(Ⅲ)，ロジウム(Ⅲ)などの錯体の光置換反応でもおおむね成り立つ．

正八面体型の Cr(Ⅲ)錯体では比較的高い量子収率*($\Phi=0.3\sim0.5$)で起こるため，多様な配位子をもつ錯体について詳細に研究されている．錯体が2種類以上の配位子をもつ場合，どの配位子が水に置換されるかについて，二つ以上の場合がありうる．しかも，置換のされ方はしばしば熱的なアクア化反応とは異なる規則に従う(アダムソンの規則，268 ページ参照)．たとえば，$[CrX(NH_3)_5]^{2+}$(X：ハロゲン)のアクア化反応は，熱的にはハロゲンの置換(A)のみが起こるが，光反応ではアンミン配位子の置換(B)が優勢となる(9・27式)．(B)の反応をさらに詳細に見ると，X の *trans* 位の配位子が置換され，その後より安定な *cis* 体に異性化していることがわかる．

$$[Cr(X)(NH_3)_5]^{2+} \xrightarrow[H_2O]{h\nu} \begin{cases} [Cr(OH_2)(NH_3)_5]^{3+} + X^- & \text{(A)} \\ trans\text{-}[Cr(X)(OH_2)(NH_3)_4]^{2+} + NH_3 & \text{(B)} \end{cases} \qquad (9\cdot27)$$

trans 体

↓ 異性化

cis-$[Cr(X)(OH_2)(NH_3)_4]^{2+}$

cis 体

9・4・3 光電子移動反応

光によって励起されることにより，結合の開裂や構造の変化は起こさないが，電子の授受，すなわち酸化還元を起こす場合がある．たとえば $[Ru^{II}(bpy)_3]^{2+}$(bpy $=2,2'$-ビピリジン，表8・2参照)は光照射条件下では Tl^{3+} イオンを Tl^{2+} イオンに還元し，また $[Mo(CN)_8]^{4-}$ イオンを $[Mo(CN)_8]^{3-}$ イオンに酸化する．基底状態の $[Ru^{II}(bpy)_3]^{2+}$ はこのような反応を起こさない．これらの反応は，光によって励起された分子は基底状態にあるときよりも酸化力および還元力ともに強くなることを示している．これはつぎのように説明できる．励起によって高い軌道準位に上

* 光反応において，“反応した分子の数”を“分子群が吸収した光子の数”で割った値．光を吸収した分子がすべて反応すれば $\Phi=1$ となるが，実際には $\Phi\geqq0.1$ ならかなり効率の良い反応といえる．反応しない分子は熱または光を放出して基底状態に戻る．光誘起連鎖反応が起こる場合には Φ は1より大きくなる．

がった電子は，他の分子の空の軌道へ移動しやすくなる(分子の還元力の増加)．一方電子の励起によって空席ができた軌道は，他の分子の電子を受け入れやすくなる(酸化力の増加，図 9・13 参照)．

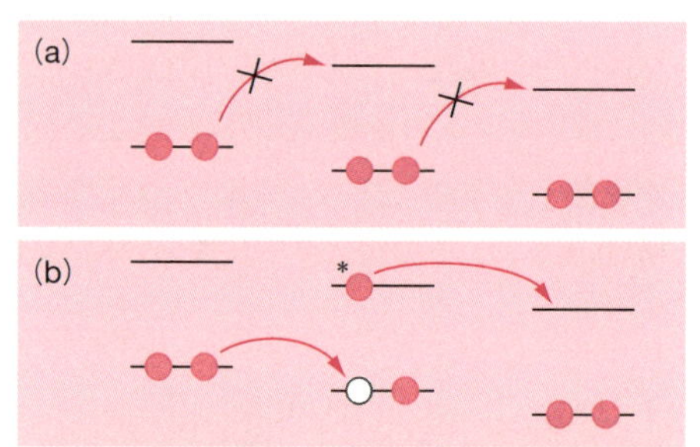

基底状態(a)では起こり得ない電子移動反応が，錯体を励起(b)すると起こるようになる

図 9・13　光電子移動反応

$[Ru^{II}(bpy)_3]^{2+}$ では，吸収する波長に関係なく，励起された分子のほとんどが 10 ps 以内に MLCT 励起状態 $[(d_{\pi}{}^5(\pi^*)^1]$ を与えることがわかっている．この励起状態では，定性的に中心金属は酸化され，一方配位子はアニオンラジカルとなっている．この励起状態の寿命は，電子移動やエネルギー移動を起こすための分子間衝突が起こるのに十分なほど長い．しかし，まわりに電子やエネルギーの授受に適した分子がないときには，橙色のりん光(608nm)を発して失活し基底状態に戻る．多くの光電子移動反応は錯体の MLCT 励起状態から進行することが，広範囲にわたる研究から明らかにされている．$[Ru^{II}(bpy)_3]^{2+}$ およびその誘導体はその中でも最も詳しく研究されている錯体である．

錯体 M の標準電位 $E°(M^+/M)$ (この場合酸化が起こる．以下酸化電位という)および $E°(M/M^-)$ (この場合還元が起こる．以下還元電位という)の励起による変化は，およそ励起エネルギー $E_{0\text{-}0}(M^*/M)$ *1 に等しい．すなわちつぎの式が成り立つ．ここで，M，M^+，M^-，M^* はそれぞれ錯体の基底状態，酸化形，還元形および励起状態を表す．

*1　基底状態 M の量子化された振動エネルギー準位のうち最も低い，すなわち振動量子数 v=0 の準位と，励起状態 M^* の振動量子数 v=0 の準位との間のエネルギー差．v=0 と v=0 との間のエネルギー差なので，E に 0-0 という添字を付ける．

$$E^\circ(M^+/M^*) = E^\circ(M^+/M) - E_{0\text{-}0}(M^*/M) \quad \text{還元力の強さを示す} \quad (9\cdot28)$$

$$E^\circ(M^*/M^-) = E^\circ(M/M^-) + E_{0\text{-}0}(M^*/M) \quad \text{酸化力の強さを示す} \quad (9\cdot29)$$

図9・14に示すように，$[Ru^{II}(bpy)_3]^{2+}$ の場合，すなわち $M=[Ru^{II}(bpy)_3]^{2+}$ の場合，水中では $E_{0\text{-}0}(M^*/M)=2.12\,V$，$E^\circ(M^+/M)=+1.26\,V$，$E^\circ(M^+/M^*)=-0.86\,V$，$E^\circ(M/M^-)=-1.28\,V$ および $E^\circ(M^*/M^-)=+0.84\,V$ という値をもつ．Tl^{3+} イオンの還元電位は $-0.35\,V$ であり，$[Ru^{II}(bpy)_3]^{2+}$ の基底状態の酸化電位 $+1.26\,V$ よりも負側にあるが，励起状態の酸化電位 $-0.86\,V$ よりも正側にあるので，この励起状態の錯体によって還元される．一方 $[Mo(CN)_8]^{4-}$ イオンの酸化電位は $+0.73\,V$ であり，$[Ru^{II}(bpy)_3]^{2+}$ の基底状態の還元電位 $-1.28\,V$ よりも正側にあるが，励起状態の還元電位 $+0.84\,V$ よりも負側にあるので，この励起状態によって酸化されるのである．

一般に，錯体Mに分子Qを共存させて光照射すると，$E^\circ(M^+/M^*)<E^\circ(Q/Q^-)$ の場合Qの還元(9・30式)，$E^\circ(M^*/M^-)>E^\circ(Q^+/Q)$ の場合Qの酸化(9・31式)，また，$E_{0\text{-}0}(M^*/M)>E_{0\text{-}0}(Q^*/Q)$ の場合Qへのエネルギー移動(9・32式)が起こる．

$$M^* + Q \longrightarrow M^+ + Q^- \quad (9\cdot30)$$

$$M^* + Q \longrightarrow M^- + Q^+ \quad (9\cdot31)$$

$$M^* + Q \longrightarrow M + Q^* \quad (9\cdot32)$$

光電子移動反応では，内圏型機構はまれである．これは，結合の開裂と形成のタイムスケールよりも励起状態の寿命の方が一般に短いためである．一方，構造変化

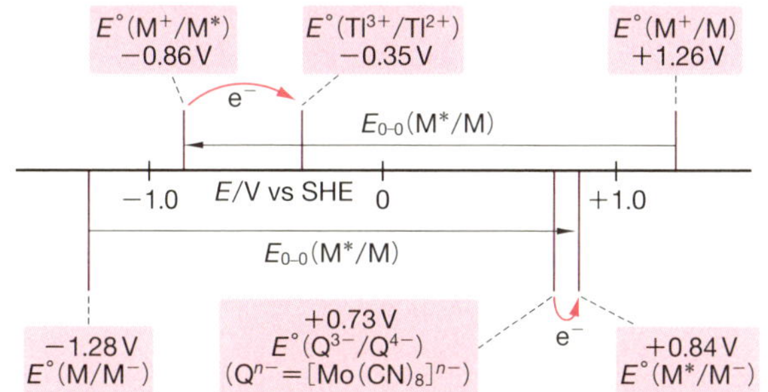

図 9・14 $[Ru(bpy)_3]^{2+}$(=M)の基底状態(M)と励起状態(M^*)の標準酸化還元電位および Tl^{3+} イオンと $[Mo(CN)_8]^{4-}$ イオンの標準酸化還元電位との関係

が小さくずっと短いタイムスケールで進行する外圏型機構は，電荷移動励起状態の消光過程* として最も一般的なものの一つである.

問　　題

9・1　表9・1の pK_a 値を比較するとつぎのような二つの傾向が認められる．それぞれなぜそのような傾向を示すかを考察せよ.

1）アクア錯イオンの全電荷が大きいほど pK_a 値が小さい.

2）$[Cr(H_2O)(NH_3)_5]^{3+}$，$[Cr(H_2O)_2(en)_2]^{3+}$ など，アンモニアあるいはアミンを配位したアクア錯体の pK_a 値は同じ3価の水和金属イオン(Cr^{3+})の pK_a 値よりも大きい.

9・2　つぎの水溶液のイオン強度を計算せよ.

1）0.10 M KCl 溶液　2）0.10 M $BaCl_2$ 溶液　3）0.10 M Na_2SO_4 溶液

4）0.10 M $Al(NO_3)_3$ 溶液

9・3　デバイ-ヒュッケルの極限式を用いてつぎの物質の25 °C における活量係数を求めよ.

1）0.010 M KCl 水溶液中の K^+ イオンの活量係数　2）0.010 M $BaCl_2$ 水溶液中 Ba^{2+} イオンの活量係数　3）0.020 M HCl 水溶液の平均活量係数

9・4　酢酸の熱力学的な酸解離定数は 1.74×10^{-5} M である．溶液のイオン強度が大きくなると，酸解離定数値(濃度平衡定数値)はどのような変化を示すと考えられるか．デバイ-ヒュッケルの極限式に基づいて考察せよ.

9・5　$[Cr(H_2O)_6]^{2+}$ と $[CrCl(H_2O)_5]^{2+}$ とを混合しても可視-紫外吸収スペクトルには変化がなく，それぞれの錯イオンの濃度は一定に保たれる．しかし，放射性の ^{51}Cr で $[Cr(H_2O)_6]^{2+}$ を標識しておくと，時間の経過とともに $[CrCl(H_2O)_5]^{2+}$ 中に ^{51}Cr の放射能が検出されるようになる．この理由を考えよ.

9・6　つぎの言葉を説明せよ.

1）アービング-ウィリアムズの安定度系列　2）交替機構

3）アネーション反応　4）トランス効果　5）キレート効果

6）アイゲン機構　7）内圏型電子移動反応

---

*　光を吸収して励起された分子が，光の放出以外の過程を通って失活し，その結果発光強度が弱められる現象を消光といい，これをひき起こす物質を消光剤，またこれをひき起こす過程を消光過程という．消光過程には励起エネルギーの熱エネルギーへの変換(無輻射遷移)，分子間での電子，原子，エネルギーの移動などがある.

10

有機金属化学

10・1 有機金属錯体とは

有機金属錯体(organometallic complex)は金属原子または金属イオンと配位子から構成されており，その点では第 8 章や第 9 章で取上げた金属錯体そのものである．ただし，有機金属錯体は少なくとも一つの金属-炭素結合をもっている化合物のことである．たとえば，カルボニル錯体(一酸化炭素が配位した錯体)やアルキル基が配位した錯体は有機金属錯体であり，これらの錯体を取扱う化学が**有機金属化学**(organometallic chemistry)である．

化学の定義においては必ずといってよいほど例外がある．古くから知られている金属-炭素間に結合をもつ錯体として，$K_3[Fe(CN)_6]$，$K_4[Fe(CN)_6]$ のようなシアニド錯体があるが，これらは第 8 章や第 9 章で取上げた錯体と性質や挙動が似ているので，通常有機金属錯体とはみなさない．第 8 章，第 9 章で取上げた錯体やシアニド錯体はしばしば**ウェルナー錯体**(Werner complex)とよばれ，有機金属錯体は**非ウェルナー錯体**(non-Werner complex)とよばれる．

ところで，金属-炭素結合はもたないが，かといってウェルナーの時代には知られていなかった，あるいは予想だにされなかった新しいタイプの金属-主要族元素結合をもつ錯体の例が今ではたくさん知られている．たとえば，炭素の代わりに同じ 14 族のケイ素やゲルマニウムが金属に結合した錯体や ***1*** や ***2*** のような金属-炭素結合をもたないが，挙動が有機金属錯体と密接な関連をもつような錯体である．

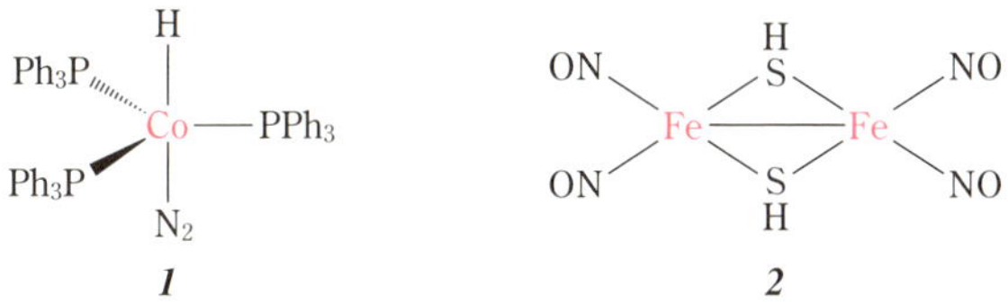

これらの錯体は金属-炭素結合をもたない非ウェルナー錯体と言い換えることもできる．このような非古典的な結合をもつ錯体の化学に対して，**無機金属化学**(inorganometallic chemistry）という言葉が提案されている．

3 のような化合物は金属-炭素結合をもつから有機金属錯体であるが，炭素と同族のゲルマニウムと金属との結合ももっている．

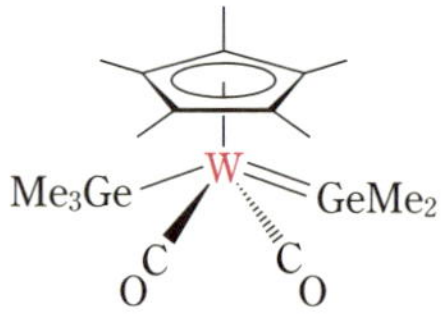

3

W-Ge 単結合や二重結合はウェルナー錯体には属さない新しいタイプの結合であり，この点に着目すると無機金属錯体である．このような有機金属錯体と無機金属錯体のどちらにも入る境界領域にある化合物では，やはり定義の相克が起こる．これらを含め本章では非ウェルナー錯体の化学全体について取上げる．

有機金属化学が大いに発展したのは 1950 年代以降のことで，化学の諸分野の中では非常に新しい分野である．しかも，この化学の与えた影響は学術上，科学技術上，あるいは社会生活上もきわめて大きく，20 世紀後半の化学ならびに科学を特徴づけるものとなった．とはいうものの，最初の有機金属錯体は 1827 年に発見された**ツァイゼ塩**（Zeise's salt，***4***）で決して新しくはない．

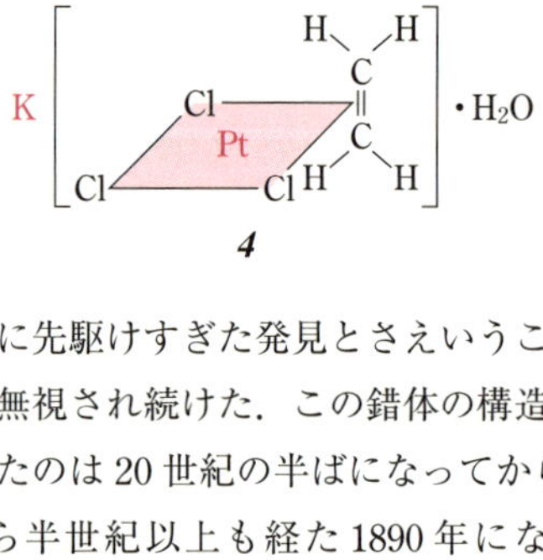

4

しかし，この錯体は時代に先駆けすぎた発見とさえいうことができ，化学にとって都合の悪い化合物として無視され続けた．この錯体の構造や金属とエチレンの奇妙な結合の本質が理解されたのは 20 世紀の半ばになってからであった．

ツァイゼ塩の発見から半世紀以上も経た 1890 年になって，モンド（Mond）が $Ni(CO)_4$ を発見した*．以後金属と一酸化炭素の反応が詳しく研究され，カルボニル錯体の種類が少しずつ増えていった．また，1900 年には**グリニャール試薬**（Grignard reagent）が発見された．さらに，1907 年にポープ（Pope）らはアルキル白

* 金属と一酸化炭素だけから成る錯体としては $Ni(CO)_4$ が最初の例であるが，1868 年に $PtCl_2(CO)_2$ の合成が報告されている．

金錯体 Me_3PtI の合成に成功した．しかし，アルキル基が配位した他の遷移金属錯体の合成はなかなかうまくいかず，このような錯体は本質的に不安定であるとする理論的考察まで行われるありさまであった．このように，有機金属化学の研究はきわめてゆっくりとしか発展しなかった．

しかし，1951 年の**フェロセン**(ferrocene)の合成および 1953 年の**チーグラー触媒**(Ziegler catalyst)の発見は有機金属化学が大きく発展する重要なきっかけをつくった．フェロセン(**5**)は二つのシクロペンタジエニル配位子(C_5H_5)に鉄原子がはさまれた構造の化合物である．

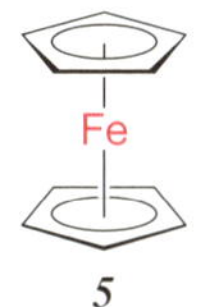

5

フェロセン中の鉄原子は他の金属に置き換えることもできる．フェロセンを含めこれら一連の化合物は**サンドイッチ化合物**とよばれている．フェロセンの全く新しい構造と化学結合様式は，当時の化学者を大いに驚かせた．

ナッタ(Natta)はチーグラー触媒を改良し，発展させた．チーグラー触媒に始まる一連の触媒を総称して，現在ではチーグラー-ナッタ触媒とよんでいる(§10・4・2 参照)．この触媒はアルケンを穏やかな条件で重合させる優れた機能をもっていて，プラスチックをわれわれの身の回りに広める要因となった．

10・2　有機金属錯体の例と電子状態

10・2・1　18 電 子 則

表 10・1 はカルボニル配位子のみをもつ第一遷移金属の錯体の例をまとめたものである．単核のカルボニル錯体は，$V(CO)_6$ を例外(p. 282 参照)として族番号が偶数の金属についてだけ存在し，カルボニル配位子の数が周期表を左から右へいくにつれて 6, 5, 4 と一つずつ減っている．二核錯体は族番号が奇数の金属でも知られて

表 10・1　第一遷移金属のカルボニル錯体

	5 族	6 族	7 族	8 族	9 族	10 族
単核錯体 (構造)	$V(CO)_6$ (正八面体型)	$Cr(CO)_6$ (正八面体型)	— —	$Fe(CO)_5$ (三方両錐型)	— —	$Ni(CO)_4$ (正四面体型)
二核錯体	—	—	$Mn_2(CO)_{10}$	$Fe_2(CO)_9$	$Co_2(CO)_8$	—

いるが，今度は周期表を左から右へいくにつれてカルボニル配位子の数が 10, 9, 8 と一つずつ減っている．

これらを合理的に説明する法則が **18 電子則**（eighteen electron rule）である．すなわち，中心金属原子がもつ原子価電子数とそのまわりにある配位子から供与される電子数の総和が 18 になる錯体は安定である．これは遷移金属原子の最外殻の電子軌道である五つの $(n-1)$d 軌道，一つの ns 軌道および三つの np 軌道のすべてを電子で埋めたことに相当し，これは問題とする金属が属している周期の一番右側にある貴ガス元素の電子配置に一致する．

オクテット則によれば，主要族元素がつくる化合物は，中心の原子がそのまわりの原子と結合をつくり，s 軌道と p 軌道に電子をすべて充塡した貴ガス元素の電子配置をとろうとする．18 電子則は中心の原子（金属元素）が貴ガス元素の電子配置をとろうとするのであるから，オクテット則と考え方は同じである．主要族元素では d 軌道に電子をもたない（または d 軌道が完全に埋まっている）のに対し，遷移金属元素の場合には一般に d 軌道に電子が不完全に詰まっている．そこで錯体をつくることによって，d 軌道も，s 軌道もさらに p 軌道もすべて電子でいっぱいにすることが貴ガスの電子配置をとることを意味することになる．

表 10・1 に示したカルボニル錯体を使って，18 電子則が成り立つかどうか調べてみよう．$Cr(CO)_6$ の場合，Cr は外殻に族番号と同じ数の 6 電子をもっている．CO は炭素上の非共有電子対を中心金属に供与するから，これらの総和は 6 電子 $+6\times2$ 電子 $=18$ 電子となり，18 電子則が成立する．鉄のカルボニル錯体の場合には中心の鉄原子の原子価電子数がクロムよりも 2 電子多い 8 電子であるから，カルボニル配位子は 5 個でよいことになる．同様にニッケルのカルボニル錯体が 18 電子則を満足するためには，CO 配位子は 4 個でよいことになる．

クロムと同族のモリブデンやタングステンは，主量子数こそクロムとは異なるが，原子価電子数は同じだから，クロムと同様，それぞれカルボニル錯体は $Mo(CO)_6$ および $W(CO)_6$ であることが期待されるが，実際そのとおりである．表 10・1 において，マンガンやコバルトの単核カルボニル錯体の所が空欄になっている．これら族番号が奇数の遷移金属原子は外殻電子数が奇数であり，2 個の電子を供与するカルボニル配位子を何個配位させても 18 電子則を満足させる組成の錯体はない．これが，奇数の族番号をもつ金属が単核カルボニル錯体を形成しない理由である．

表 10・1 には二核カルボニル錯体の例も示してある．いくつかの二核錯体の構造を図 10・1 に示す．単核錯体はつくらなかったマンガンに $Mn_2(CO)_{10}$ という組成の

二核錯体がある．この場合，図 10・1 に示されているように，二つの $Mn(CO)_5$ フラグメントの間に金属-金属結合がある．二つの金属の間には 2 電子が共有されていると考えると，一つのマンガン原子の外殻電子（7 電子），そのまわりの配位子からの供与電子（2×5＝10 電子），さらに Mn－Mn 結合をつくっている相手の金属原子からの電子（1 電子）を合計して 18 電子となる．このようにして，族番号が奇数の金属でも 18 電子則を満足する錯体を形成することができるようになる．

図 10・1 に示した他のカルボニル錯体の**電子計数**（electron count）をしてみよう．これらの錯体のほとんどに，二つの金属錯体に橋架けしたカルボニル配位子（架橋カルボニル配位子*）が含まれている．このときは，各金属にカルボニル配位子の非共有電子対から 1 電子ずつ供与されるものとして，電子計数を行う．結果は表 10・2 に示したように，いずれも 18 電子則を満足している．なお，図 10・1 に示したように $Co_2(CO)_8$ にはすべて末端カルボニル配位子だけを含む錯体と架橋カルボニル配位子を含む錯体（互いに異性体の関係にある）がある．二つの異性体のどちらも存在することは，末端型と架橋型のカルボニル配位子のエネルギーがほとんど違わないことを示している．

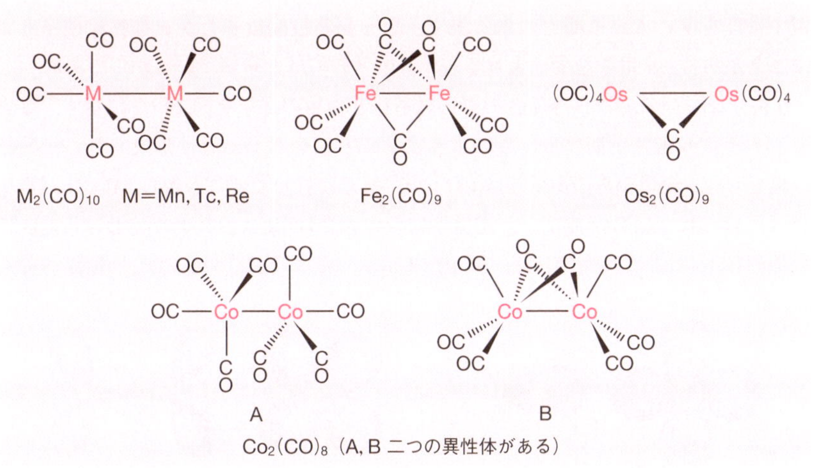

図 10・1 二核金属カルボニル錯体の構造

＊ これに対して架橋していないカルボニル配位子は末端カルボニル配位子とよばれる．

表 10・2　二核カルボニル錯体の電子計数†

錯　体	$Fe_2(CO)_9$	$Os_2(CO)_9$	$Co_2(CO)_8$	
			異性体 A	異性体 B
金属から	8	8	9	9
末端配位子から	2×3=6	2×4=8	2×4=8	2×3=6
架橋配位子から	1×3=3	1	0	1×2=2
金属-金属結合から	1	1	1	1
合　計	18	18	18	18

†　二核錯体中のどちらか一方の金属原子に着目して電子計数を行っている.

表 10・1 に示したようなカルボニル錯体はいずれも中心金属の酸化数がゼロであり，CO の炭素上の非共有電子対を金属の空の d_σ 軌道(配位子に対して σ 結合を形成しうる対称性をもつ d 軌道)に供与(σ 供与結合)しただけでは，中心金属の電子密度が高くなりすぎて安定な結合は形成されそうもない．しかし，これらの錯体の場合，満たされた金属の d_π 軌道(配位子に対して π 結合を形成しうる軌道対称性をもつ d 軌道)から CO の空の π^* 軌道への電子供与が可能で，これを π 逆供与結合とよんでいる．逆供与は普通の配位結合とは電子供与の向きが逆であり，σ 供与によって高められた中心金属の電子密度を下げる．カルボニル配位子のような金属の電子密度を受け入れる能力のある配位子を **π 受容性配位子**とか **π 酸性配位子**とよぶことがある．π 電子を受け入れるルイス酸としてはたらいているからである．

σ 供与ならびに π 逆供与結合の際の軌道相互作用の様子を図 10・2 に示す．金属とカルボニル配位子間には，このようにして σ 結合と π 結合が形成され，二重結合性をもつ．金属からの逆供与は CO の π^* 軌道に対して起こるから，C−O 三重結合は弱められて結合が伸びる．逆供与結合の存在は IR スペクトルにおける CO 伸縮振動(ν_{CO})によく反映される．表 10・3 に示したように，$[M(CO)_4]^n$ 型錯体でも

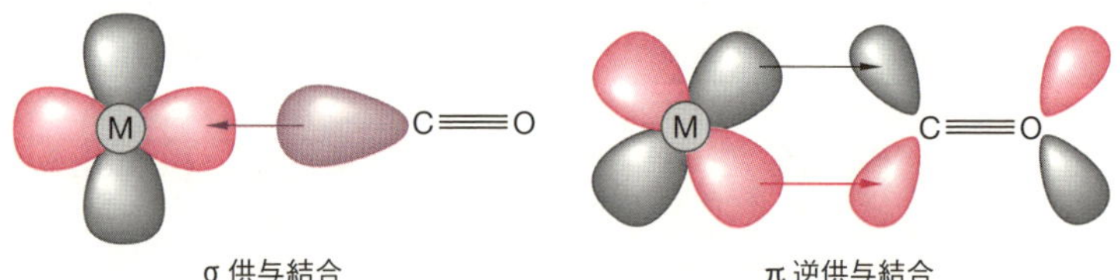

図 10・2　カルボニル錯体における σ 供与結合ならびに π 逆供与結合

$[M(CO)_6]^n$ 型錯体でも，中心金属の負電荷が増加するほど，ν_{CO} は低波数に現れている．これは増加した金属の負電荷を減らすため，満たされた金属の d_π 軌道からカルボニル配位子の π^* 軌道への π 逆供与が強くなり，カルボニル配位子の結合次数が低下するためである．

表 10・3 $[M(CO)_m]^n$ 型錯体の CO 伸縮振動波数の平均値

錯 体	ν_{CO}/cm^{-1}	錯 体	ν_{CO}/cm^{-1}
$[Fe(CO)_4]^{2-}$	1790	$[V(CO)_6]^-$	1858
$[Co(CO)_4]^-$	1880	$[Cr(CO)_6]$	1984
$[Ni(CO)_4]$	2060	$[Mn(CO)_6]^+$	2094

6 配位正八面体型錯体を例にして，分子軌道で 18 電子則を考えてみよう．図 8・27 に示した正八面体型錯体の分子軌道を，たとえば，$Cr(CO)_6$ に適用する．カルボニル配位子がもつ 12 個の電子を結合性軌道に詰めると，クロムのもつ 6 個の原子価電子は非結合性軌道をすべて埋めることになる．すなわち，結合性軌道と非結合性軌道の数の合計は 9 個で，ここに 18 電子が収容される．

同様に，図 10・3 に示す正四面体型および三方両錐型錯体の分子軌道についても考えてみよう．$Ni(CO)_4$ のような正四面体型錯体では電子は非結合性の t_2^* 軌道ま

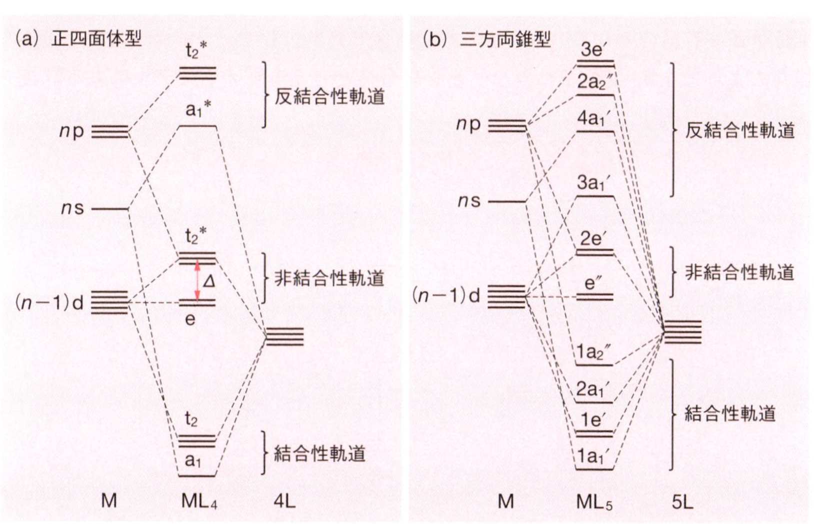

図 10・3 正四面体型(a)および三方両錐型(b)錯体の分子軌道

で入るが，この場合も 9 個の結合性軌道と非結合性軌道に，合わせてちょうど 18 電子が収容されることになる．また $Fe(CO)_5$ のような三方両錐型錯体では，電子は 2e′ 軌道まで入る．ここでもまた結合性軌道と非結合性軌道の数の和は 9 個となり，いずれも 18 電子錯体が安定に形成されると結論できる．

一般に 4 個以上の配位子をもつ錯体では，配位子の数 n と同じ数ずつの結合性軌道と反結合性軌道が形成され，残った $9-n$ 個の金属の軌道は非結合性軌道となる．したがって，結合性軌道と非結合性軌道の数の合計はつねに 9 個となり，これらに電子が満たされた錯体は安定と考えられるので，18 電子則が成り立つことになる．

ところで，図 8・27(以下 6 配位正八面体型錯体を例にとる)において，カルボニル配位子のように π 型の空の軌道(金属の d 軌道よりもエネルギー位置が高い)をもっている場合，この軌道は金属の d_π 軌道(d_{xy}, d_{yz}, d_{xz})と相互作用し，図 10・4 に示すように d_π 軌道が安定化される(図 8・29 (b) も参照のこと)．この相互作用によって，非結合性であった d_π 軌道が結合性を帯びてくる．同時に，d_σ 軌道と d_π 軌道とのエネルギー差(配位子場分裂)が大きくなる($\Delta \rightarrow \Delta'$)．CO やエチレン(金属とエチレンの結合については p. 286 参照)のような配位子が分光化学系列の上位を占めるのはこのためである．

CO 配位子は電荷をもたないから 18 電子則を満足するかどうかの計算は簡単である．種々の配位子をもつ錯体の電子計数には二つのやり方がある．一つは金属が配位子と共有結合をしているとする共有結合モデル，もう一つはウェルナー錯体の場合のように金属-配位子結合をイオン結合性と考えるイオンモデルによる計数で

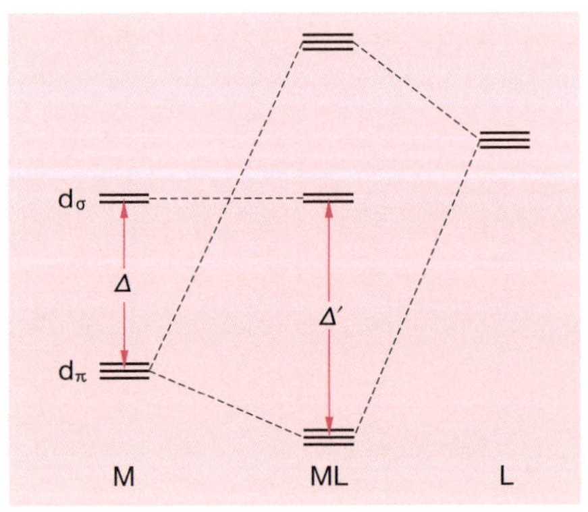

図 10・4　配位子の空の π 軌道と d_π 軌道の相互作用による d_π 軌道エネルギーの変化

ある．

$CH_3Mn(CO)_5$ で電子計数をしてみよう．共有結合モデルでは $Mn(CO)_5$ と $\cdot CH_3$ ラジカルがそれぞれ 1 電子を出し合って共有結合を形成すると考える．イオンモデルでは $[Mn(CO)_5]^+$（したがって，中心金属は Mn(I)）と $:CH_3^-$ とが結合していると考える．計数の結果はつぎのようになる．

共有結合モデル		イオンモデル	
Mn(0)	7 電子	Mn(I)	6 電子
$\cdot CH_3$	1 電子	$:CH_3^-$	2 電子
5CO	10 電子	5CO	10 電子
計	18 電子	計	18 電子

もちろん，どちらの方法も同じ結果を与える．

共有結合モデルの方がいくぶん計算が簡単であるが，上にも述べたようにイオンモデルは中心金属の酸化数も知ることができるので，この計数法も使えるようにしておくべきである．電子計数に際して必要な配位子の供与電子数を表 10・4 に示す．ここで，配位子によっては $\eta^n (n \geq 2)$ という記号のついたものがあるが，これはその配位子が n 個の原子で金属に結合していることを意味する．ここで，Cp と η^5-Cp はそれぞれ ***6***, ***7*** のような配位様式に対応する*．

6　　***7***

表 10・4　配位子の供与電子数

配　位　子	共有結合モデルでの供与電子数	イオンモデルでの供与電子数
H, F などのハロゲン，CH_3，Ph，Cp（$Cp = C_5H_5$），C_3H_5（アリル）	1	2†
CO, PPh_3, $H_2C{=}CH_2$, CS, N_2, η^2-H_2	2	2
η^3-アリル	3	4†
η^4-ブタジエン，η^4-シクロオクタジエン	4	4
η^5-Cp	5	6†
η^6-ベンゼン	6	6

†　配位子は −1 価と考える．

＊　η はハプトあるいはイータと読み，たとえば，η^5- はペンタハプトあるいはイータ 5 と読む．

18電子則はいつでも成立するわけではない．前周期遷移金属* 錯体においては中心金属自身がもっている原子価電子数が少ないため，18電子則を満たすためには多数の配位子を配位させる必要がある．しかし，あまり大きな配位数をとることは，立体障害のために許されず，18電子以下の錯体となる例が多くみられる．Cp_2TiCl_2(16電子)，WMe_6(12電子)などはその例である．表10・1に示した$V(CO)_6$も18電子則の例外である．この場合，18電子則を満足させようとすれば，さらに1電子供与体の配位を必要とするが，これは立体的に込み合った7配位錯体を与えることになる．しかし，$V(CO)_6$自体は容易に還元される．たとえば，ナトリウム金属を反応させると，18電子則を満足する$Na[V(CO)_6]$を与える．後周期遷移金属* 錯体であってもd^8電子配置をとるCo(I)，Rh(I)，Ir(I)，Ni(II)，Pd(II)，Pt(II)，Au(III)などは，平面四角形型錯体を形成することが多く，16電子錯体が多くみられる．

有機金属錯体が一般に18電子則に従うということは，逆にある錯体が18電子より少ない電子数をもつとき，❶錯体内の配位子の化学的変換，❷錯体外から何らかの基質を取込む，❸酸化還元反応を起こす，などにより，錯体が18電子則を満足しようとすることになる．このような18電子以下の反応活性な錯体を**配位不飽和錯体**(coordinatively unsaturated complex)とよぶ．何らかの手段で配位不飽和種をつくり出すことは，種々の物質変換反応に応用できるのできわめて重要である．

10・2・2　チオカルボニル，二窒素およびニトロシル錯体

カルボニル(CO)と異なり**チオカルボニル**(CS)はきわめて不安定な分子であるが，配位子としてはたらくと安定化する．CS配位子はCO配位子と等電子であり，$RhCl_3(CS)(PPh_3)_2$や$W(CO)_5(CS)$など多くの例が知られている．COとCSの両方を同時にもつ錯体の置換反応はCSよりCOの方が起こりやすく，M-CS結合がM-CO結合よりも強固なことを示している．一例を(10・1)式に示す．

$$CpMn(CO)_2(CS) \xrightarrow[-CO]{[NO]^+[PF_6]^-} [CpMn(CO)(NO)(CS)]^+[PF_6]^- \qquad (10\cdot 1)$$

二窒素(N_2)もCOと等電子的であるが，分極していないのでσ供与体としてもπ逆供与体としても弱い．1965年に二窒素錯体$[Ru(NH_3)_5(N_2)]Cl_2$が$RuCl_3$とヒドラジンの反応の予期しない生成物として単離された．以後種々の二窒素錯体が合成

* p. 191 脚注参照．

されている．N_2 配位様式も ***8, 9*** のような end-on 型* やツァイゼ塩中のエチレンの配位と同様の ***10*** に示す side-on 型* などが知られている．

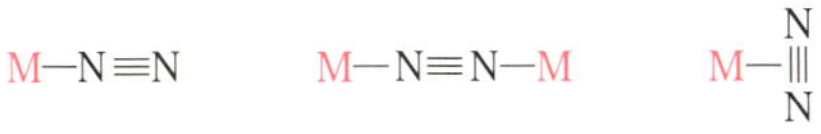

$$\underset{\textbf{\textit{8}}}{M{-}N{\equiv}N} \qquad \underset{\textbf{\textit{9}}}{M{-}N{\equiv}N{-}M} \qquad \underset{\textbf{\textit{10}}}{M{-}\begin{matrix}N\\ |||\\ N\end{matrix}}$$

二窒素配位子を錯体上で還元することにより，アンモニアなどに還元できるのではないかと期待され，二窒素配位錯体の還元反応が活発に研究されている．

ニトロシル(NO)錯体では通常 M−N−O が直線型の配位をする．共有結合モデルでは中性の NO が 3 電子供与体としてはたらいていると考え，イオンモデルでは CO と等電子の NO^+(2 電子供与体)が配位しているとみなす．$Fe(CO)_2(NO)_2$ や $Cr(NO)_4$ がその例である．また，つぎのような反応も知られている．

$$\underset{16\,電子錯体}{IrCl(CO)(PPh_3)_2} + NO^+ \longrightarrow \underset{18\,電子錯体}{[IrCl(NO)(CO)(PPh_3)_2]^+} \qquad (10\cdot 2)$$

M−N−O が 120° 程度に折れ曲がった配位様式の錯体もまれに得られる．この場合は，共有結合モデルでは 1 電子供与体と考え，イオンモデルでは NO^-(2 電子供与体)が配位しているものとして計算する．NO 配位子は電子計数が少々ややこしい例の一つである．

10・2・3　アルキル錯体

実際に得られるアルキル遷移金属錯体中の金属-炭素結合の結合エネルギーはグリニャール試薬などの主要族金属-炭素結合のそれとほとんど違わないことが知られている．安定なアルキル遷移金属錯体がなかなか見つからなかった理由の一つは錯体がいったん生成しても，これを他の錯体に変えてしまう反応があるためである．そのような反応のうち最も重要なものに **β 水素脱離反応**(β-hydrogen elimination)がある．

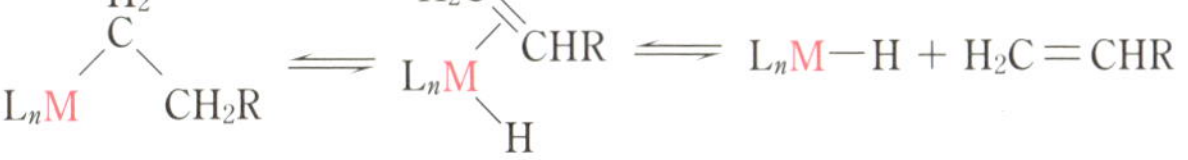

$$\underset{\textbf{\textit{11}}}{L_nM{-}CH_2{-}CH_2R} \rightleftharpoons \underset{\textbf{\textit{12}}}{L_nM(H)(\eta^2\text{-}H_2C{=}CHR)} \rightleftharpoons L_nM{-}H + H_2C{=}CHR \qquad (10\cdot 3)$$

* N_2 のように配位可能な 2 原子が配位子内で隣り合っている場合，金属に対して一方の原子だけで配位する場合を end-on(末端で結合した)型，2 原子が同時に一つの金属に配位する場合を side-on(側面で結合した)型という．

これはアルキル配位子のβ位の水素(金属から2番目の炭素についた水素)が金属に転位して，ヒドリド(アルケン)錯体を生じる反応である．***12***の金属とアルケンの結合はツァイゼ塩(***4***)における白金とエチレンの結合と類似のものである．もし，金属とアルケンの結合が弱い場合には，(10・3)式に示したようにアルケンが解離する．β水素脱離反応が起こるためには錯体***11***が配位不飽和種で，金属上に空いた配位座をもっていなければならない．もともと1電子供与体であったアルキル配位子が，β水素脱離してヒドリドとアルケン配位子に変化すると，全部で3電子供与体としてはたらくことになる．言い換えると，β水素脱離により中心金属は配位子から2電子だけ余分に電子供与を受け，配位不飽和性を減らす(もしくは解消する)ことができる．逆にアルキル基のβ位に水素がなければ，β水素脱離を防ぐことができる．$-CH_3$，$-CH_2C_6H_5$，$-CH_2C(CH_3)_3$，$-CH_2Si(CH_3)_3$などのアルキル配位子はこの条件を満たしている．アルキル錯体を分解させる反応にはこのほかに還元的脱離(§10・3・1)，α水素脱離，M−C結合の均等開裂(ラジカル開裂)などがある．

10・2・4 カルベン錯体およびカルビン錯体

カルベン(carbene)は遊離の状態では極端に不安定な2価の炭素化学種($:CR_2$)であるが，遷移金属上で安定化される．このような**カルベン錯体**(carbene complex)には**フィッシャー**(Fischer)**型**と**シュロック**(Schrock)**型**の二つのタイプが知られている．

フィッシャー型カルベン錯体は後周期遷移金属にその例が多く，一般にカルベン炭素上にOMeのようなπ電子供与性の置換基をもっている．フィッシャーは1964年に(10・4)式の経路によるフィッシャー型カルベン錯体の合成を報告した．

$$W(CO)_6 + LiR \longrightarrow Li^+\left[(CO)_5W{-}C\begin{matrix}\diagup O\\ \diagdown R\end{matrix}\right]^- \xrightarrow[\substack{-LiBF_4\\ -Me_2O}]{\substack{Me_3O^+BF_4^-\\ (\text{メールワイン試薬})}} \underset{\text{カルベン錯体}}{(CO)_5W{=}C\begin{matrix}\diagup OMe\\ \diagdown R\end{matrix}} \qquad (10\cdot4)$$

カルボニル錯体に求核試薬(ここではアルキルリチウム)を反応させ，ついで求電子試薬(ここでは**メールワイン試薬**，Meerwein reagent)，$Me_3O^+BF_4^-$でアルキル化することによりカルベン錯体を得た．この錯体は(10・5)式に示す共鳴によって安定化されている．

$$\mathrm{M{=}C(OMe)R} \longleftrightarrow \overset{-}{\mathrm{M}}-\overset{+}{\mathrm{C}}\mathrm{(OMe)R} \longleftrightarrow \overset{-}{\mathrm{M}}-\mathrm{C(R){=}\overset{+}{O}Me} \qquad (10\cdot5)$$

したがって，M－C 結合は $M^{\delta-}-C^{\delta+}$ のように分極しており，カルベン炭素は求核試薬の攻撃を受けやすい．

シュロック型カルベン錯体は Nb，Ta のような前周期遷移金属にその例が限られており，***13*** はその一例である．中心金属の酸化数が高いため金属-炭素結合は $M^{\delta+}-C^{\delta-}$ のように分極しており，フィッシャー型カルベン錯体とは対照的にカルベン炭素は求電子試薬の攻撃を受ける．

カルベン錯体が合成されると，1 価の炭素化学種(:CR)を配位した**カルビン錯体**(carbyne complex)が合成のターゲットとなった．現在ではカルビン錯体も多数の例が知られている．一例(***14***)を示す．

13 ($Cp_2Ta(Me)(=CH_2)$)　　***14*** ($I-Cr(CO)_4{\equiv}CMe$)

カルベンのケイ素類縁体，すなわち 2 価のケイ素化学種である**シリレン**(silylene，:SiR_2)を配位した錯体の合成はカルベン錯体の合成よりもはるかに遅かった．そもそも金属とシリレンの結合はカルボニル錯体の M－C 結合と同様に，Si 上の非共有電子対の金属への σ 供与と，金属から Si 原子の空の p 軌道への π 逆供与とから成り立っている(図 10・5)．ケイ素は炭素よりも電気陰性度が小さいため，シリレン錯体はフィッシャー型カルベン錯体よりもさらに強く $M^{\delta-}-Si^{\delta+}$ という分極

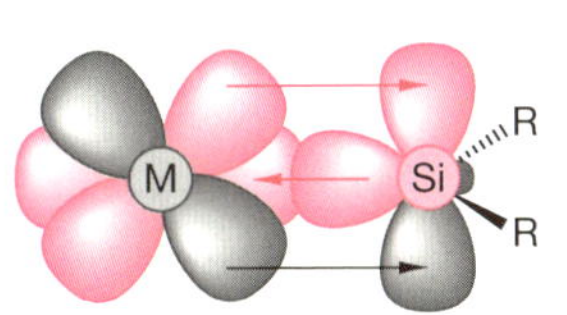

(a) 塩基を含まないシリレン錯体

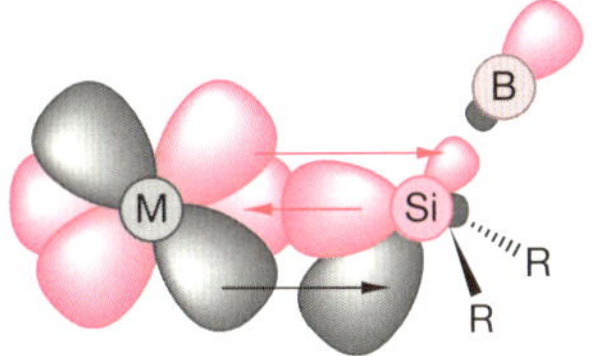

(b) 塩基 B を含むシリレン錯体

(a) d_π 軌道から Si の空の p 軌道への π 逆供与が起こっている．
(b) d_π 軌道から Si-Bσ* 軌道への π 逆供与が起こっている

図 10・5 SiR_2 を配位したシリレン錯体の M＝SiR_2 結合の模式図

を受ける．このため，シリレン錯体には塩基を含まないもの（図 10・5 a）と電子不足なケイ素上に塩基を配位して安定化したもの（図 10・5 b）とが知られている．最初に合成されたのは塩基を含むシリレン錯体（***15***, ***16***）で（1987 年），塩基を含まないシリレン錯体（***17***）の合成は 1993 年のことであった．

15

THF＝テトラヒドロフラン
^{t}Bu＝*tert*-ブチル基

16

17

10・2・5 炭素-炭素多重結合を配位した錯体

ツァイゼ塩（***4***）においてはエチレンが白金に side-on 型で配位している．このような金属-エチレン錯体（あるいはより一般的にアルケン錯体）の金属-エチレン結合は，❶ エチレンの π 電子対の金属の空の d_σ 軌道への σ 供与と，❷ 満たされた金属の d_π 軌道からエチレンの空の π^* 軌道への π 逆供与から成り立っている（図 10・6）．

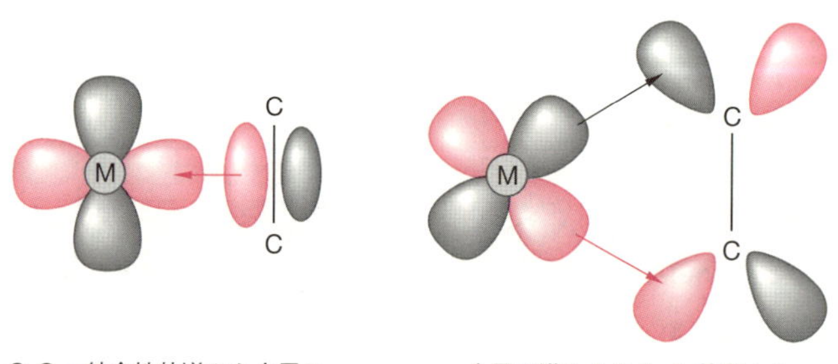

C-C π 結合性軌道から金属の空の d_σ 軌道への σ 供与

金属の満たされた d_π 軌道から C-C π^* 軌道への π 逆供与

図 10・6 エチレン錯体における σ 供与結合ならびに π 逆供与結合

金属からエチレンの反結合性軌道である π^* 軌道への電子の流れ込みのため，エチレンもしくはアルケンのC−C二重結合は一般に遊離のときよりも長くなる．

アルキンもアルケン同様のやり方で金属-アルキン結合をつくることができる．ただし，アルキンは二つのC−C π 結合をもち，この二つは互いに直交しているから，架橋配位子としてはたらくこともできる．アセチレン配位子を含むコバルトの二核錯体 ***18*** は，そのような例の一つである．この場合，C−C軸とCo−Co軸はほぼ直交する．

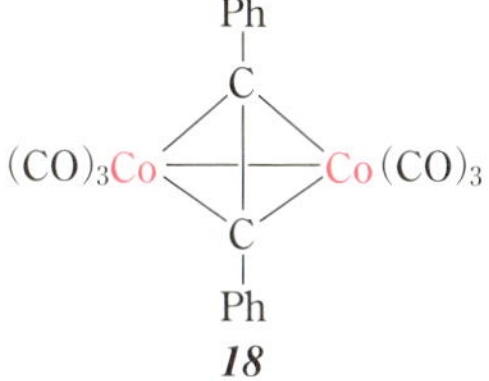

18

シクロペンタジエニル(Cp)やペンタメチルシクロペンタジエニルなどのCp誘導体を含むおびただしい数の有機金属錯体が合成されている．フェロセンはCp配位子をもつ錯体の先駆けとなったが，このようなサンドイッチ構造よりもむしろ ***19***, ***20*** のような多数のピアノいす型錯体が合成されており，いすの脚の数に対応させて ***19*** は三脚ピアノいす型，***20*** は四脚ピアノいす型などとよばれている．

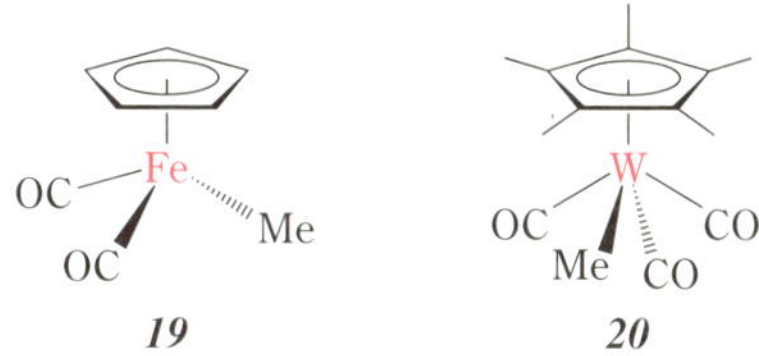

19　***20***

遊離の状態では不安定で存在しえない分子やイオンが遷移金属上で安定化される例は多い．すでに述べたCS，カルベン，カルビン，シリレンなどもそのような例である．CpよりもCH単位が一つ少ないシクロブタジエンも遊離の状態では安定に存在できないが，***21*** のように遷移金属に配位して安定化される．***22***, ***23*** のようなベンゼンなどのアレーンが配位した錯体も多数知られている．

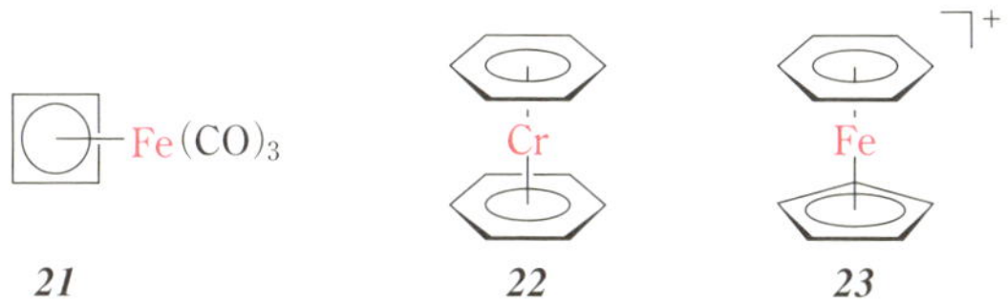

21　***22***　***23***

10·2·6 σ 結合を配位した錯体

β水素脱離においては分子内のC−H結合が金属中心と相互作用して切れ，ヒドリド配位子とアルケンが金属に配位した錯体が生成する．しかし，C−H結合の切断に至る中間状態に相当するような錯体がある．すなわち，C−Hσ結合がside-on型で金属に配位した錯体である．このようなσ結合と金属の相互作用が分子内で起こった場合は，**アゴスティック**(agostic)**相互作用*** とよばれる．

$TiCl_3$(dmpe)Me(***24***)はアゴスティック相互作用をもつ錯体の一例である(dmpe＝$Me_2PCH_2CH_2PMe_2$)．この錯体はdmpeの二つのP，1個のCl原子およびMeがTi原子のまわりでほぼ平面を成し，この平面の上下に残りの二つのCl原子が配位している．しかし，X線回折法および中性子回折法を使った詳しい構造解析の結果，Me配位子中の1個のH原子が他の二つのH原子よりもTiに近づいていることがわかった．また，Me配位子中のTi原子に近い位置にあるH原子のC−Hの結合距離は他の二つのC−Hの結合距離よりも長くなっている．

24

ところで，1984年に水素分子を配位した錯体(***25***)の合成が報告された．これはσ結合を配位した最も単純な系といってよいであろう．

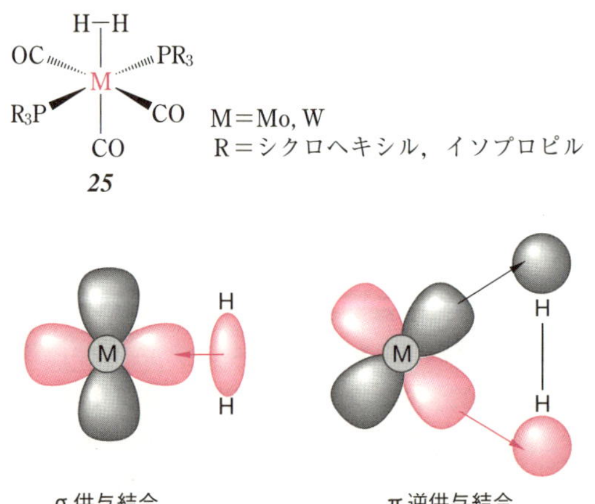

図 10·7 水素分子配位錯体における σ 供与結合ならびに π 逆供与結合

* 1983年にBrookhartとGreenによって提唱された用語．agosticは，「つかむ」あるいは「自身に保つ」を意味するギリシャ語に由来する．

アゴスティック相互作用と水素分子の配位は結合の性格として本質的に同じものである．水素分子配位錯体を例にとって説明すれば，H_2 と金属の結合は H_2 の結合性軌道にある電子対を金属の空の d 軌道に供与すること，および H_2 の反結合性軌道への金属の満たされた d_π 軌道からの π 逆供与から成り立っている(図 10・7)．したがって，π 逆供与が強くなりすぎると，H−H 結合の切断が起こり，ジヒドリド錯体が生成する．

C−H や H−H の σ 結合が配位できるのであれば，他の σ 結合も配位できるはずである．事実，B−H や Si−H の σ 結合が配位した錯体などが知られている．***26*** は $SiHPh_3$ の Si−H σ 結合が $CpMn(CO)_2$ フラグメントに配位した例である．Si−H σ 結合は 2 電子供与体であり，***26*** は 18 電子則を満足することがわかる．

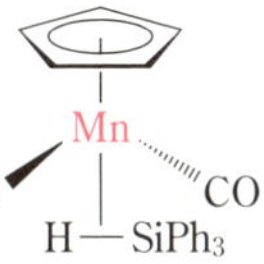

10・3　有機金属錯体の反応

有機金属錯体も配位子置換反応や電子移動反応(酸化還元反応)を行うが，それらについてはすでに一般的な錯体について第 9 章で解説しているので，ここでは新たに項目を設けることは避け，それ以外の有機金属錯体特有の反応に重点を置いて述べる．

10・3・1　酸化的付加・還元的脱離反応

$IrCl(CO)(PPh_3)_2$ は発見者にちなんで**バスカ錯体**(Vaska's complex)とよばれている．この錯体は平面四角形の 16 電子錯体(配位不飽和錯体)である．バスカ錯体は多くの基質に対して多彩な反応性を示す．(10・6)式は H_2 分子との反応例である．

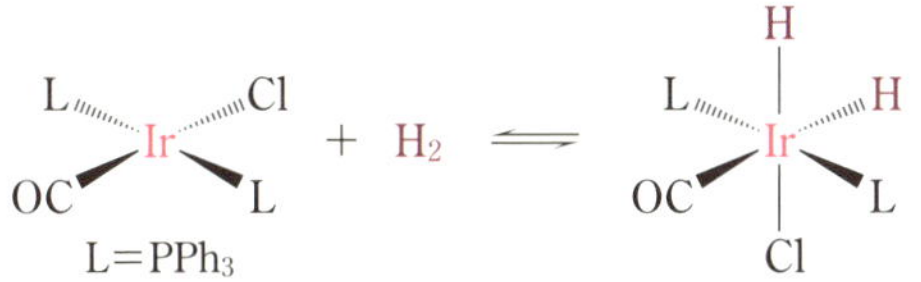

$$\mathrm{IrCl(CO)L_2} + \mathrm{H_2} \rightleftharpoons \mathrm{IrH_2Cl(CO)L_2} \qquad (10 \cdot 6)$$

反応生成物であるジヒドリド錯体は 6 配位八面体型で，中心金属である Ir の酸化数は Ir(I) から Ir(III) へと増加している．このような酸化数の増加を伴った付加反応を**酸化的付加反応**(oxidative addition)とよぶ．すなわち，より一般的に酸化的付加反応は(10・7)式のように表すことができる.

$$L_nM + A{-}B \underset{\text{還元的脱離}}{\overset{\text{酸化的付加}}{\rightleftharpoons}} L_nM\begin{matrix}A\\B\end{matrix} \quad (10 \cdot 7)$$

この反応の逆反応は**還元的脱離反応**(reductive elimination)とよばれる. 酸化的付加・還元的脱離反応は種々の基質を錯体に配位させ, 変換して放出するという触媒反応を推進する際にしばしば現れる重要な反応様式である.

10・3・2 挿入反応

$MeMn(CO)_5$ 錯体に一酸化炭素を反応させると, アセチルマンガン錯体を生じる.

$$MeMn(CO)_5 + CO \longrightarrow MeCOMn(CO)_5 \quad (10 \cdot 8)$$

すなわち, CO が Me−Mn の間に割り込んだように見えるため, **挿入反応**(insertion)とよぶ. しかしながら, 反応の詳しい機構的な検討から, 外から加えた試薬が金属−配位子間に挿入されているわけではないことがわかった. 事実, アセチル配位子は CO の代わりに PPh_3 を反応させても生じる.

$$MeMn(CO)_5 + PPh_3 \longrightarrow MeCOMn(PPh_3)(CO)_4 \quad (10 \cdot 9)$$

これらの反応の機構は(10・10)式のように進むことが明らかにされている.

$$Mn(Me)(CO)_5 \rightleftharpoons Mn(\square)(COMe)(CO)_4 \xrightarrow{+L} Mn(L)(COMe)(CO)_4 \quad (10 \cdot 10)$$

すなわち, Me 配位子が隣のカルボニル配位子へ移動してアセチル配位子となり, こうして空になった Mn の配位座に外から加えた配位子 L が配位する. このような反応機構に基づき, この反応を**移動挿入反応**(migratory insertion)とよぶこともある. §10・2・3で述べた β 水素脱離反応(10・3式参照)は挿入反応の逆反応と見ることができる.

10・3・3 有機金属錯体の光反応

有機金属錯体の光反応に付随して上述の酸化的付加・還元的脱離や挿入反応が起こることが多いので, それらを関連させて述べる. 錯体の光反応の中で, カルボニル錯体の反応がその例の多さ, 多様性, 有用性のどの観点から見ても, 最も重要なものの一つであることに疑問の余地はない. カルボニル錯体の光反応は, 多くの場合，配位子場(LF)遷移によって誘起されるカルボニル配位子の解離から始まる．

カルボニル配位子をもつ多種多様な錯体が知られている6族から9族までの遷移金属錯体について，いくつかの代表的な光反応の例をつぎに示す．

❶ 配位子置換反応: 6族錯体を例にとって示す．カルボニル錯体に溶液中で光照射すると，きわめて短時間の間にカルボニル配位子の解離と溶媒の配位が起こる．

$$\mathrm{M(CO)_6} \xrightarrow[-\mathrm{CO}]{h\nu} [\mathrm{M(CO)_5}] \xrightarrow{\mathrm{S(溶媒)}} [\mathrm{M(CO)_5(S)} \qquad (10 \cdot 11)$$

$\mathrm{M = Cr, Mo, W}$

溶媒として炭化水素や貴ガスを用いても，それらの配位が起こることが確認されているが，寿命は短い．光照射の際にホスファンやアルケンなどの配位子(L)を共存

配位子場(LF)遷移がカルボニル配位子の解離をひき起こす理由

図10・8に金属のd軌道とカルボニル配位子のσ軌道およびπ* 軌道との相互作用によって形成される分子軌道を示す．LUMO(d_σ*)はCOと金属間のσ供与結合の反結合性軌道，一方HOMO(d_π)はπ逆供与結合の結合性軌道であり，どちらも金属のd軌道としての性格が強い．LF遷移はd_π軌道からd_σ* 軌道への電子遷移にあたる．これが起こると，M－CO σ結合の反結合性軌道に電子が入り，一方M－CO π結合性軌道から電子が一つ失われることになるので，σ結合とπ結合がともに弱められ，結果としてカルボニル配位子の解離が起こる．

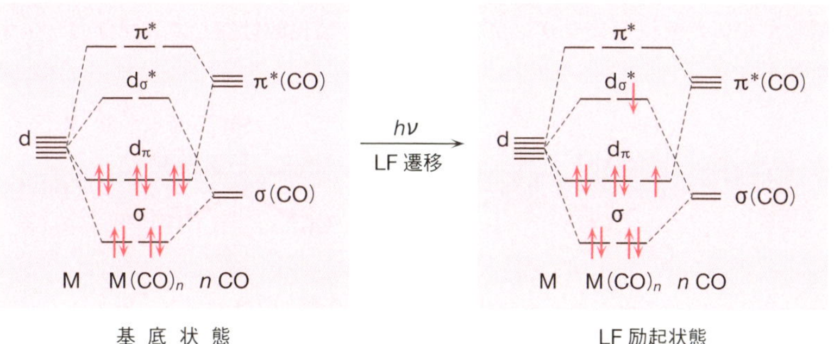

図 10・8 カルボニル錯体の分子軌道と配位子場(LF)遷移（フロンティア軌道における基底状態およびLF励起状態の電子配置）

させておくと，配位した溶媒をこれらの配位子が置換して配位子置換生成物が得られる．

$$[\mathrm{M(CO)_5(S)}] + \mathrm{L} \xrightarrow[-\mathrm{S}]{} \mathrm{M(CO)_5L} \qquad (10\cdot12)$$

テトラヒドロフラン(THF)などの配位性の溶媒を用いれば，その溶媒が配位した安定な錯体を光反応で合成することができる．その後導入したい配位子を暗所で加えて反応させることもできる(10・13 式)．光に不安定な錯体の合成にはこの方法が有効である．

$$\mathrm{M(CO)_6} \xrightarrow[\substack{\mathrm{THF} \\ -\mathrm{CO}}]{h\nu} \mathrm{M(CO)_5(THF)} \xrightarrow[-\mathrm{THF}]{+\mathrm{L},\ \text{暗所}} \mathrm{M(CO)_5L} \qquad (10\cdot13)$$

過剰の配位子の存在下で光照射を続ければ，2 個以上のカルボニル配位子が置換される場合もある．いくつのカルボニル配位子が置換されるかは，置換する配位子の立体的および電子的効果によって決まる．かさ高さが小さいうえに強い π 逆供与を受けることもできるホスファンである $\mathrm{P(OMe)_2F}$ を用いると，$\mathrm{Cr(CO)_6}$ のカルボニル配位子をすべて置換することができる．

$$\mathrm{Cr(CO)_6} + \underset{\text{過 剰}}{6\mathrm{P(OMe)_2F}} \xrightarrow[-6\mathrm{CO}]{h\nu} \mathrm{Cr\{P(OMe)_2F\}_6} \qquad (10\cdot14)$$

光による配位子置換反応は，マンガン(7 族)，鉄(8 族)，コバルト(9 族)などのカルボニル錯体でも多くの例が知られている非常に一般性の高い反応である．

❷ **酸化的付加反応：**　この反応の典型的な例は，ヒドロシラン存在下でのペンタカルボニル鉄の光反応である．LF 遷移によって励起された錯体は CO 配位子を解離し，空いた配位座にシランが Si−H 結合で酸化的付加して 6 配位のシス型錯体を与える．

$$\mathrm{Fe(CO)_5} + \mathrm{R_3Si{-}H} \underset{-\mathrm{CO}}{\overset{h\nu}{\rightleftharpoons}} \mathrm{Fe(CO)_4(SiR_3)(H)} \qquad (10\cdot15)$$

また，イリジウムのカルボニル錯体にアルカン中で光照射すると，カルボニル配位子が解離しアルカンの C−H 結合がイリジウムに酸化的付加した錯体が生成する(10・16 式)．この反応は，一般に不活性な結合とされる C−H 結合を活性化した例として重要である．

(10・16)

❸ **β水素脱離反応**： アルキル配位子とカルボニルを同時にもつ錯体の光反応では，カルボニル配位子の解離によって発生した配位不飽和種上で，β水素脱離が容易に起こる．たとえば，(10・17)式に示すペンチルタングステン錯体の光反応では，ヒドリド(η^2-アルケン)錯体が生成する．

(10・17)

8族の鉄およびルテニウムの錯体では，β水素脱離によって発生するヒドリド(アルケン)錯体は不安定であり，アルケンが遊離しCOが再結合した生成物を与える．

(10・18)

❹ **幾何異性化反応**： カルボニル配位子の光化学的解離を経由して，錯体の幾何異性化が起こる場合もある．その代表的な例を(10・19)式に示す．

(10・19)

光を吸収してM−L結合の切断が起こるのはカルボニル錯体に特有の反応というわけではない．アルカン類は一般に反応性に乏しいが，シクロヘキサン共存下でジヒドリド錯体である$(C_5Me_5)Ir(PMe_3)H_2$に光照射すると，H_2分子の発生とともにシクロヘキサンのC−H結合が活性化される．この反応は(10・20)式に示す機構で進行すると考えられている．

(10・20)

すなわち，光照射によってM−H結合が弱められてH_2分子の還元的脱離反応を起こし，生成した配位不飽和錯体にシクロヘキサンのC−H結合が酸化的付加して最終生成物を与えたのである．

アセトニトリルを配位した**レノセン**錯体*(***27***)をアセトンに溶かし，ベンゼンを共存させて光照射すると，(10・21)式のようにフェニル(ヒドリド)錯体(***29***)を与える．これは光照射された***27***がアセトニトリルを放出して，完全なサンドイッチ型をしたレノセン(***28***)を与え，ついでベンゼンが酸化付加して***29***を与えたと考えられている．なお，ベンゼンの代わりにチオフェンを共存させて光照射すると，チオフェンの2位のC−H結合が選択的に活性化され，2-チエニル錯体(***30***)が得られる．

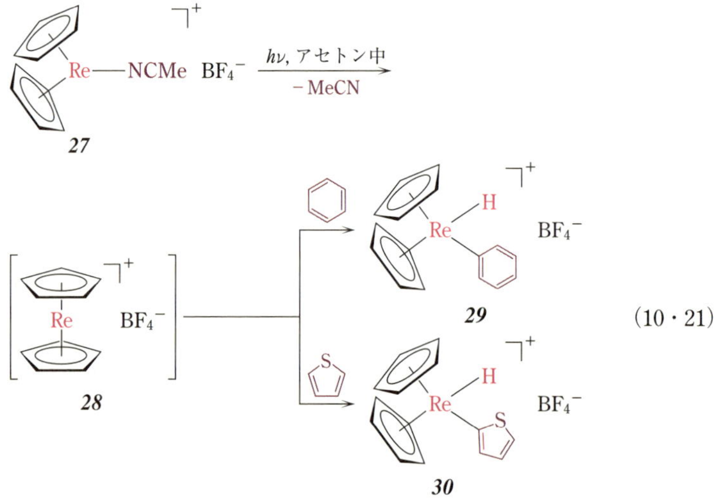

* レニウムを二つのシクロペンタジエニル配位子にはさんだ錯体をレノセンという．同様にクロムやコバルトのサンドイッチ化合物は**クロモセン**，**コバルトセン**とよぶ．

10・4　有機金属錯体の触媒反応

有機金属錯体がもつ種々の反応性を組合わせることにより物質変換のための触媒サイクルが組立てられている．代表的な例を取上げて述べる．

10・4・1　ウィルキンソン錯体によるアルケンの水素化

アルケンの水素化は有機合成上重要な反応で，食用油の改質など多くの応用がある．このため昔から多くの研究が行われてきた．**ウィルキンソン錯体**(Wilkinson's complex) $RhCl(PPh_3)_3$ はノーベル化学賞受賞者であるウィルキンソン(Wilkinson)が発見した錯体で，アルケンの水素化を行う優れた**均一系触媒***(homogeneous catalyst)になる．ウィルキンソン錯体による水素化反応は図 10・9 に示す機構で進行していると考えられている．ウィルキンソン錯体は 16 電子錯体で配位不飽和であるが，触媒活性種は PPh_3 を一つはずした $RhCl(PPh_3)_2$(***31***)と考えられている．***31*** に水素分子が酸化的付加し，ひき続きアルケンが配位する．Rh－H 結合に配位したアルケンが挿入してアルキル錯体(***32***)を与える．***32*** の中でアルキル基とヒドリド配位子はトランス位を占めているが，異性化して互いにシス位を占めた後，還元的脱離反応により触媒活性種(***31***)を再生するとともにアルカンを与える．

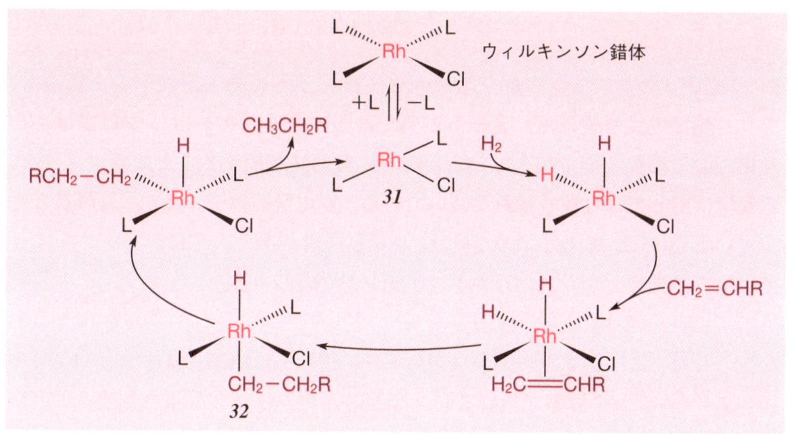

図 10・9　ウィルキンソン錯体によるアルケンの水素化反応（$L=PPh_3$）

＊　通常，液相に均一に溶解して反応を促進する物質を均一系触媒という．ただし，気相反応を促進する気体物質も均一相ではたらく触媒なので，均一系触媒である．これに対して，触媒が反応の進行する相とは異なる相にある場合を，不均一系触媒とよぶ．ほとんどの場合，不均一系触媒反応とは固体触媒による液相反応を指す．

10・4・2　チーグラー-ナッタ触媒によるアルケンの重合

チーグラー-ナッタ触媒(Ziegler-Natta catalyst)は**不均一系触媒**(heterogeneous catayst)で，$(C_2H_5)_2AlCl$ と $TiCl_3$ を混合するなどしてつくられる．この触媒は常温，常圧で十分活性で，それまでの重合法(現在では高圧法とよばれている)の重合条件(200 °C，1000〜2000 気圧)とは全く異なる画期的なものであった．しかも，高圧法は枝分かれしたポリマーが得られるのに対し，チーグラー-ナッタ触媒を使う方法(低圧法とよばれている)でははるかに枝分かれの少ないポリマーが得られる．チーグラー(Ziegler)とナッタ(Natta)は 1963 年にノーベル化学賞を受賞している．

エチレンを重合する場合の機構として提案されているもののうち最も有名なものを (10・22)式に示す．このチーグラー-ナッタ触媒の表面には，空いた配位座をもちアルキル基を配位した Ti 原子が存在すると考えられている．

$$\mathrm{Ti}(CH_2CH_3)(\square) \xrightarrow{CH_2=CH_2} \mathrm{Ti}(CH_2CH_3)(CH_2{=}CH_2) \longrightarrow \mathrm{Ti}(\square)(CH_2CH_2CH_2CH_3)$$

$$\xrightarrow{CH_2=CH_2} \mathrm{Ti}(CH_2{=}CH_2)(CH_2CH_2CH_2CH_3) \longrightarrow \cdots\cdots \qquad (10\cdot22)$$

この Ti 原子へのエチレンの配位とアルキル配位子への挿入が効率よく繰返され，メチレン鎖は成長を続ける．先にも述べたようにチーグラー-ナッタ触媒は不均一系触媒なので触媒表面で起きている反応を実験的に解明することは簡単ではない．反応機構に関しては現在も検討が続いている．停止反応の一つは β 水素脱離と考えられている(10・23 式)が，この点についても議論がある．とにかく，このようにして平均分子量数万から数十万のポリエチレンが得られる．

$$[\mathrm{Ti}]-(CH_2CH_2)_nCH_2CH_3 \longrightarrow [\mathrm{Ti}]-H + CH_2{=}CH(CH_2CH_2)_{n-1}CH_2CH_3 \qquad (10\cdot23)$$

チーグラー-ナッタ触媒でプロピレンなどの α オレフィンも重合させることができる．プロピレンはおもに head-to-tail 型* に重合したポリマーを与えるが，このとき，ポリマーの立体規則性が問題となる．すなわち，図 10・10 に示すように，ポ

＊　プロピレン$(CH_2{=}CHMe)$のように左右対称でない分子(ここでは A=B)が重合するとき，−A−B−A−B− とつながるのを head-to-tail(頭と尻尾がつながる)型，−A−B−B−A− とつながるのを head-to-head(頭と頭がつながる)型という．

リマー主鎖を紙面に置いたとき，メチル基の配向が一方向にそろっているものを**アイソタクチックポリマー**(isotactic polymer)とよぶ．このポリマーでは主鎖の不斉炭素がすべて同じキラリティーをもっている．このほかたとえばメチル基が一つおきに手前側，向こう側と交互に配向を変えるポリマーを**シンジオタクチックポリマー**(syndiotactic polymer)，メチル基の配向に規則性のないものを**アタクチックポリマー**(atactic polymer)とよぶ．高圧法では立体規則性の制御はできないが，チーグラー-ナッタ触媒では非常に高い立体規則性重合が可能である．

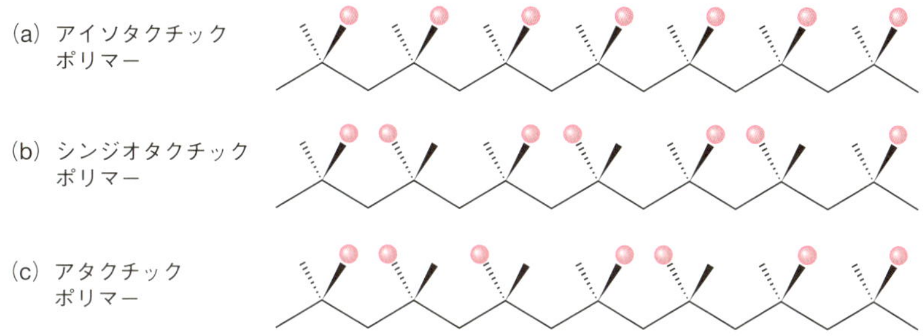

図 10・10 ポリプロピレンにおける立体規則性（●はメチル基を意味する）

チーグラー-ナッタ触媒の改良や新たな触媒の開発は現在も活発に行われている．最近報告されたメタロセン誘導体(金属はTi, Zr, Hf)とメチルアルモキサン$(AlMeO)_n$を組合わせた均一系触媒(**カミンスキー**(Kaminsky)**触媒**とよばれる)はチーグラー-ナッタ触媒よりも高い立体規則性と反応活性をもち，実用化されつつある．カミンスキー触媒に使うメタロセンとして多くの錯体が合成されている．その一例は ***33*** である．

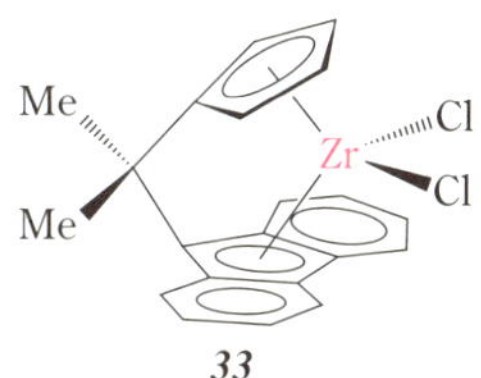

有機金属錯体を触媒とするプラスチックの生産は，われわれが日常生活で使う基本的な材料を大きく変えた．現在日本ではチーグラー-ナッタ触媒を使って年間約300万トンのポリエチレンが生産されている．

10・4・3 コバルト触媒によるヒドロホルミル化反応

ヒドロホルミル化というのはアルケンにヒドロ基(H)およびホルミル基(CHO)を導入してアルデヒドをつくる反応を意味する．アルケンにCoあるいはRh錯体を触媒としてH_2とCOを付加させる反応が実用化されており，酸素を導入する反応であることからオキソ法ともよばれている．Co触媒として$Co_2(CO)_8$を用いた場合を例に，ヒドロホルミル化反応に有機金属錯体がどのようにかかわるかをみてみよう．Rh触媒を用いる場合に比べて$Co_2(CO)_8$を用いる場合には反応条件ははるかに過酷で，アルケン，CO，H_2を約250気圧，150℃程度で反応させる．$Co_2(CO)_8$はH_2と反応して$HCo(CO)_4$を与えるが，触媒サイクルに組込まれている活性種は$HCo(CO)_3$と考えられている．

$$Co_2(CO)_8 + H_2 \rightleftharpoons 2HCo(CO)_4 \rightleftharpoons 2HCo(CO)_3 + 2CO \qquad (10 \cdot 24)$$

提案されているヒドロホルミル化反応の機構を(図10・11)に示す．配位不飽和な$HCo(CO)_3$にアルケンが挿入してアルキル錯体を生じ，さらにCOの挿入による配位不飽和なアシル錯体$RCH_2CH_2COCo(CO)_3$の生成とそれへのH_2の酸化的付加，還元的脱離によりアルデヒドが生じ，触媒活性種が再生する．

アルキル錯体は図10・11に示したように異性体の混合物となるが，直鎖アルデヒドの方が実用価値が高い．このため，工業的には反応条件や触媒種を選んで直鎖アルデヒドのみを生産するように工夫されている．

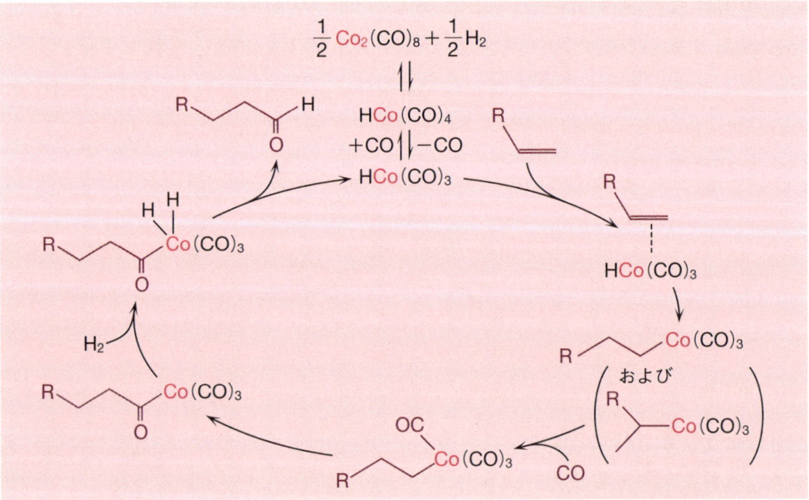

図 10・11 コバルト触媒によるアルケンのヒドロホルミル化反応

10・4・4　メタノールのカルボニル化による酢酸合成プロセス

このプロセスは，モンサント社が開発したため，モンサント法(Monsanto process)とよばれ，Rh(I)触媒が使われる*.

$$\mathrm{MeOH + CO \xrightarrow{Rh(I)触媒} MeCOOH} \qquad (10\cdot 25)$$

反応系には触媒量のHIが加えられる．したがって，まず反応(10・26)により系中にMeIとH_2Oを生じる．

$$\mathrm{MeOH + HI \rightleftharpoons MeI + H_2O} \qquad (10\cdot 26)$$

こうして生じたMeIが図10・12に示す触媒サイクルに組込まれる．すなわち，MeIが配位不飽和なRh錯体に酸化的付加し，COの挿入とMeCOIの還元的脱離によりサイクルを完成する．MeCOIはMeIとともに生じたH_2O(10・26式)によって加水分解を受け，酢酸とHIを与える．HIは再びMeOHをMeIに変換する．すなわち，ここにはHIを触媒とする第二のサイクルが存在する．モンサント法による酢酸生産は世界で年間数百万トンに達する．

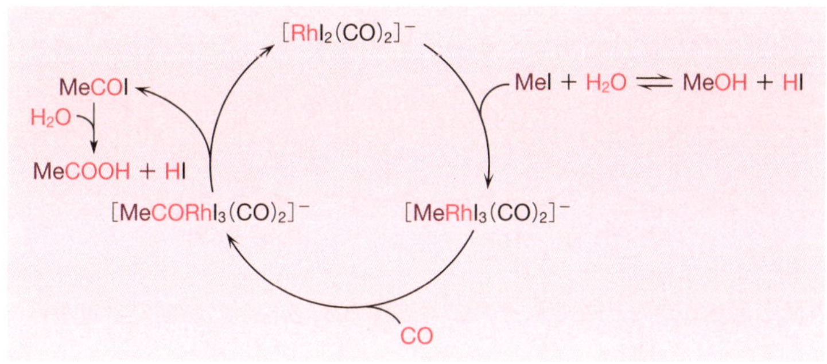

図 10・12　Rh触媒による酢酸合成プロセス

問　　題

10・1　金属と一酸化炭素のみからなる単核錯体の分子式を金属がクロム，鉄およびニッケルの場合について示せ．

---

*　ロジウム触媒の代わりにイリジウム触媒 $[IrI_2(CO)_2]^-$ を用いるカティバ法(Cativa process)が，後にBPケミカルズ社によって開発された．カティバ法の利点の一つは，反応に使用する水の量が少なくてすむことである．

10・2 つぎの化合物は18電子則を満足しているか根拠を付して示せ．満足していない場合は何電子錯体かを示せ．

1) $Os(CO)_5$ 2) $MnCl(CO)_5$ 3) $[Ru(C_6H_6)(C_5H_5)]^+$

4) $[PtCl_3(C_2H_4)]^-$ 5) $[Co(NH_3)_6]^{2+}$ 6) $Mo(C_6H_6)(CO)_3$

7) $CrI(CO)_4(CCH_3)$ 8) $[Cu(NH_3)_4]^{2+}$

10・3 つぎのカルボニル錯体が18電子則を満足するようにxの値を定めよ．ただし，M－M間には単結合があるものとする．

1) $Ir_2(CO)_x$ 2) $Fe_2(CO)_x$ 3) $Fe_3(CO)_x$ 4) $Re_2(CO)_x$

10・4 つぎの図は$RhCl(PPh_3)_3$錯体によるアルケンの水素化反応を示している．

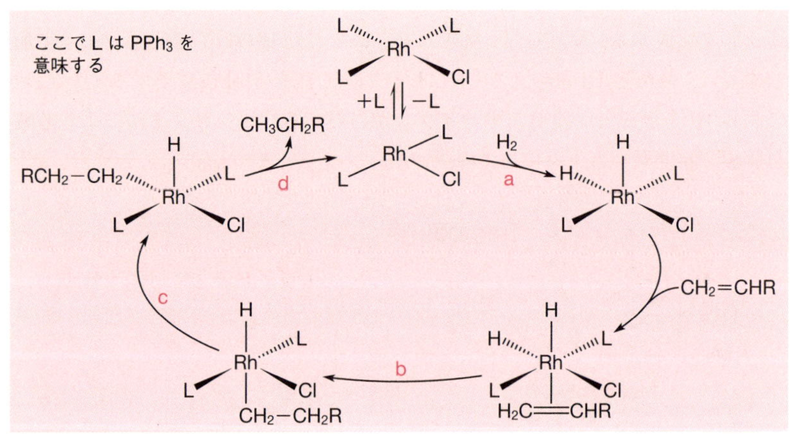

図中の反応過程aからdのそれぞれに対応する反応名を，つぎの語句から一つずつ選べ．

酸化的付加反応，還元的脱離反応，挿入反応，異性化反応

10・5 $[V(CO)_6]^-$，$Cr(CO)_6$および$[Mn(CO)_6]^+$のC－O伸縮振動に基づく赤外吸収の波数はどのような順序になることが期待されるか．

10・6 つぎの言葉を説明せよ．

1) ヒドロホルミル化 2) チーグラー-ナッタ触媒 3) ウィルキンソン錯体

4) アイソタクチックポリマー 5) 挿入反応 6) アゴスティック相互作用

7) カルベン錯体

11

生物無機化学

生物無機化学は英語で bioinorganic chemistry という．この bio-in-organic という言葉は，生命と化学の関係に対する人間の理解の変化を示している．有機化学(organic chemistry)は本来動植物を構成する化合物，すなわち生命体のみが生み出すことのできる化合物を取扱う化学と定義されてきた．inorganic の in は dependent に対する in-dependent の例のように，無とか不を意味する接頭語であり，無機化学は生命体と関係しない鉱物のような物質を扱う化学とされてきた．1828 年にウェーラー(Wöler)がシアン酸アンモニウム(NH_4CNO)の水溶液を加熱して尿素($(NH_2)_2CO$)を合成した(すなわち，生命力を使わずに無機化合物から有機化合物を合成したとされた)ため，このような無機と有機の区別は意味を失った．しかしながら，無機化学は生体内の反応に無関係という観念は長く根強く多くの化学者を支配してきたようである．

近年になって，ようやく無機化学が生体内で起こる化学反応に無関係どころか生体内反応そのものに関係し，その解明に不可欠なことが理解されるようになってきた．そこで inorganic の頭に生を意味する bio を冠した bioinorganic chemistry という生を否定した後で生をつけた一見奇妙な名前の研究分野がつくり出された．著者の知る限り，bioinorganic chemistry という言葉を記載したわが国の成書は拙著“金属酵素の錯体化学”(南江堂，1974 年)が最初である．このことからも明らかなように，生物無機化学はその言葉が一般に使われるようになってまだ 40 年しかたっておらず，非常に新しい分野である．きわめて複雑な系を取扱う化学であり，今後の解明を要する問題が多い．それだけに，第 10 章までと大きく異なって，記述に歯切れの悪い点が多くなることは避けられない．逆にそれだけチャレンジングな 21 世紀の新分野ともいえる．

この分野がカバーする領域はきわめて広い．たとえば，単純な Na^+ イオンと K^+ イオンの生体内の分布一つを取上げても，そこには生物無機化学的に研究すべき重要な問題が存在する．血液(正確にはその液状部分である血漿(けっしょう))中には Na^+ イオンが約 0.14 M 含まれており，K^+ イオンは 5 mM にすぎない．しかし，細胞内ではこの量的な関係は完全に逆転して，Na^+ イオンの濃度は K^+ イオンの濃度の約 5 分の 1 である．また，細胞中の Ca^{2+} イオン濃度も低く抑えられている．したがって，細胞膜には均等になろうとする傾向に逆らって，Na^+ イオンや Ca^{2+} イオンを細胞外へ，K^+ イオンを細胞内へ取込む機構（イオンポンプ）が存在する．

アデノシン三リン酸（ATP と略記される）イオンは生体内での反応を推進するエネルギー源である．必要なときには (11・1) 式に示したように，ATP を加水分解させ，アデノシン二リン酸（ADP と略記される）イオンとリン酸（しばしば P_i と略記される）イオンにして，そのとき生じるエネルギーを反応に利用する．

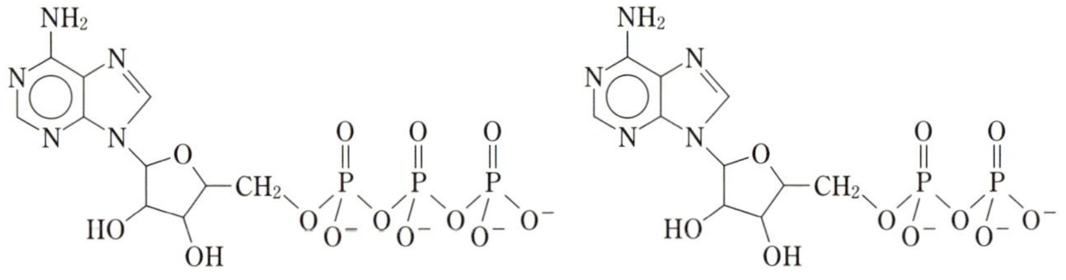

ATP^{4-}　　　　　　　　ADP^{3-}

$$ATP^{4-} + 2H_2O \longrightarrow ADP^{3-} + HPO_4{}^{2-} + H_3O^+ \qquad (11 \cdot 1)$$

生理的な pH（約 7.4）でこの反応の自由エネルギー変化 $\Delta G°$ は $-41\ \mathrm{kJ\ mol^{-1}}$ である．エネルギーが余ったときには (11・1) 式を逆行させ，ATP の形でエネルギーが細胞内に貯蔵される．なお，ATP は実際には Mg^{2+} イオンとの錯体として存在している．

Ca^{2+} イオンも生体内においていろいろな役割をもっているが，たとえばヒドロキシアパタイト（$Ca_5(PO_4)_3(OH)$）として脊椎（せきつい）動物の骨や歯を構成する重要な化合物である．骨や歯の形成は生体内における高度に制御された結晶成長現象である．

遷移金属イオンはアルカリ金属イオンやアルカリ土類金属イオンに比べて量的にずっと少ないが，これらのイオンが生体内において果たしている役割はきわめて大きい．生体内における触媒，すなわち酵素はタンパク質であるが，その約 30％ は反応活性な場所に金属イオンを含む金属酵素であるといわれている．

以下生体内で活躍するいくつかの錯体を取上げて，生物無機化学におけるトピックスを概観する．すなわち，酸素分子運搬にあずかる金属タンパク質，コバルトを活性中心にもつビタミン B_{12} 補酵素，および光合成と窒素固定における金属錯体および金属クラスターの役割について述べる．

11・1　金属タンパク質による酸素分子の運搬

地球上のほとんどの生物にとって酸素は生きるために必要不可欠な物質である．生体内での酸素の運搬および貯蔵には，鉄や銅の金属タンパク質が用いられている．酸素運搬体としては，**ヘモグロビン**(hemoglobin, Hb)，**ヘムエリトリン**(hemerythrin, Hr)および**ヘモシアニン**(hemocyanin, Hc)が知られている．これらの酸素運搬体としてはたらく金属タンパク質の性質を表11・1にまとめた．ヘモグロビンは活性中心に鉄をもち，脊椎動物や無脊椎動物，さらにいくつかの微生物の血液中に見いだされる．ヘムエリトリンは活性中心に二つの鉄をもち，海産無脊椎動物の血液中に見いだされる．ヘモシアニンは鉄ではなく銅二つを活性中心にもち，エビやザリガニなどの節足動物やタコやイカなどの軟体動物の血リンパ中に存在する．また，酸素貯蔵体であるミオグロビンは活性中心に鉄をもち，主として筋肉中に存在して酸素運搬体であるヘモグロビンから酸素を受け取る．

表 11・1　生体内で酸素運搬を行う金属タンパク質の性質

	ヘモグロビン	ヘムエリトリン	ヘモシアニン
金　属	鉄単核	鉄二核	銅二核
配位子	ポルフィリン環	タンパク質側鎖	タンパク質側鎖
分子量	64,500	66,000	50,000～75,000
色(オキシ体)	赤	赤　褐	青
色(デオキシ体)	赤　紫	淡　黄	淡　黄

酸素運搬体である金属タンパク質は肺などで酸素を受け取り，生体内で酸素を必要とする箇所で酸素を放出しなくてはならない．

$$\boxed{金属タンパク質} + O_2 \rightleftharpoons \boxed{金属タンパク質}-O_2 \qquad (11・2)$$

つまり，金属タンパク質と酸素の反応は可逆的に進行する必要がある．しかしながら，金属タンパク質の活性中心のモデル錯体を合成して研究すると，酸素には酸化力があり，金属が非可逆的に酸化されてしまうことが多い．酸素と可逆的に反応する金属錯体として最初に報告されたのは，サリチルアルデヒドとエチレンジアミン部分から成るシッフ塩基が配位した錯体である．

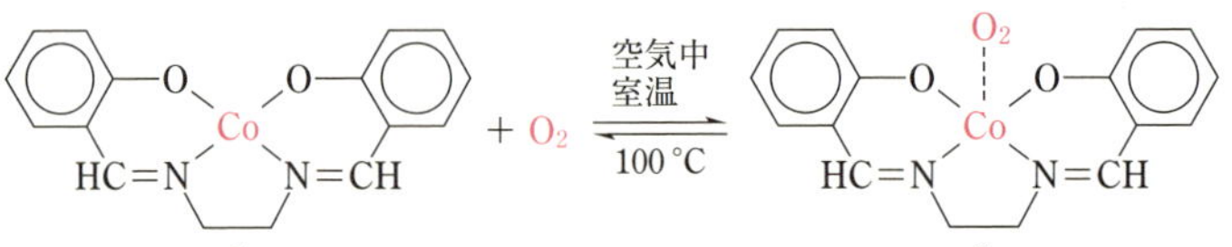

$$\mathbf{1} + O_2 \underset{100\,^\circ\mathrm{C}}{\overset{空気中\ 室温}{\rightleftharpoons}} \mathbf{2} \qquad (11 \cdot 3)$$

この錯体では，固体状態で酸素とコバルトとの結合が可逆的に生成する．つまり，室温でコバルト錯体 ***1*** を空気中で放置しておくと，酸素と反応して二酸素(O_2)錯体 ***2*** が生成する．錯体 ***2*** を 100 °C で加熱すると，酸素が発生して錯体 ***1*** に戻る．また，溶液中においても金属錯体と酸素との反応が可逆的に進行する例が報告されているものの，それらの多くは生体内で酸素運搬に関与しないコバルト錯体においてである．それに対して生体内では，驚くべきことに鉄あるいは銅錯体と酸素との結合が可逆的に生成し，酸素の運搬と貯蔵が行われている．したがって，長い間，その機構および二酸素(O_2)錯体の構造に関して興味がもたれてきた．

11・1・1　ヘモグロビンとミオグロビン

ヘモグロビンと**ミオグロビン**(myoglobin)は，立体構造が最初に決定されたタンパク質である．ヘモグロビンは肺で空気から酸素を受け取り，組織中にあるミオグロビンまで運搬する．ミオグロビンは，筋肉組織中に存在して酸素の貯蔵を担う．

ヘモグロビンの構造はイギリスのペルツ(Perutz)らによる X 線結晶解析により明らかにされた．ヘモグロビンは α 鎖，β 鎖の 2 種類のポリペプチド鎖(サブユニット)各 2 本，計 4 本から成る．たとえば，ヒトあるいはウマのヘモグロビンでは，α 鎖は 141 個，β 鎖は 146 個のアミノ酸残基から成る．また各ポリペプチド鎖にヒスチジン残基があり，そのイミダゾール基(図 11・1)が，プロトポルフィリン Ⅸ の鉄(Ⅱ)錯体(プロトヘム，図 11・2)を配位により結びつけ，ヘモグロビンには 4 個のヘムが結合している．

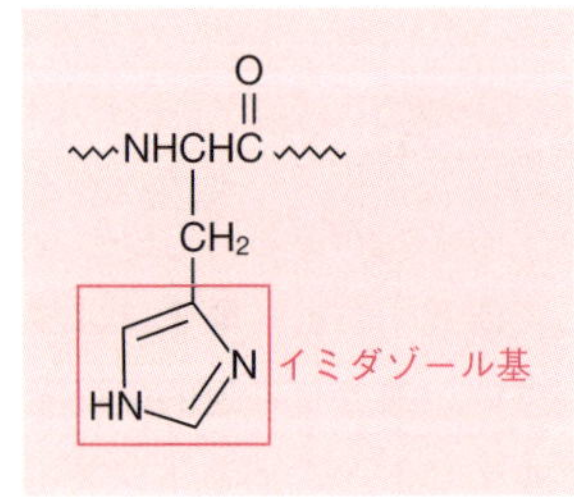

図 11・1　ヒスチジン残基の構造

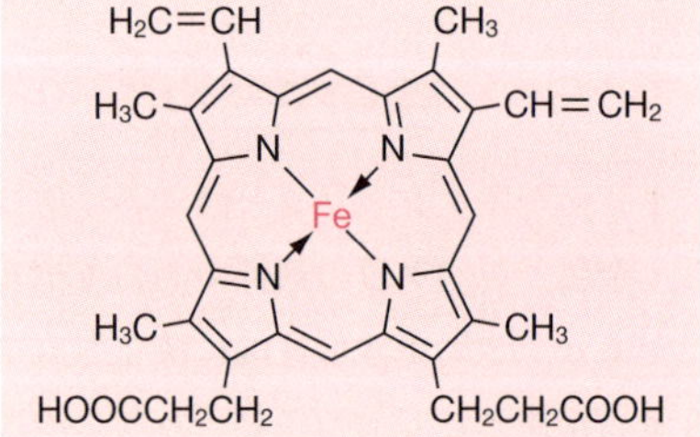

図 11・2　プロトヘムの構造

酸素運搬にかかわる金属タンパク質において，酸素分子が結合していないものをデオキシ体，酸素分子が結合したものをオキシ体，また，酸素運搬に関して不活性な酸化体をメト体とよぶ．デオキシヘモグロビンの鉄中心は，ポルフィリンの四つのピロール環の窒素原子とヒスチジン残基のイミダゾール基の配位を受けて，5配位構造をとっている(図11・3左)．オキシ体では6番目の配位座を酸素分子が占めて，6配位八面体構造を完成している(図11・3右)．

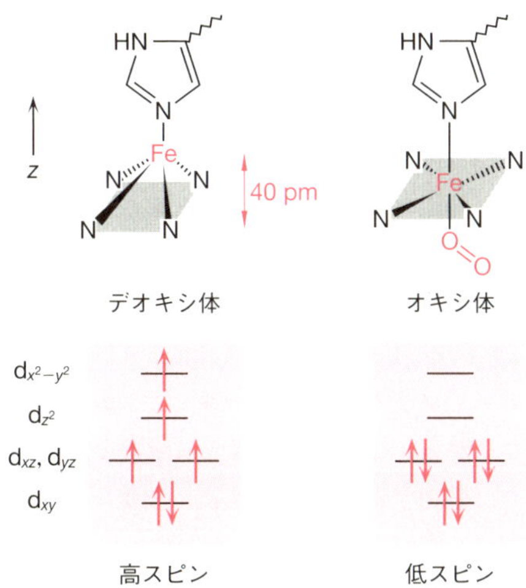

図 11・3　ヘモグロビンのデオキシ体とオキシ体のヘム部分の電子状態と構造

酸素分子の鉄への配位形式については，長い間，議論されてきた(図11・4)．今日では，X線結晶解析の結果および共鳴ラマンスペクトルにおいてO−O伸縮振動のバンドが約1105 cm^{-1}に現れることから，ポーリング(Pauling)が1936年に予想したとおり，end-on型の折れ曲がった配位形式をとっていることがわかっている．Fe(II)とO_2の結合は，O_2からFe(II)の空のd軌道へのσ供与とFe(II)の満たされたd_π軌道からO_2のπ^*軌道へのπ逆供与による．Fe−O−Oの結合角は115°と

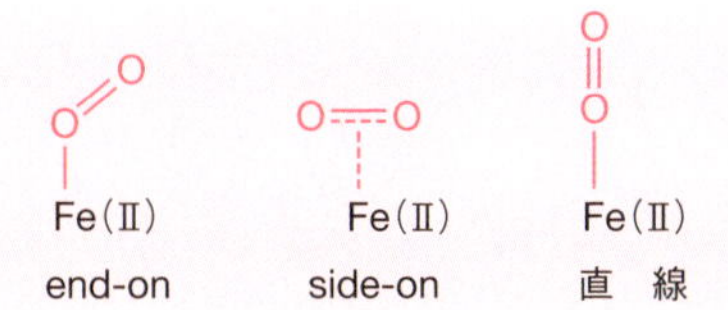

図 11・4　ヘムへの酸素分子の可能な配位形式

折れ曲がった構造をとっており，σ軌道の重なりが最も有効となっている．また，鉄に配位したイミダゾール基の反対側には別のイミダゾール基が位置して配位した酸素と水素結合(Fe－O－O⋯H－N)を形成している．デオキシヘモグロビンでのFe(Ⅱ)は高スピン型であり，鉄のイオン半径は低スピン型の鉄のイオン半径よりも大きい．高スピン型のFe(Ⅱ)はポルフィリン環面内に入るには大きすぎるため，デオキシ体では鉄原子はポルフィリン環平面から約40 pm外れたところに位置している．一方，酸素が鉄に配位すると，配位子場分裂が十分大きくなりFe(Ⅱ)は低スピン型に変わるため，鉄のイオン半径が小さくなり，オキシ体における鉄原子はほぼポルフィリン環の平面内に位置する．

金属タンパク質の活性部位を，より単純な金属錯体でモデル化して生理機能を再現することは，それらの構造および機能の理解を深めるために重要である．ヘモグロビンでの酸素の運搬に関する活性部位はヘム部分であり，この鉄中心では酸素との結合生成は可逆的に起こる必要がある．ヘモグロビンの活性部位のモデル錯体として鉄(Ⅱ)ポルフィリン錯体［Fe(TPP)(*N*-MeIm)］(TPP＝*meso*-テトラフェニルポルフィリン，*N*-MeIm＝*N*-メチルイミダゾール)が合成され，酸素に対する反応性が検討された．しかしながら，この錯体の溶液に酸素を通すと，金属錯体自身の酸化が非可逆的に起こり，熱力学的に安定な酸素が架橋配位した鉄(Ⅲ)二核錯体が得られた(11・4式)．

$$2L_nFe(II) + \frac{1}{2}O_2 \rightleftharpoons L_nFe(III)-O-Fe(III)L_n \qquad (11\cdot4)$$

このことから，酸素の鉄への可逆的配位に関しては，ヘムが結合しているポリペプチド鎖が重要な役割を担っていると推定される．図11・5に［Fe(TPP)(*N*-MeIm)］と酸素との反応の可能な機構を示した．この機構では，二酸素(O_2)錯体***3***はさらに鉄錯体と反応して，ペルオキシド架橋鉄(Ⅲ)二核錯体の生成を経由し，酸素-酸素結合の開裂により末端オキシド鉄(Ⅳ)が生成する．最後にもう1分子の鉄錯体と反応して，最終的にオキシド架橋鉄(Ⅲ)錯体***4***が生じる．これらの二分子反応は，ポリペプチド鎖に結合したヘモグロビンの活性中心では起こり得ない反応である．

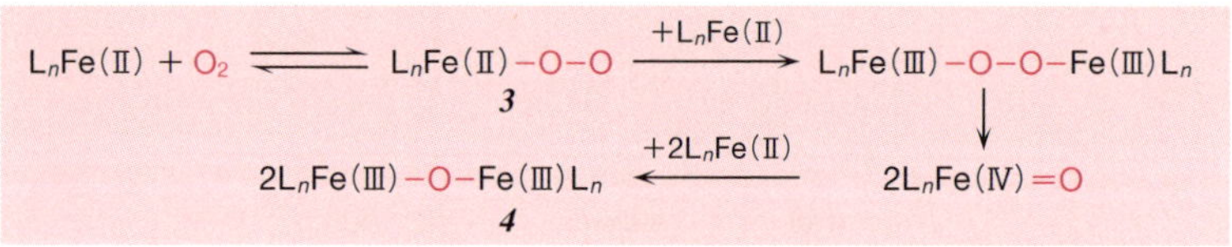

$$L_nFe(II) + O_2 \rightleftharpoons \underset{\mathbf{3}}{L_nFe(II)-O-O} \xrightarrow{+L_nFe(II)} L_nFe(III)-O-O-Fe(III)L_n$$

$$\downarrow$$

$$\underset{\mathbf{4}}{2L_nFe(III)-O-Fe(III)L_n} \xleftarrow{+2L_nFe(II)} 2L_nFe(IV){=}O$$

図 11・5　Fe(Ⅱ)ポルフィリン錯体と酸素との反応の可能な機構

こういった観点から，配位した二酸素配位子がもう一つのヘム鉄から攻撃を受けるのを防ぐために，ポルフィリン環上にかさ高い置換基を導入したモデル錯体が合成された．そのモデル錯体の酸素付加体を図 11・6 に示す．この錯体ではポルフィリン環上の四つのピバルアミド基(Me_3CONH-)がイミダゾール配位子と反対側つまり酸素分子が結合する側に張り出しており，二量化反応を防いで，酸素分子と可逆的に結合できる．この置換ポルフィリンは，くいを並べたフェンスに似ていることからピケットフェンスポルフィリンとよばれている．また，このモデル錯体の酸素付加体の構造はX線回折により明らかにされ，Fe－O－O 結合角は 136°，O－O の結合長は 125 pm とオキシヘモグロビンの構造と良い一致を示している．

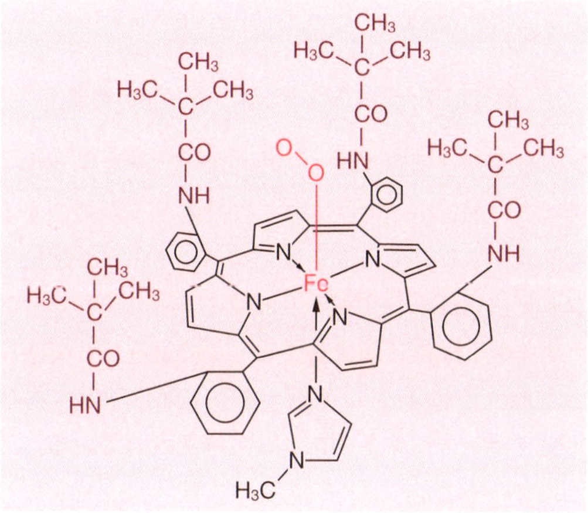

図 11・6 ピケットフェンスポルフィリンの酸素付加体の構造

ミオグロビンは，ヘモグロビンのサブユニットとその立体構造が非常によく似ており，ヘモグロビンと同様，活性中心としてプロトヘム（鉄-プロトポルフィリン IX）をもっている．タンパク質 1 分子に含まれるヘムの数は，ヘモグロビンは 4 個であるのに対して，ミオグロビンは 1 個であり 1 分子の酸素と結合できる．

11・1・2 ヘムエリトリン

非ヘム鉄タンパク質の**ヘムエリトリン**は，海産無脊椎動物の血液中に見いだされる酸素運搬体であり，活性中心は鉄二核錯体である．デオキシ体およびオキシ体ともにX線結晶構造解析により，構造が明らかにされている．デオキシ体の構造を図

11・7に示す．デオキシ体では，二つの鉄(II) をヒドロキシド配位子(OH^-)と二つのカルボキシラト配位子(RCO_2^-)が架橋している．二つのカルボキシラト部分は，タンパク質鎖のグルタミン酸およびアスパラギン酸のアミノ酸残基に由来している．一方の鉄中心には三つのヒスチジン残基のイミダゾール基が末端配位し，6配位八面体構造を完成している．もう一方の鉄中心には，二つのイミダゾール基が配位し，5配位構造をとっている．

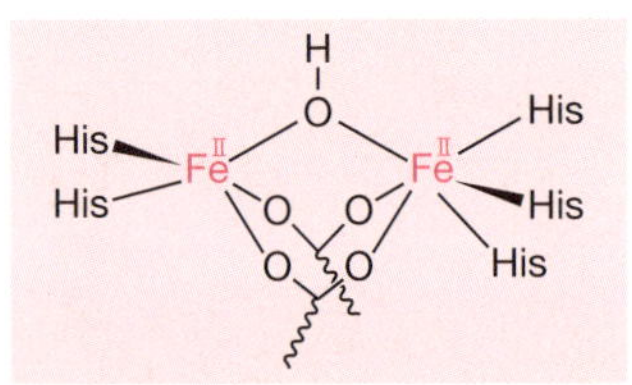

図 11・7 デオキシヘムエリトリンの構造

ヘムエリトリンの酸素結合過程を図11・8に示す．デオキシ体において5配位構造をとる鉄中心には空の配位座があり，ここに酸素分子が結合する．その際に，二つの鉄中心は二電子酸化され，酸素分子は末端ペルオキシド配位子となる．架橋しているヒドロキシド配位子はペルオキシド部分によって脱プロトン化され，二つの鉄(III) を架橋したオキシド配位子が生成する．このようにして生成したオキシ体のヒドロペルオキシド配位子(O_2H^-)は架橋オキシド配位子と水素結合を形成しており，このことは共鳴ラマンスペクトルによって確認されている．

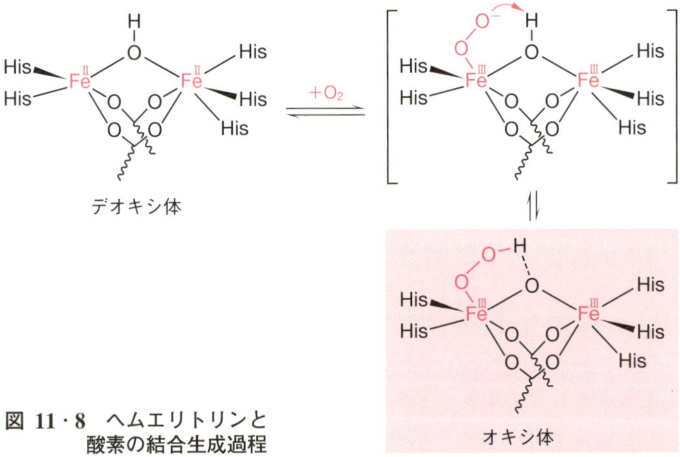

デオキシ体 $+O_2$ オキシ体

図 11・8 ヘムエリトリンと酸素の結合生成過程

11・1・3　ヘモシアニン

ヘモシアニンはエビやザリガニなどの節足動物やタコやイカなどの軟体動物の血リンパ中に存在し，ヘモグロビンおよびヘムエリトリンとは異なり，活性中心として鉄ではなく銅 2 個をもつ．イセエビを用いて，デオキシヘモシアニンの構造解析がなされている．デオキシ体の銅二核部分の構造を図 11・9 に示す．デオキシ体は，二つの銅中心をもち，その距離は 370 pm であり，その間には酸素分子が入り込むスペースが用意されている．それぞれの銅(I) には三つのヒスチジン残基が結合している．

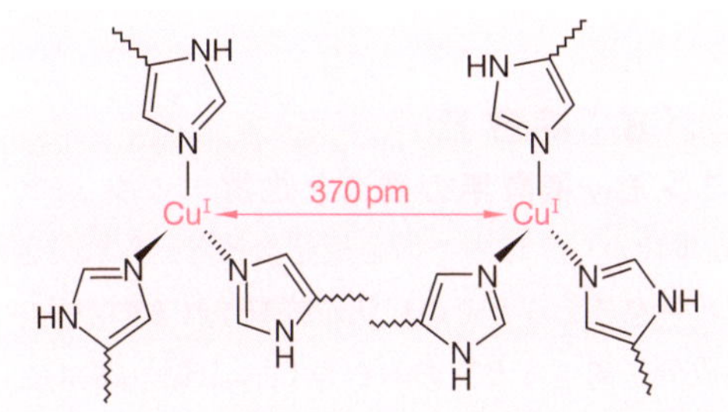

図 11・9　デオキシヘモシアニンの銅二核部分の構造

オキシヘモシアニンにおける銅と酸素の結合様式を明らかにすべく，複核銅(I)錯体と酸素との反応が盛んに研究されてきた．オキシヘモシアニンは 740 cm^{-1} ときわめて低い O−O 伸縮振動を示すことから，酸素-酸素結合がかなり弱められていることがわかる．したがって，それ以前に仮定されていた end-on 型(図 11・10 左)では矛盾することが明らかとなった．μ-η^2:η^2 型つまり side-on 型(図 11・10 右)のペルオキシド錯体は，1992 年になって初めて合成され，X 線構造解析により構造が明らかにされた(図 11・11)．このペルオキシド銅(II)錯体における O−O 結合の伸縮振動の吸収は 741 cm^{-1} とオキシヘモシアニンと非常に良い一致を示した．その後，カブトガニから抽出されたオキシヘモシアニンの結晶構造解析がなされたが，まさに μ-η^2:η^2-ペルオキシド配位子が活性中心に存在することが明らかとなっ

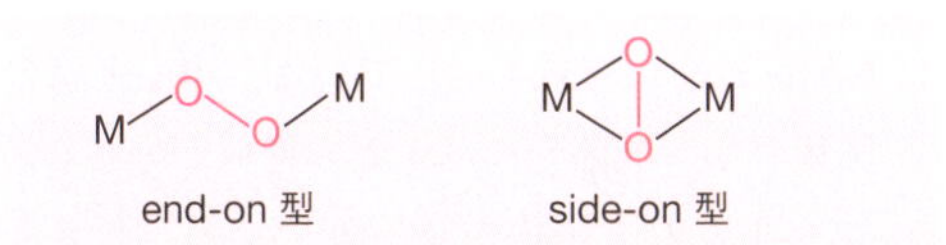

図 11・10　二酸素配位子の配位様式

た．この事例は，生物無機化学の研究において，適切なモデル化合物の構築が重要であることを認識させるものであった．

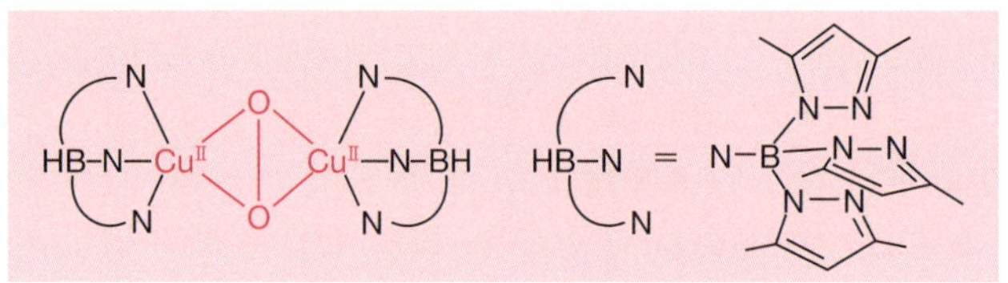

図 11・11　オキシヘモシアニンのモデル錯体

11・2　ビタミン B_{12} 補酵素

11・2・1　ビタミン B_{12} 補酵素の構造と性質

コバルトは1930年代から生体内での必須元素と考えられてきた．悪性貧血症の患者には大量のレバーを与えるとその症状が軽減されるのが見いだされた．肝臓から抽出された有効成分を調べると，おおむね $C_{61\sim64}H_{84\sim90}N_{14}O_{13\sim14}PCo$ の組成をもつコバルト錯体であることがわかり，このコバルト錯体は**ビタミン B_{12}**(vitamin B_{12})と命名された．ビタミンの中で金属を含むものはビタミン B_{12} のみである．しかし，発見されてから長い間このような組成をもつ巨大分子の構造を明らかにする手法はなく，構造に関しては未解明なままであった．

その後，単結晶X線構造解析の手法に大きな進歩がみられ，ビタミン B_{12}(暗赤色の吸湿性結晶)の構造決定がなされた．ビタミン B_{12} の構造を図11・12に示す．ビタミン B_{12} では，コバルト中心にコリン環(corrin ring)とよばれる大環状配位子が4座で窒素原子を通してキレート配位している(コリン環部分を青線で示している)．コリン環はヘモグロビンやクロロフィルの骨格であるポルフィリン環(p. 319脚注参照)に類似しているものの，二つのピロール環を架橋するメチン部分(=CH−)が一つ欠けた構造をとるため，コバルトが入る配位部位のサイズがやや小さくなり，また π 共役系が分断されている．コリン環上の置換基であるリン酸基および糖部分をもつベンゾイミダゾール残基とシアニド配位子(CN^-)がトランス位を占めて，ビタミン B_{12} は6配位八面体構造をとっている．中心金属のコバルト部分の電荷は +1 価であり，側鎖のリン酸部分に −1 価の電荷が分布し，全体として中性となる．したがって，コバルトの酸化状態は +Ⅲ である．ビタミン B_{12} におけるシアニド配位子は単離操作の過程で人工的に入ったものであり，ビタミン B_{12} のことをシアノコバラミンともよび，シアノ配位子を除いたものをコバラミンとよぶ．ここで，シアノ配位子はシアニド配位子の旧名である．

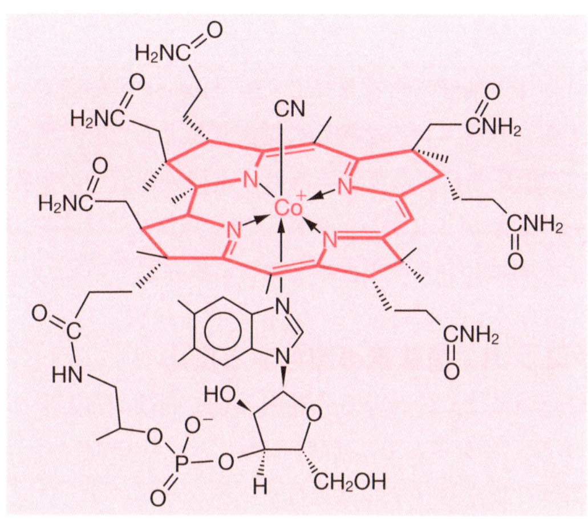

図 11・12 ビタミン B_{12} の構造

実際に体内における酵素触媒反応で用いられるのは，シアノコバラミンではなく，ビタミン B_{12} 補酵素である．ビタミン B_{12} 補酵素は 1961 年ホジキン（Hodgkin）により構造決定され*，ビタミン B_{12} のシアノ配位子の位置に 5′-デオキシアデノシル基（以下慣用に従いアデノシル基と略す．図 11・13 参照）が存在することがわかった．つまり，ビタミン B_{12} 補酵素にはコバルト-炭素 σ 結合があることがわかった．当時，鉄，マンガン，コバルトなどの第一遷移系列の金属と炭素は安定な σ 結合を形

図 11・13 5′-デオキシアデノシル基の構造

* ビタミン B_{12} の構造解析を行ったホジキンはその業績により 1964 年のノーベル化学賞を受けた．

成しないと考えられていたので，天然に安定なコバルト-炭素 σ 結合をもつ化合物が存在することは大きな驚きであった．また，この発見は金属と炭素の間に結合をもつ化合物を取扱う有機金属化学の重要性を再認識させ，その後の有機金属化学の発展を促進した．

血液中のビタミン B_{12} 補酵素含有量は $2\times10^{-4}\,\mu g\,cm^{-3}$ 程度であり，アデノシルコバラミンとメチルコバラミンの 2 種類の補酵素型として存在する．これらのビタミン B_{12} 類はすべて微生物によってつくられ，人間の腸管中の植物系微生物によっても合成されている．しかしながら，体内でつくられたビタミン B_{12} 類は人体に吸収されないため，人間はビタミン B_{12} 類を食物に依存している．

11・2・2　ビタミン B_{12} 補酵素の関与する反応

ビタミン B_{12} については，いわゆる栄養素としての役割とともに，補酵素としての機能が重要である．ビタミン B_{12} 補酵素はいくつかの酵素とともにはたらいて，水素移動を伴う異性化反応やメチル基転位反応をひき起こす．

水素移動を伴う異性化反応の例を図 11・14 にまとめた．これらの異性化反応では，それぞれグルタミン酸ムターゼ，ジオールデヒドラーゼおよびエタノールアミンデアミナーゼが酵素としてはたらいている．この異性化反応の反応形式は (11・5)式のように表すことができ，2 個の隣り合った炭素上の置換基 R と水素が互いに

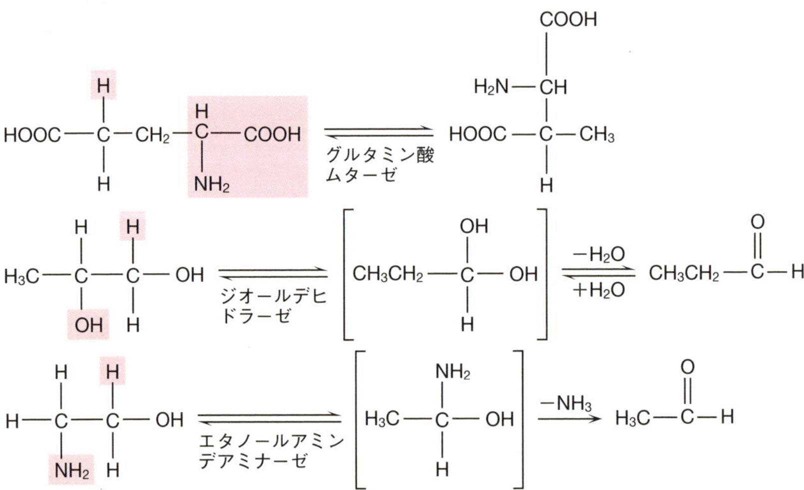

図 11・14　水素移動を伴う異性化反応の例

入れ換わるという **1,2-転位**[*1](1,2-shift)で進行する.

$$
\begin{array}{cc} \text{H} & \text{R} \\ | & | \\ -\text{C}_1- & \text{C}_2- \\ | & | \end{array}
\rightleftharpoons
\begin{array}{cc} \text{R} & \text{H} \\ | & | \\ -\text{C}_1- & \text{C}_2- \\ | & | \end{array}
\qquad (11\cdot5)
$$

つまり,この反応では,通常切れにくいとされる炭素-水素および炭素-炭素結合の開裂と生成が穏和な条件で起こっており,金属を含むビタミン B_{12} 補酵素の特性を示す驚くべき反応である.

この 1,2-転位を経由する異性化反応の可能な機構を図 11・15 に示す.最初にアデノシルコバラミンのコバルト-炭素結合が均等開裂[*2]により切断されて,Co(II)錯体とアデノシルラジカル $R'CH_2\cdot$ ができる.$R'CH_2\cdot$ により基質から水素ラジカルが引き抜かれ基質のラジカル種が生成し,コバルト(II)と結合して転位反応が促進される.転位反応により新たな基質のラジカル種が生成して,CH_3R' から水素ラジカルを引き抜き,異性化した基質がえられる.

酵素反応であるメチル基転位反応の二つの例を図 11・16 に示す.いずれの反応

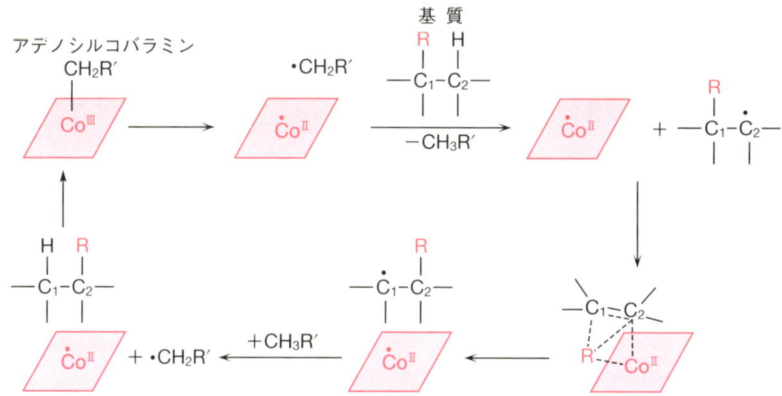

図 11・15 1,2-転位を経由する異性化反応の機構

---

*1 1, 2 というのは炭素の位置を示している.

*2 結合が開裂する際に,結合を形成していた二つの電子が両側の原子に 1 個ずつ分配されて,二つのラジカル種を与える結合開裂様式をいう.

$$A\text{-}\vdots\text{-}B \longrightarrow A\cdot + B\cdot$$

その一例として塩素(Cl_2)の光分解反応による塩素ラジカルの発生を示す.

$$Cl\text{-}\vdots\text{-}Cl \xrightarrow{\text{光}} 2Cl\cdot$$

においても，メチルコバラミンは*N*-メチルテトラヒドロ葉酸(CH_3-THFA)からメチル基を受け取って生成すると考えられている.

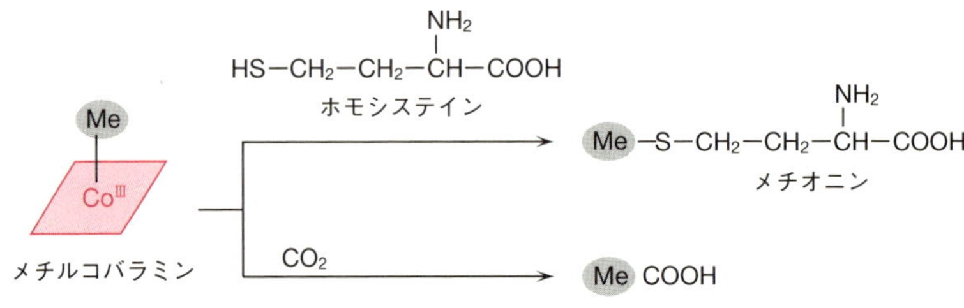

図 11・16　メチル基転位反応の例

ビタミン B_{12} 補酵素は人工的に合成するのがきわめて困難であり，また生物組織から微量しか得ることができない．そこで，ビタミン B_{12} 補酵素と似た構造をもつアルキルコバルト(Ⅲ)錯体が多数合成され，コバルト-炭素 σ 結合に着目した研究が行われている. モデル化合物の一例として, ジメチルグリオキシマト配位子を二つもつコバルト錯体(コバロキシム，cobaloxime)を図 11・17 に示す．この錯体では，2 個のジメチルグリオキシマト配位子は 2 箇所で O−H…O の水素結合により結ばれ，平面型の環状四座配位子のように Co(Ⅱ) にキレート配位しており, アキシアル位にはピリジン誘導体およびアルキル配位子が配位している．合成方法を (11・6) 式に示す.

$$\mathrm{Co^{II}(DH)_2Y} \xrightarrow{+\mathrm{NaBH_4}} [\mathrm{Co^{I}(DH)_2Y}]^- \xrightarrow[-\mathrm{X^-}]{+\mathrm{RX}} \mathrm{RCo^{II}(DH)_2Y} \qquad (11\cdot6)$$

まず，ピリジン誘導体が配位した Co(Ⅱ) の中性錯体を $NaBH_4$ などの還元剤により Co(Ⅰ) の陰イオン性錯体に還元し，適当なハロゲン化アルキルと反応させることに

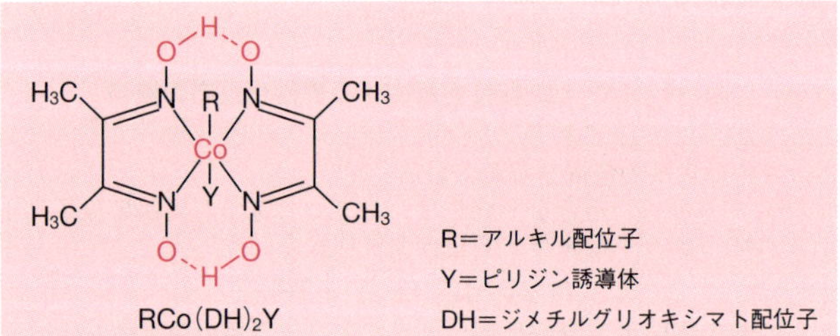

RCo(DH)₂Y

R＝アルキル配位子
Y＝ピリジン誘導体
DH＝ジメチルグリオキシマト配位子

図 11・17　ビタミン B_{12} 補酵素のモデル錯体

より，目的とするアルキルコバルト(II)錯体が得られる．

ビタミン B_{12} 補酵素が関与する水素移動を伴う異性化反応とメチル基転位反応は双方とも，コバルト-炭素 σ 結合の均等開裂を含む機構で進行すると考えられる．したがって，アルキルラジカルとコバルト(II)錯体を生成する均等開裂が，少なくとも全酵素反応速度に見合う速度で起こる必要がある．遊離のアデノシルコバラミンからコバルト-炭素結合が均等開裂する際の解離エネルギーは，ジメチルグリオキシマト配位子をもつコバルト錯体をラジカル捕捉剤に用いて，115 kJ mol^{-1} と見積もられた．

$$\mathrm{Ado{-}B_{12}(Co^{III})} \rightleftharpoons \mathrm{Ado{\cdot} + B_{12}(Co^{II})} \quad (11 \cdot 7)$$

$$\downarrow \text{速い} \quad +\mathrm{Co(DH)_2}$$

$$\mathrm{Ado{-}Co(DH)_2}$$

Ado＝アデノシル基
DH＝ジメチルグリオキシマト配位子

たとえば，炭素-炭素の結合解離エネルギーが通常，330〜380 kJ mol^{-1} であることに比べて，かなり小さい値になっている．

しかしながら，まだこの解離エネルギーでは，生体内で進行する触媒反応がうまく機能するには大きすぎ，補酵素との何らかの相互作用によってコバルト-炭素 σ 結合がさらに弱められる必要がある．現在のところ，以下に示す電子的および立体的要因によりさらに結合解離エネルギーが低下し，触媒反応が円滑に進行すると考えられている．

電子的要因として軸方向のコバルト-炭素のトランス位に位置する塩基の電子供与性の影響が考えられる．ビタミン B_{12} 補酵素においてコバルト-炭素結合が均等開裂により切断された場合，コバルト中心は +3 価から +2 価へと還元される．還元されることにより，中心金属はより電子豊富な状態になることから，軸方向の塩基の電子供与性が小さいほど結合の開裂は起こりやすくなると予想される．実際，軸方向にピリジン誘導体をもつビス(ジメチルグリオキシマト)コバルト錯体をモデルに用いた実験から，電子供与性の小さいピリジン誘導体をもつ錯体の方が，コバルト-炭素の結合解離エネルギーは小さくなることが確かめられた．

立体的要因としては，ビタミン B_{12} 補酵素におけるコリン環上の置換基と軸方向のアデノシル配位子間の立体反発の影響が考えられる．つまり，立体反発の原因となるアデノシル配位子が均等開裂により遊離してひずみが解消されるため，反応が促進される(コバルト-炭素の結合解離エネルギーが低下する)と考えられる．

11・3 光 合 成

11・3・1 光合成の意味 —— 太陽光エネルギーの化学エネルギーへの変換

地球上の生物の大部分は直接あるいは間接に太陽光をその生命活動のエネルギー源としている．緑色植物，**ラン藻**(cyanobacteria，シアノバクテリア)，**光合成細菌**(photosynthetic bacteria)などの光合成生物は太陽光を吸収し，二酸化炭素を炭水化物に還元して空気中の炭素を固定すると同時に光エネルギーを化学エネルギーに変換している．光を直接利用できない菌類や動物も，食物連鎖などを通して光合成生物からエネルギーを得ているので，間接的に太陽エネルギーのお世話になっている．光合成によって化学エネルギーに変換されるエネルギー量は，毎年およそ 10^{18} kJ，また炭素固定量は毎年およそ1000億トンという莫大な量にのぼる．

光合成の一般式は (11・8)式のように書くことができる．

$$CO_2 + 2H_2A \xrightarrow{h\nu} (CH_2O) + 2A + H_2O \qquad (11\cdot8)$$

ここで H_2A は二酸化炭素の還元剤である．光合成細菌は H_2A として硫化水素(H_2S)や水素(H_2)を，またラン藻および緑色植物は水(H_2O)を使っている．

11・3・2 葉 緑 体

緑色植物では光合成は葉の中にある**葉緑体**(chloroplast)とよばれる細胞小器官で行われるが，葉緑体をもたない光合成細菌では，細胞膜の一部が変形してできた**細**

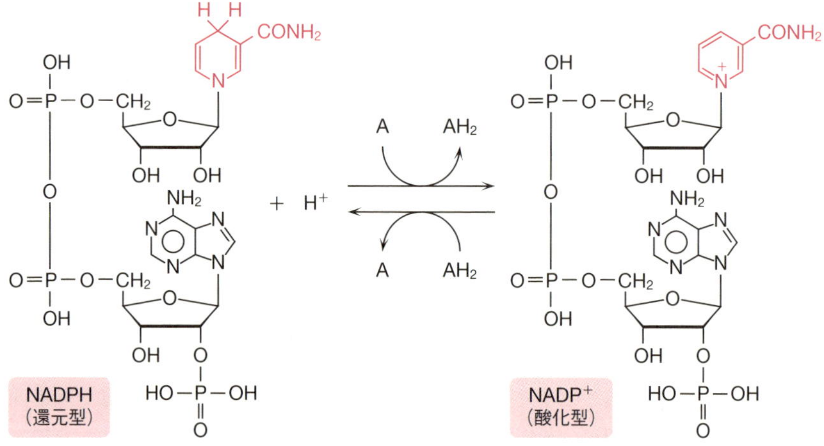

図 11・18 ニコチンアミドアデニンジヌクレオチドリン酸の還元型(NADPH)**と酸化型**($NADP^+$)**の構造**(生体内ではおもに還元型で存在し，水素イオン存在下，上記の還元反応を行う)

胞内膜系(intracytoplasmic membrane)で行われる．光合成の反応は光依存反応* と光非依存反応* とに分けられる．そして，光依存反応では太陽光のエネルギーを使ってエネルギー貯蔵物質 ATP および還元剤 NADPH(図 11・18)が合成され，光非依存反応(**カルビンサイクル**(Carvin cycle))ではこれらを消費しながら二酸化炭素が糖に取込まれる．

11・3・3 光依存反応

光依存反応の機能はつぎの三つにまとめられる．

❶ ADP のリン酸化による ATP(エネルギー貯蔵物質)の合成(光リン酸化)．

❷ $NADP^+$ の還元による NADPH(生体内の還元剤)の合成．

❸ 水の酸化による酸素の発生．

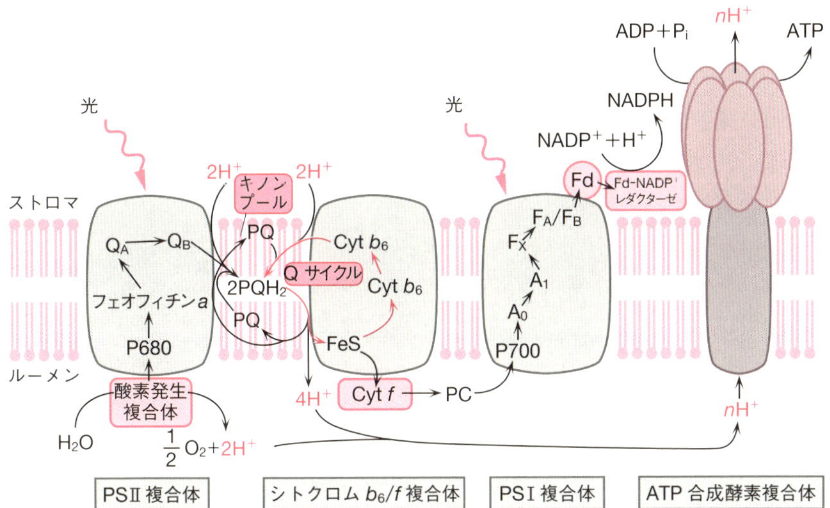

四つの超分子複合体が膜を貫通して存在する．P680, P700：クロロフィル *a* の二量体，Q_A, Q_B：ユビキノン，PQ：プラストキノン，PQH_2：プラストキノール，PC：プラストシアニン，Cyt：シトクロム，A_0：クロロフィル *a*，A_1：ビタミン K_1，F_X, F_A, F_B：鉄–硫黄クラスター，Fd：フェレドキシン

図 11・19 酸素発生型光合成生物における葉緑体のチラコイド膜の構造

＊ 光依存反応と光非依存反応は，以前はそれぞれ明反応および暗反応とよばれていた．しかし，いわゆる暗反応をひき起こす酵素のいくつかは，光によって活性が制御されていることが明らかになり，明反応，暗反応という言葉は適切とはいえなくなったため，これらは現在ではほとんど使われていない．

植物やラン藻はこれらすべてを行うが，光合成細菌は ❶ と ❷ だけを行う．図11・19に酸素発生型光合成生物の葉緑体の中で光合成の場となっているチラコイド膜の構造を示す．チラコイド膜は脂質が疎水性基どうしを向け合った二重膜であり，チラコイドの外側は**ストロマ**(stroma)，内側は**ルーメン**(lumen，内腔)とよばれる．チラコイド膜を貫通して光化学系 I(PSI)複合体，光化学系 II(PSII)複合体，シトクロム b_6/f 複合体(Cyt b_6/f)および ATP 合成酵素複合体の四つの独立した超分子複合体が存在し，光依存反応はこれらの協同作業によって進行する．

複合体間での電子や H^+ の授受は，可動性のプラストキノン(PQ)およびプラストシアニン(PC)が行う．プラストキノンは図11・20に示す簡単な有機分子であり，2電子および二つの水素イオンを受け取って可逆的にプラストキノール(PQH_2)となる．一方プラストシアニンは青色銅タンパク質とよばれる銅を含んだタンパク質の一種である．❷ の NADPH 合成は光化学系 I で，❸ の酸素発生は光化学系 II で行われる．光合成細菌では水を還元剤として使わないので光化学系(光反応中心複合体)は一つだけである(図11・25(a) 参照)．❶ の ATP 合成は，§11・3・6で述べるように電子伝達と共役して起こる膜を通しての H^+ の輸送によって形成される膜の両側での水素イオン濃度勾配，すなわち電気化学ポテンシャル差を利用して，ATP 合成酵素複合体で起こる．

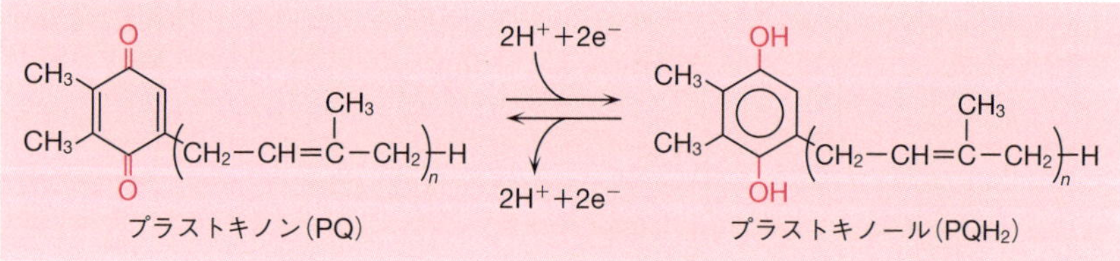

$n=6\sim10$．$n=9$ のプラストキノン A が代表的

図 11・20 プラストキノンの酸化還元による構造変化

11・3・4 光の吸収と反応中心へのエネルギー移動

太陽光のうち最も地表に到達しやすく強度が強いのは可視領域の光である．紫外線は大気中の酸素やオゾンに吸収され，一方，赤外線は二酸化炭素や水に吸収され，可視部の光が残るからである．緑色植物から藻類，光合成細菌に至るまでほとんどの光合成生物で，この可視光のエネルギーを集めるのに使われている色素は**クロロフィル**(chlorophyll)である．緑色植物がもつ二つのクロロフィル *a*, *b* および光合成細菌がもつバクテリオクロロフィルの一つの構造を図11・21に，また吸収スペ

クトルを図 11・22 に示す．クロロフィルはポルフィリン* のピロール環の二重結合の一つ(バクテリオクロロフィルでは二つ)が水素化され，さらに別のピロール環にシクロペンタノン環がつながった大環状化合物を配位子とし，マグネシウムを中心金属とする錯体である．クロロフィル *a* および *b* は青色(ソーレー(Soret)帯)および赤色(Q_y 帯)領域に強い吸収帯をもつので緑色に見える．またバクテリオクロロ

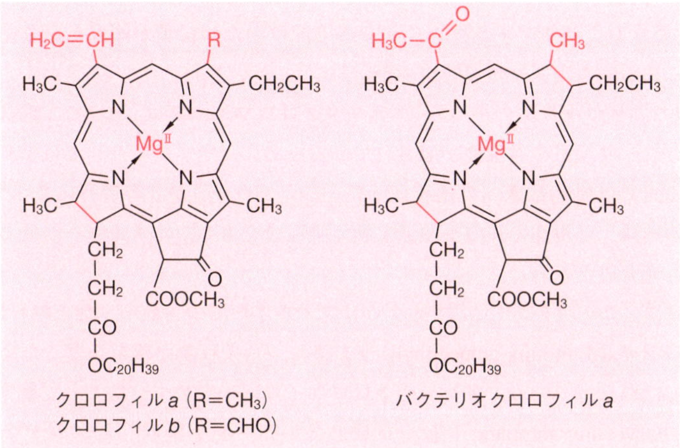

クロロフィル *a* (R=CH_3)
クロロフィル *b* (R=CHO)

バクテリオクロロフィル *a*

図 11・21　クロロフィル *a*, *b* およびバクテリオクロロフィル *a* の構造

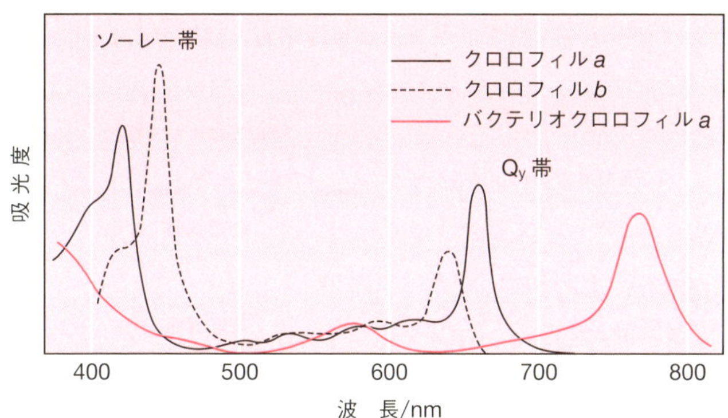

図 11・22　クロロフィル *a*, *b* およびバクテリオクロロフィル *a* の吸収スペクトル

*　ポルフィリン(porphyrin)は四つのピロール環をメチン基(−CH=)で結んだ大環状化合物であるポルフィン(porphine，表 8・2 参照)を基本骨格とし，周囲にある水素原子の置換によって得られる化合物の総称である．

フィルは構造の違いによりクロロフィルが吸収しない長波長領域に吸収極大をもつので，光合成細菌は緑色植物に吸収されずに地球表面の最下層まで届いたこの波長領域の光を利用して生きることができる．

クロロフィルが進化の途上で光合成用の色素として選ばれたのは，下記のいくつかの優れた特性による．

❶ 長い共役系をもつために，可視部に吸収極大をもつ．

❷ 共役系およびマグネシウムイオンへの配位のために環が剛直となり，分子振動によるエネルギーの浪費が少ない．

❸ 四つのピロール環の一つ（バクテリオクロロフィルでは二つ）の二重結合が還元され，共役系の対称性が崩されているために，ポルフィリンでは禁制遷移であった最低励起状態への遷移（Q_y 帯，650〜900 nm）が許容遷移になっている．その結果，可視部の長波長領域に強い吸収帯をもち，エネルギーが低く弱い光でも光合成が行える．

クロロフィルの大部分（反応中心クロロフィル 1 個につき数十〜数百個）は**アンテナクロロフィル**（antenna chlorophyll）とよばれ，光吸収断面積を上げるために増感剤としてはたらいている．アンテナクロロフィルは一定数ずつ集まって**集光性複合体**（light-harvesting complex, LH）を形成している．光を吸収したアンテナクロロフィルの励起エネルギーは，クロロフィルからクロロフィルへ，さらに LH から LH へとすばやく受け渡され，**反応中心**（reaction center, RC）へ集まる（図 11・23 a）．反応中心クロロフィルの分子はアンテナクロロフィルと同じであるが，分子の環境が

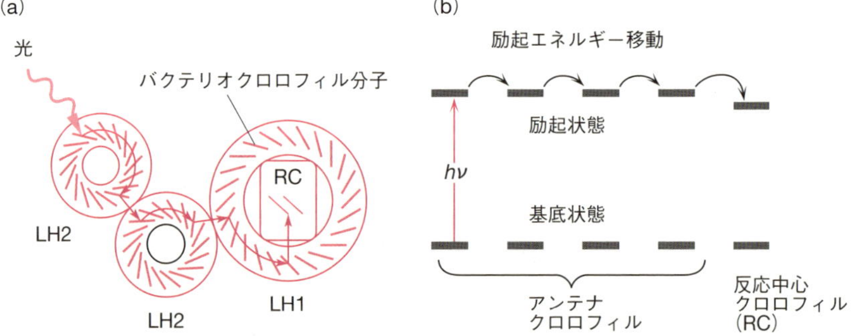

バクテリオクロロフィルはアポタンパク質によって保持され，少しずつずれながら積層し，円筒形の集光性複合体 LH1 および LH2 を形成している．LH2 によって吸収された光エネルギーは，励起エネルギー移動によって LH1 の中心にある反応中心（RC）へ運ばれる

図 11・23　光合成細菌の集光性複合体の構造（a）**および光エネルギー移動の様子**（b）

異なるために励起状態のエネルギーが少し低く，励起エネルギーはここにトラップされる(図 11・23 b). アンテナクロロフィルから反応中心までのエネルギー移動は，90％以上の収率で 10^{-10} 秒以内に起こる.

反応中心クロロフィルは，紅色光合成細菌では**特別ペア**(special pair)とよばれる特殊な二量体構造をとっている(図 11・24，ダイゼンホーファー(Deisenhofer)らが X 線結晶構造解析により決定，1984 年). 二量体をつくる二つのバクテリオクロロフィル分子はほぼ平行であるがずれて重なっており，平面間の距離は約 0.3 nm，Mg－Mg 間距離は約 0.7 nm である. 緑色植物などの酸素発生型光合成生物の場合も，反応中心はクロロフィル *a* の二量体から成るとされている.

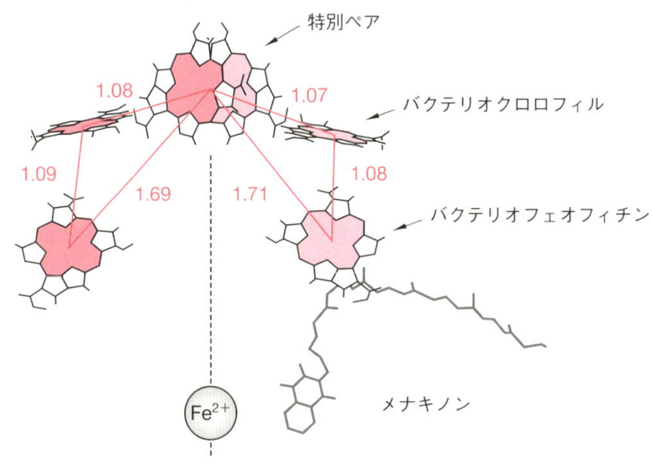

エネルギー移動によって励起された特別ペアは，即座にバクテリオフェオフィチンに電子を渡し，さらに電子はメナキノンの鉄錯体を経由してきわめて短時間のうちにユビキノンに到達する. 数値は各ポルフィリン環の中心間の距離を nm 単位で表したもの［M. E. Michel-Beyerle *et al*., *Biochim. Biophys. Acta*, **932**, 52 (1988)；H. Michel, J. Deisenhofer, *Biochemistry*, **27**, 1 (1988)による］

図 11・24 紅色光合成細菌 *Rhodopseudomonas viridis* の光化学反応中心

11・3・5 光合成電子伝達系

エネルギー移動を受けて励起された特別ペアの励起電子は，数 ps 以内に還元電位が特別ペアよりもわずかに正側にある電子受容体に渡される. さらに空間的にうまく配置されたいくつかの物質間での電子移動を経て，電子は特別ペアから短時間のうちに遠く引き離される. このように，励起によって発生した電子と正孔を瞬時に効率良く遠ざけて再結合を防ぐために，酸化還元電位が少しずつ異なる物質を巧妙に配置した構造が光合成反応中心の特徴であり，その量子収率はほぼ1(100％)である．§9・4・3で述べたように，このようにして生じた励起電子は強い還元力をもち，一方正孔は強い酸化力をもつ．

互いに遠ざけられた励起電子と正孔の使われ方は，❶ 紅色光合成細菌と ❷ 酸素発生型光合成生物とで異なっている．

❶ 紅色光合成細菌：紅色光合成細菌の光合成電子伝達系は，図11・25(a)および(b)に示すように光反応中心複合体→キノンプール→シトクロム b/c_1 複合体→シトクロム c_2 より成る閉じた環状電子伝達系を形成している．反応中心複合体中の特別ペア(図11・24参照，870 nm に吸収極大をもつ**色素**(pigment)なので，P870とよばれる)は，励起されると2 ps 以内というきわめて短時間にバクテリオフェオフィチン a(Bphe a)に電子を渡し，自分は酸化される．電子はさらに150 ps 以内にユビキノン Q_A に渡り，さらに Q_B に渡る．Q_B は2電子を受け取って Q_B^{2-} となり，膜の細胞質側にあるキノンプールで細胞質から2個の H^+ を取込んで Q_BH_2 となる．Q_BH_2 は膜内を移動してシトクロム b/c_1 複合体のペリプラズム側近くにある Q_Z 部位に結合し，2電子を渡すと同時に二つの H^+ をペリプラズム側に放出して Q_B に戻る．シトクロム b/c_1 複合体に渡された電子の一部は，さらにQサイクルとよばれる過程によって二つの H^+ の輸送に使われ，残りの電子はシトクロム c_2 を経由して最終的に特別ペアに戻る．図11・25(b)に示すように，励起電子は酸化還元電位

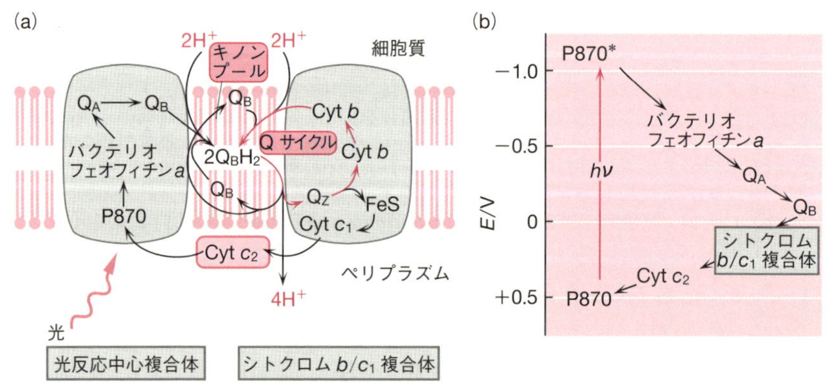

Q_A, Q_B：ユビキノン（細菌によっては Q_A としてメナキノンを利用する）
Cyt：シトクロム

図 11・25　紅色光合成細菌の細胞内膜系の超分子複合体配置(a)および光合成電子伝達系の各成分の標準酸化還元電位(b)

が少しずつ正側にある物質に順に伝達される．重要な点は，励起電子がいくつもの物質間を受け渡されて最終的に特別ペアに戻るまでの間に，水素イオンが膜の細胞質側からペリプラズム側に輸送され，膜を隔てて水素イオン濃度勾配が生じることである．後述するように，これに起因する電気化学ポテンシャル差を利用して ATP が合成される．$NADP^+$ の還元による NADPH の合成や，H_2，H_2S などの還元剤との反応については，まだ十分に解明されていない．

❷ 酸素発生型光合成生物：水を還元剤として使い酸素を発生する植物やラン藻は光合成細菌と異なり図 11・26 に示すように開いた電子伝達系をもつ．この電子伝達系は，横から見たときの形から Z スキームとよばれる．エマーソン（Emerson）は 1957 年に，光合成がスムーズに進むためには 680 nm よりも長波長の光と短波長の光が協同して作用することが必要であるという**エマーソン効果**（Emerson effect）を発見した．Z スキーム説は，この現象や電子伝達体であるシトクロムなどの発見に基づいて 1960 年にヒル（Hill）らによって提唱された．このスキームは，エネルギーの低い長波長の可視光でも，二つの電子励起を直列につなぐことにより，水を還元剤として $NADP^+$ を還元するという高エネルギーを必要とする反応を実現できることを示している．

光化学系 I（PSI；図 11・19 参照）複合体では，反応中心であるクロロフィル *a* の二量体は 700 nm に吸収極大をもつので P700 とよばれる．これがエネルギー移動を

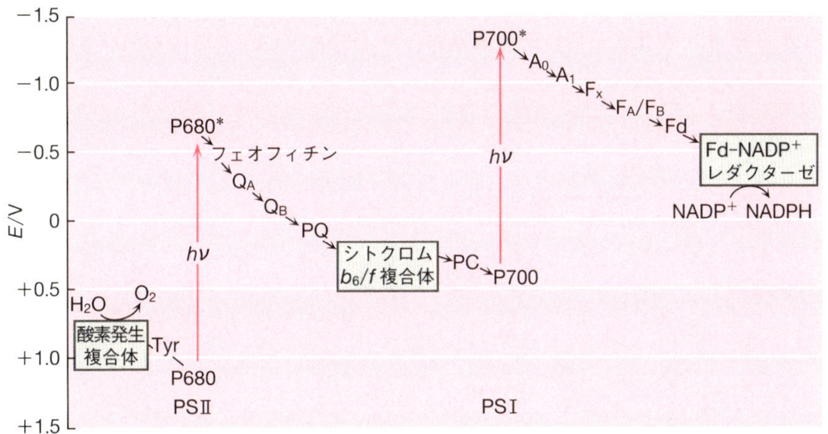

Tyr：チロシン残基，Q_A, Q_B：ユビキノン，PQ：プラストキノン，PC：プラストシアニン，A_0：クロロフィル *a*，A_1：ビタミン K_1，F_X, F_A, F_B：鉄-硫黄クラスター，Fd：フェレドキシン

図 11・26　緑色植物とラン藻の光合成電子伝達系（Z スキーム）

受けて励起されると，電子は3 ps以内に第一電子受容体であるクロロフィル *a*(A_0)に渡される．その後電子はいくつかの電子受容体を経由して鉄-硫黄タンパク質であるフェレドキシン(Fd)に渡り，さらにFd-$NADP^+$ レダクターゼを介してストロマにある $NADP^+$ を2電子還元し，NADPHを生成する．

光化学系Ⅱ(PSⅡ)複合体もやはり反応中心にクロロフィル *a* の二量体P680をもっているが，配置や局所環境が違っているために，吸収極大波長は680 nmであり，さらに酸化還元電位はP700と比べて約0.5 Vも正側に寄っている(図11・26)．このため，反応中心のP680が励起されて生じる正孔は強い酸化力をもち，きわめて安定な水でさえも酸化して酸素に変えることができる．現在，藻類や植物による光合成で生成する酸素の量は，毎年およそ2600億トンにのぼる．

この水の光酸化は，光化学系Ⅱ複合体のルーメン側にある，Mn_4CaO_5 クラスター骨格を中心にもつ酸素発生複合体(OEC，oxygen-evolving complex)で行われる．図11・27(a)の機構(Kokサイクル)に示すように，Mn_4CaO_5 クラスターは4回の光励起によって生じる S_0 から S_4 までの五つの状態を経る間に，2分子の水を1分子の酸素，4個のプロトンおよび4個の電子に分解する．五つの状態のうち暗黒で安定に存在する S_1 状態の構造が，2011年にX線結晶構造解析により1.9 Åの分解能で決定された．その中心にある Mn_4CaO_5 クラスター(図11・27(b))には，マンガンの一つ(Mn4A)およびカルシウムに2個ずつ合計4個の水分子が配位している．今のところ反応機構の詳細は解明されていないが，推定機構として，クラスターが S_1 から S_4 まで変化する間に架橋酸素の一つ(O5)とMn4AまたはMn1Dとの間の

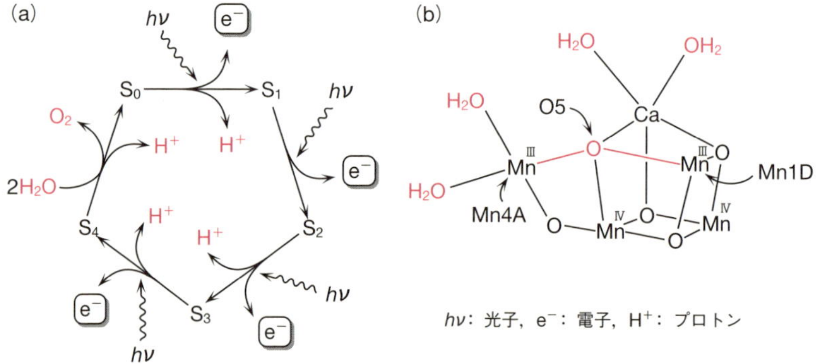

図 11・27　水の光酸化による酸素発生の機構(Kok サイクル)(a)**および S_1 状態での Mn_4CaO_5 クラスターの構造**(b)［M. Suga *et al*., *Nature*, **517**, 99(2015)による］

結合が弱まり，そこに四つの配位水分子のうちの一つが入り込んでプロトンと電子を放出しながらO5との間にO=O結合を形成し，最後にS_4がS_0へ戻る際に水分子を取り込みながら酸素分子を放出する機構が提案されている．

P680が励起されて生じた励起電子の方は，1 ps以内にフェオフィチン*a*に渡され，さらに固定型キノンQ_A, Q_Bを経てキノンプールのプラストキノンPQを2電子還元する(図11・19)．このときストロマから2個のH^+を取込んでプラストキノールPQH_2となり，これが膜内を移動してシトクロムb_6/f複合体のルーメン側近くにある結合部位に到達する．ここで2電子を渡すと同時に二つのH^+をルーメン側に放出してPQに戻る．ここまでのPSIIの電子伝達系は光合成細菌の電子伝達系(図11・25)とよく似ていることに注意してほしい．しかし，この後の電子伝達経路は大きく異なっており，電子はP680に戻ることはなくシトクロムからプラストシアニン(PC)によって光化学系Iの反応中心に運ばれ，光励起によって酸化型になっているP700を還元して，再励起可能な状態に戻す．

なお，プラストキノンからシトクロムb_6/f複合体に渡された2電子のうち，光化学系Iに運ばれるのは1電子のみであり，もう1電子はQサイクルとよばれる機構によってH^+の輸送に使われる．すなわち，この電子はシトクロムb_6/f複合体の中をストロマの方向へ移動し，ストロマの近くの部位でPQを還元する．2回のサイクルでPQは2電子還元され，ストロマの水素イオンを2個取込んでPQH_2となる．これがシトクロム複合体のルーメン側の結合部位に移動し，2電子を渡すと同時に二つのH^+をルーメン側に放出することでさらなるH^+の輸送が達成される．

光化学系IIでの正味の反応は下記のとおりである．

$$2H_2O \longrightarrow O_2 + 4H^+ + 4e^- \qquad (11 \cdot 9)$$

ここで生成する4個のH^+もまたルーメン側に放出され，チラコイド膜内外での水素イオン濃度勾配形成に寄与している．

11・3・6　光リン酸化と化学浸透説

光リン酸化は光によりADPがリン酸化されてATPが生成する反応である．ミッチェル(Mitchell)はこの反応の機構として，1960年代に**化学浸透説**(chemiosmotic hypothesis)とよばれる新しい理論を提出した．これは光合成の電子伝達と共役して生じる水素イオン濃度勾配，すなわちチラコイド膜内外の水素イオンの電気化学ポテンシャル差がエネルギーの高い状態に相当し，これを利用してATPが合成されるというものである．化学浸透説はジャーゲンドルフ(Jagendorf)らの有名な実験によって，チラコイド膜の内側を pH 5，外側を pH 8 にすると ADP とリン酸から ATP が合成されることが確かめられたことなどが契機となって広く受け入れられた．この研究により，ミッチェルは 1978 年にノーベル化学賞を受賞している．

水素イオン濃度勾配を利用した ATP 合成は **ATP 合成酵素**（ATP synthase）複合体で起こる．この触媒機構としてボイヤー（Boyer）は 1982 年に，水素イオンが酵素複合体を通過するときに酵素のサブユニットがモーターのように回転しながら触媒反応を起こすとするユニークな回転触媒仮説を唱えた．1994 年になってウォーカー（Walker）がミトコンドリアにある ATP 合成酵素の一部の X 線結晶解析に成功し，この説が正しいことを確かめた．これらの研究に対してボイヤーとウォーカーは 1997 年にノーベル化学賞を受賞している．

以上のように，光合成の光依存反応は，クロロフィルのマグネシウム，光化学系 II のマンガン，シトクロムとフェレドキシンの鉄およびプラストシアニンの銅という，少なくとも四つの金属元素の錯体が関与する典型的な生物無機化学反応ということができる．

11・4 空中窒素の固定——ニトロゲナーゼ

ごく限られた種類の生物だけが空気中の窒素を取込んでアンモニアに変換する（空中窒素の固定）機能をもっている．つくり出されたアンモニアはアミノ酸へ，さらにはタンパク質へと変換される．空中窒素を固定する生物としては土壌中の細菌があり，特に好気性菌である *Azotobacter* および嫌気性菌である *Clostridium* がよく研究されている．われわれの身近なものにマメ科植物の根瘤（こんりゅう）菌がある．この細菌はマメ科植物と共生関係にあり，タンパク質の豊富なマメに窒素分を供給していることは 19 世紀にすでに知られていた．このほかラン藻など光合成細菌にも窒素を固定するものが知られている．限られた種類の生物とはいえ，これらの生物は地球全体で年間 2 億トンの空中窒素を固定していると推定されている．上に述べた以外の動植物は空中窒素を固定する能力をもたないので，細菌によっていったん固定された窒素分は，生物圏全体の共通の財産としてできるだけ失わないように生物間を循環している*．植物は窒素分を取込むことに関してきわめて柔軟性に富んでおり，硝酸イオンあるいはアンモニウムイオンのいずれの形であっても窒素肥料として吸収し，タンパク質源として利用することができる．

---

* ただし，硝酸イオンを還元して N_2 に戻してしまう微生物も存在する．このような含窒素化合物を N_2 に戻してしまう過程は脱窒とよばれている．

工業的な空中窒素の固定すなわち**ハーバー–ボッシュ法**(Haber–Bosch 法)では，窒素と水素を鉄を主成分とする固体触媒の存在下，数百気圧，400〜580 °C という過酷な条件で反応させてアンモニアを得ている．

$$N_2 + 3H_2 \longrightarrow 2NH_3 \qquad (11 \cdot 10)$$

この人工的な空中窒素の固定による肥料の生産は莫大で，地球上の全空中窒素の固定のうちの 40% を超えており，現在 70 億人を数える地球人口の食料を支える大きな要因となっている．なお，このほかに空中窒素の固定に寄与しているのは，雷放電，紫外線，車などの排気ガスによる窒素酸化物の生成がある．ただし，その量は窒素供給量全体の数%にすぎないと見積もられている．

空中窒素の固定を行う生物は常温常圧という穏やかな条件下で窒素(N_2)をアンモニアに変えている．その中心的な役割を担っているのは**ニトロゲナーゼ**(nitrogenase)とよばれる酵素である．ニトロゲナーゼの存在は古くから知られていたが，これを純粋な形で取出すことはなかなか成功しなかった．後になってわかったことであるが，実は好気性菌であれ嫌気性菌であれ，それらのニトロゲナーゼは酸素と非可逆的に反応するため，酸素を除いた雰囲気で抽出操作をする必要があったのである．したがって，生体内においてもニトロゲナーゼを酸素の攻撃から保護する機

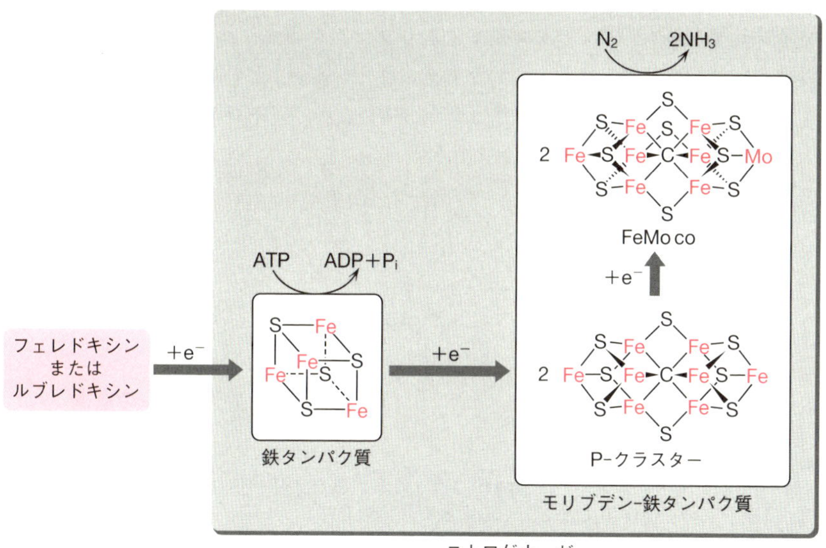

図 11・28　ニトロゲナーゼの構成とはたらき

構がはたらいていると考えられている．ほぼ純粋な形のニトロゲナーゼの抽出は1960年に嫌気性菌である *Clostridium pasteurianum* について初めて成功した．こうしてようやくニトロゲナーゼに関する研究が進むようになった．

ニトロゲナーゼは，3種類の遷移金属-硫黄クラスター* から成り立っている．一つ目は，キュバン型骨格の Fe_4S_4 クラスターで鉄タンパク質に含まれ，電子伝達を行うフェレドキシンやルブレドキシンとよばれる鉄-硫黄タンパク質から受取った電子をモリブデン-鉄タンパク質に送り込んでいる．モリブデン-鉄タンパク質は少々話が込み入っていて，実際には二つ目のモリブデン-鉄補因子(以下 FeMo co)とよばれるユニットと，三つ目のP-クラスターとよばれるユニットは2個ずつ存在し，いずれもモリブデン-鉄タンパク質に含まれる(図11・28)．Fe_4S_4 クラスターから送り込まれた電子はP-クラスターを経て，FeMo co に達すると考えられている．1997年に Fe タンパク質と FeMo co からなるタンパク質複合体の構造がX線構造解析により決定され，2011年になって，FeMo co における中心原子が，精密なX線構造解析とX線発光分光法により，炭素と決定された．P-クラスターは，二つの Fe_4S_3 フラグメントが三つの硫黄で連結された構造をとっている(図11・29)．FeMo co では，Fe_4S_3 および Fe_3MoS_3 部位が三つの硫黄と一つの炭素で連結された珍しい構造をとっている(図11・30)．これらのクラスターは，タンパク質のシステイン残基(Cys)とヒスチジン残基によりタンパク質鎖につながれている．N_2 は FeMo co に配位し還元されるものと考えられているが，どの部分にどのように配位し還元されていくか，詳細な機構はわかっていない．ニトロゲナーゼでは，つぎの

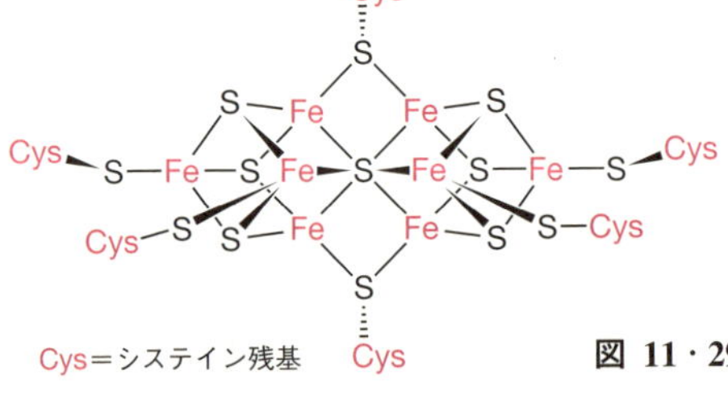

Cys＝システイン残基

図 11・29　P-クラスターの構造

＊　化学においてクラスターという言葉はいろいろな意味に使われる．ここでは遷移金属原子がいくつか集まってつくる大きな錯体を意味している．通常は金属-金属結合をもち，3個以上の金属原子を含む錯体に限ってクラスターとよぶ．しかし，二核錯体でも金属-金属結合をもっていて，一方の金属原子の電子状態が他方の金属原子の電子状態と影響し合う場合には，これをクラスターに含める研究者も少なくない．

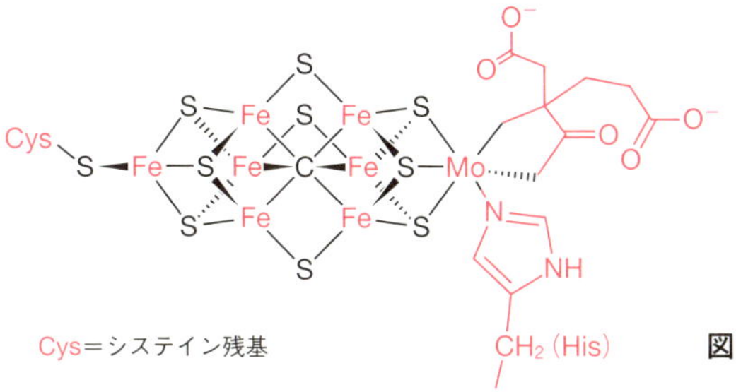

Cys＝システイン残基

図 11・30 FeMo coの構造

反応によってアンモニアがつくりだされている．

$$N_2 + 16ATP + 8e^- + 8H^+ \longrightarrow 2NH_3 + 16ADP + 16P_i + H_2 \qquad (11 \cdot 11)$$

ニトロゲナーゼはアンモニアとともにH_2もつくっている．さらに多量のATP，すなわち大量のエネルギーを消費している．言い換えると，空中窒素固定菌は常温常圧で空中窒素を固定はしているが，これは決して効率の良い反応ではない．

ニトロゲナーゼの抽出に成功する以前から，ニトロゲナーゼに鉄，モリブデンおよび硫黄が含まれていることが知られていた．そこで，多くの研究者が窒素分子はこの鉄かモリブデンのいずれか(または両方)に配位して活性化され，アンモニアまで還元されるものと考えた．しかし，実験室で窒素分子を配位した錯体を合成しようという試みはなかなか成功しなかった．ようやく1965年になって窒素分子を配位した錯体が合成された(§10・2・2参照)．すなわち，カナダのアレン(Allen)らは水溶液中で塩化ルテニウム(Ⅲ)とヒドラジンを反応させて$[Ru(NH_3)_5(N_2)]Cl_2$を得たのである．

$$RuCl_3 + H_2NNH_2 \longrightarrow [Ru(NH_3)_5(N_2)]Cl_2 \qquad (11 \cdot 12)$$

この発見が突破口となって，以後窒素分子を配位した錯体が続々と合成された．つぎに関心が集まったのは金属(イオン)に配位した窒素分子を還元してアンモニアをつくることはできるかというテーマであった．しかし，これは大変な難問題で，現在でもあまりうまくいっているとはいえない．(11・13)式は二水素配位錯体を還元剤として配位窒素分子からアンモニアを合成するのに成功した例である．

$$\textit{cis}\text{-}[W(N_2)_2(PMe_2Ph)_4] + 6\textit{trans}\text{-}[RuCl(\eta^2\text{-}H_2)(dppp)_2](PF_6)$$
$$\longrightarrow 2NH_3 + 6[RuHCl(dppp)_2] + W(\text{VI}) \qquad (11 \cdot 13)$$
$$dppp = Ph_2P(CH_2)_3PPh_2$$

この場合反応は非可逆であるが，アンモニアが55％の収率で生成する．

鉄-硫黄クラスターのモデル

これまでたびたび鉄-硫黄タンパク質という言葉が現れたが，酸化還元を行うタンパク質の活性中心には鉄-硫黄錯体やクラスターがよくみられ，その構造も多彩である．図 11・31 はそのような活性中心の構造の例(単核錯体から四核クラスター)である．これらのモデル錯体の合成も盛んに行われている．

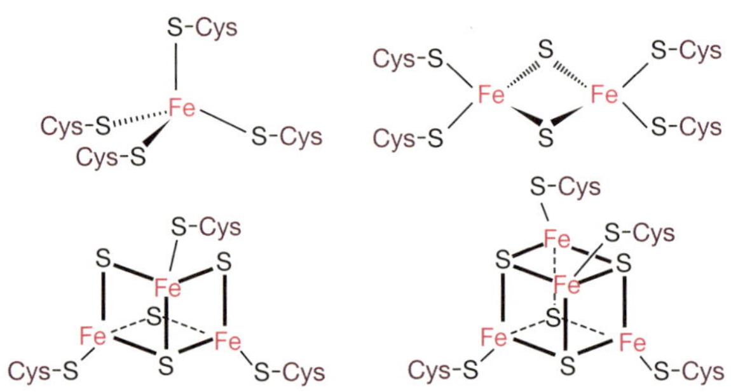

図 11・31　鉄-硫黄タンパク質の活性中心の構造

たとえば，図 11・31 の右下にあるキュバン型鉄-硫黄タンパク質のモデル化合物が合成されている(図 11・32)．このモデルクラスター $[Fe_4S_4(SCH_2Ph)_4]^{2-}$ はクラスター全体の電荷が -1 から -3 のものまで知られている．すなわち，$[Fe^{II}Fe^{III}_3S_4(SCH_2Ph)_4]^-$ から $[Fe^{II}_3Fe^{III}S_4(SCH_2Ph)_4]^{3-}$ までの酸化還元挙動を示す．図 11・31 に示した四核クラスターも全く同様な酸化還元挙動を示す．ただし，実際は 2 価の鉄イオンと 3 価の鉄イオンが局在化しているわけではなく，たとえば $[Fe_4S_4(SCH_2Ph)_4]^{2-}$ では四つの鉄イオンがすべて 2.5 価になっているとみなした方がよい．興味深いことに同じキュバン型の $[Cp_4Fe_4S_4]$ はクラスター全体の電荷が 0 から $+4$ のものまで 1 電子ずつ段階的に酸化できる．S の代わりに Se を含むクラスター $[Cp_4Fe_4Se_4]$ も同様である(§4・2・3 参照)．これらの場合には四つの鉄イオンがすべて Fe(Ⅲ) のものからすべて Fe(Ⅳ) まで酸化されており，$PhCH_2S^-$ が配位したクラスターと Cp を配位したクラスターとでは鉄イオンのとる酸化数の領域が全く異なっている．

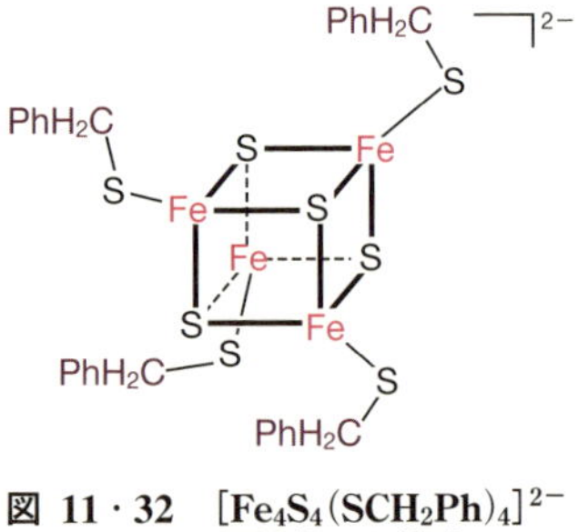

図 11・32　$[Fe_4S_4(SCH_2Ph)_4]^{2-}$ の理想化した構造

付録 1. イオン半径

イオン	配位数	イオン半径 pm
1 族		
H^{+}	2	−4
Li^{+}	4	73
	6	90
Na^{+}	4	113
	6	116
K^{+}	6	152
	8	165
Rb^{+}	6	166
	8	175
Cs^{+}	6	181
	12	202
2 族		
Be^{2+}	4	41
	6	59
Mg^{2+}	4	71
	6	86
Ca^{2+}	6	114
	8	126
Sr^{2+}	6	132
	8	140
Ba^{2+}	6	149
	12	175
Ra^{2+}	5	162
3 族		
Sc^{3+}	6	89
	8	101
Y^{3+}	6	104
	8	116
La^{3+}	6	117
	8	130
Ce^{3+}	6	115
	8	128
Ce^{4+}	6	101
	8	111
Nd^{3+}	6	112
Eu^{2+}	6	131
Eu^{3+}	6	109
Gd^{3+}	6	108
Dy^{3+}	6	105
Lu^{3+}	6	100
Ac^{3+}	6	126
Th^{4+}	6	108
U^{3+}	6	117
U^{4+}	6	103
U^{6+}	4	66
	6	87
Pu^{3+}	6	114
Pu^{4+}	6	100
4 族		
Ti^{2+}	6	100
Ti^{3+}	6	81
Ti^{4+}	6	75
Zr^{4+}	6	86
	8	98
Hf^{4+}	6	85
	8	97
5 族		
V^{2+}	6	93
V^{3+}	6	78
V^{4+}	6	72
V^{5+}	4	50
	6	68
Nb^{3+}	6	86
Nb^{4+}	6	82
Nb^{5+}	4	62
	6	78
Ta^{3+}	6	86
Ta^{4+}	6	82
Ta^{5+}	6	78
	8	88
6 族		
Cr^{2+} l	6	87
h	6	94
Cr^{3+}	6	76
Cr^{4+}	4	55
	6	69
Cr^{6+}	4	40
Mo^{3+}	6	83
Mo^{4+}	6	79
Mo^{5+}	6	75
Mo^{6+}	4	55
	6	73
W^{4+}	6	80
W^{5+}	6	76
W^{6+}	4	56
	6	74
7 族		
Mn^{2+} l	6	81
h	6	97
Mn^{3+} l	6	72
h	6	79
Mn^{4+}	6	67
Mn^{6+}	4	40
Mn^{7+}	4	39
Tc^{4+}	6	79
Re^{6+}	6	69
Re^{7+}	4	52
	6	67
8 族		
Fe^{2+} l	6	75
h	4	77
h	6	92

l：低スピン，h：高スピン

イオン	配位数	イオン半径 pm
Fe^{3+} l	6	69
h	4	63
h	6	79
Ru^{3+}	6	82
Ru^{4+}	6	76
Os^{4+}	6	77
9 族		
Co^{2+} l	6	79
h	6	89
Co^{3+} l	6	69
h	6	75
Rh^{3+}	6	81
Rh^{4+}	6	74
Ir^{3+}	6	82
Ir^{4+}	6	77
10 族		
Ni^{2+}	6	83
Ni^{3+} l	6	70
h	6	74
Pd^{2+}	4SQ	78
	6	100
Pd^{3+}	6	90
Pd^{4+}	6	76
Pt^{2+}	4SQ	74
	6	94
Pt^{4+}	6	77
11 族		
Cu^{+}	4	74
	6	91
Cu^{2+}	4SQ	71
	6	87
Ag^{+}	4SQ	116
	6	129
Ag^{2+}	6	108
Ag^{3+}	4SQ	81
Au^{+}	6	151
12 族		
Zn^{2+}	4	74
	6	88
Cd^{2+}	4	92
	6	109
Hg^{+}	3	111
Hg^{2+}	2	83
	4	110
	6	116
13 族		
B^{3+}	3	15
	4	25
Al^{3+}	4	53
	6	68
Ga^{3+}	4	61
	6	76
In^{3+}	6	94
	8	106
Tl^{+}	6	164
Tl^{3+}	6	103
14 族		
C^{4+}	3	6
	4	29
Si^{4+}	4	40
	6	54
Ge^{2+}	6	87
Ge^{4+}	4	53
	6	67
Sn^{4+}	4	69
	6	83
Pb^{2+}	6	133
	8	143
	12	163
Pb^{4+}	4	79
	6	92
	8	108
15 族		
N^{3-}	4	132
N^{5+}	6	27
P^{3+}	6	58
P^{5+}	4	31
As^{3+}	6	72
As^{5+}	4	48
	6	60
Sb^{3+}	6	90
Sb^{5+}	6	74
Bi^{3+}	6	117
	8	131
Bi^{5+}	6	90
16 族		
O^{2-}	3	122
	4	124
	6	126
	8	128
S^{2-}	6	170
S^{4+}	6	51
S^{6+}	4	26
Se^{2-}	6	184
Se^{4+}	6	64
Se^{6+}	4	42
Te^{2-}	6	207
Te^{4+}	4	80
	6	111
Te^{6+}	6	70
17 族		
F^{-}	6	119
Cl^{-}	6	167
Cl^{5+}	3TP	26
Cl^{7+}	4	22
Br^{-}	6	182
Br^{7+}	4	39
I^{-}	6	206
I^{5+}	3TP	58
I^{7+}	4	56

l: 低スピン，h: 高スピン，4SQ: 平面四角形，3TP: 三角錐

出典: Shannon-Prewitt のイオン半径に Shannon が改良を加えたもの．R.D. Shannon, *Acta Crystallogr.*, **A32**, 751 (1976).

付録 2. 点群の指標表

注意：h は点群の次数（点群の独立な対称操作の総数）

$\boldsymbol{C}_1$	E $(h=1)$
A	+1

$\boldsymbol{C}_s$	E	σ_h	$(h=2)$	
A′	+1	+1	x, y, R_z	$\begin{cases} x^2, y^2 \\ z^2, xy \end{cases}$
A″	+1	−1	z, R_x, R_y	xz, yz

$\boldsymbol{C}_i$	E	i	$(h=2)$	
A_g	+1	+1	R_x, R_y, R_z	$\begin{cases} x^2, y^2, z^2 \\ xy, xz, yz \end{cases}$
A_u	+1	−1	x, y, z	

$\boldsymbol{C}_2$	E	$C_2(z)$	$(h=2)$	
A	+1	+1	z, R_z	x^2, y^2, z^2, xy
B	+1	−1	x, y, R_x, R_y	xz, yz

$\boldsymbol{C}_3$	E	$C_3(z)$	C_3^2	$(h=3)$；$\varepsilon=\exp(2\pi i/3)$	
A	+1	+1	+1	z, R_z	x^2+y^2, z^2
E	$\begin{cases} +1 \\ +1 \end{cases}$	$\begin{matrix} \varepsilon \\ \varepsilon^* \end{matrix}$	$\begin{matrix} \varepsilon^* \\ \varepsilon \end{matrix}$	$\begin{matrix} x+iy;\ R_x+iR_y \\ x-iy;\ R_x-iR_y \end{matrix}$	$\begin{matrix} (x^2-y^2, xy) \\ (xz, yz) \end{matrix}$

$\boldsymbol{D}_2$	E	$C_2(z)$	$C_2'(y)$	$C_2''(x)$	$(h=4)$	
A	+1	+1	+1	+1		x^2, y^2, z^2
B_1	+1	+1	−1	−1	z, R_z	xy
B_2	+1	−1	+1	−1	y, R_y	xz
B_3	+1	−1	−1	+1	x, R_x	yz

注意：点群 $\boldsymbol{D}_n$，$\boldsymbol{D}_{nh}$ および $\boldsymbol{D}_{nd}$ では，x 軸を C_2' 軸の一つと一致するように選ぶこと

$\boldsymbol{D}_3$	E	$2C_3(z)$	$3C_2'$	$(h=6)$	
A_1	+1	+1	+1		x^2+y^2, z^2
A_2	+1	+1	−1	z, R_z	
E	+2	−1	0	$(x, y)\,(R_x, R_y)$	$(x^2-y^2, xy)\,(xz, yz)$

$\boldsymbol{D}_4$	E	$2C_4(z)$	$C_2(\equiv C_4^2)$	$2C_2'$	$2C_2''$	$(h=8)$	
A_1	+1	+1	+1	+1	+1		x^2+y^2, z^2
A_2	+1	+1	+1	−1	−1	z, R_z	
B_1	+1	−1	+1	+1	−1		x^2-y^2
B_2	+1	−1	+1	−1	+1		xy
E	+2	0	−2	0	0	$(x, y)(R_x, R_y)$	(xz, yz)

$\boldsymbol{D}_5$	E	$2C_5(z)$	$2C_5^2$	$5C_2'$	$(h=10)$	
A_1	+1	+1	+1	+1		x^2+y^2, z^2
A_2	+1	+1	+1	−1	z, R_z	
E_1	+2	$\tau-1$	$-\tau$	0	$(x, y)(R_x, R_y)$	(xz, yz)
E_2	+2	$-\tau$	$\tau-1$	0		(x^2-y^2, xy)

注意：点群 $\boldsymbol{D}_5$, $\boldsymbol{C}_{5v}$, $\boldsymbol{D}_{5h}$ および $\boldsymbol{D}_{5d}$ では，τ は $2\cos(\pi/5)$ を意味する

$\boldsymbol{D}_6$	E	$2C_6(z)$	$2C_3$	$C_2(z)$	$3C_2'$	$3C_2''$	$(h=12)$	
A_1	+1	+1	+1	+1	+1	+1		x^2+y^2, z^2
A_2	+1	+1	+1	+1	−1	−1	z, R_z	
B_1	+1	−1	+1	−1	+1	−1		
B_2	+1	−1	+1	−1	−1	+1		
E_1	+2	+1	−1	−2	0	0	$(x, y)(R_x, R_y)$	(xz, yz)
E_2	+2	−1	−1	+2	0	0		(x^2-y^2, xy)

$\boldsymbol{C}_{2v}$	E	$C_2(z)$	$\sigma_v(xz)$	$\sigma_v'(yz)$	$(h=4)$	
A_1	+1	+1	+1	+1	z	x^2, y^2, z^2
A_2	+1	+1	−1	−1	R_z	xy
B_1	+1	−1	+1	−1	x, R_y	xz
B_2	+1	−1	−1	+1	y, R_x	yz

$\boldsymbol{C}_{3v}$	E	$2C_3(z)$	$3\sigma_v$	$(h=6)$	
A_1	+1	+1	+1	z	x^2+y^2, z^2
A_2	+1	+1	−1	R_z	
E	+2	−1	0	$(x, y)(R_x, R_y)$	$(x^2-y^2, xy)(xz, yz)$

$\boldsymbol{C}_{4v}$	E	$2C_4(z)$	C_2	$2\sigma_v$	$2\sigma_d$	$(h=8)$（σ_v 面内に x 軸をとる）	
A_1	+1	+1	+1	+1	+1	z	x^2+y^2, z^2
A_2	+1	+1	+1	−1	−1	R_z	
B_1	+1	−1	+1	+1	−1		x^2-y^2
B_2	+1	−1	+1	−1	+1		xy
E	+2	0	−2	0	0	$(x, y)(R_x, R_y)$	(xz, yz)

$\boldsymbol{C_{5v}}$	E	$2C_5(z)$	$2C_5^2$	$5\sigma_v$	$(h=10)$	
A_1	$+1$	$+1$	$+1$	$+1$	z	$x^2+y^2,\ z^2$
A_2	$+1$	$+1$	$+1$	-1	R_z	
E_1	$+2$	$\tau-1$	$-\tau$	0	$(x, y)\ (R_x, R_y)$	(xz, yz)
E_2	$+2$	$-\tau$	$\tau-1$	0		(x^2-y^2, xy)

$\boldsymbol{C_{6v}}$	E	$2C_6(z)$	$2C_3(z)$	$C_2(z)$	$3\sigma_v$	$3\sigma_d$	$(h=12)$（σ_v 面内に x 軸をとる）	
A_1	$+1$	$+1$	$+1$	$+1$	$+1$	$+1$	z	$x^2+y^2,\ z^2$
A_2	$+1$	$+1$	$+1$	$+1$	-1	-1	R_z	
B_1	$+1$	-1	$+1$	-1	$+1$	-1		
B_2	$+1$	-1	$+1$	-1	-1	$+1$		
E_1	$+2$	$+1$	-1	-2	0	0	$(x, y)\ (R_x, R_y)$	(xz, yz)
E_2	$+2$	-1	-1	$+2$	0	0		(x^2-y^2, xy)

$\boldsymbol{C_{2h}}$	E	$C_2(z)$	i	σ_h	$(h=4)$	
A_g	$+1$	$+1$	$+1$	$+1$	R_z	$x^2,\ y^2,\ z^2,\ xy$
B_g	$+1$	-1	$+1$	-1	R_x, R_y	xz, yz
A_u	$+1$	$+1$	-1	-1	z	
B_u	$+1$	-1	-1	$+1$	x, y	

$\boldsymbol{C_{3h}}$	E	$C_3(z)$	C_3^2	σ_h	S_3	S_3^5	$(h=6)$；	
A'	$+1$	$+1$	$+1$	$+1$	$+1$	$+1$	R_z	$x^2+y^2,\ z^2$
E'	$+1$	ε	ε^*	$+1$	ε	ε^*	$x+iy$	(x^2-y^2, xy)
	$+1$	ε^*	ε	$+1$	ε^*	ε	$x-iy$	
A''	$+1$	$+1$	$+1$	-1	-1	-1	z	
E''	$+1$	ε	ε^*	-1	$-\varepsilon$	$-\varepsilon^*$	R_x+iR_y	(xz, yz)
	$+1$	ε^*	ε	-1	$-\varepsilon^*$	$-\varepsilon$	R_x-iR_y	

$\varepsilon=\exp(2\pi i/3)$　　$\varepsilon^*=\exp(-2\pi i/3)$

$\boldsymbol{D_{2h}}$	E	$C_2(z)$	$C_2'(y)$	$C_2''(x)$	i	$\sigma(xy)$	$\sigma(xz)$	$\sigma(yz)$	$(h=8)$	
A_g	$+1$	$+1$	$+1$	$+1$	$+1$	$+1$	$+1$	$+1$		$x^2,\ y^2,\ z^2$
B_{1g}	$+1$	$+1$	-1	-1	$+1$	$+1$	-1	-1	R_z	xy
B_{2g}	$+1$	-1	$+1$	-1	$+1$	-1	$+1$	-1	R_y	xz
B_{3g}	$+1$	-1	-1	$+1$	$+1$	-1	-1	$+1$	R_x	yz
A_u	$+1$	$+1$	$+1$	$+1$	-1	-1	-1	-1		
B_{1u}	$+1$	$+1$	-1	-1	-1	-1	$+1$	$+1$	z	
B_{2u}	$+1$	-1	$+1$	-1	-1	$+1$	-1	$+1$	y	
B_{3u}	$+1$	-1	-1	$+1$	-1	$+1$	$+1$	-1	x	

$\boldsymbol{D}_{3h}$	E	$2C_3(z)$	$3C_2$	$\sigma_h(xy)$	$2S_3$	$3\sigma_v$	$(h=12)$	
A_1'	+1	+1	+1	+1	+1	+1		x^2+y^2, z^2
A_2'	+1	+1	−1	+1	+1	−1	R_z	
E'	+2	−1	0	+2	−1	0	(x, y)	(x^2-y^2, xy)
A_1''	+1	+1	+1	−1	−1	−1		
A_2''	+1	+1	−1	−1	−1	+1	z	
E''	+2	−1	0	−2	+1	0	(R_x, R_y)	(xz, yz)

$\boldsymbol{D}_{4h}$	E	$2C_4(z)$	C_2	$2C_2'$	$2C_2''$	i	$2S_4$	σ_h	$2\sigma_v$	$2\sigma_d$	$(h=16)$	
A_{1g}	+1	+1	+1	+1	+1	+1	+1	+1	+1	+1		x^2+y^2, z^2
A_{2g}	+1	+1	+1	−1	−1	+1	+1	+1	−1	−1	R_z	
B_{1g}	+1	−1	+1	+1	−1	+1	−1	+1	+1	−1		x^2-y^2
B_{2g}	+1	−1	+1	−1	+1	+1	−1	+1	−1	+1		xy
E_g	+2	0	−2	0	0	+2	0	−2	0	0	(R_x, R_y)	(xz, yz)
A_{1u}	+1	+1	+1	+1	+1	−1	−1	−1	−1	−1		
A_{2u}	+1	+1	+1	−1	−1	−1	−1	−1	+1	+1	z	
B_{1u}	+1	−1	+1	+1	−1	−1	+1	−1	−1	+1		
B_{2u}	+1	−1	+1	−1	+1	−1	+1	−1	+1	−1		
E_u	+2	0	−2	0	0	−2	0	+2	0	0	(x, y)	

$\boldsymbol{D}_{5h}$	E	$2C_5$	$2C_5^2$	$5C_2'$	σ_h	$2S_5$	$2S_5^3$	$5\sigma_v$	$(h=20)$	
A_1'	+1	+1	+1	+1	+1	+1	+1	+1		x^2+y^2, z^2
A_2'	+1	+1	+1	−1	+1	+1	+1	−1	R_z	
E_1'	+2	$\tau-1$	$-\tau$	0	+2	$\tau-1$	$-\tau$	0	(x, y)	
E_2'	+2	$-\tau$	$\tau-1$	0	+2	$-\tau$	$\tau-1$	0		(x^2-y^2, xy)
A_1''	+1	+1	+1	+1	−1	−1	−1	−1		
A_2''	+1	+1	+1	−1	−1	−1	−1	+1	z	
E_1''	+2	$\tau-1$	$-\tau$	0	−2	$1-\tau$	$+\tau$	0	(R_x, R_y)	(xz, yz)
E_2''	+2	$-\tau$	$\tau-1$	0	−2	$+\tau$	$1-\tau$	0		

$\boldsymbol{D}_{6h}$	E	$2C_6(z)$	$2C_3$	C_2	$3C_2'$	$3C_2''$	i	$2S_3$	$2S_6$	$\sigma_h(xy)$	$3\sigma_d$	$3\sigma_v$	$(h=24)$	
A_{1g}	+1	+1	+1	+1	+1	+1	+1	+1	+1	+1	+1	+1		x^2+y^2, z^2
A_{2g}	+1	+1	+1	+1	−1	−1	+1	+1	+1	+1	−1	−1	R_z	
B_{1g}	+1	−1	+1	−1	+1	−1	+1	−1	+1	−1	+1	−1		
B_{2g}	+1	−1	+1	−1	−1	+1	+1	−1	+1	−1	−1	+1		
E_{1g}	+2	+1	−1	−2	0	0	+2	+1	−1	−2	0	0	(R_x, R_y)	(xz, yz)
E_{2g}	+2	−1	−1	+2	0	0	+2	−1	−1	+2	0	0		(x^2-y^2, xy)
A_{1u}	+1	+1	+1	+1	+1	+1	−1	−1	−1	−1	−1	−1		
A_{2u}	+1	+1	+1	+1	−1	−1	−1	−1	−1	−1	+1	+1	z	
B_{1u}	+1	−1	+1	−1	+1	−1	−1	+1	−1	+1	−1	+1		
B_{2u}	+1	−1	+1	−1	−1	+1	−1	+1	−1	+1	+1	−1		
E_{1u}	+2	+1	−1	−2	0	0	−2	−1	+1	+2	0	0	(x, y)	
E_{2u}	+2	−1	−1	+2	0	0	−2	+1	+1	−2	0	0		

$\boldsymbol{D}_{2d}$	E	$2S_4$	$C_2(z)$	$2C_2'$	$2\sigma_d$	$(h=8)$	
A_1	+1	+1	+1	+1	+1		x^2+y^2, z^2
A_2	+1	+1	+1	−1	−1	R_z	
B_1	+1	−1	+1	+1	−1		x^2-y^2
B_2	+1	−1	+1	−1	+1	z	xy
E	+2	0	−2	0	0	(x, y) (R_x, R_y)	(xz, yz)

$\boldsymbol{D}_{3d}$	E	$2C_3$	$3C_2$	i	$2S_6$	$3\sigma_d$	$(h=12)$	
A_{1g}	+1	+1	+1	+1	+1	+1		x^2+y^2, z^2
A_{2g}	+1	+1	−1	+1	+1	−1	R_z	
E_g	+2	−1	0	+2	−1	0	(R_x, R_y)	(x^2-y^2, xy) (xz, yz)
A_{1u}	+1	+1	+1	−1	−1	−1		
A_{2u}	+1	+1	−1	−1	−1	+1	z	
E_u	+2	−1	0	−2	+1	0	(x, y)	

$\boldsymbol{D}_{4d}$	E	$2S_8$	$2C_4$	$2S_8^3$	C_2	$4C_2'$	$4\sigma_d$	$(h=16)$	
A_1	+1	+1	+1	+1	+1	+1	+1		x^2+y^2, z^2
A_2	+1	+1	+1	+1	+1	−1	−1	R_z	
B_1	+1	−1	+1	−1	+1	+1	−1		
B_2	+1	−1	+1	−1	+1	−1	+1	z	
E_1	+2	$+\sqrt{2}$	0	$-\sqrt{2}$	−2	0	0	(x, y)	
E_2	+2	0	−2	0	+2	0	0		(x^2-y^2, xy)
E_3	+2	$-\sqrt{2}$	0	$+\sqrt{2}$	−2	0	0	(R_x, R_y)	(xz, yz)

$\boldsymbol{D}_{5d}$	E	$2C_5$	$2C_5^2$	$5C_2$	i	$2S_{10}^3$	$2S_{10}$	$5\sigma_d$	$(h=20)$	
A_{1g}	+1	+1	+1	+1	+1	+1	+1	+1		x^2+y^2, z^2
A_{2g}	+1	+1	+1	−1	+1	+1	+1	−1	R_z	
E_{1g}	+2	$\tau-1$	$-\tau$	0	+2	$\tau-1$	$-\tau$	0	(R_x, R_y)	(xz, yz)
E_{2g}	+2	$-\tau$	$\tau-1$	0	+2	$-\tau$	$\tau-1$	0		(x^2-y^2, xy)
A_{1u}	+1	+1	+1	+1	−1	−1	−1	−1		
A_{2u}	+1	+1	+1	−1	−1	−1	−1	+1	z	
E_{1u}	+2	$\tau-1$	$-\tau$	0	−2	$1-\tau$	$+\tau$	0	(x, y)	
E_{2u}	+2	$-\tau$	$\tau-1$	0	−2	$+\tau$	$1-\tau$	0		

$\boldsymbol{D}_{6d}$	E	$2S_{12}$	$2C_6$	$2S_4$	$2C_3$	$2S_{12}^5$	C_2	$6C_2'$	$6\sigma_d$	$(h=24)$	
A_1	+1	+1	+1	+1	+1	+1	+1	+1	+1		x^2+y^2, z^2
A_2	+1	+1	+1	+1	+1	+1	+1	−1	−1	R_z	
B_1	+1	−1	+1	−1	+1	−1	+1	+1	−1		
B_2	+1	−1	+1	−1	+1	−1	+1	−1	+1	z	
E_1	+2	$+\sqrt{3}$	+1	0	−1	$-\sqrt{3}$	−2	0	0	(x, y)	
E_2	+2	+1	−1	−2	−1	+1	+2	0	0		(x^2-y^2, xy)
E_3	+2	0	−2	0	+2	0	−2	0	0		
E_4	+2	−1	−1	+2	−1	−1	+2	0	0		
E_5	+2	$-\sqrt{3}$	+1	0	−1	$+\sqrt{3}$	−2	0	0	(R_x, R_y)	(xz, yz)

$\boldsymbol{C_{\infty v}}$	E	$2C_\infty^\phi$	$\cdots$	$\infty\sigma_v$	$(h=\infty)$	
$A_1\equiv\Sigma^+$	$+1$	$+1$	$\cdots$	$+1$	z	x^2+y^2, z^2
$A_2\equiv\Sigma^-$	$+1$	$+1$	$\cdots$	-1	R_z	
$E_1\equiv\Pi$	$+2$	$2\cos\phi$	$\cdots$	0	$(x, y)\ (R_x, R_y)$	(xz, yz)
$E_2\equiv\Delta$	$+2$	$2\cos 2\phi$	$\cdots$	0		(x^2-y^2, xy)
$E_3\equiv\Phi$	$+2$	$2\cos 3\phi$	$\cdots$	0		
E_n	$+2$	$2\cos n\phi$	$\cdots$	0		
$\vdots$	$\vdots$	$\vdots$	$\vdots$	$\vdots$		

$\boldsymbol{D_{\infty h}}$	E	$2C_\infty^\phi$	$\cdots$	$\infty\sigma_v$	i	$2S_\infty^\phi$	$\cdots$	∞C_2	$(h=\infty)$	
$A_{1g}\equiv\Sigma_g^+$	$+1$	$+1$	$\cdots$	$+1$	$+1$	$+1$	$\cdots$	$+1$		x^2+y^2, z^2
$A_{2g}\equiv\Sigma_g^-$	$+1$	$+1$	$\cdots$	-1	$+1$	$+1$	$\cdots$	-1	R_z	
$E_{1g}\equiv\Pi_g$	$+2$	$2\cos\phi$	$\cdots$	0	$+2$	$-2\cos\phi$	$\cdots$	0	(R_x, R_y)	(xz, yz)
$E_{2g}\equiv\Delta_g$	$+2$	$2\cos 2\phi$	$\cdots$	0	$+2$	$2\cos 2\phi$	$\cdots$	0		(x^2-y^2, xy)
$E_{3g}\equiv\Phi_g$	$+2$	$2\cos 3\phi$	$\cdots$	0	$+2$	$-2\cos 3\phi$	$\cdots$	0		
E_{ng}	$+2$	$2\cos n\phi$	$\cdots$	0	$+2$	$(-1)^n 2\cos n\phi$	$\cdots$	0		
$\vdots$	$\vdots$	$\vdots$	$\vdots$	$\vdots$	$\vdots$	$\vdots$	$\vdots$	$\vdots$		
$A_{1u}\equiv\Sigma_u^+$	$+1$	$+1$	$\cdots$	$+1$	-1	-1	$\cdots$	-1	z	
$A_{2u}\equiv\Sigma_u^-$	$+1$	$+1$	$\cdots$	-1	-1	-1	$\cdots$	$+1$		
$E_{1u}\equiv\Pi_u$	$+2$	$2\cos\phi$	$\cdots$	0	-2	$2\cos\phi$	$\cdots$	0	(x, y)	
$E_{2u}\equiv\Delta_u$	$+2$	$2\cos 2\phi$	$\cdots$	0	-2	$-2\cos 2\phi$	$\cdots$	0		
$E_{3u}\equiv\Phi_u$	$+2$	$2\cos 3\phi$	$\cdots$	0	-2	$2\cos 3\phi$	$\cdots$	0		
E_{nu}	$+2$	$2\cos n\phi$	$\cdots$	0	-2	$(-1)^{n+1} 2\cos n\phi$	$\cdots$	0		
$\vdots$	$\vdots$	$\vdots$	$\vdots$	$\vdots$	$\vdots$	$\vdots$	$\vdots$	$\vdots$		

$\boldsymbol{T_d}$	E	$8C_3$	$3C_2$	$6S_4$	$6\sigma_d$	$(h=24)$	
A_1	$+1$	$+1$	$+1$	$+1$	$+1$		$x^2+y^2+z^2$
A_2	$+1$	$+1$	$+1$	-1	-1		
E	$+2$	-1	$+2$	0	0		$(2z^2-x^2-y^2, x^2-y^2)$
T_1	$+3$	0	-1	$+1$	-1	(R_x, R_y, R_z)	
T_2	$+3$	0	-1	-1	$+1$	(x, y, z)	(xy, xz, yz)

$\boldsymbol{O_h}$	E	$8C_3$	$6C_2$	$6C_4$	$3C_2(\equiv C_4^2)$	i	$6S_4$	$8S_6$	$3\sigma_h$	$6\sigma_d$	$(h=48)$	
A_{1g}	$+1$	$+1$	$+1$	$+1$	$+1$	$+1$	$+1$	$+1$	$+1$	$+1$		$x^2+y^2+z^2$
A_{2g}	$+1$	$+1$	-1	-1	$+1$	$+1$	-1	$+1$	$+1$	-1		
E_g	$+2$	-1	0	0	$+2$	$+2$	0	-1	$+2$	0		$(2z^2-x^2-y^2, x^2-y^2)$
T_{1g}	$+3$	0	-1	$+1$	-1	$+3$	$+1$	0	-1	-1	(R_x, R_y, R_z)	
T_{2g}	$+3$	0	$+1$	-1	-1	$+3$	-1	0	-1	$+1$		(xy, xz, yz)
A_{1u}	$+1$	$+1$	$+1$	$+1$	$+1$	-1	-1	-1	-1	-1		
A_{2u}	$+1$	$+1$	-1	-1	$+1$	-1	$+1$	-1	-1	$+1$		
E_u	$+2$	-1	0	0	$+2$	-2	0	$+1$	-2	0		
T_{1u}	$+3$	0	-1	$+1$	-1	-3	-1	0	$+1$	$+1$	(x, y, z)	
T_{2u}	$+3$	0	$+1$	-1	-1	-3	$+1$	0	$+1$	-1		

問題の解答

第1章

1・1　鉄およびそれよりも原子番号の小さい元素は，恒星の内部で起こる核反応によって，宇宙の誕生以来連続的につくられてきたが，鉄よりも原子番号の大きい元素はまれにしか生じない超新星によって断続的にしかつくられないため．

1・2　(1・5)式より，エネルギー E_m の軌道から E_n の軌道への電子遷移に基づくスペクトル線の波長 λ を求める式 $\lambda = hc/(E_m - E_n)$ が得られる．1番目および2番目にエネルギーの低いスペクトル線の波長を λ_1 および λ_2 とすると，(1・3)式より

$$\lambda_1 = \frac{1.99\times10^{-25}}{-2.18\times10^{-18}\left(\frac{1}{4}-1\right)} = 1.22\times10^{-7}\,\mathrm{m} = 122\,\mathrm{nm}$$

$$\lambda_2 = \frac{1.99\times10^{-25}}{-2.18\times10^{-18}\left(\frac{1}{9}-1\right)} = 1.03\times10^{-7}\,\mathrm{m} = 103\,\mathrm{nm}$$

1・3　32個

1・4　1）3p軌道　節面の総数：$n-1=2$
角度依存性の節面の数：$l=1$
動径節の数：$n-l-1=1$

2）4f軌道　節面の総数：$n-1=3$
角度依存性の節面の数：$l=3$
動径節の数：$n-l-1=0$

3）5d軌道　節面の総数：$n-1=4$
角度依存性の節面の数：$l=2$
動径節の数：$n-l-1=2$

1・5　1）O^{2-}　$1s^2 2s^2 2p^6$

2）Si　$1s^2 2s^2 2p^6 3s^2 3p^2$

3）Cr^{3+}　$1s^2 2s^2 2p^6 3s^2 3p^6 3d^3$

4）Br　$1s^2 2s^2 2p^6 3s^2 3p^6 4s^2 3d^{10} 4p^5$

5）Sm　$1s^2 2s^2 2p^6 3s^2 3p^6 4s^2 3d^{10} 4p^6 5s^2 4d^{10} 5p^6 6s^2 4f^6$

6）Ir　$1s^2 2s^2 2p^6 3s^2 3p^6 4s^2 3d^{10} 4p^6 5s^2 4d^{10} 5p^6 6s^2 4f^{14} 5d^7$

1・6　1）硫黄の3s電子，3p電子：$Z^*=5.45$

2）ニッケルの4s電子：$Z^*=4.05$，3d電子：$Z^*=7.55$

3）キセノンの5s電子，5p電子：$Z^*=8.25$，4d電子：$Z^*=14.85$

4）ウランの 7s 電子：$Z^*=3.0$，6d 電子：$Z^*=3.0$，5f 電子：$Z^*=13.3$

1・7　同じ周期内では，原子番号の増加に伴って，陽子数と電子数が 1 ずつ増加する．しかし，新しく加わった電子は核電荷を完全には遮へいできないので，周期表を右へ行くにしたがって最外殻電子が感じる有効核電荷はしだいに大きくなる．したがって，フッ素の最外殻電子はリチウムのものよりずっと大きい有効核電荷を感じるので，イオン化にはより大きなエネルギーが必要で，第一イオン化エネルギーは大きくなる．同様に，陰イオンを形成する際に最外殻に新しく加わる電子も，フッ素の場合の方がリチウムの場合よりもずっと強い有効核電荷を感じるので，第一電子親和力もフッ素の方が大きい．

1・8　窒素では三つの 2p 軌道に電子が 1 個ずつスピンを平行にして入っているが，酸素では 2p 軌道の一つに二つの電子が電子対をつくって入るので，電子間反発によってその軌道が不安定化され，イオン化エネルギーが小さくなるため．

1・9　カルシウムは 3d 電子をもたないが，マンガンは 5 個，亜鉛は 10 個の 3d 電子をもっている．これらの 3d 電子による核電荷の遮へいは，4s 軌道に対しては不完全なため，3d 電子が増加するほど 4s 電子が感じる有効核電荷は大きくなる．したがって，カルシウム，マンガン，亜鉛の順に第一イオン化エネルギーは大きくなる．

1・10　本文を参照されたい．

第 2 章

2・1

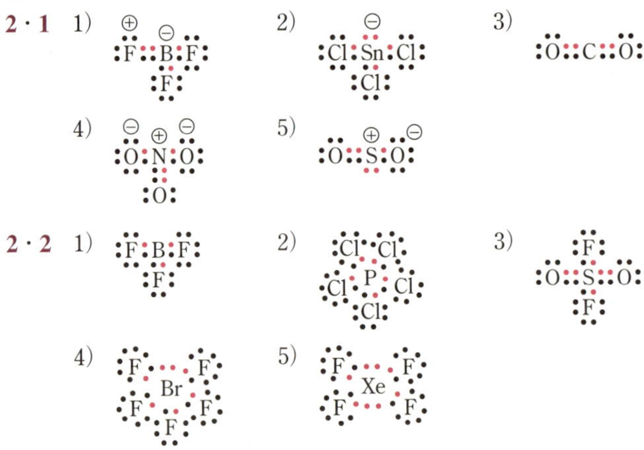

2・2

2・3　1）図 2・8 および図 2・9 参照

2）O_2^+ の O−O 結合の結合次数：2.5　　O_2^{2-} の O−O 結合の結合次数：1

3）酸素分子 O_2：常磁性（三重項）　　過酸化物イオン O_2^{2-}：反磁性（一重項）

2・4　基底状態で常磁性を示すのは，2）NO と，4）CH_2（下図参照）.

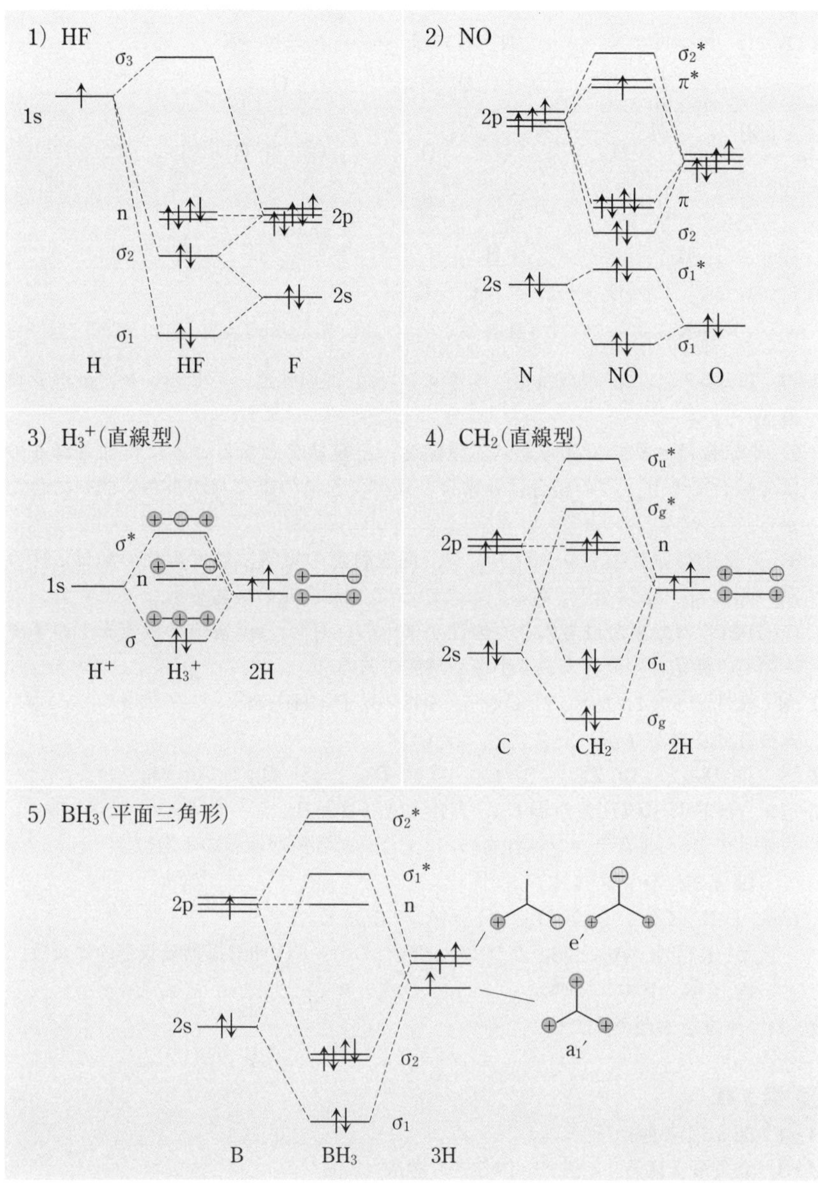

2・5 1) 折れ線型　2) 三角錐　3) 平面三角形　4) 正四面体
5) 四角錐

2・6 1) $\overset{-}{N}{=}\overset{+}{N}{=}\overset{-}{N} \longleftrightarrow \overset{2-}{N}{-}\overset{+}{N}{\equiv}N \longleftrightarrow N{\equiv}\overset{+}{N}{-}\overset{2-}{N}$

2) $O{=}N^{+}(O^{-})_2 \longleftrightarrow {}^{-}O{-}N^{+}({=}O)(O^{-}) \longleftrightarrow O{=}N^{+}(O^{-}){-}O^{-}$

3) $S{=}C{=}N^{-} \longleftrightarrow \overset{-}{S}{-}C{\equiv}N$

4) $H(H_2N)C{=}O \longleftrightarrow H(H_2\overset{+}{N}{=})C{-}O^{-}$

2・7 1) エタン：sp^3 混成軌道，エチレン：sp^2 混成軌道，アセチレン：sp 混成軌道

2) 単結合は σ 結合であるが，二重結合，三重結合となるときに付加されるのは π 結合であり，この結合は σ 結合と比べて軌道の重なりが小さく弱い結合だから．

3) アセチレン＞エチレン＞エタン．混成軌道の電気陰性度の高い順は s 性の高い順に $sp > sp^2 > sp^3$ である．したがって，sp 混成の炭素をもつアセチレンの C−H 結合の分極が最も大きく酸性が強いのに対し，sp^3 混成の炭素をもつエタンの C−H 結合の分極が最も小さく酸性が弱い．

2・8 極性分子：1) H_2S，2) O_3，5) SO_2，6) $P(CH_3)_3$
無極性分子：3) *trans*-2-ブテン，4) CO_2

2・9 1) $\boldsymbol{D}_{\infty h}$　2) $\boldsymbol{T}_d$　3) $\boldsymbol{C}_{3v}$　4) $\boldsymbol{D}_{3h}$　5) $\boldsymbol{C}_{2v}$　6) $\boldsymbol{O}_h$

2・10 *cis*-$FeBr_2(CO)_4$：点群 $\boldsymbol{C}_{2v}$，$\Gamma_{CO} = 2A_1 + B_1 + B_2$
すべて IR およびラマン活性なので，CO 伸縮振動吸収帯の本数は，
IR 4 本，ラマン 4 本
trans-$FeBr_2(CO)_4$：点群 $\boldsymbol{D}_{4h}$，$\Gamma_{CO} = A_{1g} + B_{1g} + E_u$
E_u が IR 活性，A_{1g} と B_{1g} がラマン活性なので，CO 伸縮振動吸収帯の本数は，
IR 1 本，ラマン 2 本

2・11 本文を参照されたい．

第 3 章

3・1 図 3・1 参照．

3・3 立方最密構造：4 個　体心立方構造：2 個

3・3　六方最密構造

$$\frac{\left(4\times\frac{4\pi r^3}{3}\right)\times 100}{(2\sqrt{2}\,r)^3} = 74\,\%$$

体心立方構造

$$\frac{\left(2\times\frac{4\pi r^3}{3}\right)\times 100}{\left(\frac{4r}{\sqrt{3}}\right)^3} = 68\,\%$$

3・4　1 cm^3 に含まれる Ni 原子の数は，$(8.902/58.69)\times 6.02\times 10^{23}=9.13\times 10^{22}$ 個．Ni は立方最密構造をとっているので，単位格子 1 個当たり 4 個の Ni 原子を含む．よって，1 cm^3 の Ni は $9.13\times 10^{22}/4=2.28\times 10^{22}$ 個の単位格子を含む．単位格子の一辺の長さを r cm とすると，$r^3\times 2.28\times 10^{22}=1$ cm^3．したがって，$r=3.53\times 10^{-8}$ cm＝353 pm

3・5　イオンの配位数 NaCl：6，CsCl：8，ZnS：4

CsCl ではイオン半径比 r^+/r^- は 0.732 より大きいので，八つの塩化物イオンがつくる立方体型空孔をセシウムイオンが占める構造が安定である．同様に，NaCl および ZnS では，イオン半径比はそれぞれ 0.414～0.732 および 0.225～0.414 の範囲に入るので，それぞれ六つの塩化物イオンがつくる正八面体型空孔をナトリウムイオンが占める構造，および四つの硫化物イオンがつくる正四面体型空孔を亜鉛イオンが占める構造が安定となる．

3・6　1）$\Delta H_f(\mathrm{AgCl}) = -U_{\mathrm{AgCl}} + E_{\mathrm{I}}(\mathrm{Ag}) - E_{\mathrm{A}}(\mathrm{Cl}) + \Delta H_{\mathrm{sub}}(\mathrm{Ag}) + \frac{1}{2}D_{\mathrm{Cl-Cl}}$

$$-127 = -U_{\mathrm{AgCl}} + 731 - 350 + 285 + 122$$

よって，$U_{\mathrm{AgCl}} = 915$ kJ mol^{-1}

2）$U_{\mathrm{AgCl}} = 725$ kJ mol^{-1}

3）大きく違っている．これは，Ag^+ イオンが高い有効核電荷をもつために，Cl^- イオンの電子雲を強く分極させ，その結果 Ag と Cl との間にかなりの共有結合性が生じ，このため，静電気力のみから計算した理論値よりも実際の結合の方がずっと強くなるからである．

3・7　1）$MgCl_2$　2）CuCl　3）$CdCl_2$　4）AgI　5）BCl_3

3・8　1）ケイ素にインジウムをドープすると，価電子帯のすぐ上に空の準位（アクセプター準位）ができる．価電子帯からこの準位へ電子が励起されると，価電子帯の正孔の数が増えて，伝導性が高まる．価電子帯からアクセプター準位への励起エネルギーは，伝導体への励起エネルギーよりもずっと小さいので，純粋なケイ素よりも低いエネルギーで高い電気伝導性が得られる．

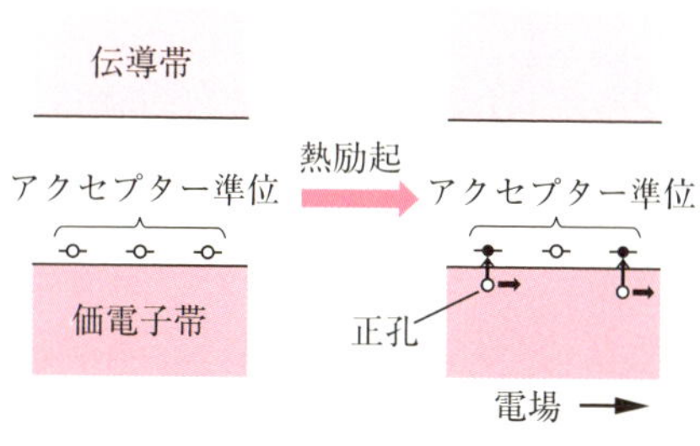

p 型半導体

2) ケイ素にヒ素をドープすると，伝導帯のすぐ下に電子を含んだ準位(ドナー準位)ができる．この準位から伝導帯へ電子が励起されると，伝導帯の電子の数が増えて，伝導性が高まる．ドナー準位から伝導帯への励起エネルギーは，価電子帯からの励起エネルギーよりもずっと小さいので，純粋なケイ素よりも低いエネルギーで高い電気伝導性が得られる．

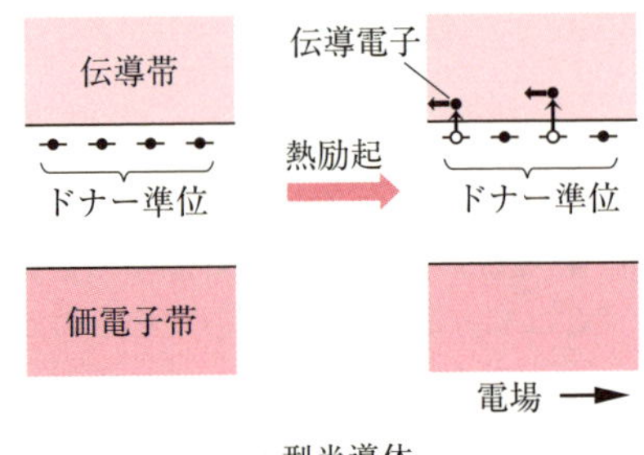

n 型半導体

3・9 1) 金属では，電気も熱も主として電子という共通のキャリヤーによって運ばれるため．

2) 絶縁体における熱のキャリヤーはフォノンであるが，共有結合結晶であるダイヤモンドは，原子密度が高くかつ格子振動子の固有振動数が大きいので，エネルギー値の高いフォノンが高密度に存在するため．

3・10 本文を参照されたい．

第4章

4・1 1) $B(OH)_4^-$　2) HSO_4^- および SO_4^{2-}　3) $H_2PO_2^-$

4) $H_2PO_4^-$，HPO_4^{2-} および PO_4^{3-}

4・2 1) 弱酸(HA とする)の pH を求める一般問題として解くこととする．溶液内平衡は

$$HA \rightleftharpoons H^+ + A^-$$

であり，溶液内において電気的中性が保たれるから，$[H^+]=[A^-]+[OH^-]$ であるが，$[H^+]\gg[OH^-]$ であるから，

$$[H^+] \approx [A^-] \quad ①$$

である．HA の全濃度を C_{HA} とすると，

$$C_{HA} = [HA] + [A^-] \quad ②$$

となる．① および ② の式と酸解離定数の式 $K_a=[H^+][A^-]/[HA]$ とから

$$[H^+]^2 + K_a[H^+] - K_aC_{HA} = 0 \quad ③$$

が得られる．これを解けばよい．ただし，$C_{HA}>[H^+]$ とみなせる場合には(本問題はこの条件に当てはまる)，③ 式の第 2 項が無視できるので，$[H^+]=\sqrt{K_aC_{HA}}$ となる．したがって，$pH=\frac{1}{2}(pK_a+pC_{HA})$ となり，pH=3.38 が得られる．

2) 酢酸イオンは酢酸の共役塩基であり，つぎの加水分解反応を起こす．

$$A^- + H_2O \rightleftharpoons HA + OH^-$$

この反応の平衡定数は塩基解離定数である．

$$K_b = \frac{[HA][OH^-]}{[A^-]}$$

K_b の値は $K_b = K_w/K_a = 10^{-9.24}$ である（$pK_b = 9.24$）．したがって，K_a の代わりに K_b を使えば，弱酸の取り扱い（解答 4・2 の 1）参照）と同様にして，

$$[OH^-] = \sqrt{K_b C_A} \quad ①$$

となる．ここで，$C_A = [HA] + [A^-] = 1.00 \times 10^{-2}$ である．① は

$$pOH = \frac{1}{2}(pK_b + pC_A)$$

と表すことができるので，pOH＝5.62 が得られる．また，

$$pH = pK_w - pOH = pK_w - \frac{1}{2}(pK_b + pC_A) \quad ②$$

の関係から，pH＝8.38 が得られる．

なお，② において，pK_b を $pK_w - pK_a$ で置き換えれば，

$$pH = \frac{1}{2}(pK_w + pK_a - pC_A) \quad ③$$

が得られる．③ を使えば，pH＝8.38 は pK_b を介さなくても直ちに求まる．

3）$K_a = [H^+][A^-]/[HA]$ において $[A^-] = [HA]$ なので，pH は pK_a に等しくなる．pH＝4.76

4・3 AsF_5 は SO_3F^- の受容体としてはたらく強いルイス酸である．したがって，AsF_5 を添加するとつぎの反応が起こって，HSO_3F をより強い酸にする．

$$2HSO_3F + AsF_5 \rightleftharpoons H_2SO_3F^+ + AsF_5(SO_3F)^-$$

4・4 酸化還元対 MnO_2/Mn^{3+} および Mn^{3+}/Mn^{2+} の自由エネルギー変化の和を求める．

$$\begin{array}{lcl} & & \Delta G^\circ \\ MnO_2 + 4H^+ + e^- \rightleftharpoons Mn^{3+} + 2H_2O & & -F \times 0.90 \\ Mn^{3+} + e^- \rightleftharpoons Mn^{2+} & & -F \times 1.56 \\ \hline MnO_2 + 4H^+ + 2e^- \rightleftharpoons Mn^{2+} + 2H_2O & & \Delta G^\circ = -F \times (0.90 + 1.56) \\ & & = -2F \times 2.46/2 \end{array}$$

より，＋1.23 を空欄に記入する．

2）$\Delta G^\circ = -nFE^\circ$

$= -2 \times 96.5 \times 0.34\ \mathrm{kJ\ mol^{-1}} = -65.6\ \mathrm{kJ\ mol^{-1}}$

4・5 水分子中の O－H 結合は $O^{\delta-}-H^{\delta+}$ のように分極しているので，陰イオンは水分子の水素原子と相互作用をする．したがって，この場合，水分子はルイス酸（電子対の受容体）としてはたらいている．

4・6 メチルアミンの非共有電子対が SO_2 の空の p 軌道に供与されるので，$N-SO_2$ 部分はピラミッド型の配置をとると考えられる．

4・7 本文を参照されたい．

第5章

5・1 原子番号が増加するにつれて，原子が大きくなることで，最外殻電子は原子核から離れ，より弱く結びつけられるため．

5・2 周期表の右隣に位置するアルカリ土類金属の方が有効核電荷は大きく，最外殻の電子が強く原子核に引きつけられるため．

5・3 $LiAlH_4$，$NaBH_4$

5・4 $AlCl_3$ における塩素原子が非共有電子対を用いて，二つのアルミニウムを架橋配位している．

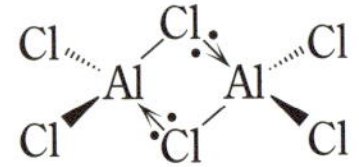

5・5 1) $2Na + 2H_2O \longrightarrow 2NaOH + H_2$

2) $2Na + 2MeOH \longrightarrow 2NaOMe + H_2$

3) $MeBr + Mg \longrightarrow MeMgBr$

4) $MeBr + 2Li \longrightarrow MeLi + LiBr$

5・6 本文を参照されたい．

第6章

6・1 ^1H，^2H（重水素），^3H（トリチウム）．^2H は NMR および IR により検出され，トリチウムは β 壊変による放射線により検出される．

6・2 ボラン，アルマン，メタン，シラン，ゲルマン，ホスファン

6・3 [He]$2s^22p^1$

```
   F
   ••
F•B•F
```

6・4 本文図6・6参照

6・5 クロソ型構造は三角形の面で閉じた三角多面体構造をとる．ニド型はクロソ型から一つの頂点を取除いたものであり，アラクノ型はクロソ型から隣り合った二つの頂点を取除いたものである．

6・6 ホスホン酸（H_2PHO_3），リン酸（H_3PO_4）

6・7 炭素：ダイヤモンド，グラファイト，かご状分子（フラーレンなど）

酸素：二酸素（O_2），オゾン（O_3）

6・8 ヘリウムでは $1s^2$，それ以外では ns^2np^6 というように，最外殻が完全に占有された電子配位置をとるため．

6・9 ホスファンおよびアミンはともに電子供与性配位子としてはたらくが，π 逆供与能に違いが見られる．つまり，ホスファンは，金属 d_π 軌道から σ^* 軌道に逆供与を受けるのに対し，アミンは逆供与を受けるのに適切な軌道をもたない．以上の性質の違いから，アミンは高酸化状態をとる金属中心を好み，ホスファンは低酸化状態をとる金属中心を好む．

6・10 1）$2Na_2S_2O_3 + I_2 \longrightarrow 2NaI + Na_2S_4O_6$

2）$NaCl + H_2SO_4 \longrightarrow HCl + NaHSO_4$

6・11 本文を参照されたい．

第7章

7・1

OH_2]$^{2+}$
H_2O OH_2
Cu
H_2O OH_2
OH_2

]$^{2+}$
H_3N NH_3
Cu
H_3N NH_3

7・2 Zn および Zn^{2+} は完全に満たされた d 軌道を有するため．

7・3 平面四角形型構造

7・4 1）$Co_2(CO)_8 + 2Na \xrightarrow{Hg} 2Na[Co(CO)_4]$

2）$3Cu + 8HNO_3 \longrightarrow 2NO + 3Cu(NO_3)_2 + 4H_2O$

3）$Cu + 4HNO_3 \longrightarrow 2NO_2 + Cu(NO_3)_2 + 2H_2O$

7・5 本文を参照されたい．

第8章

8・1 1）テトラヒドリドアルミニウム(Ⅲ)酸リチウム；lithium tetrahydridoaluminate(Ⅲ). 2）ヘキサクロリド白金(Ⅳ)酸カリウム；potassium hexachloridoplatinate(Ⅳ). 3）*cis*-ジアンミンジクロリド白金(Ⅱ)；*cis*-diamminedichloridoplatinum(Ⅱ). 4）ヘキサシアニド鉄(Ⅲ)酸カリウム；potassium hexacyanidoferrate(Ⅲ). 5）アセタトペンタアンミンコバルト(Ⅲ)塩化物；acetatopentaamminecobalt(Ⅲ) chloride. 6）ビス(チオスルファト)銀(Ⅰ)酸イオン；bis(thiosulfato)argentate(Ⅰ). 7）μ-アミド-μ-ヒドロキシド-ビス［テトラアンミンコバルト(Ⅲ)］硫酸塩；μ-amido-μ-hydroxido-bis[tetraamminecobalt(Ⅲ)] sulfate

8・2 1）配位数4の錯体は通常正四面体あるいは平面四角形構造をとる．Rh(Ⅰ)錯体は d^8 イオンであり，平面四角形構造である．したがって，3種の幾何異性体(図示は省略)が存在しうる．鏡像異性体は存在しない．2）*mer* 異性体および *fac* 異性体の2種(図示は省略)．*fac* 異性体には鏡像異性体が存在しうる．3）*mer* 異性体および *fac* 異性体の2種(図示は省略)．いずれも鏡像異性体が存在しうる．4）つぎの3種の幾何異性体が存在する．ここで，en は N N，gly は O N で表す．

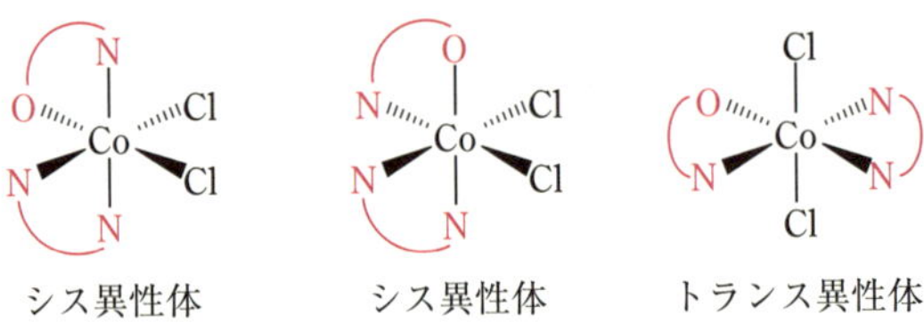

2 種のシス異性体にはいずれも鏡像異性体が存在しうる．

8・3 1) NCS 配位子は配位原子の違いにより連結異性体を生成する可能性がある．すなわち，チオシアナト-*S* 異性体とチオシアナト-*N* 異性体が存在しうる．ここでは錯体内に二つの NCS 配位子があるので，$[Co(NCS)_2(NH_3)_4]Cl$，$[Co(NCS)(SCN)(NH_3)_4]Cl$ および $[Co(SCN)_2(NH_3)_4]Cl$ の 3 種が存在しうる(青字の原子は配位原子を示す)．

2) つぎの 3 種が可能である．ここでは en は ⌒ で表す．

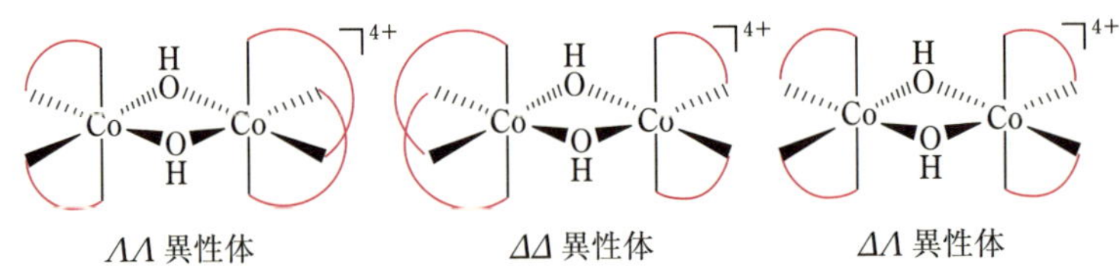

ΛΛ 異性体と ΔΔ 異性体とは対掌体である．ΔΛ 異性体は光学不活性であり，メソ体とよばれている．

8・4 1) d^3，$12Dq$　2) d^1，$4Dq$　3) d^6，$24Dq$　4) d^6，$24Dq$　5) d^8，$12Dq$

8・5 分光化学系列は $NH_3 \gg F^-$ であり，$[Co(NH_3)_6]Cl_3$ は低スピン錯体を，$K_3[CoF_6]$ は高スピン錯体をつくるためと考えられる．

8・6 1) 4　2) 1　3) 0　4) 1

8・7 下図のようになる．すなわち，e_g 軌道内および t_{2g} 軌道内の d 軌道の上下関係が図 8・26 の場合とはそれぞれ逆になる．

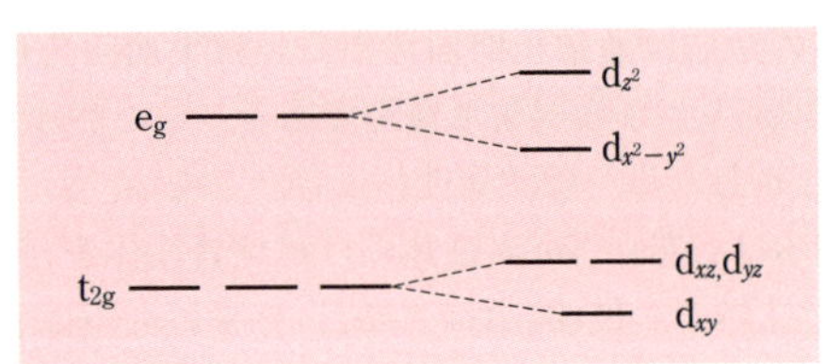

8・8 本文を参照されたい．

第9章

9・1 1）錯イオンの陽電荷が大きくなると，アクア配位子の酸素原子は中心金属イオンにより強く引きつけられるため，逆にアクア配位子の酸素-水素結合が弱められるためである．

2）アンモニアあるいはアミン配位子の強いσ電子供与が中心金属の陽電荷密度を減らし，水和金属イオンの場合よりも酸解離を抑制するためである．

9・2 イオン強度 $I=\frac{1}{2}\sum c_i z_i^2$ より，

1）$[K^+]=0.10\,M$，$Z_{K^+}=1$，$[Cl^-]=0.10\,M$，$Z_{Cl^-}=-1$ であるから，$I=\frac{1}{2}(0.1\times 1^2+0.1\times 1^2)=0.10\,M$．2）$I=0.30\,M$．3）$I=0.30\,M$．4）$I=0.60M$

9・3 1）$I=0.010\,M$ であるから，$\log y_{K^+}=-0.51\times\sqrt{0.01}=-0.051$ したがって，$y_{K^+}=0.89$．2）$\log y_{Ba^{2+}}=-0.51\times 4\times\sqrt{0.03}=-0.353$ したがって，$y_{Ba^{2+}}=0.44$．3）$\log y_{\pm}=-0.51\times\sqrt{0.02}=-0.072$ したがって，$y_{\pm}=0.85$

9・4 酢酸をHAと表すこととする．酢酸の熱力学的平衡定数は $K_a=a_{H^+}a_{A^-}/a_{HA}$ であり，濃度平衡定数 K_a^c とつぎの関係がある．

$$K_a = K_a^c\frac{y_{H^+}y_{A^-}}{y_{HA}}$$

デバイ-ヒュッケルの極限式を使うと，y_{HA} の値は電荷をもたないのでイオン強度によらず1であるが，y_{H^+}，y_{A^-} はイオン強度の増加とともに減少する．したがって，K_a^c の値はイオン強度の増加とともに増加する．

注：デバイ-ヒュッケルの極限式によれば，イオンの活量係数はイオン強度の増大とともに単調に減少するが，この理論式はイオン強度の小さい範囲でしか成立しない．したがって，上に述べた考察はイオン強度の大きな条件での考察には使えない．イオンの活量係数はイオン強度が1Mあるいは2Mといった大きな領域では理論式に従わず，むしろ増大する傾向がある．

9・5 つぎのような Cl^- を架橋配位子とする内圏型電子移動反応がもっぱら起こっているためである（簡単のため，^{51}Cr を $^*Cr$ で表す）．

$$[^*Cr(H_2O)_6]^{2+} + [CrCl(H_2O)_5]^{2+}$$
$$\longrightarrow [(H_2O)_5{}^*Cr\text{-}Cl\text{-}Cr(H_2O)_5{}^{4+}]^{\ddagger} + H_2O$$
$$\longrightarrow [^*CrCl(H_2O)_5]^{2+} + [Cr(H_2O)_6]^{2+}$$

電子移動反応が外圏型機構，あるいは架橋構造がCr-Cl-Crではなく，$Cr\text{-}OH_2\text{-}Cr$ またはCr-OH-Crで進行する内圏型機構で進むならば，時間の経過とともに $[Cr(H_2O)_6]^{3+}$ および遊離の Cl^- イオンが生成するはずである．これらの場合は，時間の経過とともに可視-紫外吸収スペクトルの変化が観測されなければならない．

9・6 本文を参照されたい．

第10章

10・1 $Cr(CO)_6$，$Fe(CO)_5$，$Ni(CO)_4$

10・2 金属の原子価電子数と配位子からの供与電子数の総和を共有結合モデルを使って示す(イオンモデルを使っても結果は同じになる).

1) 8(Os)+2×5(CO)=18　2) 7(Mn)+1(Cl)+2×5(CO)=18

3) 7(Ru^+)+6(C_6H_6)+5(C_5H_5)=18　4) 11(Pt^-)+3(Cl)+2(C_2H_4)=16

5) 7(Co^{2+})+12(NH_3)=19　6) 6(Mo)+6(C_6H_6)+6(CO)=18

7) 6(Cr)+1(I)+8(CO)+3(≡C-CH_3)=18　8) 9(Cu^{2+})+8(NH_3)=17

10・3 1) 8　2) 9　3) 12　4) 10

10・4 a) 酸化的付加反応，b) 挿入反応，c) 異性化反応，d) 還元的脱離反応

10・5 各錯体がもつ電荷を考慮すると，$[V(CO)_6]^- > Cr(CO)_6 > [Mn(CO)_6]^+$ の順に金属からCO配位子への電子供与が減少する．また，中心金属の核電荷はV, Cr, Mnの順に増加するため，この順に電子を引きつける能力が増加する．いずれの効果も金属からCO配位子への電子の逆供与は$[V(CO)_6]^-$において最も強く，$[Mn(CO)_6]^+$において最も弱くなる．電子供与が増加すれば，CO配位子のπ^*軌道の電子密度が増加するため，C−O結合の結合次数は低下する．したがって，$[V(CO)_6]^- < Cr(CO)_6 < [Mn(CO)_6]^+$ の順にC−Oの伸縮振動の波数は増加すると期待される．

10・6 本文を参照されたい．

索　引

あ

い

う

え

お

か

き

し

す

せ

そ

た

ち

つ，て

と

な 行

は

ひ

ふ

へ

ほ

ま　行

や　行

ら～わ

荻野 博（おぎの ひろし）
1938年 島根県に生まれる
1960年 東北大学理学部 卒
東北大学名誉教授，放送大学名誉教授
専攻 無機化学
理学博士

飛田博実（とびた ひろみ）
1954年 茨城県に生まれる
1977年 東北大学理学部 卒
東北大学名誉教授
専攻 有機金属化学
理学博士

岡崎雅明（おかざき まさあき）
1969年 広島県に生まれる
1992年 東北大学理学部 卒
現 弘前大学大学院理工学研究科 教授
専攻 有機金属化学
博士(理学)

第1版 第1刷 2000年3月16日 発行
第2版 第1刷 2006年9月12日 発行
第3版 第1刷 2016年9月9日 発行
第5刷 2024年3月15日 発行

基本無機化学（第3版）

© 2016

著者 荻野 博 飛田博実 岡崎雅明

発行者 石田勝彦

発行 株式会社東京化学同人
東京都文京区千石 3-36-7(〒112-0011)
電話 03-3946-5311・FAX 03-3946-5317
URL: https://www.tkd-pbl.com/

印刷 中央印刷株式会社
製本 株式会社松岳社

ISBN 978-4-8079-0900-1
Printed in Japan

無断転載および複製物（コピー，電子データなど）の無断配布，配信を禁じます．